“十三五”职业教育国家规划教材
“十二五”江苏省高等学校重点教材
编号：2015-1-144

建筑施工组织设计

主　编　祁顺彬
副主编　李永红
参　编　赵吉坤　杜培荣　刘桂芬

北京理工大学出版社
BEIJING INSTITUTE OF TECHNOLOGY PRESS

内 容 提 要

本教材以编制施工组织设计为主线，按项目式体例安排结构，以任务引领方式进行教材编写，让学生在完成具体任务的过程中来学习相关知识并实现能力和素质目标。全书分 4 个模块，包括建筑施工组织基础知识、单位工程施工组织设计、建筑群施工组织总设计、分部分项工程施工组织设计（专项施工方案）；共 12 个任务，包括认知建筑施工组织、编制施工准备工作、编制施工方案、编制施工进度横道计划、编制施工进度网络计划、资源计划制订、设计施工现场平面布置图、编制群体工程施工总体部署、编制群体工程施工总进度计划、编制群体工程施工总平面布置图、编制脚手架施工方案、编制塔式起重机施工方案等。书中还引入了 PKPM 软件、钢结构、装配式建筑、BIM 技术等与施工组织设计相关的内容。

本书可作为高职高专院校建筑工程技术、工程造价、工程监理等专业的教学用书，也可供有关工程技术人员参考。

图书在版编目（CIP）数据

建筑施工组织设计 / 祁顺彬主编 .—北京：北京理工大学出版社，2019.1（2022.1 重印）

ISBN 978-7-5682-6058-9

Ⅰ.①建… Ⅱ.①祁… Ⅲ.①建筑工程－施工组织－设计－高等学校－教材 Ⅳ.① TU721

中国版本图书馆 CIP 数据核字 (2018) 第 182683 号

出版发行 / 北京理工大学出版社有限责任公司

社　　址 / 北京市海淀区中关村南大街 5 号

邮　　编 / 100081

电　　话 /（010）68914775（总编室）

（010）82562903（教材售后服务热线）

（010）68944723（其他图书服务热线）

网　　址 / http://www.bitpress.com.cn

经　　销 / 全国各地新华书店

印　　刷 / 北京紫瑞利印刷有限公司

开　　本 / 787 毫米 ×1092 毫米　1/16

印　　张 / 18

字　　数 / 471 千字

版　　次 / 2019 年 1 月第 1 版　2022 年 1 月第 4 次印刷

定　　价 / 48.00 元

责任编辑 / 钟　博

文案编辑 / 钟　博

责任校对 / 周瑞红

责任印制 / 边心超

前　言

大部分建筑工程技术等相关专业的学生毕业后，主要从事建筑施工管理等方面的工作，编制施工组织设计是其工作岗位所必须掌握的专业技能。从投标（编制投标阶段施工组织设计）、中标签订施工合同、施工准备（编制实施阶段施工组织设计)、组织施工到竣工验收，都要依据工程施工组织设计进行指导。“建筑施工组织设计”是建筑工程技术等相关专业的岗位能力核心课程，课程的主要功能是培养学生具备熟练编制施工组织设计的能力。

本教材立足于上述能力的培养，对教材内容的选择标准作了一定的改革，打破以知识传授为主要特征的传统学科课程模式，转变为以工作任务为中心组织课程内容和课程教学，让学生在完成具体任务的过程中构建相关理论知识，并发展职业能力。

本教材中的工作任务均来源于企业实际，依据职业岗位能力特点设计任务，根据课程的定位和培养目标，以工作为导向进行课程内容体系重构，内容的选取围绕工作任务完成的需要来进行，注重案例和技能训练，突出实用性和实践性。教材内容按能力培养的需要规划为 4 个模块，设计了 12 个学习型工作任务（其中重点内容为编制土建单位工程施工组织设计），任务的设立主要突出对学生职业能力的训练，其理论知识的选取紧紧围绕工作任务完成的需要来进行，同时又充分考虑了高职教育对理论知识学习的需要，并融合了施工员、质检员、建造师和造价师等相关执业资格考试对知识、技能和素质的要求，增强教材实用性。书中还引入了 PKPM 软件、钢结构、装配式建筑（PC）、BIM 技术等与施工组织设计相关的内容，以便进一步培养学生的学习能力、实践能力和创新能力。

本书由祁顺彬担任主编，李永红担任副主编，赵吉坤、杜培荣、刘桂芬参与了本书部分章节的编写工作。

由于编者水平所限，书中如有不足之处敬请使用本书的师生与读者批评指正，以便修订时改进。

编　者

目录

模块一　建筑施工组织基础知识

任务1　认知建筑施工组织

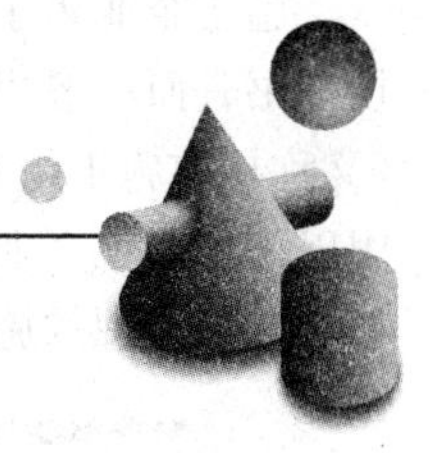

▶ 任务提出

认知建筑施工组织

编写建筑施工组织设计认知报告。

通过业余时间参观周边建筑工地，收集查阅有关施工组织设计方面的资料，撰写“建筑施工组织设计认知报告”。（要求按照论文格式写作，含关键词、摘要、正文、参考文献等，不少于2 000字）

▶ 所需知识

1.1　建筑施工组织概述

实例引入

某学院新建教学楼工程，向社会发出如下招标书。

某工程咨询有限公司受学院的委托，对其教学楼工程进行国内公开招标，欢迎符合条件的施工单位前来报名。

1. 工程概况

工程名称：某学院公共教学楼工程

建设地点：大学城

投资规模：约900万元，具体以施工图及招标文件为准

承包方式：包工包料

建筑面积：约2 500 m^2，具体以施工图为准

结构层次：框架结构5层

质量要求：符合国家验收规范，达到合格标准

要求工期：总工期为300日历天

招标范围：教学楼工程工程量清单所示全部内容

2. 要求资质等级

本工程投标人需具有独立法人资格及房建总承包一级及以上资质。

3. 报名方式与资格预审申请书递交(略)

4. 评标办法

本工程拟采用有关文件的综合评估法进行评标、定标。

施工企业为了承接施工任务，可以通过投标方式取得。投标工作中的一项重要内容是编制投标书，而一般投标书包括商务标和技术标两部分内容。其中，技术标就是编制施工组织设计(又称标前施工组织设计)，对招标文件的工期、质量、安全、文明等各项要求作出实质性响应，用以评价施工企业的技术实力和施工经验。为了能在多个投标单位中胜出，施工企业必须编制一个科学合理的施工组织设计。某教学楼工程施工投标文件如图 1-1 所示。

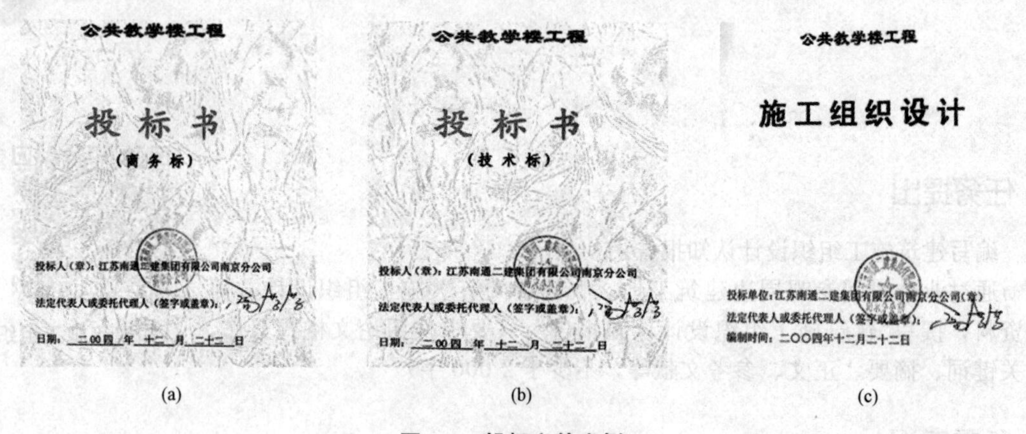
公共教学楼工程

投标书

(商务标)

投标人(章)：江苏南通二建集团有限公司南京分公司

法定代表人或委托代理人(签字或盖章)：

日期：二〇〇四 年 十二 月 二十二 日

(a)

公共教学楼工程

投标书

(技术标)

投标人(章)：江苏南通二建集团有限公司南京分公司

法定代表人或委托代理人(签字或盖章)：

日期：二〇〇四 年 十二 月 二十二 日

(b)

公共教学楼工程

施工组织设计

投标单位：江苏南通二建集团有限公司南京分公司(章)

法定代表人或委托代理人(签字或盖章)：

编制时间：二〇〇四年十二月二十二日

(c)

图 1-1 投标文件实例

(a)商务标；(b)技术标；(c)施工组织设计

随着社会经济的发展和建筑技术的进步，现代建筑产品的施工生产已成为一项多人员、多工种、多专业、多设备、高技术、现代化的综合而复杂的系统工程。要做到提高工程质量，缩短施工工期，降低工程成本，实现安全文明施工，施工企业就必须应用科学方法进行施工管理，统筹安排施工全过程，精心组织施工。施工企业中标后，项目部还必须编制施工组织设计(又称标后施工组织设计)，从施工的全局出发，根据具体的条件，以最佳方式解决施工组织的问题，对施工的各项活动作出全面的、科学的规划和部署，使人力、物力、财力、技术、资源得以充分利用，达到优质、低耗、高速地完成施工任务。

施工组织设计有哪些内容？如何编制施工组织设计……为了解答这些问题，就必须对建筑施工组织设计这门课程进行系统的学习。

1.1.1 建筑施工组织设计的概念

建筑施工组织设计是以施工项目为对象编制的，用以指导拟建工程从投标、签订承包合同、施工准备、组织施工到竣工验收的技术、经济和管理的综合性文件。

施工项目是建筑施工企业自工程施工投标开始到保修期满为止的全过程中完成的项目。它既可以是一个建设项目的施工，也可以是其中的一个单项工程或单位工程的施工。

施工项目具有以下三个特征：

(1)它是建设项目或其中的单项工程或单位工程的施工任务。

(2)它作为一个管理整体，是以建筑施工企业为管理主体的。

(3)该任务的范围是由工程承包合同界定的。但只有单位工程、单项工程和建设项目的施工才谈得上是项目，因为它们可形成建筑施工企业的产品。分部、分项工程不是完整的产品，因而也不能称作“项目”。

建筑工程施工组织设计是根据建筑工程承包组织的需要编制的综合性文件，其内容既要解决技术问题，又要考虑经济效果；它又是一种管理文件，具有组织、规划、指挥、协调和控制作用。建筑工程施工组织设计是全局性的文件，体现在工程对象是整体的，文件内容是全面的，发挥作用是全方位的。建筑工程施工组织设计是建筑施工企业指导施工全过程的文件，从投标开始、准备、施工、验收、竣工到保修期满。

施工项目应根据建筑工程的设计和功能要求，既要符合建筑施工的客观规律，又要统筹规划，科学组织施工，采用先进成熟的施工技术和工艺，并以最短的工期，最少的劳力、物力取得最佳的经济效果。

建筑施工组织设计规范

1.1.2　施工组织设计的分类

1.1.2.1　根据阶段的不同划分

施工组织设计根据阶段的不同，可分为两类：一类是投标阶段编制的施工组织设计，称为投标阶段施工组织设计；另一类是签订工程承包合同后实施阶段编制的施工组织设计，称为实施阶段施工组织设计。

(1)投标阶段施工组织设计。在建筑工程投标阶段由施工单位编制的用于指导工程投标与签订施工合同的规划性的控制性技术经济文件，通常称为技术标。强调的是响应招标文件要求，以中标为目的。但它不是仅仅包含技术方面的内容，同时也涵盖了施工管理和造价控制方面的内容，是一个综合性的文件。

(2)实施阶段施工组织设计。在建筑工程中标、签订施工合同后，由项目经理组织编制的用于指导施工全过程各项活动的技术经济、组织、协调和控制的指导性文件，强调的是可操作性，同时鼓励企业技术创新。其既要满足施工准备，追求施工效率、合理安排与使用人力、物力、财力、机械设备等资源，还要实现工期、质量、安全、成本等目标。

1.1.2.2　根据编制对象划分

施工组织设计根据施工项目类型的不同，按编制对象可分为以下三类：

(1)施工组织总设计。施工组织总设计是以若干单位工程组成的群体工程或特大型项目为主要对象编制的施工组织设计，对整个项目的施工过程起统筹规划、重点控制的作用。

我国的大型房屋建筑工程标准一般指：25层以上的房屋建筑工程；高度100 m及以上的构筑物或建筑物工程；单体建筑面积3万m^2及以上的房屋建筑工程；单跨跨度30 m及以上的房屋建筑工程；建筑面积10万m^2及以上的住宅小区或建筑群体工程；单项建安合同额1亿元及以上的房屋建筑工程。

但在实际操作中，具备上述规模的建筑工程很多只需编制单位工程施工组织设计。需要编制施工组织总设计的建筑工程，其规模应当超过上述大型建筑工程的标准，通常需要分期分批建设，可将其称为特大型项目。

施工组织总设计是用以指导其建设全过程各项全局性施工活动的技术、经济、组织、协调和控制的综合性文件。它是编制单位工程施工组织设计的依据。施工组织总设计是经过招标投标确定了总承包单位之后，在总承包单位的总工程师主持下，会同建设单位、设计单位和分包单位的相应工程师共同编制。

(2)单位工程施工组织设计。单位工程施工组织设计是以单位(子单位)工程为主要对象编制的施工组织设计，对单位(子单位)工程的施工过程起指导和制约作用。

对于已经编制了施工组织总设计的项目，单位工程施工组织设计应是施工组织总设计的进一步具体化，直接指导单位工程的施工管理和技术经济活动。

单位工程施工组织设计是以单位(子单位)工程为对象进行编制，它是在签订相应工程施工合同之后，在项目经理组织下，由项目总工程师(技术负责人)负责编制。简单的单位工程施工组织设计通常只包括“一案一图一表”，即编制施工方案、施工现场平面布置图和施工进度表。

(3)分部分项工程施工组织设计。施工方案是以分部(分项)工程或专项工程为主要对象编制的施工技术与组织方案，用以具体指导其施工过程。

施工方案在某些时候也被称为分部(分项)工程或专项工程施工组织设计，通常情况下施工方案是施工组织设计的进一步细化，是施工组织设计的补充，施工组织设计的某些内容在施工方案中不需赘述，因而将其定义为施工方案，如土建中复杂的地基基础工程、钢结构或预制构件的吊装工程、高级装修工程等。

它是在编制单项(位)工程施工组织设计的同时，由施工单位项目部主管技术人员负责编制，作为该项目专业工程具体实施的依据。

1.1.3 施工组织设计的任务

(1)根据建筑工程特点，确定合理的施工顺序，选择经济合理的施工方案。

(2)根据建设单位对建筑工程的工期要求，确定科学合理的施工进度，保证施工能连续、均衡地进行。

(3)制订合理的劳动力、材料、机械设备、资金等的需用量计划。

(4)制定技术上先进、经济上合理的技术组织保证措施，推广建筑施工新技术的应用。

(5)建立完善质量管理体系，制定工程质量控制措施，确保每道工序受控，消除质量通病，达到质量目标。

(6)制定安全生产、文明施工的保证措施。

(7)制定从施工管理、环境保护、节材与材料资源利用、节水与水资源利用、节能与能源利用、节地与施工用地保护这六个方面采取绿色施工保证措施。

1.1.4 施工组织设计的作用

(1)施工组织设计作为投标文件的内容和合同文件的一部分，可用于指导工程投标与签订工程承包合同。

(2)施工组织设计是工程设计与施工之间的纽带，既要体现建筑工程的设计和使用要求，又要符合建筑施工的客观规律，衡量设计方案施工的可能性和经济合理性。

(3)科学组织建筑施工活动，保证各分部分项工程的施工准备工作及时进行，建立合理的施工程序，有计划、有目的地开展各项施工过程。

(4)抓住影响工期进度的关键性施工过程，及时调整施工中的薄弱环节，实现工期、质量、成本、文明和安全等各项生产要素管理的目标及技术组织保证措施，提高建筑企业综合效益。

(5)协调各施工单位、各工种、各种资源、资金和时间等在施工流程、施工现场布置和施工工艺等方面的合理关系。

1.2 建设项目基本概念

1.2.1 建设项目的概念

建设项目是固定资产投资项目，是作为建设单位的被管理对象的一次性建设任务，是投资经济科学的一个基本范畴。建设项目在一定的约束条件下，以形成固定资产为特定目标。约束条件一是时间约束，即一个建设项目有合理的建设工期目标；二是资源约束，即一个建设项目有一定的投资总量目标；三是质量约束，即一个建设项目都有预期的生产能力、技术水平或使用效益目标。

1.2.2 建设项目的组成

按照建设项目分解管理的需要，可将建设项目分解为单项工程、单位工程、分部工程、分项工程和检验批。

1.2.2.1 **单项工程**

具有独立的设计文件，可以独立施工，竣工后可以独立发挥生产能力或效益的一组工程项目，称为一个单项工程。一个建设项目可由一个单项工程组成，也可由若干个单项工程组成。单项工程体现了建设项目的主要建设内容，其施工条件往往具有相对的独立性。

1.2.2.2 **单位工程**

具备独立施工条件并能形成独立使用功能的建筑物和构筑物，称为一个单位工程。对于规模较大的单位工程，可将其能形成独立使用功能的部分划分为一个子单位工程。单位工程是单项工程的组成部分，一个单项工程一般都由若干个单位工程组成。

1.2.2.3 **分部工程**

组成单位工程的若干个分部称为分部工程。

(1)可按专业性质、工程部位确定分部工程。建筑安装工程单位工程一般分为 10 个分部工程：地基与基础工程；主体结构工程；建筑装饰装修工程；屋面工程；建筑节能工程；建筑给水排水及供暖工程；通风与空调工程；建筑电气；智能建筑；电梯工程。

建筑工程施工质量验收统一标准

(2)当分部工程较大或较复杂时，可按材料种类、施工特点、施工程序、专业系统及类别将分部工程划分为若干个子分部工程。

1)地基与基础工程包含 7 个子分部工程：地基、基础、基坑支护、地下水控制、土方、边坡和地下防水。

2)主体结构工程包含 7 个子分部工程：混凝土结构、砌体结构、钢结构、钢管混凝土结构、型钢混凝土结构、铝合金结构、木结构。

3)建筑装饰装修工程包含 11 个子分部工程：建筑地面、抹灰、外墙防水、门窗、吊顶、轻质隔墙、饰面板、幕墙、涂饰、裱糊与软包、细部。

4)建筑屋面工程包含 5 个子分部工程：基层与保护、保温与隔热、防水与密封、瓦面与板面、细部构造。

5)建筑节能工程包含 5 个子分部工程：围护系统节能、供暖空调设备及管网节能、电气动力节能、监控系统节能、可再生资源 。

1.2.2.4 **分项工程**

组成分部工程的若干个施工过程称为分项工程。分项工程一般按主要工种、材料、施工工艺或设备类别进行划分。例如，钢筋混凝土结构子分部工程可以划分为模板、钢筋、混凝土、预应力、现浇结构和装配式结构等分项工程。

1.2.2.5 **检验批**

检验批是指按同一生产条件或按规定的方式汇总起来供检验用的，由一定数量样本组成的检验体。

可根据施工、质量控制和专业验收需要，按工程量、楼层、施工段、变形缝进行划分。

施工前，应由施工单位制定分项工程和检验批的划分方案，并由监理单位审核。

1.2.3 基本建设程序

基本建设程序是指建设项目在设想、选择、评估、决策、设计、施工到竣工验收、投入生产的整个过程中，各项工作的先后次序，是拟建建设项目在整个建设过程中必须遵循的客观规律。

我国的建设程序可划分为项目建议书、可行性研究、勘察设计、施工准备、建设实施、生产准备、竣工验收和后评价八个过程。这八个过程基本上反映了建设工作的全过程。这八个过程还可以进一步概括为决策、设计、准备、实施及竣工验收五个阶段。

1.2.3.1 **决策阶段**

决策阶段包括建设项目建议书、可行性研究等内容。

1. 项目建议书

项目建议书是业主单位向主管部门提出的，要求建设某一项目的建议性文件，是对拟建项目的轮廓设想，是从拟建项目的必要性及大方面的可能性加以考虑的。项目建议书经批准后，才能进行可行性研究，也就是说，项目建议书并不是项目的最终决策，而仅仅是为可行性研究提供依据和基础。项目建议书按要求编制完成后，报送有关部门审批。

2. 可行性研究

项目建议书经批准后，应紧接着进行可行性研究工作。可行性研究是项目决策的核心，是对建设项目在技术上是否可行和经济上是否合理进行全面的科学分析论证工作，是技术经济的深入论证阶段，为项目决策提供可靠的技术经济依据。可行性研究的主要任务是对多种方案进行分析、比较，提出科学的评价意见，推荐最佳方案。在可行性研究的基础之上，编制可行性研究报告。

1.2.3.2 **设计文件阶段**

设计文件是安排建设项目和进行建筑施工的主要依据。设计文件一般由建设单位通过招标投标或直接委托有相应资质的设计单位进行设计。

设计是分阶段进行的。一般项目都应进行两阶段设计，即初步设计阶段和施工图设计阶段。技术上比较复杂和缺少设计经验的项目应采用三阶段设计，即在初步设计阶段后增加技术设计阶段。

1.2.3.3 **建设准备阶段**

建设项目在实施之前应做好各项准备工作，为工程施工创造有利条件，使建设项目能连续、均衡、有节奏地进行。其主要工作内容有以下几项：

(1)征地、拆迁工作。

(2)工程地质勘察。

(3)施工图设计及图纸审查。

(4)完成施工场地临时用水、用电、通信及临时道路、场地平整等工程。

(5)收集施工组织设计基础资料，编制施工组织设计。

(6)组织机械设备和材料订货。

(7)组织施工招标投标，择优选定施工单位，组织劳动力。

(8)办理开工报建手续。

施工准备工作基本完成，具备了工程开工条件之后，由建设单位向有关部门提出开工报告。有关部门对工程建设资金的来源、资金是否到位以及施工图出图情况等进行审查，符合要求后批准开工。

1.2.3.4 建设实施阶段

工程实施阶段是项目决策的实施、建成投产发挥投资效益的关键环节。该阶段是在建设程序中时间最长、工作量最大、资源消耗最多的阶段。这个阶段的工作重心是根据设计图纸进行建筑安装施工，还包括做好生产或使用准备、试车运行、进行竣工验收、交付生产或使用等内容。

1. 建设实施

建设实施即建筑施工，其是将计划和施工图变为实物的过程，是建设程序中的一个重要环节。在这一过程中，要做到计划、设计、施工三个环节互相衔接，投资、工程内容、施工图纸、设备材料、施工力量五个方面的落实，以保证建设计划的全面完成。

施工之前要认真做好图纸会审工作，编制施工图预算和施工组织设计，明确投资、进度、质量的控制要求。施工中要严格按照施工图和图纸会审记录施工，如需变动应取得建设单位和设计单位的同意；要严格执行有关施工标准和规范，确保工程质量；按合同规定的内容全面完成施工任务。

2. 生产准备

生产准备是项目投产前由建设单位进行的一项重要工作。它是衔接建设和生产的桥梁，是建设阶段转入生产经营的必要条件。建设单位应及时组成专门班子或机构做好生产准备工作。

生产准备工作的内容根据工程类型的不同而有所区别，一般应包括下列内容：

(1)组建生产经营管理机构，制订管理制度和有关规定。

(2)招收并培训生产和管理人员，组织人员参加设备的安装、调试和验收。

(3)生产技术的准备和运营方案的确定。

(4)原材料、燃料、协作产品、工具、器具、备品和备件等生产物资的准备。

(5)其他必需的生产准备。

1.2.3.5 竣工验收阶段

按批准的设计文件和合同规定的内容建成的工程项目，其中生产性项目经负荷试运转和试生产合格并能够生产合格产品的，非生产性项目符合设计要求并能够正常使用的，都要及时组织验收，办理移交固定资产手续。竣工验收是全面考核建设成果、检验设计和工程质量的重要步骤，是投资成果转入生产或使用的标志。建筑工程施工质量验收应符合以下要求：

(1)参加工程施工质量验收的各方人员应具备规定的资格。

(2)单位工程完工后，施工单位应自行组织有关人员进行检查评定，并向建设单位提交工程验收报告。

(3)建设单位收到工程验收报告后，应由建设单位(项目)负责人组织施工(含分包单位)，设计、监理等单位(项目)负责人进行单位(子单位)工程验收。

(4)单位工程质量验收合格后，建设单位应在规定时间内将工程竣工验收报告和有关文件，报建设行政管理部门备案。

建筑工程的施工是基本建设程序中的重要阶段，一般包括以下几个阶段：

(1)编制建筑工程的投标文件。

(2)签订施工合同。

(3)进行施工准备，申请领取开工许可证。

(4)组织施工。

(5)竣工验收，交付使用。

(6)运营及质量保修。

1.2.3.6 **运营质量保修阶段**

建设工程施工承包单位在向建设单位提交工程竣工验收报告时，应当向建设单位出具质量保修书。质量保修书中应当明确建设工程的保修范围、保修期限和保修责任等。

在正常使用条件下，建设工程的最低保修期限的要求如下：

(1)基础设施工程、房屋建筑的地基基础工程和主体结构工程，为设计文件规定的该工程的合理使用年限。

(2)屋面防水工程、有防水要求的卫生间、房间和外墙面的防渗漏，为5年。

(3)供热与供冷系统，为2个采暖期、供冷期。

(4)电气管线、给水排水管道、设备安装和装修工程，为2年。

其他项目的保修期限由发包方与承包方约定。

建设工程的保修期，自竣工验收合格之日起计算。

1.2.4 建筑工程产品的特点

1.2.4.1 **固定性**

建筑产品在选定的地点建造和使用，直接与地基基础连接，无法转移。建筑产品的这种在空间固定的属性，称为建筑产品的固定性。固定性是建筑产品与一般工业产品的重要区别。

1.2.4.2 **庞大性**

建筑产品一般体积庞大，需消耗大量的建筑材料及能源，且占据了一定的空间，这种庞大性是一般工业产品所不具备的。

1.2.4.3 **多样性**

建筑产品不能像一般工业产品那样批量生产，而是根据建筑物的使用要求、规模、建筑设计、结构类型等各不相同，即使是同一类型的建筑产品，由于自然条件、地点、人员的变化也各不相同。这就体现了建筑产品的多样性。

1.2.4.4 **整体性**

一个建筑产品往往涉及若干专业，如土建、水暖及通风与空调设备、电气设备、工艺设备、机电设备、消防报警设备和智能系统等，需要建筑、结构和装饰等彼此紧密相关、协调配合才能发挥建筑产品的功能。

1.2.5 建筑工程产品生产的特点

1.2.5.1 **流动性**

建筑产品的固定性决定了建筑产品生产的流动性。一般工业生产产品是在生产线上流动的，生产地点、生产设备、生产人员是固定的。而建筑产品的生产与此相反，建筑产品是固定的，施工人员、机械设备是随着建筑产品生产地点的改变而流动的，而且随着建筑产品施工部位的改变而在空间上流动。建筑产品生产的流动性要求施工前应统筹规划，建立适合建筑产品特点的施工组织设计，使建筑产品的生产能连续、均衡地进行，达到预定的目标。

1.2.5.2 **周期长**

建筑产品的庞大性决定了建筑产品生产周期长。与一般工业产品相比，建筑产品生产周期较长，少则几个月，多则几年甚至几十年。建筑产品在建造过程中要投入大量的人员、材料和机械设备等，不可预见因素多。

1.2.5.3 **唯一性**

建筑产品的多样性决定了建筑产品生产的唯一性。一般工业生产是在一定时期内按一定的工艺流程批量生产某一种产品，而建筑产品即使成千上万，但每一个产品都是唯一的——不同的地点、不同的设计、不同的自然环境、不同的施工工艺、不同的建造者、不同的业主等，这就要求根据建筑产品的特点制订科学可行的施工组织设计，进行“订单生产”。

1.2.5.4 **复杂性**

建筑产品的整体性决定了建筑产品生产的复杂性。建筑产品生产露天作业多，受气候影响大，工人的劳动条件艰苦。建筑产品的高空作业多，强调安全防护。建筑产品手工作业多，机械化水平低，工人的劳动强度大。建筑产品地区的差异性使得建筑产品的生产必然受到建设地区的自然、技术、经济和社会条件的约束。建筑产品的流动性及唯一性必然会造成建筑产品生产的复杂性。这就要求施工组织设计应从全局出发，从技术、质量、工期、资源、劳力、成本、安全的角度全面制定保证措施，确保生产的顺利进行。

1.2.6 BIM 技术

建筑信息模型 BIM 是 Building information modeling 的缩写，是以三维数字为基础，建设工程的整个寿命周期为主线，将建设工程的可行性研究、设计、招投标、施工、竣工移交、运营等各个环节联系起来，集合成建设工程整个寿命期的相关信息的数据模型，方便被工程各参与方使用。通过三维数字技术模拟建筑物所具有的真实信息，为工程设计和施工提供相互协调、内部一致的信息模型，使该模型达到设计施工的一体化，各专业协同工作，从而降低了工程生产成本，保障工程按时按质完成。BIM 技术将成为提高建筑施工企业经营管理水平和核心竞争力的有力工具。

1.2.6.1 **BIM 技术在招投标中的应用**

当前招投标文件的制作主要以纸质文档为主，各类软件编制的电子文档为辅，招标人及评标专家凭借自己多年的设计、施工经验从中挑选合适的中标候选人。而采用 BIM 技术建模的 3D 投标文件，从拟建建设工程的各道工序以 3D 直观地展示，4D 方案演示和虚拟建造，提高了招标人和评标专家对投标文件的接受程度，具体、形象地展示了投标单位的实力。参加竞标的单位参照招标单位提供的工程量清单，完善拟建建设工程的建筑信息模型，动态、直观地把握拟将进行建造的工程情况，科学调整自身单位的投标报价。

1.2.6.2 **BIM 技术在施工中对施工设计的进一步深化**

在施工设计图中，标准的预制构件常以参数化的形式表现出来，但构件的配筋及与其他构件的联接形式往往存在几种不同的方式，如按照施工中常用的做法，现场常先做样板进行对比、确定，则费工费时，但通过 BIM 技术，对各标准构件的不同配筋形式及与其他构件的不同联接方式进行建模，并确定相关的联接方式及参数，视施工现场实际情况采用，可大大提高了施工生产效率。

1.2.6.3　**BIM技术对施工过程中各种管线及各构件钢筋搭接的碰撞检测**

建筑工程施工中，水、暖、电、智能化、通信等各种管线错综复杂，各预制构件搭接处钢筋密集交错，如在施工中发现各种管线、预制构件搭接发生碰撞，将给施工现场的各种管线施工、预埋和现场预制构件的吊装、制安带来极大的困难。而在施工前，采用BIM技术建模，虚拟各种施工条件下的管线布设、预制联接件吊装的模拟，提前发现施工现场存在的碰撞和冲突，尽早预知施工过程中可能存在的碰撞和冲突，利于显著减少设计变更，大大提高施工现场的生产效率。

1.2.6.4　**采用BIM技术对施工进度的模拟控制和更新**

目前，我国的施工进度管理软件对施工进度计划进行管理，进度管理模式仅停留在二维平面上，对于标段多、工序复杂的建设工程，对施工进度的管理难以达到全面、统筹、精细化。采用BIM技术结合施工现场的三维激光扫描和高像素数码相机的全景扫描，将施工现场的空间信息和时间信息集合在一个可视的3D或4D的建筑模型中，对施工现场进度进行形象、具体、直观的模拟，便于合理、科学地制定施工进度计划，直观、精确地掌握施工进度，对不同施工标段之间的沟通和协调有一个统一的管理和全盘的控制，利于缩短工期，降低施工成本。

1.3　施工组织总设计的编制依据、内容与编制程序

施工组织总设计是以若干单位工程组成的群体工程或特大型项目为主要对象编制的施工组织设计，对整个项目的施工过程起统筹规划、重点控制的作用。

1.3.1　施工组织总设计的编制依据

1.3.1.1　**计划及合同文件**

计划及合同文件包括国家批准的基本建设计划文件，如设计任务书、工程项目一览表、投资进度安排等；概算指标；大型设备采购、交货进度；引进材料和设备的供应日期；工程合同规定的工期和质量要求等。

1.3.1.2　**设计文件**

设计文件包括已批准的初步设计或扩大初步设计文件，如设计说明书、建筑总平面图、建筑区域平面图、建筑平面与剖面示意图、建筑物竖向设计及总概算或修正总概算等。

1.3.1.3　**调查资料**

调查资料包括建筑地区的技术经济调查资料，如能源、交通、材料、半成品及成品货源和价格等；场地勘察资料，如气象、地形、地貌、地质和水文资料等；社会调查资料，如政治、经济、文化、宗教和科技资料等。

1.3.1.4　**技术标准**

技术标准包括现行的施工质量验收规范、操作规程、技术规定和经济指标等。

1.3.1.5　**参考资料**

参考资料包括类似建设项目的施工经验、工期定额及有关参考数据等。

1.3.1.6　**其他**

其他包括有关建设文件、建筑法规等。

1.3.2 施工组织总设计的内容

施工组织总设计主要内容包括：建设项目工程概况、总体施工部署、施工总进度计划、总体施工准备与主要资源配置计划、主要施工方法、施工总平面布置及总的施工管理计划等。

1.3.2.1 建设项目工程概况

建设项目工程概况应包括项目主要情况和项目主要施工条件等。

(1)项目主要情况。项目主要情况应包括下列内容：项目名称、性质、地理位置和建设规模；项目的建设、勘察、设计和监理等相关单位的情况；项目设计概况；项目承包范围及主要分包工程范围；施工合同或招标文件对项目施工的重点要求；其他应说明的情况。

(2)项目主要施工条件。项目主要施工条件应包括下列内容：项目建设地点气象状况；项目施工区域地形和工程水文地质状况；项目施工区域地上、地下管线及相邻的地上、地下建(构)筑物情况；与项目施工有关的道路、河流等状况；当地建筑材料、设备供应和交通运输等服务能力状况；当地供电、供水、供热和通信能力状况；其他与施工有关的主要因素。

1.3.2.2 总体施工部署

(1)施工组织总设计应对项目总体施工做出下列宏观部署：确定项目施工总目标，包括进度、质量、安全、环境和成本目标；根据项目施工总目标的要求，确定项目分阶段(期)交付的计划；确定项目分阶段(期)施工的合理顺序及空间组织。

(2)对于项目施工的重点和难点应进行简要分析。

(3)总承包单位应明确项目管理组织机构形式，并宜采用框图的形式表示。

(4)对于项目施工中开发和使用的新技术、新工艺应做出部署。

(5)对主要分包项目施工单位的资质和能力应提出明确要求。

1.3.2.3 施工总进度计划

(1)施工总进度计划应按照项目总体施工部署的安排进行编制。

(2)施工总进度计划可采用网络图或横道图表示，并附必要说明。

施工总进度计划的内容应包括：编制说明，施工总进度计划表(图)，分期(分批)实施工程的开、竣工日期，工期一览表等。施工总进度计划宜优先采用网络计划。

1.3.2.4 总体施工准备与主要资源配置计划

(1)总体施工准备应包括技术准备、现场准备和资金准备等。

(2)技术准备、现场准备和资金准备应满足项目分阶段(期)施工的需要。

(3)主要资源配置计划应包括劳动力配置计划和物资配置计划等。

(4)劳动力配置计划：确定各施工阶段(期)的总用工量；根据施工总进度计划确定各施工阶段(期)的劳动力配置计划。

(5)物资配置计划：根据施工总进度计划确定主要工程材料和设备的配置计划；根据总体施工部署和施工总进度计划确定主要施工周转材料和施工机具的配置计划。

1.3.2.5 主要施工方法

(1)施工组织总设计应对项目涉及的单位(子单位)工程和主要分部(分项)工程所采用的施工方法进行简要说明。

(2)对脚手架工程、起重吊装工程、临时用水用电工程、季节性施上等专项工程所采用的施工方法应进行简要说明。

1.3.2.6 施工总平面布置

(1)施工总平面布置应符合下列原则：平面布置科学合理，施工场地占用面积少；合理组织运输，减少二次搬运；施工区域的划分和场地的临时占用应符合总体施工部署和施工流程的要求，减少相互干扰；充分利用既有建(构)筑物和既有设施为项目施工服务，降低临时设施的建造费用；临时设施应方便生产和生活，办公区、生活区和生产区宜分离设置；符合节能、环保、安全和消防等要求；遵守当地主管部门和建设单位关于施工现场安全文明施工的相关规定。

(2)施工总平面布置图应符合下列要求：根据项目总体施工部署，绘制现场不同施工阶段(期)的总平面布置图；施工总平面布置图的绘制应符合国家相关标准要求并附必要说明。

(3)施工总平面布置图应包括下列内容：项目施工用地范围内的地形状况；全部拟建的建(构)筑物和其他基础设施的位置；项目施工用地范围内的加工设施、运输设施、存贮设施、供电设施、供水供热设施、排水排污设施、临时施工道路和办公、生活用房等；施工现场必备的安全、消防、保卫和环境保护等设施；相邻的地上、地下既有建(构)筑物及相关环境。

1.3.3 施工组织总设计的编制程序

施工组织总设计的编制通常采用如下程序：收集和熟悉编制施工组织总设计所需的有关资料和图纸，进行项目特点和施工条件的调查研究，确定施工的总体部署，拟订施工方案，编制施工总进度计划，编制资源需求量计划，编制施工准备工作计划，设计施工总平面图，计算主要技术经济指标等，如图 1-2 所示。

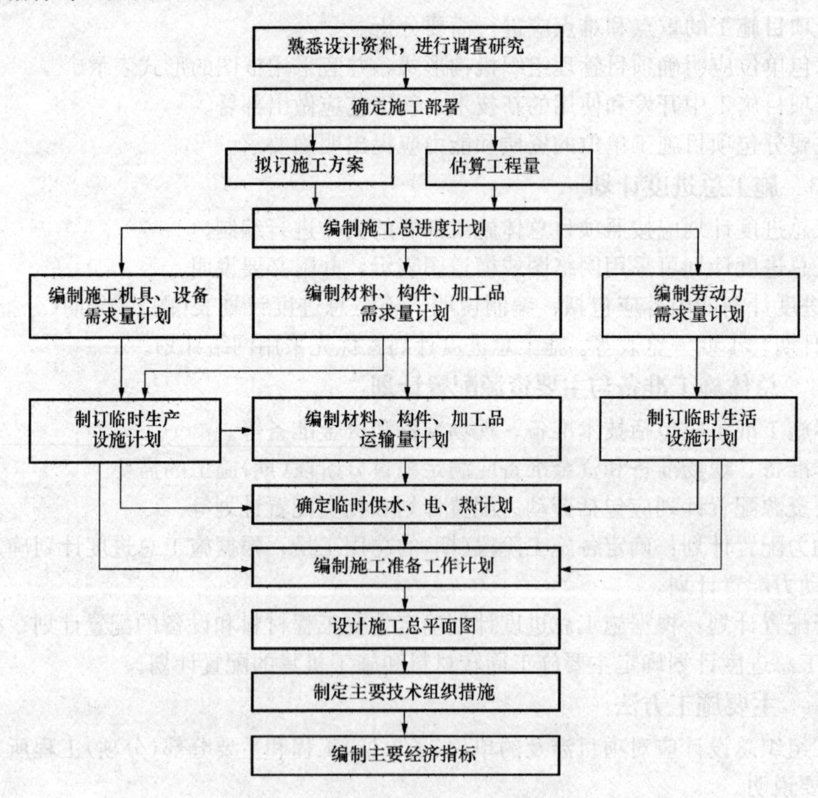

图 1-2 施工组织总设计编制程序

应该指出，以上顺序中有些顺序必须固定，不可逆转，如拟定施工方案后才可编制施工总进度计划(因为进度的安排取决于施工的方案)，编制施工总进度计划后才可编制资源需求量计划(因为资源需求量计划要反映各种资源在时间上的需求)；但是在以上顺序中也有些顺序应该根据具体项目而定，如确定施工的总体部署和拟定施工方案，两者有紧密的联系，往往可以交叉进行。

1.4 单位工程施工组织设计的编制依据、内容与编制程序

单位工程施工组织设计是以单位(子单位)工程为主要对象编制的施工组织设计，对单位(子单位)工程的施工过程起指导和制约作用。

1.4.1 单位工程施工组织设计的编制依据

(1)主管部门的批示文件及有关要求。如上级主管部门对工程项目的批示文件，建设单位对施工的要求，施工合同中的有关规定等。

(2)经过会审的施工图。经过会审的施工图包括单位工程的全部施工图纸、会审纪要及有关标准图等设计资料。较复杂的工程项目，还要有设备、电器和管道等设计图纸及对土建施工的要求等。

(3)施工企业年度施工计划。如本工程开工、竣工日期的规定及其他项目穿插施工的要求等。

(4)施工组织总设计。如本单位工程是整个建设项目中的一个单位工程，应符合施工组织总设计中的总体施工部署要求及对本工程施工的有关要求。

(5)工程预算文件及有关定额。工程预算文件及有关定额包括分部分项工程量(必要时应有分层分段或分部位工程量)使用的预算定额和施工定额等。

(6)建设单位对工程施工可能提供的条件。如供水、供电情况及建设单位提供的临时办公、仓库用房等情况。

(7)本工程的施工条件。本工程的施工条件包括劳动力配备情况，材料、预制构件来源及其供应情况，施工机具配备及其生产能力等。

(8)施工现场的调查资料。如地形、地质、水文、气象、交通运输等现场情况调查及工程地质勘察报告、地形图、测量控制网等资料。

(9)现行国家规范、规程。如相关施工质量验收规范及技术操作规程等。

(10)其他参考资料。如有关新技术、新工艺、新材料及类似工程的经验资料等。

1.4.2 单位工程施工组织设计的内容

单位工程施工组织设计主要内容包括：工程概况、施工部署、施工进度计划、施工准备与资源配置计划、主要施工方案及施工现场平面布置等。

1.4.2.1 **工程概况**

工程概况应包括工程主要情况、各专业设计简介等。

(1)工程主要情况的内容应包括：工程名称、性质和地理位置；工程的建设、勘察、设计、监理和总承包等相关单位的情况；工程承包范围和分包工程范围；施工合同、招标文件或总承包单位对工程施工的重点要求；其他应说明的情况。

(2)各专业设计简介的内容应包括：建筑设计简介应依据建设单位提供的建筑设计文件进行描述，包括建筑规模、建筑功能、建筑特点、建筑耐火、防水及节能要求等，并应简单描述

工程的主要装修做法；结构设计简介应依据建设单位提供的结构设计文件进行描述，包括结构形式、地基基础形式、结构安全等级、抗震设防类别、主要结构构件类型及要求等；机电及设备安装专业设计简介应依据建设单位提供的各相关专业设计文件进行描述，包括给水、排水及采暖系统、通风与空调系统、电气系统、智能化系统、电梯等各个专业系统的做法要求。

1.4.2.2 **施工部署**

(1)工程施工目标应根据施工合同、招标文件以及本单位对工程管理目标的要求确定，包括进度、质量、安全、环境和成本等目标。各项目标应满足施工组织总设计中确定的总体目标。

(2)施工部署中的进度安排和空间组织应符合下列规定：工程主要施工内容及其进度安排应明确说明，施工顺序应符合工序逻辑关系；施工流水段应结合工程具体情况分阶段进行划分；单位工程施工阶段的划分一般包括地基基础、主体结构、装修装饰和机电设备安装三个阶段。

(3)对于工程施工的重点和难点应进行分析，包括组织管理和施工技术两个方面。

(4)工程管理的组织机构形式应按规定执行，并确定项目经理部的工作岗位设置及其职责划分。

(5)对于工程施工中开发和使用的新技术、新工艺应做出部署，对新材料和新设备的使用应提出技术及管理要求。

(6)对主要分包工程施工单位的选择要求及管理方式应进行简要说明。

1.4.2.3 **施工进度计划**

(1)单位工程施工进度计划应按照施工部署的安排进行编制。

(2)施工进度计划可采用网络图或横道图表示，并附必要说明；对于工程规模较大或较复杂的工程，宜采用网络图表示。

1.4.2.4 **施工准备与资源配置计划**

(1)施工准备。施工准备应包括技术准备、现场准备和资金准备等。

1)技术准备应包括施工所需技术资料的准备、施工方案编制计划、试验检验及设备调试工作计划、样板制作计划等。主要分部(分项)工程和专项工程在施工前应单独编制施工方案，施工方案可根据工程进展情况，分阶段编制完成；对需要编制的主要施工方案应制定编制计划；试验检验及设备调试工作计划应根据现行规范、标准中的有关要求及工程规模、进度等实际情况制定；样板制作计划应根据施工合同或招标文件的要求并结合工程特点制定。

2)现场准备应根据现场施工条件和实际需要，准备现场生产、生活等临时设施。

3)资金准备应根据施工进度计划编制资金使用计划。

(2)资源配置计划。资源配置计划应包括劳动力计划和物资配置计划等。

1)劳动力配置计划应包括下列内容：确定各施工阶段用工量；根据施工进度计划确定各施工阶段劳动力配置计划。

2)物资配置计划应包括下列内容：主要工程材料和设备的配置计划应根据施工进度计划确定，包括各施工阶段所需主要工程材料、设备的种类和数量；工程施工主要周转材料和施工机具的配置计划应根据施工部署和施工进度计划确定，包括各施工阶段所需主要周转材料、施工机具的种类和数量。

1.4.2.5 **主要施工方案**

(1)单位工程应按照《建筑工程施工质量验收统一标准》(GB 50300—2013)中分部、分项工程的划分原则，对主要分部、分项工程制订施工方案。

(2)对脚手架工程、起重吊装工程、临时用水用电工程、季节性施工等专项工程所采用的施工方案应进行必要的验算和说明。

1.4.2.6　**施工现场平面布置**

(1)施工现场平面布置图应按照有关规定并结合施工组织总设计，按地基与基础、主体结构、装饰装修和机电安装三个不同施工阶段分别绘制。

(2)施工现场平面布置图的内容应包括：工程施工场地状况；拟建建(构)筑物的位置、轮廓尺寸、层数等；工程施工现场的加工设施、存贮设施、办公和生活用房等的位置和面积；布置在工程施工现场的垂直运输设施、供电设施、供水供热设施、排水排污设施和临时施工道路等；施工现场必备的安全、消防、保卫和环境保护等设施；相邻的地上、地下既有建(构)筑物及相关环境。

1.4.3　单位工程施工组织设计的编制程序

单位工程施工组织设计的编制程序是指单位工程施工组织各个组成部分形成的先后次序，以及相互之间的制约关系，如图 1-3 所示。

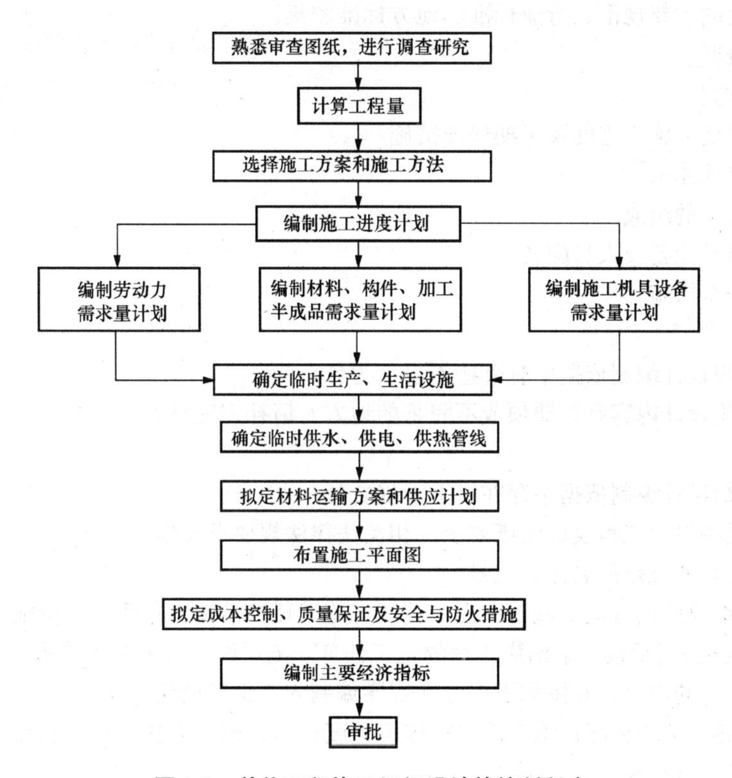

图 1-3　单位工程施工组织设计的编制程序

1.5　案例分析

【案例 1】　某施工企业通过招标投标承接一项重型工业厂房的施工任务，单层门式刚架结构，面积为 3 000 m^2，设备基础多且埋深大于柱基深度。

问题：

(1)单位工程施工组织设计应包含哪些内容？

(2)根据背景资料介绍的情况，土建与设备安装应选择何种施工程序？

解析：

(1)单位工程施工组织设计的内容包括：工程概况；施工方案和施工方法；施工进度计划表；施工准备工作及各项资源需用量计划；施工平面图；主要技术组织措施；主要技术经济指标。

(2)根据背景资料介绍的情况，土建与设备安装应采取先施工设备基础后施工厂房基础的敞开式施工程序。

【案例 2】 某建筑公司通过招标投标承接某集团一办公楼室的施工任务，并签订了施工合同。工期为 2016 年 6 月 1 日至 2017 年 12 月 30 日。某集团基建处要求该施工单位 4 日内提交施工组织设计。施工组织设计编制的内容如下：

(一)编制依据

①招标文件、答疑文件及现场勘察情况。

②工程所用的主要规范、行业标准、地方标准图集。

(二)工程概况

(三)施工方案

(四)施工工期、施工进度及工期保证措施

(五)质量保证体系

(六)项目班子的组成

(七)施工机械配备及人员配备

(八)消防安全措施

问题：

(1)施工组织设计编制依据中有哪些不妥，为什么？

(2)施工组织设计内容有无缺项或不完善的地方？请补充完整。

解析：

(1)施工组织设计编制依据中存在以下不妥之处：

①编制依据中缺少工程设计图纸要求、相关法律法规要求及施工合同。

②没有写明具体规范的名称、代号。

(2)施工组织设计内容缺少施工平面布置图、施工环保措施、冬期施工措施。

【案例 3】 某公司承接了某酒店工程的施工任务，随后组织有关施工技术负责人确定该酒店工程施工组织设计的内容，并按如下内容和程序编制施工组织设计。

(1)编制内容：工程概况；施工部署；施工进度计划；施工方法及技术措施；施工准备工作计划；主要技术经济指标。

(2)编制程序：熟悉审查图纸→计算工程量→编制施工进度计划→设计施工方案→编制施工准备工作计划→确定临时生产生活设施→确定临时水、电管线→计算技术经济指标。

问题：

(1)该酒店工程施工组织设计内容中缺少哪些项目？请补充。

(2)指出该酒店工程施工组织设计编制程序的错误，并写出正确的编制程序。

解析：

(1)施工组织设计内容缺少“施工平面布置图”“保证质量、安全、环保、文明施工、降低成本”“各种资源需要计划”等各项技术组织措施。

(2)施工组织设计编制程序有如下错误：

1)“编制施工进度计划”应在“设计施工方案”后。

2)“编制施工准备工作计划”应在“确定临时水、电管线”后。

3)应补上缺项“施工平面布置图”与“各项技术组织措施”。

正确的编制程序为：熟悉审查图纸→调研→计算工程量→设计施工方案→编制施工进度计划→编制各种资源需用计划→确定临时生产、生活设施→确定临时供水、供电管线→编制施工准备工作计划→设计施工平面布置图→制定各项技术组织措施→计算主要技术经济指标。

1.6 预制装配式建筑

1.6.1 概念与特点

要像生产汽车一样建造房子。2016年2月，中共中央、国务院印发的《关于进一步加强城市规划建设管理工作的若干意见》指出，要大力推广装配式建筑，制定装配式建筑设计、施工和验收规范，鼓励建筑企业装配式施工，现场装配，力争用10年时间，使装配式建筑的比例占新建建筑的30%，并积极稳妥推广钢结构建筑。

预制混凝土装配式结构是由预制混凝土构件或部件通过采用各种可靠的方式进行连接，并与现场浇筑的混凝土形成整体的装配式结构。其具有以下优点：

(1)品质均一：由于工厂的严格管理和长期生产，可以得到品质均一且安定的构件产品。

(2)量化生产：根据构件的标准化和规格化，使生产工业化成为可能，实现批量生产。

(3)缩短工期：住宅类建筑，主要构件均可以在工厂生产再到现场组装，比传统工期缩短1/3。

(4)施工精度：设备、配管、窗框、外装等均可与构件一体生产，可得到很高的施工精度。

(5)降低成本：因建筑工业化的量产，施工简易化而减少劳动力，两方面均能降低建设费用。

(6)安全保障：根据大量试验验证，其在耐震、耐火、耐风、耐久性各方面性能优越。

(7)解决技工不足：随着多元经济发展，人口红利渐失，建筑工人短缺问题严重。

进入21世纪，人们开始逐渐发现现浇结构体系已经不能完全符合时代的发展要求。对日益发展的我国建筑市场，现浇结构体系存在的弊端趋于明显化。面对这些问题，结合国外的住宅产业化成功经验，我国建筑行业再次掀起了“建筑工业化”“住宅产业化”的浪潮，预制件的发展进入了一个崭新的时代。

1.6.2 混凝土预制件的形式与框架结构体系

1. 混凝土预制件的形式

混凝土预制件的形式有：预制外墙、整体厨卫、飘窗、叠合阳台、预制楼梯段、预制U型梁等，如图1-4所示。

2. 混凝土框架结构体系

混凝土框架结构体系有预制柱、预制叠合梁、预制梁、预制叠合板、预应力空心大板，如图1-5所示。

图 1-4　混凝土预制件

图 1-5　混凝土框架结构体系

1.6.3　预制装配式建筑施工组织设计简述

预制装配式建筑施工组织设计主要内容如下：

第一章：编制说明及依据

第二章：工程概况

第三章：施工准备及部署

第四章：主要施工方法及技术措施

第五章：施工总进度及保证进度主要措施

第六章：工程质量与安全保证措施

第七章：施工组织管理机构及相关职责

第八章：文明施工保证措施

第九章：附件(平面布置图，施工进度计划)

1.6.3.1 **工程概况**

本工程是一幢集娱乐、餐饮于一体的多功能综合楼，该建筑总建筑面积为 2 600 m^2，主体为 2 层，总高为 9 m，女儿墙高为 1 m，防火等级为 2 级。外墙面砖，石材内装饰，花岗岩地面，防滑地面砖，水泥豆石楼地面，大理石或石材饰面，轻钢龙骨金属扣板吊顶等。本工程为框架结构，框架抗震等级为 6 级。

1.6.3.2 **施工条件**

(1)该工程紧靠××施工场。

(2)根据××地区的地理位置，该地区交通便利，离城区较远。

(3)气候条件较差，冬、雨期施工较多。

(4)“七通一平”条件基本具备。

(5)该工程项目开工所需的各项许可证及相关文件准备齐全。

(6)根据公司经济、技术、资金等实力和该工程的建设要求，人员、物质、设备均能满足施工需要，可随时进场施工。

1.6.3.3 **编制说明**

(1)预制装配式建筑是集结构、功能、装饰于一体的建筑结构体系，所有构件均可工厂化预制，并在吊装中完成快速装配，即装即用，现场装配不需另行支模和支撑件，可以告别建筑工地脚手架林立，以及环境脏乱差的施工局面，并可大幅度减少建筑垃圾和建筑污水、粉尘排放，降低建筑噪声；而且连接节点采用双重抗震设防结构，抗震性能远远高于传统建筑。特别是墙体阻热采用夹心式结构，阻热性能明显优于现有国家规定，且保温与建筑同寿命。

采用预制装配式建筑，构件工厂化预制有利于提高建筑整体质量，可以大幅度减少建筑用工，节约建筑材料，减少建筑碳排放，环保施工，安全性好，可以减少建筑事故发生率，提高建筑施工安全性。

(2)本施工组织设计主要依据工程设计图，其他未在图纸范围内和设计修改的另做说明。

(3)建设单位对本工程要求。

(4)公司综合实力进行编制。

(5)对工程中常见的通病，如屋面漏水、外墙渗漏水及管道渗漏水等问题，将采取各种针对性的预防措施，并在工程施工中予以实施。

(6)针对本工程特点，公司将以“优良工程”为质量目标，以先进的技术、科学的管理，落实措施，确保本工程达到质量目标。

1.6.3.4 **编制依据**

(1)××建筑设计有限公司提供的施工图纸。

(2)××省颁发的有关建筑规程、安全、质量等文件。

(3)现有的机械设备情况；现有经济、技术综合实力情况。

(4)ISO9001：2015 质量体系文件。

(5)国家现行有关施工及验收规范、规程。

任务 2　编制施工准备工作

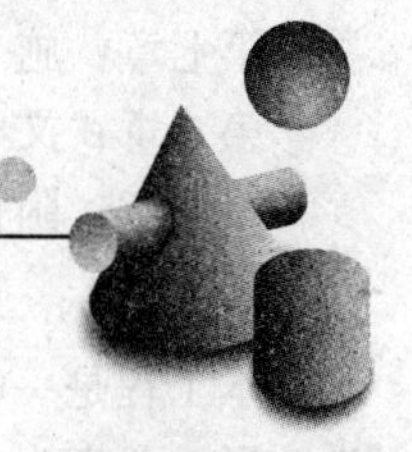

▶任务提出

编制 5 层砖混结构住宅楼施工准备工作。

根据下列工程概况，编制施工准备工作。

编制施工准备工作计划

工程概况

某住宅楼工程，平面为 4 个标准单元组合，共 5 层，建筑面积为 3 300 m²，层高为 3.0 m，檐口标高为 15.750 m，室内外高差为 900 mm。其单元平面图、单元组合图及立面图如图 2-1 和图 2-2、图 2-3 所示。

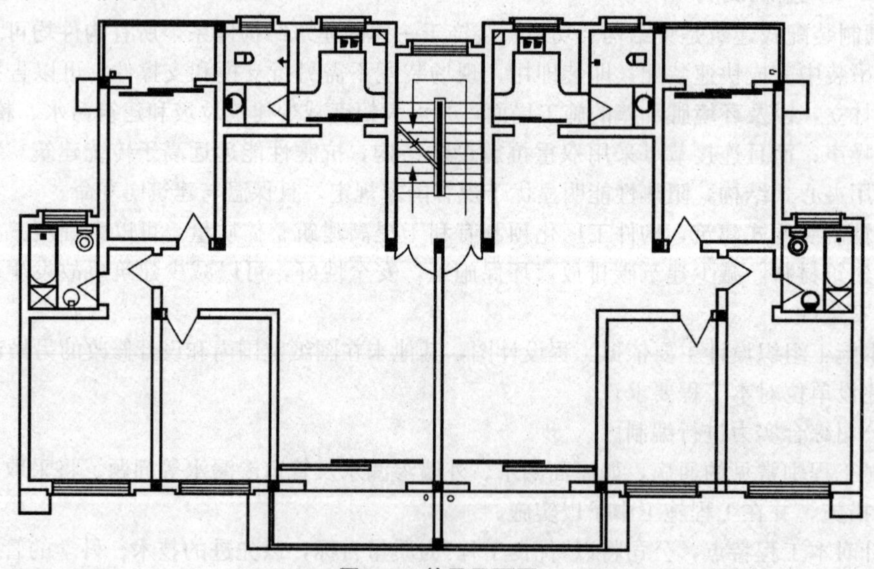

图 2-1　单元平面图

现场地势较平，自然地坪绝对标高为黄海高程 52.200 m，与室外地坪设计标高一致。根据地质勘察资料，建筑物所在地的地下水位较低，故基础施工时基槽不会出现地下水。天然地基，基底持力层为粉质黏土土层。

建筑物基础采用 240 mm 厚 MU15 混凝土标准砖、M10.0 水泥砂浆砌筑条形基础，100 mm 厚 C15 混凝土垫层，基底标高为－2.400 m，－1.000 m 处设有一道钢筋混凝土基础圈梁。建筑物按 6 度抗震设防烈度设计，主体结构为 MU10 烧结多孔砖、M10.0 混合砂浆砌筑砖墙承重，

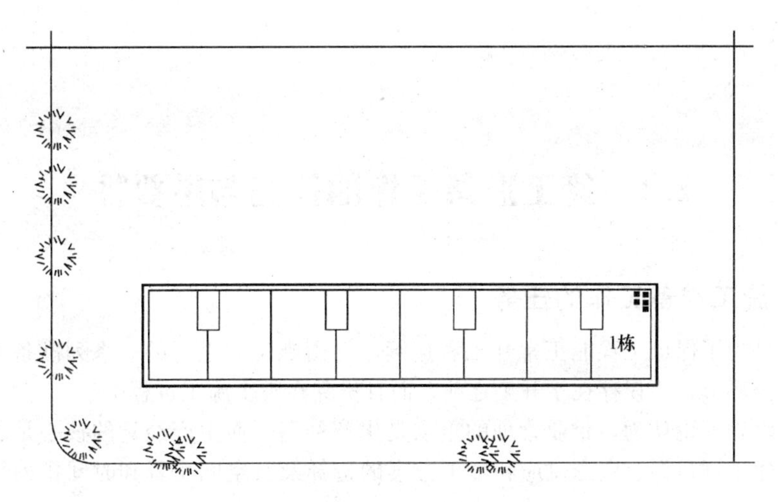

图 2-2　单元组合图

图 2-3　立面图

内外墙厚均为 240 mm，单元 4 个大角、楼梯间四角均设钢筋混凝土构造柱。在基础和第二、四层楼面及屋面设有钢筋混凝土圈梁。楼板为现浇 100 mm 厚钢筋混凝土板，混凝土强度等级为 C30。

室内墙面、顶棚均为瓷性涂料，水泥砂浆楼地面，厨、厕内墙 200 mm×300 mm 瓷砖到顶，地面采用防滑地板砖，所有门均为木门，窗均为铝合金窗，外墙的檐口及窗台线、楼梯口的墙面上做深蓝色面砖，其余外墙面均为白色面砖，所有木门刷调和漆两遍，楼梯为现浇板式楼梯，楼梯栏杆为 14 mm 钢筋焊接，钢管扶手。

给水管、排水管均为 UPVC 管，陶瓷便器，暗敷电线及普通强、弱电设施安装。

本建筑位于城外郊区，交通方便，场地已三通一平，东南面距离主要公路 10 m，西面距离原有建筑 1 m，北面为小区规划住宅区，可作为施工用地。工程于 2015 年 11 月 2 日开工，日历工期按现行工期定额提前 10%～15%。估算总工期为 240 天左右。工程施工期间，最低气温为 5 ℃，最高气温为 35 ℃。施工开始后，气温逐日上升，8 月初最高，以后开始下降，3～7 月为雨季。

▶ 所需知识

2.1　施工准备工作的任务与重要性

2.1.1　施工准备工作的任务

施工准备是为了保证工程能正常开工和连续、均衡施工而进行的一系列准备工作。它是施工程序中的重要环节，不仅存在于开工之前，而且贯穿在整个施工过程中。

现代企业管理理论认为，企业管理的重点是生产经营，而生产经营的核心是决策。施工准备工作是对拟建工程目标、资源供应和施工方案的选择及其空间布置和时间排列等诸方面进行的施工决策。

2.1.2　施工准备工作的重要性

(1)施工准备是建筑施工程序的重要阶段。施工准备是保证施工顺利进行的基础，只有充分地做好各项施工准备工作，为建筑工程提供必要的技术和物质条件，统筹安排，遵循市场经济规律和国家有关法律法规，才能使建筑工程达到预期的经济效果。

(2)施工准备是降低风险的有效措施。建筑施工具有复杂性和生产周期长的特点，建筑施工受外界环境、气候条件和自然环境的影响较大，不可见的因素较多，使建筑工程面临的风险较多。只有充分做好施工准备工作，根据施工地点的地区差异性，搜集各方面的相关技术经济资料，分析类似工程的预算数据，考虑不确定的风险，才能有效地采取防范措施，降低风险可能造成的损失。

(3)施工准备是提高施工企业经济效益的途径之一。做好施工准备工作，有利于合理分配资源和劳动力，协调各方面的关系，做好各分部分项工程的进度计划，保证工期，提高工程质量，降低成本，从而使工程从技术和经济上得到保证，提高施工企业的经济效益。

总之，施工准备是建筑工程按时开工、顺利施工的必备条件。只有重视施工准备和认真做好施工准备工作，才能运筹帷幄，把握施工的主动权；反之，就会处处被动，受制于人，给施工企业带来较大的风险，造成一定的经济损失。

2.2　建筑工程施工准备工作分类

2.2.1　按建筑工程施工准备工作范围的不同分类

按建筑工程施工准备工作范围的不同，一般可分为全场性施工准备、单位工程施工条件准备和分部(项)工程作业条件准备三种。

(1)全场性施工准备。它是以一个建筑工地为对象而进行的各项施工准备。其特点是它的施工准备工作的目的、内容都是为全场性施工服务的，它不仅要为全场性的施工活动创造有利条件，而且要兼顾单位工程施工条件的准备。

(2)单位工程施工条件准备。它是以一个建筑物或构筑物为对象而进行的施工条件准备工作。其特点是它的准备工作的目的、内容都是为单位工程施工服务的，它不仅为该单位工程在开工前做好一切准备，而且要为分部分项工程做好施工准备工作。

(3)分部分项工程作业条件的准备。它是以一个分部分项工程或冬、雨期施工为对象而进行的作业条件准备。

2.2.2 按拟建工程所处施工阶段的不同分类

按拟建工程所处施工阶段的不同，一般可分为开工前的施工准备和各施工阶段前的施工准备两种。

(1)开工前的施工准备。它是在拟建工程正式开工之前所进行的一切施工准备工作。其目的是为拟建工程正式开工创造必要的施工条件。它既可能是全场性的施工准备，又可能是单位工程施工条件的准备。

(2)各施工阶段前的施工准备。它是在拟建工程开工之后、每个施工阶段正式开工之前所进行的一切施工准备工作。其目的是为施工阶段正式开工创造必要的施工条件。它一方面是开工前施工准备工作的深化和具体化；另一方面也是对各施工阶段各方面的补充和调整。如混合结构的民用住宅的施工，一般可分为地下工程、主体工程、装饰装修工程和屋面工程等施工阶段，每个施工阶段的施工内容不同，所需要的技术条件、物资条件、组织要求和现场布置等方面也不同，因此，在每个施工阶段开工之前，都必须做好相应的施工准备工作。

2.3 建筑工程施工准备工作的内容

建筑工程施工准备工作按其性质及内容通常包括调查研究与搜集资料、技术准备、施工现场准备、物资准备、施工现场人员的准备等。

2.3.1 调查研究与搜集资料

2.3.1.1 原始资料的调查

施工准备工作，除了要掌握有关拟建工程的书面资料外，还应该进行拟建工程原始资料的调查。获得基础数据的第一手资料，这对于拟订一个科学合理、切合实际的施工组织设计是必不可少的。原始资料的调查是对气候条件、自然环境及施工现场的调查，作为施工准备工作的依据。

1. 施工现场及水文地质的调查

施工现场及水文地质的调查包括工程项目总平面规划图、地形测量图、绝对标高等情况、地质构造、土的性质和类别、地基土的承载力、地震级别和烈度、工程地质的勘察报告、地下水情况、冻土深度、场地水准基点和控制桩的位置与资料等。一般可作为设计施工平面布置图和基础工程施工的依据。

2. 拟建工程周边环境的调查

拟建工程周边环境的调查包括建设用地上是否有其他建筑物、构筑物、人防工程、地下光缆、城市管道系统、架空线路、文物、树木和古墓等，以及周围道路、已建建筑物等情况。一般可作为设计现场平面图的依据。

3. 气候及自然条件的调查

气候及自然条件的调查包括建筑工程所在地的气温变化情况，5 ℃和 0 ℃以下气温的起止日期、天数；雨季的降水量及起止日期；主导风向、全年大风天数、频率及天数。一般可作为冬、雨期施工措施的依据。

2.3.1.2 建筑材料及周转材料的调查

建筑材料是指构成工程的实体的建设材料，例如，结构施工的钢材、混凝土、砌块、砂浆等材料；装饰材料如地砖、墙砖、轻质隔墙、吊顶材料、玻璃、防水保温材料等的质量、价格情况，安装材料如灯具、暖气片或地暖材料的质量、规格型号等情况。特别是建筑工程中用量较大的“三材”，即钢材、木材和水泥。这些主要材料的市场价格、到货情况。商品混凝土，要考察供应厂家的供应能力、价格、运输距离等多方面的因素。还有一些用量较大影响造价的地方材料，如砖、砂、石子、石灰的质量、价格、运输情况等，预制构件、门窗、金属构件的制作、运输、价格等。

建筑周转材料如脚手架、模板、钢管、扣件等的租赁情况，一般可作为确定现场施工平面图中临时设施和堆放场地的依据，也可作为制订材料供应计划、确定储存方式及冬、雨期预防措施的依据。

2.3.1.3 水源、电源的调查

水源的调查包括施工现场与当地现有水源连接的可能性，供水量、接管地点、给水排水管道的材质规格、水压、与工地距离等情况。若当地施工现场水源不能满足施工用水要求，则要调查可作临时水源的条件是否符合要求。一般可作为施工现场临时用水的依据。

电源的调查包括施工现场电源的位置、引入工地的条件、电线套管管径、电压、导线截面、可满足的容量，以及施工单位或建设单位自有的发变电设备、供电能力等情况。一般可作为施工现场临时用电的依据。

2.3.1.4 交通运输条件的调查

建筑工程的运输方式主要有铁路、公路、航空、水运等。交通运输资料的调查主要包括运输道路的路况、载重量，站场的起重能力、卸货能力和储存能力，对于超长、超高、超宽或超重的特大型预制构件、机械或设备，要调查道路通过的允许高度、宽度及载重量，及时与有关部门沟通运输的时间、方式及路线，避免造成道路损坏或交通堵塞。一般可作为施工运输方案的依据。

2.3.1.5 劳动力市场的调查

劳动力市场的调查包括当地居民的风俗习惯，当地劳动力的价格水平、技术水平、可提供的人数及来源、生活居住条件，周围环境的服务设施，工人的工种分配情况及工资水平，管理人员的技术水平及待遇，劳务外包队伍的情况等。劳动力市场的调查一般可作为施工现场临时设施的安排、劳动力的组织协调的依据。

2.3.2 技术准备

技术准备是施工准备的核心，是保证施工质量，使施工能连续、均衡地达到质量、工期、成本的目标的必备条件。其具体内容包括熟悉和会审施工图纸、编制施工组织设计、编制施工图预算和施工预算。

2.3.2.1 熟悉和会审施工图纸

1. 熟悉和会审图纸的依据

(1)建设单位和设计单位提供的初步设计或技术设计、加盖审图章的施工图、建筑总平面图、地基及基础处理的施工图纸、图纸审查意见以及设计院回复意见等，及相关技术资料、挖填土方及场地平整等资料文件。

(2)调查和搜集的原始资料，场地的自然地坪高程、地质勘察报告、地下管线埋设图纸等。

(3)国家、地区、行业的设计规范、施工验收规范、技术标准、图集和有关规定。

2. 熟悉、审查设计图纸的目的

(1)为了能够按照施工图纸的要求顺利地进行施工，建造用户满意的工程。

(2)为了能够在建筑工程开工之前，使从事建筑施工技术和预算成本管理的技术人员充分地了解和掌握设计图纸的设计意图、结构与构造特点和技术要求。

(3)在施工开始之前，通过各方技术人员审查、发现设计图纸中存在的问题和错误，为拟建工程的施工提供一份准确、齐全的设计图纸，避免不必要的资源浪费。

3. 设计图纸的自审阶段

施工单位收到建设单位提供的拟建工程的施工图纸、图纸审查意见以及设计院回复意见和有关技术文件后，应由项目技术负责人尽快组织项目部各专业的工程技术人员及造价人员熟悉和审查图纸，写出自审图纸记录。自审图纸的记录应包括对设计图纸的疑问、设计图纸的差错和从施工角度对设计图纸的有关建议。

4. 熟悉图纸的要求

(1)首先查看各专业的图纸是否齐全有效。施工图纸包括建施图、结施图、水施图(建筑给水、排水及供暖施工图)、电施图(电气施工图)、暖施图(通风与空调施工图)、智施图(智能建筑图)、电梯图等。按照图纸目录逐一检查图纸是否齐全，并查看施工图纸是否加盖设计院出图专用章、审图单位的审图专用章，是否在有效期内。

(2)先建筑后结构。先看建筑图纸，后看结构图纸。结构与建筑互相对照，检查是否有无矛盾，轴线、标高是否一致，建筑构造是否合理，功能是否齐全。

(3)图纸与说明及技术规范相结合。核对设计图纸与总说明、细部说明有无矛盾，是否符合国家或地区的技术规范的要求。

(4)土建与安装互相配合。核对安装图纸的预埋件、预留洞、管道的位置是否与土建中的预留位置相矛盾，注意在施工中各专业的协作配合。

5. 图纸会审的内容

(1)核对设计图纸是否完整、齐全，以及是否符合国家有关工程建设的设计、施工方面的技术、质量规范。

(2)审查设计图纸与施工总说明在内容上是否一致，以及设计图纸之间有无矛盾和错误。

(3)审查地基处理与基础设计同建筑工程地点的工程水文、地质等条件是否一致，以及建筑物与地下建筑物、管线之间的关系是否正确。

(4)审查建筑平面图与结构图在几何尺寸、坐标、标高、说明等方面是否一致，技术要求是否正确，有无遗漏。

(5)审查设计图纸中工程复杂、施工难度大和技术要求高的分部分项工程或新材料、新设备、新工艺和新技术，检查现有施工技术水平和管理水平能否满足工期和质量要求并采取可行的技术和安全措施加以保证。

(6)审查土建与安装在施工配合上是否存在技术上的问题，是否能合理解决。

(7)审查设计图纸与施工之间是否存在矛盾，是否符合成熟的施工技术的要求。

(8)审查工业项目的生产工艺流程和技术要求，以及设备安装图纸与其相配合的土建施工图纸在标高上是否一致，土建施工质量是否满足设备安装的要求。

6. 设计图纸的会审阶段

一般建筑工程图纸会审由建设单位组织并主持，由设计单位、施工单位、监理单位相关技术人员参加，共同进行施工图纸的会审。

图纸会审时，首先由设计单位进行施工图技术交底，说明拟建工程的设计依据、意图和功能要求，并对特殊结构、“四新”(新材料、新设备、新工艺和新技术)提出设计要求；然后各方提出对设计图纸的疑问、问题和建议；主要由设计单位进行解答；最后在统一认识的基础上，施工单位对所提出的问题逐一地做好书面记录，各单位共同会签、盖章形成“图纸会审纪要”，由建设单位正式行文，作为与设计文件同时使用的技术文件和指导施工的依据，以及建设单位与施工单位进行工程预决算的依据。

在建筑工程施工的过程中，如果发现施工的条件与施工图纸的条件不符，或者发现施工图纸中仍然有错误，或者因为材料的规格、质量不能满足设计要求，或者因为施工单位提出了合理化建议，需要对施工图纸进行及时修订时，应办理工程设计变更单(设计单位签发)或技术核定单(由设计单位、施工单位、建设单位、监理单位四方会签、盖章)。

2.3.2.2 编制施工组织设计

建筑施工组织设计是以施工项目(拟建建筑物或构筑物)为对象编制的，用以指导施工的技术、经济和管理的综合性文件。

施工组织设计是施工准备工作的重要组成部分，也是指导施工的技术经济文件。建筑施工的全过程是非常复杂的固定资产再创造的过程，为了正确处理人与物、供应与消耗、生产与储存、主体与辅助、工艺与设备、专业与协作以及它们在空间布置、时间排列之间的关系，保证质量、工期、成本三大目标的实现，必须根据建筑工程的规模、结构特点、客观规律、技术规范和建设单位的要求，在对原始资料调查分析的基础上，编制出能切实指导全部施工活动的科学合理的施工组织设计。

2.3.2.3 编制施工图预算和施工预算

(1)编制施工图预算。施工图预算是技术准备工作的主要组成部分之一，其是按照施工图纸确定的工程量、施工组织设计所拟订的施工方法、建筑工程预算定额及其取费标准，由施工单位编制的确定建筑安装工程造价的经济文件。其是施工企业签订工程承包合同、工程结算、建设银行拨付工程价款、进行成本核算、加强经营管理等方面工作的重要依据。

(2)编制施工预算。施工预算是根据施工图预算、施工图纸、施工组织设计或施工方案、施工定额等文件进行编制的，它直接受施工图预算的控制。它是施工企业内部控制各项成本支出、考核用工、施工图预算与施工预算对比(“两算”对比)、签发施工任务单、限额领料、班组承发包、进行经济核算的依据。

2.3.3 施工现场准备

施工现场是施工的外业准备，是为保证优质、高速、低消耗的目标而连续、均衡地进行施工的活动空间。施工现场的准备工作主要是为了给建筑工程的施工创造有利的施工条件和物资保证。其具体内容包括清除障碍物、施工场地的控制网测量、场地的“七通一平”、建造临时设施等。

2.3.3.1 清除障碍物

施工现场的障碍物应在开工前清除。清除障碍物的工作一般由建设单位组织完成。对于建筑物的拆除，应作好拆除方案，采取安全防护措施保证拆除的顺利进行。

水源、电源应在拆除房屋前切断，需要进行爆破的，应由专业的爆破人员完成，并经有关部门批准。

树木的砍伐需经园林部门的批准；城市地下管网及自来水的拆除应由专业公司完成，并经有关部门的批准。

拆除后的建筑垃圾应清理干净，及时运输到指定堆放地点。运输时，应采取措施防止扬尘污染城市环境。

2.3.3.2 做好“七通一平”

“七通一平”是指水通、电通、路通、通信通、排污通、排洪通、燃气通和平整场地。

水通、电通、路通和平整场地称为“三通一平”。

1. 平整场地

清除障碍物后，即可进行平整场地的工作。平整场地就是根据场地地形图、建筑施工总平面图和设计场地控制标高的要求，通过测量，计算出场地挖填土方量，进行土方调配，确定土方施工方案，进行挖填找平的工作，为后续的施工进场工作创造条件。

平整场地的工作也可在建筑物完成后，根据设计的室外地坪标高进行场地的平整、道路的修建。

2. 路通

施工现场的道路是建筑材料进场的通道，应根据施工现场平面布置图的要求，修筑永久性和临时性的道路，尽可能使用原有道路以节省工程费用。

3. 水通

施工现场用水包括生产、生活和消防用水。根据施工现场的水源的位置，铺设给水排水管线，尽可能使用永久性给水管线。临时管线的铺设应根据设计要求，做到经济合理，尽量缩短管线。

4. 电通

施工现场用电包括生产和生活用电，应根据施工现场的电源的位置铺设管线和电气设备。尽量使用已有的国家电力系统的电源，也可自备发电系统满足施工生产的需要。

2.3.3.3 测量放线

(1)校核建筑红线桩。建筑红线是城市规划部门给定的、在法律上起着建筑边界用地的作用。它是建筑物定位的依据。在使用红线桩前要进行校核并采取一定的保护措施。

(2)按照设计单位提供的建筑总平面图设置永久性的经纬坐标桩和水准控制基桩，建立工程测量控制网。

(3)进行建筑物的定位放线，即通过设计定位图中平面控制轴线确定建筑物的轮廓位置。

2.3.3.4 建造临时设施

按照施工总平面图的布置，建造临时设施，为正式开工准备好生产、办公、生活、居住和储存等临时用房；应尽量利用原有建筑物作为临时生产、生活用房，以便节约施工现场用地，节省费用。

2.3.4 物资准备

物资准备是指施工中对劳动手段(施工机械、施工工具、临时设施)和劳动对象(材料、构配件)等的准备。材料、构(配)件、制品、机具和设备是保证施工顺利进行的物资基础，这些物资的准备工作应在工程开工之前完成。

2.3.4.1 物资准备工作的内容

1. 建筑材料的准备

建筑材料的准备主要是根据施工预算进行工料分析，按照施工进度计划要求，按材料名称、规格、使用时间、材料消耗定额进行汇总，编制出材料需要量计划，为组织备料，确定仓库、场地堆放所需的面积和组织运输等提供依据。

2. 构(配)件和制品的加工准备

根据施工工料分析提供的构(配)件和制品的名称、规格、质量和消耗量，确定加工方案和供应渠道以及进场后的储存地点和方式，编制出其需要量计划，为组织运输、确定堆场面积等提供依据。

3. 建筑施工机具的准备

根据采用的施工方案，安排施工进度，确定施工机械的类型、数量和进场时间，确定施工机具的供应办法和进场后的存放地点和方式；对于固定的机具要进行就位、搭棚、接电源、保养和调试等工作。对所有施工机具都必须在开工之前进行检查和试运转，并编制建筑施工机具的需要量计划。

4. 周转材料的准备

周转材料是指施工中大量周转使用的模板、脚手架及支撑材料。按照施工方案及企业现有的周转材料，提出周转材料的名称、型号，确定分期分批的进场时间和保管方式，编制周转材料需要量计划，为组织运输、确定堆场面积提供依据。

5. 进行新技术项目的试制和试验的准备

按照设计图纸和施工组织设计的要求，进行新技术项目的试制和试验。

2.3.4.2 物资准备工作的程序

物资准备工作的程序是搞好物资准备的重要手段，通常按如下程序进行：

(1)根据施工预算工料分析、施工方法和施工进度的安排，拟订材料、构(配)件及制品、施工机具和工艺设备等物资的需要量计划。

(2)根据物资需要量计划组织货源，确定加工、供应地点和供应方式，签订物资供应合同。

(3)根据物资的需要量计划和合同，拟订运输计划和运输方案。

(4)按照施工现场平面图的要求，组织物资按计划时间进场，在指定地点按规定方式进行储存或堆放。

2.3.5 施工现场人员的准备

施工现场人员包括施工管理层和施工作业层两部分。施工现场人员的选择和配备，直接影响建筑工程的综合效益，直接关系工程质量、进度和成本。

2.3.5.1 建立项目组织机构

(1)施工组织机构的建立应遵循的原则。

1)根据拟建工程项目的规模、结构特点和复杂程度，确定拟建工程项目施工管理层名单。

2)坚持合理分工与密切协作相结合。

3)诚信、施工经验、创新精神、工作效率是管理层选择的要素。

4)坚持因事设职、因职选人的原则。

(2)项目经理部。项目经理部是由项目经理在企业的支持下组建并领导进行项目管理的组织机构。它是施工项目现场管理的一次性具有弹性的施工生产组织机构，负责施工项目从开工到竣工的全过程。施工生产经营的管理层，又对作业层负有管理与服务的双重职能。

项目经理是指受企业法定代表人委托和授权，在建设工程项目施工中担任项目经理岗位职务，直接负责工程项目施工的组织实施者，是对建设工程项目施工全过程全面负责的项目管理者。他是建设工程施工项目的责任主体，是企业法人代表在建设工程项目上的委托代理人。

项目经理责任制是指以项目经理为责任主体的施工项目管理目标责任制度，它是项目管理目标实现的具体保障和基本条件，用以确定项目经理部与企业、职工三者之间的责、权、利关系。它是以施工项目为对象，以项目经理全面负责为前提，以“项目管理目标责任书”为依据，以创优质工程为目标，以求得项目产品的最佳经济效益为目的，实行从施工项目开工到竣工验收的一次性全过程的管理。

(3)建立精干的施工队组。施工队组的建立要认真考虑专业、工种的合理配合，技工、普工的比例要满足合理的劳动组织，要符合流水施工组织方式的要求，确定建立施工队组(专业施工队组或是混合施工队组)要坚持合理、精干的原则，制订建筑工程的劳动力需要量计划。

2.3.5.2 组织劳动力进场

工地的管理层确定之后，按照开工日期和劳动力需要量计划，组织劳动力进场；同时要进行安全、防火和文明施工等方面的教育，并安排好职工的生活。

2.3.5.3 向施工队组、工人进行技术交底

技术交底的目的是把拟建工程的设计内容、施工计划和施工技术等要求，详尽地向施工队组和工人讲解交代。这是落实计划和技术责任制的好办法。技术交底一般在单位工程或分部分项工程开工前及时进行，以保证工程严格地按照设计图纸、施工组织设计、安全操作规程和施工验收规范等要求进行施工。

技术交底的内容有：施工工艺、质量标准、安全技术措施、降低成本措施和施工验收规范的要求；新结构、新材料、新技术和新工艺的实施方案和保证措施；图纸会审中所确定的有关部位的设计变更和技术核定等事项。交底工作应该按照管理系统逐级进行，由上而下直到工人队组。

2.3.5.4 建立健全各项管理制度

工地的各项管理制度是否建立、健全，或直接影响到其各项施工活动的顺利进行。有章不循，其后果是严重的，而无章可循更是危险的，为此，必须建立健全工地的各项管理制度。

管理制度通常包括如下内容：工程质量检查与验收制度；工程技术档案管理制度；建筑材料(构件、配件、制品)的检查验收制度；技术责任制度；施工图纸学习与会审制度；技术交底制度；职工考勤、考核制度；工地及班组经济核算制度；材料出入库制度；安全操作制度；机具使用保养制度等。

2.4 季节性施工准备

季节性施工指冬期施工、雨期施工。由于建筑工程大多为露天作业，受气候影响和温度变化影响大，因此，要针对建筑工程特点和气温变化，制订科学合理的季节性施工技术保证措施，保证施工顺利进行。

2.4.1 冬期施工准备

(1)科学合理地安排冬期施工的施工过程。冬期温度低，施工条件差，施工技术要求高，费用相应增加，因此，应从保证施工质量、降低施工费用的角度出发，合理安排施工过程。例如，土方、基础、外装修、屋面防水等项目不容易保证施工质量，费用又增加很多，不宜安排在冬期施工；而吊装工程、打桩工程、室内粉刷装修工程等，可根据情况安排在冬季进行。

(2)各种热源的供应与管理应落实到位。冬季用的保温材料，如保温稻草、麻袋草绳和劳动防寒用品等，热源渠道及热源设备等，根据施工条件，做好防护准备。

(3)安排购买混凝土防冻剂。做好冬期施工混凝土、砂浆及掺外加剂的试配试验工作，算出施工配合比。

(4)做好测温工作计划。为防止混凝土、砂浆在未达到临界强度遭受冻结而破坏，应安排专人进行测温工作。

(5)做好保温防冻工作。室外管道应采取防冻裂措施，所有的排水管线，能埋地面以下的，都应埋深到冰冻线以下土层中；外露的排水管道，应用草绳或其他保温材料包扎起来，免遭冻裂。沟渠应做好清理和整修，保证流水畅通。及时清扫道路积雪，防止结冰而影响道路运输。

(6)加强安全教育，防止火灾发生。加强对职工的安全教育，做好防火安全措施，落实检查制度，确保工程质量，避免事故发生。

2.4.2 雨期施工准备

(1)做好施工现场的排水工作。施工现场雨季来临前，应做好排水沟渠的开挖，准备抽水设备，做好防洪排涝的准备工作。

(2)提前做好雨期施工的安排。在雨季来临之前，宜先完成基础、地下工程、土方工程和屋面工程的施工。

(3)做好机具、设备的防护工作。对现场的各种设备应及时检查，防止脚手架、垂运设备在雨期的倒塌、漏电和遭受雷击等事故，提高职工的安全防范意识。

(4)做好物资的储存、道路维护工作，保证运输通畅，减少雨期施工损失。

2.5 施工准备工作计划

在实施施工准备工作前，为了加强检查和监督，把施工准备工作落实到位，应根据各分部分项工程的施工准备工作的内容、进度和劳动力，编制施工准备工作计划。施工准备工作计划通常可以表格形式列出。

施工准备工作计划一般包括以下内容：

(1)施工准备工作的项目。

(2)施工准备工作的工作内容。

(3)对各项施工准备工作的要求。

(4)各项施工准备工作的负责单位及负责人。

(5)要求各项施工准备工作的完成时间。

(6)其他需要说明的地方。

施工准备计划应分阶段、有组织、有计划地进行，建立严格的责任制和检查制度，且必须贯穿于施工全过程，取得相关单位的协作和配合。

【案例 1】

某施工企业经招标投标承接一项工程项目的施工任务，图纸会审已经进行完毕，现场施工准备工作都已就绪。

问题：

(1)技术交底的内容包括哪些？

(2)技术交底的分工应如何进行？

解析：(1)技术交底的内容主要有以下几点：

1)图纸交底，目的是使施工人员了解施工工程的设计特点、做法、要求、抗震处理、使用功能，以便掌握设计关键，认真按图施工。

2)施工组织设计交底，要将施工组织设计的全部内容向施工人员交待，以便掌握工程特点、施工布置、任务划分、施工方法、施工进度、各项管理措施、平面布置等。

3)设计变更和洽商交底，将设计变更的结果向施工人员和管理人员做统一的说明，便于统一口径，避免出现差错，算清经济账。

4)分项工程技术交底，主要包括施工工艺、技术安全措施、规范要求、质量标准、新结构、新工艺、新材料工程的特殊要求。

(2)技术交底的分工应分级进行。重点大型工程和技术复杂的工程由企业总工程师组织有关科室向项目经理部和分包单位技术负责人交底，一般工程由项目主任工程师向项目有关施工人员和分包单位技术负责人交底，分包单位技术负责人向工长及职能人员进行交底，工长接受交底后，应反复细致地向操作班组进行交底，班组长接受任务后应组织工人进行讨论，明确施工意图。

2.6 工程案例——编制施工准备

工程概况

1. 工程综合说明

(1)工程名称：某学院实训大楼。

(2)建筑面积：17 133 m^2，其中地上部分的面积为13 157.4 m^2，地下车库的面积为3 975.6 m^2。

(3)结构形式：现浇钢筋混凝土框架-剪力墙结构。

(4)建筑层数：地下室1层，地上12层。

(5)建筑层高：地下室层高为4.8 m，1、2层为4.5 m，3～11层为3.6 m，12层为5.0 m，屋面构架层高为6.0 m。

(6)设计单位：某建筑设计有限公司。

(7)建设单位：某学院。

(8)建设地点：大学城。

(9)投资金额：4 500.00万元。

2. 主要建筑设计

(1)建筑总长为75.6 m，总宽为63 m，总高为52.4 m。

(2)地面。

1)东西侧辅房。自上而下为40 mm厚C20细石混凝土，表面洒1∶1水泥中粗砂压实抹光；100 mm厚MLC保温砂浆，100 mm厚碎石垫层，灌1∶5水泥砂浆；素土夯实。

2)地下车库。自上而下为60 mm厚C20细石混凝土，表面洒1∶1水泥中粗砂压实抹光；涂聚氨酯防水涂膜3遍，厚1.8 mm，所有地面与竖管及墙角均翻高300 mm；20 mm厚1∶3水泥砂浆找平层(与墙连接阴角位批R50凹圆弧)；60 mm(100 mm)厚C15混凝土；100 mm厚碎石垫层，灌1∶5水泥砂浆；素土夯实。

3)门厅。20 mm厚花岗岩石板铺实拍平，稀水泥浆擦缝；30 mm厚1∶4干硬性水泥砂浆，面上撒素水泥，60 mm厚C15混凝土上刷素水泥浆一道；150 mm厚碎石垫层；素土夯实。

4)卫生间。8～10 mm厚防滑地砖铺实拍平，干水泥擦缝；25 mm厚1∶4干硬性水泥砂浆，面上撒素水泥；刷素水泥浆一道，最薄处15 mm厚，C20细石混凝土找坡0.5%，坡向地漏；涂聚氨酯防水涂膜3遍，厚1.8 mm，所有地面与竖管及墙角均翻高300 mm；60 mm厚C15混凝土随捣随抹平(与墙连接阴角位批 $R50$ mm 凹圆弧)；150 mm 厚碎石垫层；素土夯实。

(3)楼面。

1)门厅、前室。20 mm 厚花岗岩石板铺实拍平，稀水泥浆擦缝；30 mm 厚 1∶4 干硬性水泥砂浆，面上撒素水泥，刷素水泥浆一道，现浇钢筋混凝土楼板。

2)卫生间。8～10 mm 厚防滑地砖铺实拍平，干水泥擦缝；25 mm 厚 1∶4 干硬性水泥砂浆，面上撒素水泥；刷素水泥浆一道，最薄处 15 mm 厚 C20 细石混凝土找坡 0.5%，坡向地漏；涂聚氨酯防水涂膜 3 遍，厚 1.8 mm，所有楼面与竖管及墙角均翻高 300 mm；20 mm 厚水泥砂浆找平(与墙连接阴角位批 $R50$ 凹圆弧)；现浇钢筋混凝土楼板。

3)8～10 mm 厚防滑地砖铺实拍平，干水泥擦缝；25 mm 厚 1∶4 干硬性水泥砂浆，面上撒素水泥；刷素水泥浆一道，现浇钢筋混凝土楼板。

(4)内墙面。

1)界面处理剂一道(基层为砖墙时取消)；15 mm 厚 1∶3 水泥砂浆打底；10 mm 厚 1∶2 水泥砂浆抹面压光；满刮腻子，砂纸磨平；刷内墙涂料两遍。用于卫生间、门厅、前室以外的所有房间。

2)界面处理剂一道(基层为砖墙时取消)；15 mm 厚 1∶3 水泥砂浆刮糙；素水泥浆结合层一遍；3～4 mm 厚 1∶1 水泥砂浆加水重 20%的 802 胶粘贴；5 mm 厚釉面砖，白水泥擦缝。用于一般卫生间和厨房间。

3)界面处理剂一道(基层为砖墙时取消)；30 mm 厚 1∶3 水泥砂浆，分层灌浆；20 mm 厚花岗岩(大理石)石板，背面用 16 号钢丝与底墙固定，稀水泥浆擦缝。用于门厅、前室。

(5)外墙面。

1)干挂花岗岩。主要用于 1、2 层辅房。

2)铝塑板。主要用于 2 层以上东西立面。

3)玻璃幕墙。主要用于 1、2 层辅房东西立面；主楼南北立面。

(6)屋面。

1)上人屋面。现浇钢筋混凝土楼板，表面清扫干净；最薄处 30 mm 厚粉煤灰陶粒混凝土随图找坡；20 mm 厚 1∶3 水泥砂浆找平；45 mm 厚挤塑板保温；20 mm 厚 1∶2.5 水泥砂浆找平；4 mm 厚 SBS 改性沥青防水卷材；满铺 0.15 mm 厚聚苯乙烯薄膜一层；50 mm 厚 C30 细石混凝土刚性防水层($\phi6@200$)；刷素水泥浆一道，25 mm 厚 1∶4 干硬性水泥砂浆，面上撒素水泥；8～10 mm 厚地面砖铺实拍平，缝宽 5～8 mm，干水泥擦缝。

2)不上人屋面。现浇钢筋混凝土楼板，表面清扫干净；最薄处 30 mm 厚粉煤灰陶粒混凝土随图找坡；20 mm 厚 1∶3 水泥砂浆找平；涂聚氨酯涂料 3 遍，厚 2.0 mm；45 mm 厚挤塑板保温；20 mm 厚 1∶2.5 水泥砂浆找平；4 mm 厚 SBS 改性沥青防水卷材，卷材面为乙烯膜或铝箔保护层。

(7)门窗。彩色铝合金窗，木门(含防火门)。

3. 主要结构设计

(1)抗震设防。本工程抗震设防烈度为 7 度，剪力墙结构抗震等级为 2 级，框架抗震等级为 3 级。

(2)地下室。底板筏板基础，主楼筏板厚 1 200 mm，车库筏板厚 550 mm。混凝土强度等级：基础底板、主楼筏板为 C40，车库筏板及辅房独基为 C30。地下室外墙及底板混凝土采用抗渗混凝土，抗渗等级为 S6。

(3)主体钢筋混凝土结构。本工程主楼主体结构采用现浇钢筋混凝土框架-剪力墙结构，辅房主体结构采用现浇钢筋混凝土框架结构。

混凝土的强度等级：墙(包括墙身及连梁)、柱主楼 4.45 mm 以下 C40，4.45～19.75 mm 为

C35，19.75 mm 以上为 C30，车库及辅房为 C30；梁、板为 C30；圈梁、构造柱为 C20。

钢筋主要采用 HRB400 和 HPB300。

主楼：柱截面尺寸为 500 mm×500 mm、700 mm×700 mm、800 mm×800 mm 等，柱距不等，最大为 8.4 m；梁截面尺寸最大为 300 mm×1 350 mm，其余为 400 mm×900 mm、300 mm×800 mm、300 mm×650 mm 和 300 mm×600 mm 等。辅房：柱截面尺寸为 450 mm×450 mm、ϕ500 mm 等，梁截面尺寸为 250 mm×650 mm、250 mm×400 mm、200 mm×500 mm 和 200 mm×400 mm 等。

地下结构在主楼四周设 1 条后浇带，将主楼和车库从基础底板起分开。在车库沿南北向逢中设置 1 条后浇带，主楼设置 1 条后浇带。

(4)砖砌体。地下室内墙用 200 mm 厚 MU5 轻集料混凝土砌块，±0.000 以上外墙及女儿墙部位用 MU5 KM1 烧结空心砖、M5 混合砂浆，内墙用 MU5 加气混凝土砌块、M5 混合砂浆等轻质墙体材料。

施工准备

1. 施工组织准备

公司挑选精兵强将组建一个敬业、负责、富有经验的项目管理部，并且由公司主要领导组成本工程指挥领导小组，每月或每半个月在现场召开办公会议，解决、协调、平衡工程进展过程中有关技术、资金、劳动力和机械等方面的问题，确保工程施工快速、优质、顺利进行。

通过广泛、深入的宣传，工程的质量、职业健康安全、环境管理目标深入人心。在工程建设伊始，项目部上下便信念坚定地朝着既定的目标奋进。上达公司领导、下至基层施工技术人员，对建好本工程有足够信心，也予以充分重视。

2. 施工技术准备

(1)加强对设计图纸和地质报告等资料的学习与研究。根据业方提供的方案图及施工图，由技术部与业主和设计院联系，掌握设计内容，通过对设计图纸的学习研究，对场内建筑物的各项目技术指标有初步的了解，为做好场内布置、场外协调以及项目计划的编制提供最基本的理论依据。

通过对地质报告的分析研究，可以拟订基础施工的流程安排、围护结构的形式以及降排水、基坑开挖的方式等基础施工的关键内容。

(2)对施工图审查。对施工图审查分为图纸自审、图纸会审和技术核定三步。

(3)原始资料的调查与分析。原始资料的调查内容主要有以下几项：

1)场内障碍物调查，在此基础上，编制清障方案。

2)熟悉场内外管线情况，以便在基坑施工及重型车辆设备的通行过程中做好监测和保护。

3)熟悉测绘院提供的基地测绘报告，将红线上控制坐标点引测到外围固定位置上，将标高基准点保护好，并引测若干工作基准点。

4)基地内标控制网的建立，根据测绘院提供的标高基准点，用 DSZ3 进行四等水准测量，引测场内以 20 m×20 m 为基本单位的标高控制网，以此作为基坑围护及土方工程的依据。

5)根据总平面图以及红线坐标点，用全站仪测出各建筑物的控制点、控制线，并制订在压桩或基坑施工阶段控制点、控制线的校验措施。

(4)加强对规范及有关法律、法规的培训与学习。由技术部对本工程适用的国家强制性条文、新版国标、新版图集中有关内容进行总结，组织有关人员进行学习；由技术部门编制本工程主要分部、分项工程施工技术方案，作为施工指南；对国家及所在省有关文件进行汇编，交质量部门，作为质量检查的依据；将与本工程有关的安全技术标准进行总结，交安全部门，作为安全生产、安全检查、安全保护的依据。

(5)编制施工图预算和施工预算。由预算部门按施工图确定的工程量以及施工组织设计拟订的施工工艺，依照工程定额及有关取费标准，编制施工图预算。

编制施工预算：根据施工图预算、施工图纸、施工组织设计或施工方案、施工定额等文件进行编制，是企业内部控制各项成本支出、考核用工、"两算"对比、签发施工任务单、限额领料、基层进行经济核算的依据。

(6)编制施工组织设计。根据本工程扩初设计及相关资料(等施工图发放时，有关措施进一步细化)，编制完整的总体施工组织设计。施工组织设计内提供施工组织的各项目措施及计划，包括进度、材料、机械设备、劳动力及现场布置等，并对各项目措施和计划进行不断的优化；提供本工程执行的各质量标准及本工程的质量目标；提供各分部分项工程的施工技术方案，以及质量保证体系及质量控制措施、安全保证体系及安全保证措施等。

3. 劳动力组织

(1)建立本工程的项目管理机构。项目部由项目经理牵头，组成以各主管部门纵向到底、各分片管理部横向到边的管理网络，主管部门有技术、质量、安全、预算、材料、财务和综合七大部门。

(2)劳动力组织准备。按照开工日期和劳动力需求计划，组织劳动力进场，并进行职业健康安全、文明施工和环境保护等有关的教育，施工队伍的组建应充分考虑各专业工种的分工与组合，并考虑流水施工等因素，做到合理精干，制订动态的劳动力需求量计划并与市内本公司工程形成互补。

4. 施工机械准备

(1)塔式起重机。选用1台塔式起重机，型号为QTZ6015(有效变幅长度为60 m，最大变幅处起重力为15 kN)，塔式起重机的有效工作范围覆盖了绝大部分的施工作业面和全部施工材料加工及堆放区。塔式起重机基础在基坑土方开挖时直接挖到位，基础施工阶段将塔式起重机安装就位。

(2)钢筋加工机械。施工现场设一个钢筋加工场，加工场设钢筋切断机、钢筋弯曲机各2套，直螺纹套丝机2套，钢筋调直机1套，保证现场钢筋施工正常进行。

(3)混凝土拌制和输送机械。结构施工期间采用商品混凝土，现场设1台混凝土地泵和布料杆，结构底板施工期间配合汽车泵辅助施工。

(4)外用电梯。装修施工期间采用3台SCD200/200外用电梯，用于材料运输。

(5)其他小型机械。及时准备好混凝土和木工所用的各种小型机械，做好机械设备满负荷运转工作，保证机械使用状态良好。

5. 材料准备

建筑材料的准备：根据施工预算进行分析，并按施工进度要求，按材料的名称、规格、使用时间、材料储备定额和消耗定额进行汇总，编制材料需求计划，为组织备料、确定仓库、场地堆放和组织运输提供依据，并编制相应材料的复试计划。

构件、制品的加工准备：本工程主要是钢筋成型和组合模板的加工，应根据施工图及细化翻样，按施工进度的要求进行准备。

机械设备及机具的准备：本工程需1台塔式起重机，3台施工电梯，1台混凝土泵，2套钢筋成型设备及若干其他机械和小型机具，根据施工进度确定机械进场时间，并根据施工总平面图确定机械安放位置，在机械进场前做好调试和保养工作，做好有关技术方面准备工作。

任务拓展

根据下列工程概况，编制5层框架结构教学楼施工准备工作。

工程概况

某地上为5层教学楼，一至五层为3.6 m，建筑高度为18.6 m，总建筑面积为2 220 m^2。属于二类多层建筑；结构形式为框架结构，抗震等级为3级，抗震设防烈度为7度；主体结构设计耐久年限为二级，50年；设计标高±0.000相当于黄海高程44.700 m，室外地坪标高为－0.150 m。

主要做法说明：

(1)基础与主要结构。基础采用桩筏板基础。防水等级为二级，采用防水混凝土，抗渗等级为P6。在底板及外墙的迎水面做卷材水层。基础垫层采用混凝土为C15，基础、地梁、承台、墙柱地下室顶板均为P6、C35混凝土。地上梁、板、柱、墙均为C30混凝土，其余非结构构件混凝土均采用C25。

(2)墙体做法。填充墙地下采用MU10烧结普通砖、M7.5水泥砂浆砌筑，地上部分采用MU5.0、KM1烧结多孔砖M5混合砂浆砌筑。

(3)地下防水。防水等级为一级，防水混凝土抗渗等级为P6，在底板侧墙、下板和顶板外侧加做两道总厚不小于6的SBS防水卷材。

(4)屋面防水。屋面防水等级为Ⅱ级，采用4厚SBS防水卷材一道及刚性防水两道防水层。

(5)门窗工程。门窗工程为塑钢门窗；玻璃采用普通中空玻璃。

(6)外墙做法如下：

1)涂料或柔性面砖墙面。涂料或柔性面砖饰面层，5 mm厚抗裂砂浆中间压入玻纤网格布一层，50 mm厚岩棉板保温层，胶粘剂(粘贴方法由生产保温板的厂家确定)，20 mm厚1∶2.5水泥砂浆找平层，每立方米水泥砂浆内掺0.9 kg聚丙烯抗裂纤维，表面刷胶黏剂，墙面水泥浆满拉毛并在后砌墙与混凝土墙面处挂ϕ1@20×20镀锌钢丝网，墙体表面清理干净，KM1烧结空心砖砌体(双面勾缝)。

2)干挂花岗岩外墙。石材开槽固定于不锈钢挂件上，石材做六面防水；采用同色专用填缝剂勾缝铺贴，缝宽各8 mm，固定不锈钢挂件；5 mm厚抗裂砂浆，50 mm厚岩棉板保温层；角钢支架与混凝土墙面预埋钢板焊牢；20 mm厚1∶2.5水泥砂浆找平层，每立方水泥砂浆内掺0.9 kg聚丙烯抗裂纤维，表面刷粘结剂，墙面水泥浆满拉毛并在后砌墙与混凝土墙面处挂ϕ1@20×20，镀锌钢丝网，墙体表面清理干净。

(7)内墙做法。一般套内房间为腻子两遍细砂纸磨光，厨房卫生间为水泥砂浆毛墙面，楼梯间、地下室为乳胶漆墙面，电梯间为面砖墙面。

(8)屋面。平屋面为50 mm厚C30细石混凝土刚性防水层，20 mm厚1∶3水泥砂浆保护层，4 mm厚SBS防水卷材，20 mm厚1∶3水泥砂浆找平层粘贴XPS保温板。坡屋面为20 mm厚1∶2.5水泥砂浆找平层，4 mm厚满粘防水卷材，XPS泡沫板，40 mm厚C20细石混凝土刚性防水屋面，水泥瓦用1∶2.5水泥砂浆坐浆。

施工用临时水源、电源(变压器)位于场地西部，已接至现场。根据现场实际情况可作为临时设施场地和工器具及材料、设备堆放的主要场地。本工程于2017年7月1日开工，日历工期按现行工期定额提前10%～15%。估算总工期为200天。工程施工期间，最低气温为－6 ℃，最高气温为39 ℃，7～8月为雨季，12～1月为冬季。其单元平面图及立面图如图2-4和图2-5所示。

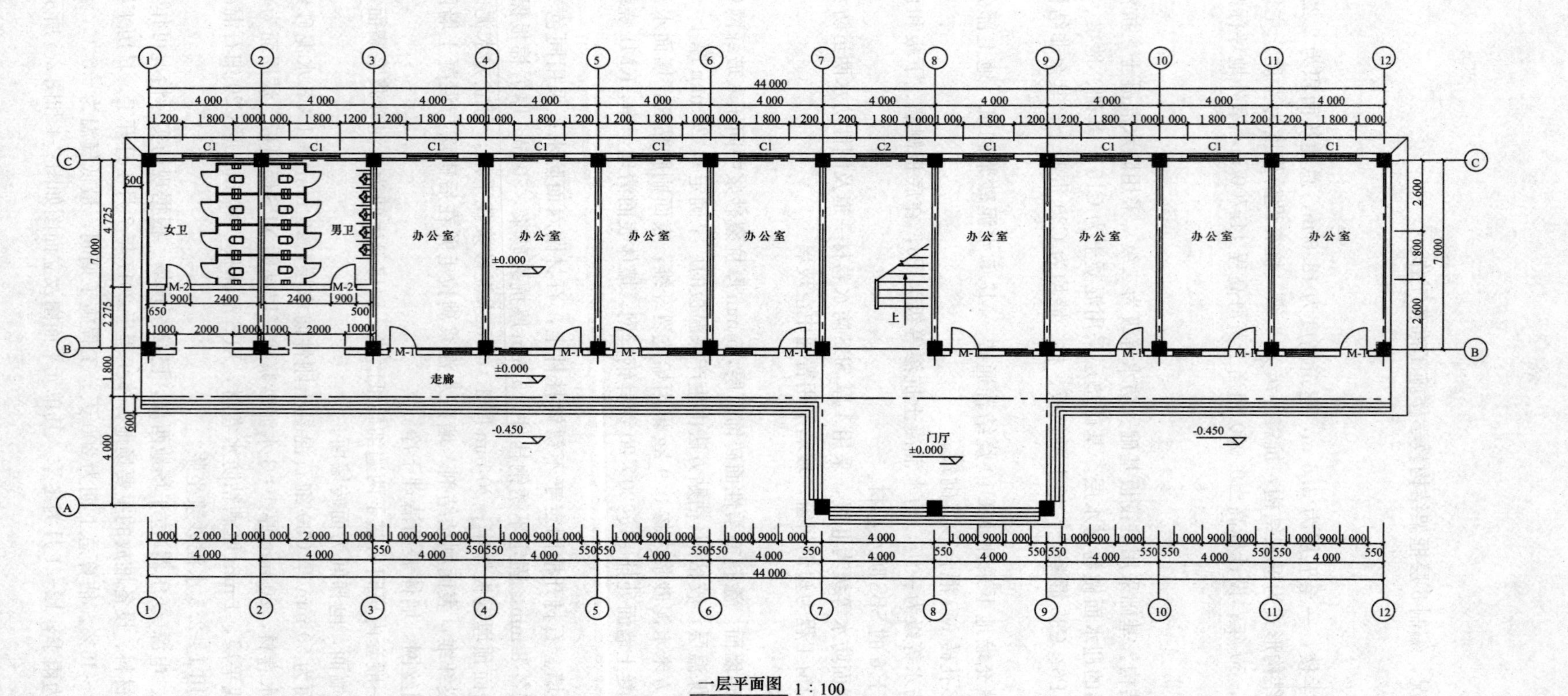

女卫
男卫
办公室
走廊
门厅
上
±0.000
-0.450
C1
C2
M-1
M-2
44 000
4 000
7 000
一层平面图 1 : 100

图 2-4 一层平面图

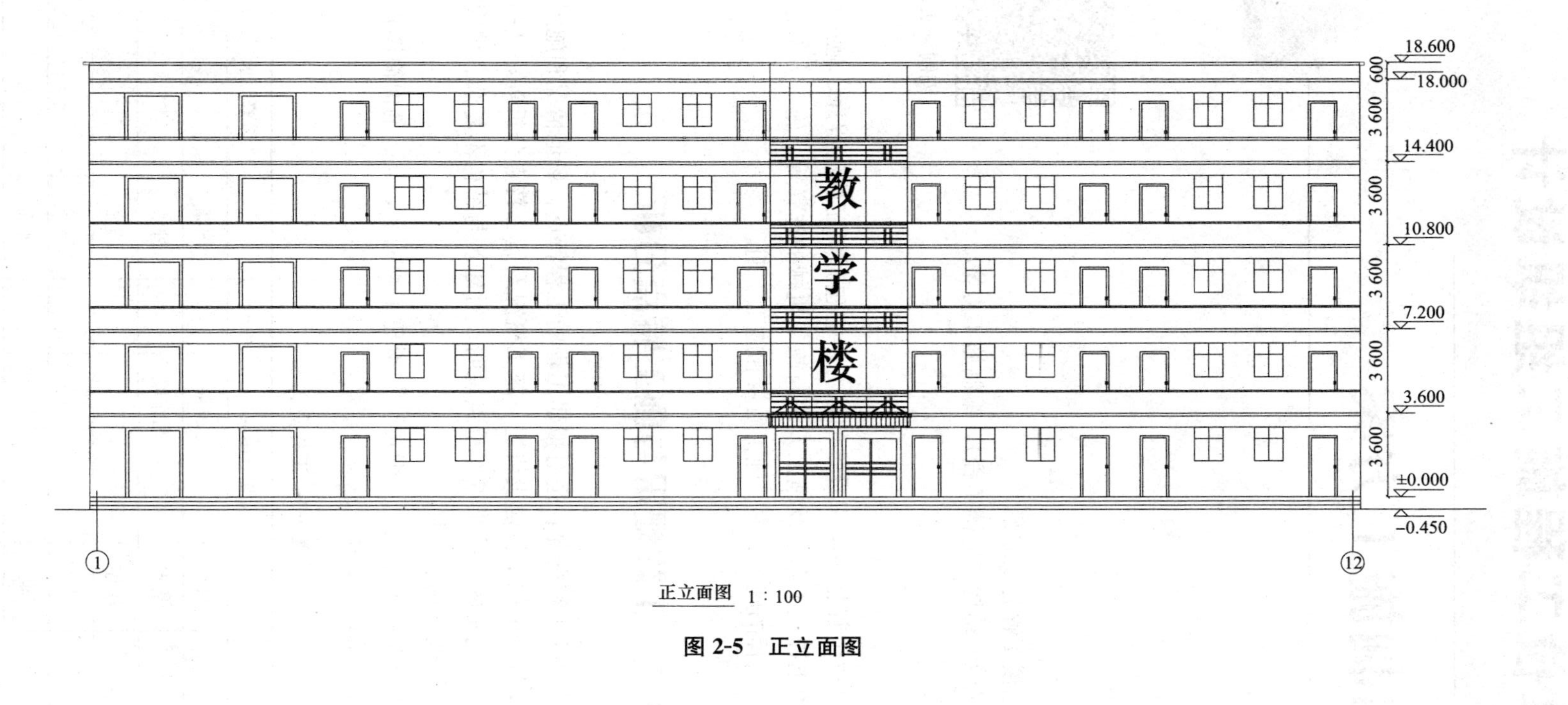
18.600
18.000
14.400
10.800
7.200
3.600
±0.000
-0.450
600
3 600
3 600
3 600
3 600
3 600
教
学
楼
1
12
正立面图 1 : 100

图 2-5 正立面图

模块二　单位工程施工组织设计

任务3　编制施工方案

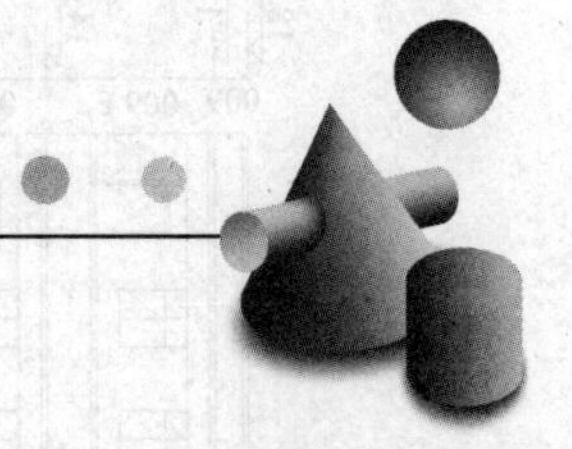

▶ 任务提出

编制施工方案

编制5层砖混结构住宅楼工程施工方案。

工程概况同任务2(5层砖混结构住宅楼工程)，编制施工方案。

▶ 所需知识

合理选择施工方案是单位工程施工组织设计的核心。它包括确定施工程序、施工段划分、施工起点及流向、分部分项工程施工顺序及施工方法与施工机械的选择等。施工方案选择得恰当与否，将直接影响到单位工程的施工效率、施工质量和施工工期。

3.1　工程概况与施工特点分析

单位工程施工组织设计中的工程概况，是对拟建工程的工程特点、场地情况和施工条件等所作的简要文字介绍，主要包括单位工程建设概况、施工概况及施工特点分析等，其中应对新结构、新材料、新技术、新工艺及施工的难点作重点说明。对建筑与结构不复杂、规模不大的工程，可采用工程概况表的形式，见表3-1。

为了弥补文字叙述或表格介绍的不足，一般可绘制拟建工程的平、立、剖面简图作辅助说明，图中只需注明轴线尺寸、总长、总宽、总高及层高等主要建筑尺寸。

表3-1　工程概况表

建设单位		建筑结构			装修要求	
设计单位		层数		屋架	内墙	
施工单位		基础		吊车梁	外墙	
建筑面积		墙体			门窗	
工程造价/万元		柱			楼面	
开工日期		梁			地面	
竣工日期		楼板			顶棚	

续表

<table>
<tr><td rowspan="14">编制说明</td><td rowspan="2">上级文件和要求</td><td></td><td colspan="2" rowspan="3">地质情况</td><td rowspan="3"></td></tr>
<tr><td></td></tr>
<tr><td rowspan="2">施工图纸情况</td><td></td></tr>
<tr><td></td><td rowspan="3">地下水水位</td><td>最高</td><td></td></tr>
<tr><td rowspan="2">合同签订情况</td><td></td><td>最低</td><td></td></tr>
<tr><td></td><td>常年</td><td></td></tr>
<tr><td rowspan="2">土地征购情况</td><td></td><td rowspan="3">雨量</td><td>日最大量</td><td></td></tr>
<tr><td></td><td>一次最大</td><td></td></tr>
<tr><td rowspan="2">“七通一平”情况</td><td></td><td>全年</td><td></td></tr>
<tr><td></td><td rowspan="3">气温</td><td>最高</td><td></td></tr>
<tr><td>主要材料落实程度</td><td></td><td>最低</td><td></td></tr>
<tr><td>临时设施解决办法</td><td></td><td>平均</td><td></td></tr>
<tr><td rowspan="2">其他</td><td></td><td colspan="2" rowspan="2">其他</td><td></td></tr>
<tr><td></td><td></td></tr>
</table>

3.1.1 工程建设概况

单位工程建设概况主要包括单位工程建设基本情况、建筑特点、结构特征和设备安装等内容。

3.1.1.1 单位工程建设基本情况

单位工程建设基本情况主要介绍拟建单位工程的工程性质、名称、用途、资金来源及工程造价(投资额)，建设单位、勘察单位、设计单位、监理单位、施工单位，工程开、竣工日期，施工图纸情况(是否出齐、经过图审、会审等)，施工合同是否签订，上级有关文件或要求等。

3.1.1.2 建筑特点

建筑特点主要介绍拟建工程的结构形式，建筑面积、平面形状、平面组合情况及层数、层高、总高、总宽、总长等尺寸，建筑分类、耐火等级、建筑防火分区、设计合理使用年限、抗震设防类别、防水等级、±0.000相当于绝对标高的数值、室内外高差，室内外装饰装修做法、构造做法及建筑节能等。

3.1.1.3 结构特征

结构特征主要介绍拟建工程的结构形式，层数、层高，基础的类型、埋置深度、构造特点及要求；主体结构的类型，墙、柱、梁、板的典型截面尺寸，砌体工程；钢材、混凝土、砌体、砂浆等材料；预制构件或钢结构构件的类型、质量及安装位置；楼梯形式及构造要求等。

3.1.1.4 设备安装

设备安装主要介绍拟建工程的建筑给水排水及供暖、建筑电气、通风与空调、智能建筑、建筑节能、电梯设计及材料情况。

3.1.2 工程施工概况

3.1.2.1 拟建场地情况

拟建场地情况主要介绍拟建工程的建设位置、周边道路、已建建筑物、构筑物等情况，拟建场地地形地貌，工程地质和水文地质条件，地上、地下管线情况，建设地点气温，冬、雨期时间、主导风向、风力等气象条件和地震烈度等情况。

3.1.2.2　**施工条件**

施工条件主要介绍"七通一平"的情况；当地的交通运输条件，构件加工制作及材料供应情况，施工场地大小及周围环境情况，建设单位提供的城市坐标点、水准点位置，施工单位机械设备、劳动力的落实情况，内部承包方式、劳动组织形式及施工管理水平，现场临时设施情况等。

3.1.3　施工特点分析

施工特点分析主要说明工程施工的重点所在，以便突出重点、抓住关键，使施工顺利地进行，提高施工单位的经济效率和管理水平。

不同类型的建筑结构、不同条件下的工程施工，均有其不同的施工特点。如砌体结构的施工特点是砌筑和抹灰工程量大，需解决水平运输和垂直运输等问题。单层装配式厂房的施工特点是预制构件多，结构吊装量大，土建、设备、电器、管道等施工安装的协作要求高，需解决构件运输、吊装及各工种的配合等问题。高层建筑的施工特点是基础埋深大且有较厚的钢筋混凝土底板，需着重解决深基坑支护和大体积混凝土基础浇筑问题；主体结构施工技术复杂，高层钢筋混凝土结构需着重研究各种工业化模板、钢筋连接、高性能混凝土配制与运输等施工问题，高层钢结构需着重解决钢柱、钢梁的吊装及测量、校正等问题。

3.2　施工程序与施工段的划分

3.2.1　单位工程的施工程序

施工程序体现了施工步骤上的客观规律性，是指单位工程中各施工阶段或分部工程的先后次序及其制约关系，主要是解决时间搭接上的问题。

3.2.1.1　**土建施工程序**

土建施工一般应遵守"先地下后地上、先土建后设备、先主体后围护、先结构后装修"的原则。

(1)先地下后地上。先地下后地上是指地上工程开始之前，尽量把管道、线路等地下设施、土方工程和基础工程完成或基本完成，以免对地上部分施工产生干扰，既给施工带来不便，又会造成浪费，影响质量。

(2)先土建后设备。先土建后设备是指无论工业建筑还是民用建筑，一般土建施工应先于水、暖、煤、电、卫等建筑设备的施工。但它们之间更多的是穿插配合的关系，尤其在装修阶段，要从保质量、降成本的角度，处理好相互之间的关系。

(3)先主体后围护。先主体后围护主要是指框架等主体结构与围护结构在总的程序上要有合理的搭接。一般来说，多层建筑以少搭接为宜，而高层建筑则应尽量搭接施工，以有效地节约时间。

(4)先结构后装修。先结构后装修是对一般情况而言，有时为了缩短工期，也可以部分搭接施工。

上述施工程序，在特殊情况下可以调整，如在冬期施工之前，应尽可能完成土建和围护结构，以利于施工中的防寒和室内作业的开展；又如大板建筑施工，大板承重结构部分和某些装饰部分宜在加工厂同时完成。

3.2.1.2 **土建施工与设备安装之间的程序安排**

工业建设项目除了土建施工还有工业管道和工艺设备等安装。为了早日竣工投产，在考虑施工方案时应十分重视合理安排土建施工与设备安装之间的施工程序。

(1)封闭式施工。封闭式施工即土建主体结构完成之后，再进行设备安装的施工程序。对精密仪器厂房等，还应在土建装修完成后再进行设备安装。

这种施工程序的优点是：有利于构件的现场预制、拼装和就位，适合选择各种起重机械进行吊装，能加快主体结构的施工速度；设备基础能在室内施工，不受气候影响，可减少防雨、防寒等设施费用；有时还可以利用厂房内的桥式吊车为设备基础施工服务。缺点是：出现一些重复工作(如部分柱基础土方的重复挖填和运输道路的重新铺设等)；设备基础施工条件较差，因场地限制，不便于采用机械挖土，不能提前为设备安装提供工作面，因而工期较长。

(2)敞开式施工。敞开式施工即先安装工艺设备然后建设厂房的施工程序。这种施工程序适用于某些重型工业厂房(如冶金车间、发电厂房等)的施工，其优、缺点与封闭式相反。

(3)设备安装与土建施工同时进行。设备安装与土建施工同时进行是指当土建施工为设备安装创造了必要条件，同时能防止设备被砂浆、垃圾等污染的情况下，所采用的施工程序。如在建造水泥厂时，经济上最适宜的施工程序便是两者同时进行。

3.2.2 施工段的划分

划分施工段的目的是为了适应流水施工的需要。在单位工程上划分施工段时，须注意以下几点要求：

(1)要有利于结构的整体性，尽量利用伸缩缝或沉降缝、平面有变化处、留槎而不影响质量处以及可留施工缝处等作为施工段的分界线。住宅可按单元、楼层划分，厂房可按跨、生产线划分，建筑群还可按区、幢划分。

(2)要使各段工程量(劳动量)大致相等，其相差幅度不宜超过10%～15%，以便组织等节拍流水施工，使劳动组织相对稳定，各班组能连续均衡施工，减少停歇和窝工。

(3)施工段数m应与施工过程数n相协调，尤其在组织楼层结构流水施工时，每层的施工段数应大于或等于施工过程数，即$m \geqslant n$。段数过多可能延长工期或使工作面过窄，段数过少则无法流水施工，从而造成劳动力窝工或机械设备停歇。

1)当$m=N$时，专业工作队连续施工，施工段上始终有工作队在工作，即施工段无空闲状态，比较合理。

2)当$m>N$时，专业工作队连续施工，但施工段有空闲状态。

3)当$m<N$时，专业工作队在一个工程中不能连续工作而出现窝工现象。

(4)为充分发挥工人、主导机械的效率，应保证每个施工段有足够的工作面且符合劳动组合的要求。

1)施工段划分得多，在不增加工人数的情况下可以缩短工期。但施工段过多，每个施工段上安排的工人数就会增加，从而使每一操作工人的有效工作范围减小，一旦超过最小工作面的要求则容易发生安全事故，降低劳动效率，反而不能缩短工期。若要保证最小工作面，则必须减少工人数量，同样也会延长工期，甚至会破坏合理的劳动组合。

2)施工段划分过少，既会延长工期，还可能会使一些作业班组无法组织连续施工。

最小工作面是指生产工人能充分发挥劳动效率、保证施工安全时所需的最小工作空间范围。

最小劳动组合是指能充分发挥专业作业班组劳动效率时的最少工人数量及其合理的组合。

(5)对于多层建筑物，施工段数是各层段数之和，各层应有相等的段数和上下垂直对应的分界线，以保证专业工作队在施工段和施工层之间能进行有节奏、均衡、连续的流水施工。

施工段有空闲停歇，一般会影响工期，但在空闲的工作面上如能安排一些准备或辅助工作，如运输类施工过程，则会使后继工作进展顺利，也不一定有害。而工作队工作不连续，在一个工程项目中是不可取的，除非能将窝工的工作队转移到其他工地进行工地间大流水。

流水施工中施工段的划分一般有两种形式：一种是在一个单位工程中自身分段；另一种是在建设项目中各单位工程之间进行流水段划分。后一种流水施工最好是各单位工程为同类型的建筑，如同类建筑组成的住宅群，以一幢建筑作为一个施工段来组织流水施工。

3.3 施工流向与施工顺序

3.3.1 单位工程的施工起点和流向

施工起点和流向是指单位工程在平面或空间上开始施工的部位及其流动方向，这主要取决于生产需要、缩短工期和保证质量等要求。一般来说，单层建筑物只需按工段、跨间分区分段确定平面上的施工流向；多层建筑物除了确定每层平面上的施工流向外，还要确定其层间或单元空间上的施工流向。

施工流向的确定牵涉到一系列施工过程的开展和进程，是组织施工的重要环节，须考虑以下几个因素。

3.3.1.1 生产工艺或使用要求

这往往是确定施工流向的基本因素。一般生产工艺上影响其他工段试车投产或生产使用上要求急的工段、部位先安排施工。例如，工业厂房内要求先试生产的工段应先施工；高层宾馆、饭店等，可以在主体结构施工到相当层数后，即进行地面上若干层的设备安装与室内外装修。

3.3.1.2 施工的繁简程度

一般来说，技术复杂、施工进度较慢、工期较长的工段或部位应先施工。

3.3.1.3 房屋高低层或高低跨

柱的吊装应从高低跨并列处开始；屋面防水层施工应按先高后低的方向施工，同一屋面则由檐口到屋脊方向施工；基础有深浅时，应按先深后浅的顺序施工。

3.3.1.4 选用的施工机械

根据工程条件，挖土机械可选用正铲、反铲和拉铲等，吊装机械可选用履带吊、汽车吊和塔式起重机等，这些机械的开行路线或布置位置便决定了基础挖土及结构吊装的施工起点和流向。

3.3.1.5 施工组织的分层分段

划分施工层、施工段的部位，如伸缩缝、沉降缝和工缝等，也是决定其施工流向时应考虑的因素。

3.3.1.6 分部工程或施工阶段的特点

如基础工程由施工机械和方法决定其平面的施工流向；主体工程从平面上看，哪一边先开始都可以，但竖向一般应自下而上施工；装修工程竖向的施工流向比较复杂，室外装修可采用自上而下的流向，室内装修则可采用自上而下、自下而上及自中而下再自上而中3种流向。

自上而下是指主体结构封顶或屋面防水层完成后，装修由顶层开始逐层向下的施工流向，一般有水平向下和垂直向下两种形式，如图 3-1 所示。其优点是主体结构完成后，建筑物有一个沉降时间，沉降变化趋向稳定，这样既可保证屋面防水质量，不易产生屋面渗漏水，也能保证室内装修质量，可以减少或避免各工种操作互相交叉，便于组织施工，利于安全施工，而且自上而下的清理也很方便。其缺点是不能与主体结构施工搭接，工期相应较长。

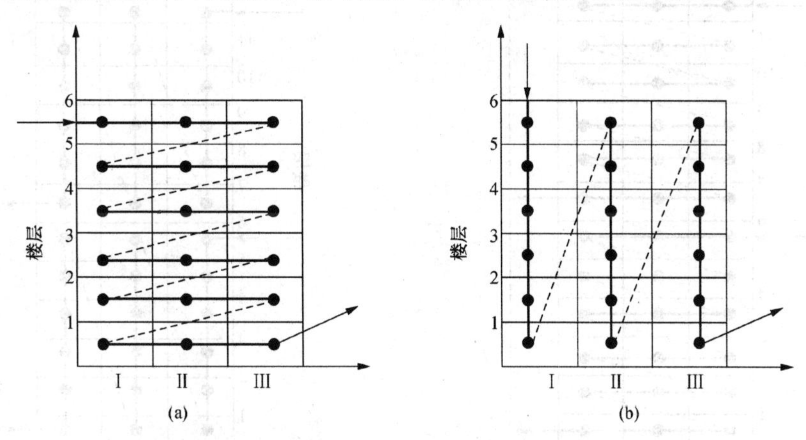

图 3-1　室内装饰工程自上而下的流向

(a)水平向下；(b)垂直向下

自下而上是指主体结构施工到 3 层以上时(有两个层面楼板，确保底层施工安全)，装修从底层开始逐层向上的施工流向，一般与主体结构平行搭接施工，也有水平向上和垂直向上两种形式，如图 3-2 所示。为了防止雨水或施工用水从上层板缝内渗漏而影响装修质量，应先做好上层楼板面层抹灰，再进行本层墙面、顶棚、地面的抹灰施工。这种流向的优点是：可以与主体结构平行搭接施工，能相应缩短工期，当工期紧迫时可以考虑采用这种流向。其缺点是：工种操作互相交叉，需要增加安全措施，交叉施工的工序多，材料供应紧张，施工机械负担重，现场施工组织和管理也比较复杂。还应注意，当装修采用垂直向上施工时，如果流水节拍控制不当，则可能超过主体结构施工速度，从而被迫中断流水。

自中而下再自上而中的施工流向，综合了前两种流向的优点、缺点，一般适用于高层建筑的装修工程施工，如图 3-3 所示。

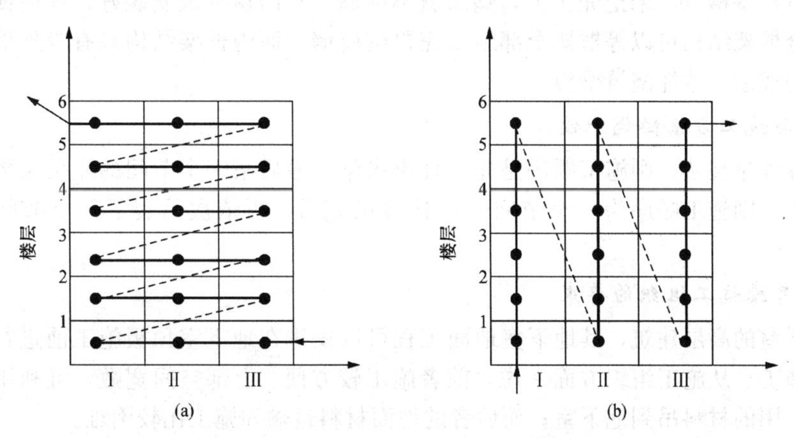

图 3-2　室内装饰工程自下而上的流向

(a)水平向上；(b)垂直向上

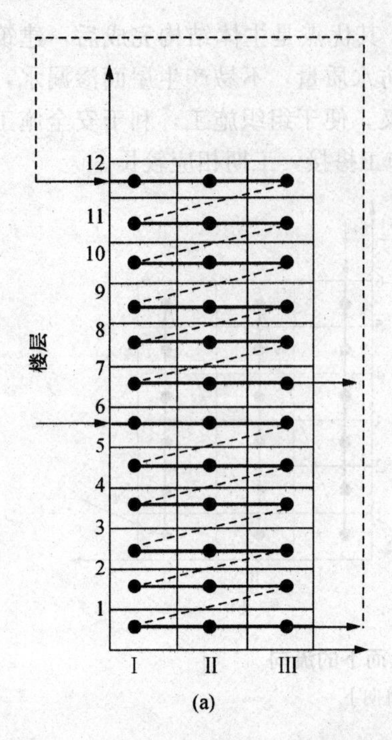

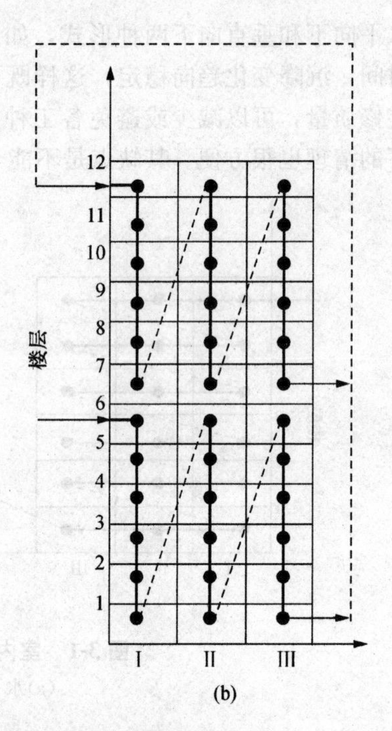

图 3-3　室内装饰工程自中而下再自上而中的流向

(a)水平向上；(b)垂直向下

3.3.2　分部分项工程的施工顺序

组织单位工程施工时，应将其划分为若干个分部工程(或施工阶段)，每一分部工程(或施工阶段)又划分为若干个分项工程(施工过程)，并对各个分部分项工程的施工顺序作出合理安排。

3.3.2.1　确定施工顺序的基本原则

1. 必须符合施工工艺的要求

这一原则反映施工工艺上存在的客观规律和相互制约关系。如基础工程未做完，其上部结构就不能进行；基槽(坑)未挖完土方，垫层就不能施工；门窗框没安装好，地面或墙面抹灰就不能开始；全框架结构可以等框架全部施工完再砌砖墙，而内框架结构只有等外墙砌筑与钢筋混凝土柱都完成后，才能浇筑梁板。

2. 必须与施工方法协调一致

如采用分件吊装法，则施工顺序是先吊柱再吊梁，最后吊一个节间的屋架及屋面板。如采用综合吊装法，则施工顺序为一个节间全部构件吊完后，再依次吊装下一个节间，直至全部吊完。

3. 必须考虑施工组织的要求

如有地下室的高层建筑，其地下室地面工程可以安排在地下室顶板施工前进行，也可以在顶板铺设后施工。从施工组织方面考虑，前者施工较方便，上部空间宽敞，可利用吊装机械直接将地面施工用的材料吊到地下室；而后者的地面材料运输和施工比较困难。

4. 必须考虑施工质量的要求

如屋面防水层施工，必须等找平层干燥后才能进行，否则将影响防水工程的质量。又如多层结构房屋的内墙面及顶棚抹灰，应待上一层楼地面完成后再进行，否则抹灰面易遭损坏，造成返工修补。

5. 必须考虑当地气候条件

如雨期和冬期到来之前，应先做完室外各项施工过程，为室内施工创造条件。冬期施工时，可先安装门窗玻璃，再做室内地面及墙面抹灰，这样有利于保温和养护。

6. 必须考虑安全施工的要求

如脚手架应在每层结构施工之前搭好。又如在多层砖混结构施工中，只有完成两个楼层板的铺设后，才允许在底层进行其他施工过程的操作。

3.3.2.2　多层砖混结构的施工顺序

多层砖混建筑的施工一般可划分为基础、主体、屋面、装修及房屋设备安装等分部工程，或划分为基础、主体、屋面装修及房屋设备安装等施工阶段，其施工顺序如图 3-4 所示。

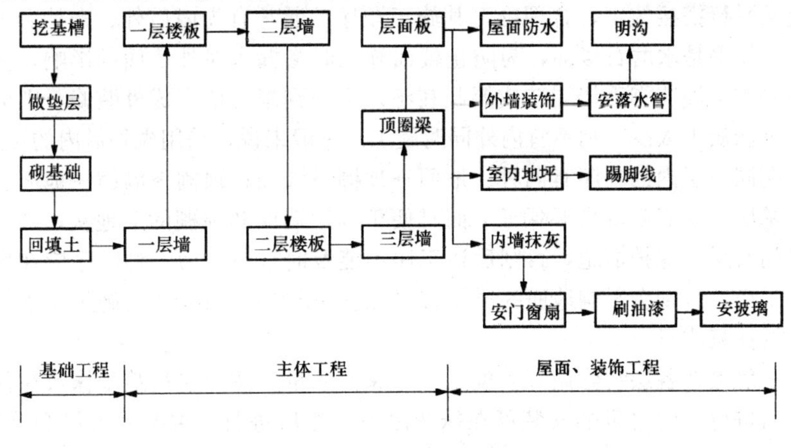

图 3-4　混合结构施工顺序

1. 基础工程阶段的施工顺序

基础工程阶段的施工过程与施工顺序一般是：挖土→垫层→基础→防潮层→回填土。如有桩基础，则应另列桩基工程。如有地下室，则在垫层完成后，先进行地下室底板、墙身施工，再做防水层、安装地下室顶板，最后回填土。

挖土与垫层施工搭接应紧凑(或合并为一个施工过程)，间隔时间不宜太长，以防下雨后基槽(坑)内积水，影响地基的承载能力。还应注意垫层施工后的技术间歇时间，待其具有一定的强度后，再进行后道工序的施工。各种管沟的挖土、铺设等应尽可能与基础施工配合，平行搭接进行。回填土一般在基础完工后一次分层夯填完毕，以便为后道工序施工创造条件，但应注意基础本身的承受力。当工程量较大且工期较紧时，也可将填土分段与主体结构搭接进行，或安排在室内装修施工前进行(如室内填土)。

2. 主体工程阶段的施工顺序

主体工程阶段的施工过程包括搭设垂直运输机械及脚手架、墙体砌筑、现浇圈梁和雨篷、安装楼板等。

这一阶段应以墙体砌筑为主进行流水施工，根据每个施工段砌砖工程量、工人人数、垂直运输量及吊装机械效率等计算确定流水节拍的大小，而其他施工过程则应配合砌墙的流水过程，搭接进行。如脚手架搭设及楼板铺设应配合砌墙进度逐段逐层进行，其他现浇构件的支模、扎筋可安排在墙体砌筑的最后一步插入，与现浇圈梁同时进行，预制楼梯段的安装必须与墙体砌筑和楼板安装紧密配合，一般应同时或相继完成。当采用现浇楼梯时，更应注意与楼层施工紧密配合，否则由于混凝土养护的需要，后道工序将不能如期进行，从而延长工期。

3. 屋面、装饰工程阶段的施工顺序

屋面、装饰工程阶段的特点是施工内容多，繁而杂；有的工程量大而集中，有的则小而分散，劳动消耗量大，手工操作多，工期较长。

屋面保温层、找平层和防水层施工应依次进行。刚性防水屋面的现浇钢筋混凝土防水层、分格缝施工应在主体结构完成后开始并尽快完成，以便为顺利进行室内装修创造条件。一般情况下，它可以和装修工程搭接或平行施工。

装修工程可分为室外装修(外墙抹灰、勒脚、散水、台阶、明沟、水落管及道路等)和室内装修(顶棚、墙面、地面抹灰，门窗扇安装，五金及各种木装修，踢脚线、楼梯踏步抹灰)，要安排好立体交叉平行搭接施工，合理确定其施工顺序。通常有先内后外、先外后内、内外同时进行3种顺序。如果是水磨石楼面，为防止楼面施工时渗漏水对外墙面的影响，应先完成水磨石的施工；如果为了加速脚手架周转或要赶在冬、雨期到来之前完成外装修，则应采取先外后内的顺序；如果抹灰工太少，则不宜内外同时施工。一般来说，采用先外后内的顺序较为有利。

室内抹灰在同一层内的顺序有两种：地面→顶棚→墙面；顶棚→墙面→地面。前一种顺序便于清理地面基层，地面质量易于保证，而且便于利用墙面和顶棚的落地灰，节约材料；但地面需要养护时间及采取保护措施，否则后道工序不能及时进行。后一种顺序应在做地面面层时将落地灰清扫干净，否则会影响地面的质量(产生起壳现象)，而且地面施工用水的渗漏可能影响墙面、顶棚的抹灰质量。

底层地坪一般是在各层装修做好后施工。为保证质量，楼梯间和踏步抹灰往往安排在各层装修基本完成后进行。门窗扇的安装可在抹灰之前或之后进行，主要视气候和施工条件而定；应先油漆门窗扇，然后安装玻璃。

房屋设备安装工程的施工可与土建有关分部分项工程交叉施工，紧密配合。例如，基础阶段，应先将相应的管沟埋设好，再进行回填土；主体结构阶段，应在砌墙或现浇楼板的同时，预留电线、水管等的孔洞或预埋木砖和其他预埋件；装修阶段，应安装各种管道和附墙暗管、接线盒等。水、暖、煤、卫、电等设备安装最好在楼地面和墙面抹灰之前或之后穿插施工。室外上、下水管道等的施工可安排在土建工程之前或与土建工程同时进行。

3.3.2.3　单层装配式厂房的施工顺序

单层装配式厂房的施工一般可分为基础、构件预制、吊装、围护结构、屋面、装修及设备安装等分部工程，或分为基础、预制、吊装、围护及屋面、装修、设备安装等施工阶段。各施工阶段的施工程序，如图3-5所示。

1. 基础工程阶段的施工顺序

基础工程阶段的施工过程和顺序是：挖土→垫层→杯形基础(也可分为扎筋、支模、浇混凝土等)→填土。如采用桩基础，可另列一个施工阶段。打桩工程也可安排在准备阶段进行。若桩基、土方和基础工程分别由不同单位分包，则可分为3个单独的施工过程分别组织施工。

对厂房内的设备基础，应根据不同情况，采用封闭式或敞开式施工。封闭式，即厂房柱基础先施工，设备基础在结构吊装后施工。其适用于设备基础不大不深(不超过柱基础深度)、不靠近桩基的情况。敞开式，即厂房柱基础与设备基础同时施工。其适用于设备基础较大较深、靠近柱基的情况，施工时应遵循先深后浅的要求来安排设备基础的先后顺序。

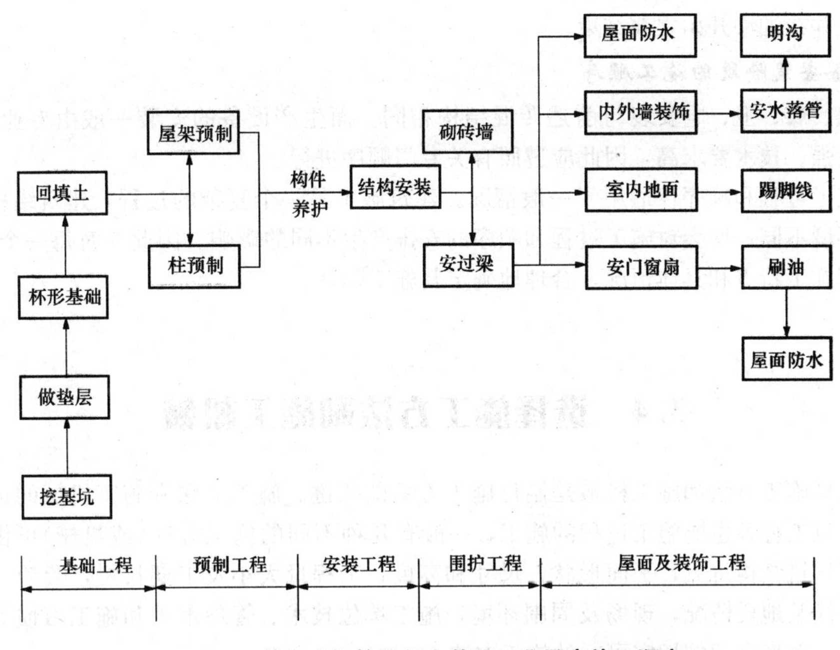

图 3-5　装配式钢筋混凝土单层工业厂房施工顺序

2. 预制工程阶段的施工顺序

预制工程阶段主要包括一些质量较大、运输不便的大型构件，如柱、屋架、吊车梁等的现场预制。可采用先柱后屋架或柱、屋架依次分批预制的顺序，这取决于结构吊装方法。现场后张法预应力屋架的施工顺序是：场地平整夯实→支模(地胎模或多节脱模)→扎筋(有时先扎筋后支模)→预留孔道→浇筑混凝土并养护→拆模→预应力筋张拉→锚固→灌浆。

3. 安装工程阶段的施工顺序

安装工程阶段的施工顺序取决于吊装方法。采用分件吊装法时，其顺序一般是：第一次开行吊装柱，并进行其校正和固定；第二次开行吊装吊车梁、连系梁、基础梁等；第三次开行吊装屋盖构件。采用综合吊装法时的施工顺序一般是：先吊装一、二个节间的4～6根柱，再吊装该节间内的吊车梁等构件，最后吊装该节间内的屋盖构件，如此逐间依次进行，直至全部厂房吊装完毕。抗风柱的吊装可采用两种顺序：一是在吊装柱的同时先安装同跨一端抗风柱，另一端则在屋盖吊装完毕后进行；二是全部抗风柱的吊装均待屋盖吊装完毕后进行。

4. 围护、屋面及装修阶段的施工顺序

围护、屋面及装修阶段总的施工顺序是：围护结构→屋面工程→装修工程，但有时也可互相交叉，平行搭接施工。

围护结构的施工过程和顺序为：搭设垂直运输机具(井架等)→砌砖墙(脚手架搭设与之相配合)→现浇门框、雨篷等。

屋面工程在屋盖构件吊装完毕、垂直运输机械搭好后就可安排施工，其施工过程和顺序与前述砖混结构基本相同。

装修工程包括室内装修(包括地面、门窗扇、玻璃安装、油漆、刷白等)和室外装修(包括勾缝、抹灰、勒脚、散水等)，两者可平行施工，并可与其他施工过程交叉穿插进行。室外抹灰一般自上而下，在室内地面施工前应将前道工序全部做完，刷白应在墙面干燥和大型屋面板灌缝之后进行，并在油漆开始之前结束。

5. 设备安装阶段的施工顺序

水、暖、煤、卫、电安装与前述砖混结构相同。而生产设备的安装一般由专业公司承担，由于专业性强、技术要求高，因此应遵照有关专门顺序进行。

上述施工过程和顺序仅适用于一般情况。建筑施工是一个复杂的过程，建筑结构、现场条件、施工环境不同，均会对施工过程和顺序的安排产生不同的影响。因此，对每一个单位工程，必须根据其施工特点和具体情况，合理地确定其施工顺序。

3.4 选择施工方法和施工机械

正确选择施工方法和施工机械是制订施工方案的关键。施工方法和施工机械的选择是紧密联系的，单位工程各主要施工过程的施工，一般有几种不同的施工方法(或机械)可供选择。这时，应根据建筑结构特点，平面形状、尺寸和高度，工程量大小及工期长短，劳动力及资源供应情况，气候及地质情况，现场及周围环境，施工单位技术、管理水平和施工习惯等，进行综合分析考虑，选择合理的切实可行的施工方法。

3.4.1 选择施工方法和施工机械的基本要求

(1)在满足总体施工部署的前提下，应着重考虑主导施工过程的施工方法和施工机械。主导施工过程一般是指工程量大、施工工期长，在施工中占据重要地位的施工过程(如砌体结构中的墙体砌筑、室内外抹灰工程和单层工业厂房中的结构吊装工程等)；施工技术复杂或采用新技术、新工艺、新设备、新材料的分部分项工程；对工程质量起关键作用的施工过程(如地下防水工程、预应力框架施工中的预应力张拉等)；对施工单位来说，某些结构特殊或操作上不够熟练、缺乏施工经验的施工过程(如大体积混凝土基础施工等)。

(2)施工方法和施工机械必须满足施工技术的要求。如预应力张拉方法和机械的选择应满足设计、施工的技术要求；吊装机械型号、数量的选择应满足构件吊装的技术和进度要求。

(3)施工方法应满足先进、合理、可行、经济的要求。选择施工方法时，除要求先进、合理之外，还要考虑对施工单位是可行的，经济上是节约的。必要时要进行分析比较，从施工技术水平和实际情况考虑研究，作出选择。

(4)施工机械的选用应兼顾实用性和多用性要求，尽可能发挥施工机械的效率和利用率。

(5)应考虑施工单位的技术特点和施工习惯及现有机械的配套使用问题。

(6)应满足工期、质量、成本和安全的要求。

3.4.2 多层混合结构房屋施工方法与施工机械的选择

混合结构房屋以砌体为竖向承重构件，以预制板、梁为水平构件。由于通常是采用常规的、熟悉的施工方法，只要着重解决垂直运输及脚手架搭设等问题即可。混凝土梁板吊装所需的机械，一般应根据结构特点、构件质量、数量及现场条件等因素，综合考虑吊装机械的技术性能参数进行选择。为了便于砌墙操作，要从运输、堆放材料及工作面要求等考虑选择脚手工具，一般选择钢管脚手架，门式脚手架或竹、木脚手架，也可选用里脚手架来砌墙和用吊篮脚手架做外装修的方法。

3.4.3 单层工业厂房施工方法与施工机械的选择

构件预制和结构吊装是装配式单层混凝土结构工业厂房的主导施工过程。构件预制(柱子、屋架等的现场制作)要与结构吊装一起综合考虑决定。柱子预制位置就是起吊位置，即采用就位预制。屋架也应尽量采用就位预制，做不到时采用扶直就位后再吊装。为节约场地和模板，还可采用重叠预制。结构吊装应着重考虑机械选择及其开行路线、吊装顺序和构件就位等问题，并拟订几种方法进行比较和选择，务求机械开行路线合理，尽量减少机械的停歇时间，避免吊装机械的二次进场。

3.4.4 现浇钢筋混凝土结构高层建筑施工方法与施工机械的选择

根据现浇钢筋混凝土结构高层建筑的特点，应着重考虑模板设计、钢筋连接、混凝土垂直运输、脚手架及安全网的搭设、垂直运输设备选择等问题。模板应根据工程特点进行选择，一般可选用组合钢模板、大模板、爬模、台模和滑模等。采用组合钢模板时，应尽量先组装后安装，以提高效率。钢筋应优先采用机械连接、焊接的方法，并可在地面组装成骨架然后再安装，以减少高空作业。混凝土的垂直运输可采用塔式起重机加吊斗的方式、输送泵或快速提升机等。一般根据吊次和起重能力选择塔式起重机，根据混凝土浇筑量选择输送泵。另外，还应有外用电梯等，以便施工人员上下及材料的运输，可选用客货两用双笼电梯。

3.5 主要技术组织措施

技术组织措施是指在技术、组织方面对质量、安全、节约和季节施工等所采取的保证措施。施工企业应在严格执行施工质量验收规范、操作规程的前提下，针对工程施工的特点，制定技术措施、质量保证措施、施工安全措施、降低成本措施和现场文明施工措施。

3.5.1 技术措施

技术措施是保证顺利施工的关键，尤其对新材料、新设备、新工艺、新技术等“四新”技术的应用，对高层、大跨建筑施工及重型构件的吊装、深基础工程、软弱地基工程等，均应编制相应的技术措施。其内容包括以下几个方面：

(1)需要标明的平面、剖面示意图及工程量一览表。

(2)施工特殊要求和工艺流程。

(3)冬、雨期施工措施。

(4)技术要求和质量安全注意事项。

(5)材料、构件和机具设备的特点、使用方法及需用量等。

3.5.2 质量保证措施

保证质量的措施可从下述几个方面来考虑：

(1)确保定位放线、标高测量等准确无误的措施。

(2)确保地基与基础、地下结构施工质量的措施。

(3)确保主体结构中关键部位施工质量的措施。

(4)确保屋面、装修工程施工质量的措施。

(5)保证质量的组织措施，如人员培训、编制工艺卡及质量检查验收制度等。

按照《建筑工程施工质量验收统一标准》(GB 50300—2013)对施工现场和施工项目的质量管理体系及质量保证体系提出了要求，强调施工单位应推行生产控制和合格控制的全过程控制。对施工现场管理，要求有相应的施工技术标准、健全的质量管理体系、施工质量控制和质量检验制度；对具体施工项目，要求有经审查批准的施工组织设计和施工技术方案。建筑工程施工质量控制应符合下列规定：

(1)建筑工程采用的主要材料、半成品、成品、建筑构配件、器具和设备应进行现场验收。凡涉及安全、功能的有关产品，应按各专业工程质量验收规范规定进行复验，并应经监理工程师(建设单位技术负责人)检查认可。

(2)各工序应按施工技术标准进行质量控制，每道工序完成后，应进行检查。

(3)相关各专业工种之间应进行交接检验，并形成记录。未经监理工程师(建设单位技术负责人)检查认可，不得进行下道工序施工。

3.5.3 施工安全措施

施工安全措施应贯彻安全操作规程，对施工中可能发生安全问题的环节进行预测，提出预防措施。施工安全措施主要包括以下内容：

(1)土石方边坡稳定及深基坑支护安全措施。

(2)施工人员高空、临边、洞口、攀登、悬空、立体交叉作业安全措施及防高空坠物伤人措施。

(3)起重运输设备防倾覆措施。

(4)安全用电和电气设备的防短路、防触电措施。

(5)易燃易爆、有毒作业场所的防火、防爆、防毒措施。

(6)预防自然灾害措施，如防洪、防雨、防雷电、防台风、防暑降温、防冻、防寒、防滑措施等。

(7)现场周围通行道路及居民区的保护隔离措施。

(8)保证安全施工的组织措施，如安全宣传教育及检查制度等。

3.5.4 现场文明施工措施

文明施工或场容管理措施一般包括以下内容：

(1)设置施工现场的围档、大门、洗车台与标牌，保证出、入口的交通安全，现场整洁，道路畅通，安全与消防设施齐全。

(2)注意临时设施的规划与搭设，保证办公室、更衣室、食堂、厕所的清洁。

(3)生产区各种材料、半成品、构件的堆放与管理有序。

(4)加强成品保护及施工机械保养。

(5)防止大气污染、水污染及噪声污染。如及时清运施工垃圾与生活垃圾，防止施工扬尘、现场道路扬尘及水泥等粉细散装材料的卸运扬尘污染，施工作业废水的沉淀处理，居民稠密区强噪声作业时间控制及降低噪声措施等。

3.5.5 降低成本措施

应根据工程情况，按分部分项工程逐项提出相应的降低成本措施，计算有关技术经济指标，分别列出节约工料数量与金额数字，以便衡量降低成本的效果。其内容包括以下几个方面：

文明施工或场容管理措施一般包括以下内容：

(1)均衡安排劳动力，搞好各工种之间的协作关系，避免不必要的返工浪费。

(2)合理选用机械设备，提高使用效率，节约台班费用。

(3)加强现场材料管理，严格执行限额领料和退料制度以及材料节约奖励制度，对下脚料、废料及余料等及时回收。

(4)采用新材料、新设备、新技术和新工艺等“四新”技术，以节约材料和人工费用。如水平承重构件的早拆模板技术、大模板、滑模、爬模等成套模板工艺，钢筋焊接、机械连接技术、商品混凝土泵送技术等。

(5)预制构件应集中加工制作，尽量就近布置，避免二次搬运；构件及半成品可采用地面拼装、整体安装的方法，以节省人工费和机械费用。

3.6 施工方案编制方法

3.6.1 施工方案的编制思路

施工方案的编制是单位工程施工组织设计的重点和核心。编制时必须从单位工程施工的全局出发，慎重研究确定，着重于多种施工方案的技术经济比较，做到方案技术可行、工艺先进、经济合理、措施得力、操作方便。

编制施工方案时，应从以下几个方面进行：熟悉施工图纸；确定施工顺序；确定施工起点和流向；选择施工方法和施工机械、施工方案的技术经济分析等，是一个综合的、全面的分析和对比决策过程。施工方案的编制既要考虑施工的技术措施，又必须考虑相应的施工组织措施，确保技术措施的落实。

熟悉施工图纸是施工方案编制的基础工作，其目的主要是熟悉工程概况，领会设计意图，明确工作内容，分析工程特点，提出存在问题，为确定施工方案打下良好基础。在熟悉施工图纸中，一般应注意以下几个方面：

(1)核对施工图纸目录清单，检查施工图纸是否齐全、完备，缺者何时出图。

(2)核对设计计算的假定和采用的计算方法是否符合实际情况，施工时是否有足够的稳定性，是否有利于安全施工。

(3)核对设计是否符合施工条件。当需要特殊施工方法和特定技术措施时，要核对技术和设备上有无困难。

(4)核对生产工艺和使用上对建筑安装有哪些技术要求，施工是否能满足设计规定的质量标准。

(5)核对施工图纸与设计说明有无矛盾，设计意图与实际设计是否一致，规定是否明确。

(6)核对施工图纸中标注的主要尺寸、位置、标高等有无错误。

(7)核对施工图中材料有无特殊要求，其品种、规格、数量等能否满足要求。

(8)核对土建施工图和设备安装图有无矛盾，施工时应如何衔接和交叉。

在有关施工技术人员充分熟悉施工图纸的基础上，会同设计单位、建筑单位、监理单位、科研单位等有关人员进行“图纸会审”。首先，由设计人员向施工单位进行技术交底，讲清设计意图和施工中的主要要求；然后，施工技术人员对施工图纸和工程中的有关问题提出询问或建议，并详细记录解答，作为今后施工的依据；最后，对于会审中提出的问题和建议进行研讨，并取得一致意见，如需变更设计或作补充设计时，应办理设计变更签证手续。但未经设计单位同意，施工单位无权随意修改设计。

在熟悉施工图纸后，还必须充分研究施工条件和有关工程资料。如施工现场的“三通一平”

条件；劳动力、主要建筑材料、构件、加工品的供应条件；时间、施工机具和模具的供应条件；施工现场的水文地质与工程地质勘测资料；现行的施工规范定额等资料；施工组织总设计；上级主管部门对该单位工程的指示等。

施工方法和施工机械的选择是施工方案设计的关键问题，它直接影响到施工进度、施工质量、施工成本和施工安全。

施工方法和施工机械的选择是紧密联系的，在技术上它是解决各主要施工过程的施工手段和工艺问题，如基础工程的土方开挖应采用什么机械完成，要不要采取降低地下水的措施，浇筑大型基础混凝土的水平运输采用什么方式；主体结构构件的安装应采用什么机械才能满足起重高度和起重范围的要求；砌筑工程和装饰工程的垂直运输如何解决等。这些问题的解决，在很大程度上受到工程结构形式和结构特征的制约。通常所说的结构选型和施工方案的选择是相互联系的，对于大型的建筑工程往往在工程初步设计阶段就要考虑施工方法，并根据施工方法决定结构形式。

对于不同结构的单位工程，其施工方案设计的侧重点不同。砖混结构房屋施工，以主体工程为主，重点在基础工程的施工方案；单层工业厂房施工，以基础工程、预制工程和吊装工程的施工方案为重点；多层框架则以基础工程和主体框架施工方案为主。另外，施工技术比较复杂、施工难度大或者采用新技术、新材料、新工艺的分部分项工程，还有专业性很强的特殊结构、特殊工程，也应为施工方案设计的重点内容。

3.6.2 主要施工方法的选择

3.6.2.1 确定施工方法应遵守的原则

编制施工组织设计时，必须注意施工方法的技术先进性与经济合理性的统一；兼顾施工机械的适用性，尽量发挥施工机械的性能和使用效率，应充分考虑工程的建筑特征、结构形式、抗震烈度、工程量大小、工期要求、资源供应情况、施工现场条件、周围环境、施工单位的技术特点和技术水平、劳动组织形式和施工习惯等。

3.6.2.2 确定施工方法的重点

拟订施工方法时，应着重考虑影响整个单位工程施工的分部分项工程的施工方法。对于按常规做法和工人熟悉的施工方法，不必详细拟订，只提出应注意的特殊问题即可。对于下列项目的施工方法则应详细、具体。

(1)工程量大，在单位工程中占重要地位，对工程质量起关键作用的分部分项工程，如基础工程、钢筋混凝土工程等。

(2)施工技术复杂，施工难度大，或采用新工艺、新技术、新材料、新设备的分部分项工程，如大体积混凝土结构施工、模板早拆体系、无粘结预应力混凝土等。

(3)施工人员不太熟悉的特殊结构，专业性很强、技术要求很高及由专业施工单位施工的工程，如仿古建筑、大跨度空间结构、大型玻璃幕墙、薄壳和悬索结构等。

3.6.2.3 确定施工方法的主要内容

拟订主要的操作过程和施工方法，包括施工机械的选择；提出质量要求和达到质量要求的技术措施；指出可能遇到的问题及防治措施；提出季节性施工措施和降低成本措施；制定切实可行的安全施工措施。

3.6.2.4 主要分部工程施工方法的要点

1. 土石方工程

选择土石方工程施工机械；确定土石方工程开挖或爆破方法；确定土壁开挖的边坡坡度、

土壁支护形式及打桩方法；地下水、地表水的处理方法及有关配套设备；计算土石方工程量并确定土石方调配方案。

2. 基础工程

浅基础的垫层、混凝土基础和钢筋混凝土基础施工的技术要求；深基础的基坑支护及拆除、土方开挖、基坑降排水、桩基础施工方法及施工机械选择、基础大体积混凝土施工等。

基础工程强调在保证质量的前提下，要求加快施工速度，突出一个“抢”字；混凝土浇筑要求一次成型，不留设施工缝。

3. 钢筋混凝土结构工程

模板的类型和支模方法、拆模时间和有关要求；对复杂工程且需进行模板设计和绘制模板放样图；钢筋的加工、运输和连接方法；选择混凝土制备方案，确定搅拌、运输及浇筑顺序和方法以及泵送混凝土和普通垂直运输混凝土的机械选择；确定混凝土搅拌、振捣设备的类型和规格及施工缝留设位置；预应力钢材、锚夹具、张拉设备的选用和验收，成孔材料及成孔方法(包括灌浆孔、泌水孔)，端部和梁柱节点处的处理方法，预应力张拉力、张拉程序以及张拉方法、要求等；混凝土养护及质量评定。

在选择施工方法时，应特别注意大体积混凝土、高强度混凝土、特殊条件下混凝土及冬期混凝土施工中的技术方法，注重模板的早拆化、标准化，钢筋加工中的联动化、机械化，混凝土运输中采用开型搅拌运输车，泵送混凝土，计算机控制混凝土配料等。

4. 结构安装工程

选择起重机械(类型、型号、数量)；确定结构构件安装方法，拟订安装顺序，起重机开行路线及停机位置；构件平面布置设计，工厂预制构件的运输、装卸、堆放方法；现场预制构件的就位、堆放的方法，确定吊装前的准备工作、主要工程量的吊装进度。

5. 砌筑工程

墙体的组砌方法和质量要求，大规格砌墙的排列图；确定脚手架搭设方法及安全网的布置；砌体标高及垂直度的控制方法；垂直运输及水平运输机具的确定；砌体流水施工组织方式的选择。

6. 屋面及装饰工程

确定屋面材料的运输方式，屋面工程保温、防水等各分项工程的施工操作及质量要求；装饰装修材料运输及储存方式，各分项工程的操作及质量要求，新材料的特殊工艺及质量要求。

7. 特殊项目

对于特殊项目，如采用新材料、新设备、新技术、新工艺的项目以及大跨度、高耸结构、水下结构、深基础和软地基等，应单独选择施工方法，阐明施工技术关键，进行技术交底，加强技术管理，制定安全质量措施。

3.6.3 主要施工机械的选择

施工方法拟订后，必然涉及施工机械的选择。施工机械对施工工艺、施工方法有直接的影响，机械化施工是当今的发展趋势，是现代化大生产的显著标志，是改变建筑业落后状况的基础，对于加快建设速度、提高工程质量、保证施工安全、节约工程成本等，起着至关重要的作用。因此，选择施工机械是确定施工方案的中心环节，应着重考虑以下几个方面：

(1)结合工程特点和其他条件，选择最适合的主导工程施工机械。例如，装配式单层工业厂房结构安装起重机的选择，若吊装工程量较大且比较集中，可选择生产率较高的塔式起重机或桅杆式起重机；若吊装工程量较小或工程量虽较大但比较分散时，则选用无轨自行式起重机较为经济。无论选择何种起重机械，都应当使起重机性能满足起重量、起重高度和起重半径的要求。

(2)施工机械之间的生产能力应协调一致。在选择各种辅助机械或运输工具时，应注意与主导施工机械的生产能力协调一致，充分发挥主导施工机械的生产能力。例如，在土方工程开挖施工中，若采用自卸汽车运土，汽车的容量一般应是挖掘机铲斗容量的整倍数，汽车的数量应保证挖掘机能连续工作，发挥其生产效率。又如，在结构安装施工中，选择的运输机械的数量及每次运输量，应保证起重机连续工作。

(3)在同一建筑工地上，选择施工机械的种类和型号应尽可能少，以利于现场施工机械的管理和维修，同时减少机械转移费用。在工程量较大时，应该采用专业机械以适应专业化大生产；在工程量较小且又分散时，尽量采用多用途的施工机械，使一种施工机械能满足不同分部工程施工的需要。例如，挖土机不仅可以用于挖土，将工作装置改装后，也可用于装卸、起重和打桩。

(4)施工机械选择应考虑充分发挥施工单位现有施工机械的能力，并争取实现综合配套，以减少资金投入，在保证工程质量和工期的前提下，充分发挥施工单位现有施工机械的效率，以降低工程造价。如果现有机械不能满足工程需要，应根据实际情况，采取购买或租赁的方式补充。

(5)对于高层建筑或结构复杂的建筑物(构筑物)，其主体结构施工的垂直运输机械最佳方案往往是多种机械的组合，例如，塔式起重机和施工电梯；塔式起重机、施工电梯和混凝土泵；塔式起重机、施工电梯和井架；井架、快速提升机和施工电梯等。

3.7 工程案例——编制施工方案

3.7.1 框架-剪力墙结构施工方案

工程概况

如模块一任务2中的工程案例(某学院实训大楼)。

施工方案

1. 施工组织部署

(1)施工段的划分。

1)地下室结构施工阶段。底板和顶板均分二次浇筑，按后浇带的划分，地下室分两个流水施工段，主楼底板为一施工段，车库为另一施工段。辅房独立基础在地下室施工结束后主体施工时穿插进行施工，按先西后东的顺序安排施工。

2)主体结构施工阶段。主楼每层以后浇带分为两个流水段进行施工；辅房分两个施工段进行施工，先西后东。

(2)主要的施工顺序安排。

1)地下室。机械挖土、人工配合(塔式起重机基础施工)→底板垫层(塔式起重机安装)→水泥砂浆找平→防水层→地下室底板，地下室柱、墙→地下室顶板→地下室结构验收→地下室外墙和顶板防水→回填土夯实。

2)主体工程。投点、放线、复核轴线尺寸→柱、楼梯施工→梁板模板、钢筋、混凝土施工→混凝土养护→承重模板拆模→框架填充墙砌筑→主体验收(外墙脚手架与楼层施工同步)。

3)内、外装饰工程。

①室内装饰工程。主体验收合格→内粉刷，门窗框安装→楼地面施工→细木制品及楼梯栏杆、扶手安装→室内涂料、油漆和玻璃安装。

②室外装饰工程。外墙砌体验收合格→外墙抹灰基层→门窗框安装→外墙玻璃幕墙、铝板、石材装饰→门窗扇安装。

4)屋面工程。主体结构验收合格后，立即组织人员进行屋面建筑做法施工，施工顺序为：

①上人屋面。钢筋混凝土结构层泼水试验→发泡混凝土找坡层→水泥砂浆找平层→挤塑板保温层→水泥砂浆找平层→卷材防水层→隔离层→刚性保护层→粘结层→地面面砖。

②不上人屋面。钢筋混凝土结构层泼水试验→发泡混凝土找坡层→水泥砂浆找平层→聚氨酯涂膜防水→挤塑板保温层→刚性保护层。

5)安装工程。本工程安装分项与土建密切配合，同步进行。具体施工顺序为：避雷接地及各类套管预埋→各类套管、箱盒预埋及给水排水立管安装→水电、设备安装主要阶段→电气、设备调试及管道冲洗、试压、运行。

2. 主要分部分项工程施工方法

(1)工程测量。工程测量是建筑工程施工中最基本的工作，也是确保工程质量成败的关键。为保证本工程的平面定位控制、垂直度控制和各轴线间距均能符合设计要求，并达到优质结构标准，必须加强现场测量放线工作。

1)现场成立测量小组。

①成立以项目工程师为组长的测量工作小组，负责本工程的测量放线工作，其主要成员由项目部设一名专职的测量员、项目施工员、技术员、质检员及木工班组长等组成。

②小组主要成员职责分工。

A. 项目技术负责人。测量工作的直接责任人，负责编制测量方案及对测量工作的成果进行复核等。

B. 专职测量员。为测量工作的直接操作者，按照测量方案实施。

C. 施工员。负责为测量工作提供必要的人力、物力及其他资源并协助进行放线工作。

D. 其他成员。协助进行放线，做好配合工作。

2)测量仪器的投入计划。测量仪器的投入计划见表3-2。

表3-2 测量仪器的投入计划

仪器名称	用途	精确度	数量
DJZ3激光垂准仪	轴线垂直引测	垂直方向误差±2″	1台
J2电子经纬仪	轴线平面投测	水平方向误差±2″	1台
DM—2000红外测距仪	量距	每公里往返误差±5 mm	1台
DS3光学水准仪	高程引测	每公里往返误差±3 mm	2台
50 m钢卷尺	轴线尺寸测量	全长最大误差±10 mm	3把

3)平面定位测量。

①先根据地下室及基础结构图定出平面控制网，本工程主楼纵、横各取 2 条轴线，形成“♯”字型建筑平面外围控制轴线网，辅房采用直角坐标法进行轴线控制。

②根据主控轴线网，钉出主控轴线龙门桩及各分支轴线桩，以控制各细部轴线。在地下室底板施工完成后，在地下室底板上建立“♯”字形建筑平面内控制轴线网。

③主体结构施工时，每施工段各设 4 个轴线传递点，用激光垂准仪将 4 个控制点传递到各层结构面，直至屋面。

4)±0.000 水准点设置。按设计图纸并根据业主提供的高程点，将±0.000 水准点引测于现场某一固定位置(不受挖土及现场施工的影响)，作为整个工程标高的基准点。本工程考虑设置 2 个基准点。

5)各阶段施工测量。

①地下室施工测量。

A. 放灰线。根据设计图纸和施工方案中确定的工作面和放坡比，先绘制平面图，标清灰线和轴线关系。采用经纬仪、测距仪、钢卷尺，撒出挖土灰线。

B. 挖土、垫层标高。根据基准点，用水准仪向基坑下引测，当挖土距离基础底 200 mm 左右时，钉出坑下水平小木桩，距基底 100 mm 时，可在龙门桩上拉通线测水平。最后修土阶段，再钉小竹桩，距离基底 100 mm，竹桩必须用水准仪控制挖土、垫层的标高。

C. 轴线测量。根据龙门桩上的定位点，用经纬仪将主控轴线投测到垫层上，在垫层上建立平面轴线控制网，从而在垫层上弹出轴线位置线。

D. 地下室砖砌体轴线、标高。地下室柱墙浇好后，在柱墙面标上轴线、水平标高，并用红漆标识，作为砌体施工时轴线和标高的依据。

②主楼主体施工测量、辅房基础主体施工测量。

A. 轴线控制方法。本工程主楼平面形状为矩形，为了确保测量精度，轴线点的垂直传递采用内控法，平面放线采用激光经纬仪与尺量相结合。辅房轴线控制采用平面直角坐标法，轴线传递采用外控法。

B. 控制点的建立。根据平面控制网，地下室顶板施工时，用预埋钢板的方法(预埋钢板上打孔作标识)，建立平面控制点，控制点宜选择在控制轴线附近 1 m 处，作为主体结构控制轴线的垂直传递的基准点。本工程每层选 4 个点。辅房基础开挖前，根据轴线控制图钉好龙门桩并形成封闭，将轴线全部在龙门桩上标注清楚，据此进行放线、施工，在施工过程中，应注意对龙门桩的保护。

C. 控制轴线垂直引测。将激光垂准仪架设在底层设置的控制点上，让激光束垂直射到上层楼面上的玻璃接收靶上(楼面浇混凝土时预留 200 mm×200 mm 的方孔)，激光经纬仪引测时，基准点对中为±1 mm。激光束投射时要求经纬仪旋转 360 度，同时在玻璃接收靶上，随着激光束画出一个圆圈，取该圆中心点为投测的控制点，以消除激光经纬仪垂直度的误差。

D. 控制轴线平面投测。用激光垂准仪将基础轴线主控点垂直向上逐层传递作为楼层平面定位放线的主控制点，采用光学经纬仪打角度，用红外测距仪、钢卷尺测距，定出楼面结构柱的全部轴线。

E. 标高引测。一层柱施工结束，将±0.000 基准点引测到某一角或边柱上，做好红漆标记，作为楼层标高控制的基准点，每层均在基准点上拉长钢卷尺，确定楼层标高，然后同一楼层水平标高采用水准仪测量。

F. 砌体测量。方法同地下室。

③测量标识。

A. 龙门桩采用素混凝土固定钢管的方法，控制轴线用钢锯锯印，红漆三角标志。

B. 底层轴线控制点，采用预埋钢板，在预埋钢板上打孔作为标识，并加以保护。

C. 工程水准点采用埋置并加盖混凝土板的方法，板面注明标高，或在相邻的相对稳定的建筑物上做好红漆标识，并注明标高。

D. 楼层轴线、标高均用墨斗线标志，楼层以上 1 m 标高线均引测到各层柱侧面上，作为柱、墙、板及墙体砌筑的水平标高依据。

6)沉降观测。

①沉降观测点埋设位置。首层施工完毕，即设置临时观测点进行观测。按设计及施工规范要求设置观测点，原则上，应在建筑物四角转角处及中间每隔 10～20 m 的柱上，并保证埋设点便于观测。具体观测点的数量由设计单位提出要求。

②观测点埋置构造。按设计要求埋设观测点，观测点由钢构件制作而成，一般在市质监站统一购买并检测符合要求方可。

③观测要求。观测点设置后即测一次，主体每 3 层一次，竣工前一次。在测量时，由专业测量队伍负责进行，并将测得的结果详细记录及时反馈给监理、业主、设计和施工单位。

④沉降观测整理归档的资料成果。

A. 绘制沉降观测点平面布置图，注明观测点编号。

B. 填写、整理下沉量统计表。

C. 绘制观测点的下沉量曲线图。

(2)地下室施工。

1)土方工程。

①挖土方法。

A. 本工程土方采取机械开挖，机挖土挖至距基底 150～200 mm 时，采取人工修土至设计标高。挖土边坡拟采用 1∶0.5 放坡(实际施工根据现场土质情况调整)，基底工作面为每边放 80 cm 左右。开挖至设计标高时，应及时书面报监理方，并会同设计、勘察、建设单位进行土质验收，并办理地基验槽手续。

B. 挖出土方及时采用汽车运出施工现场。

②挖土顺序。本工程土方开挖，由西向东分层进行。

③基坑排水措施。雨水和上层滞水排除，基坑坑底垫层下面设置 300 mm×300 mm 盲沟，坑底四周相隔一定距离设砖砌集水井(ϕ800 mm 或 ϕ600 mm)，盲沟与集水井相互连通，集水井应挖至操作面外，采取潜水泵集中抽水。

④回填土。地下室外墙防水施工完毕后，经现场监理、业主以及质监站的质量验收，验收合格后方可实施土方回填。土方回填必须及时、认真组织，严格按设计及施工规范执行。

A. 坑底清理。抽尽基坑积水，铲除淤泥，清除坑内杂质垃圾。

B. 土质要求。宜用黏土或轻粉质黏土，含水率控制在 20%左右。

C. 夯实方法。宜采用机械夯实，每层填土为 200～250 mm，夯实至少 3 遍。若局部采用人工夯实，每层填土厚度不大于 200 mm。

D. 施工验收。按《建筑地基基础工程施工质量验收规范》(GB 50202—2002)进行检查验收。

2)模板工程。

①轴线标高引测。

A. 底板施工。在基坑四周坑底设置龙门桩，用经纬仪将地面主控轴线引至龙门桩上，进而画出所有轴线，龙门桩标高宜为－4.330 m(地下室底板混凝土面向上 500 mm)。

B. 底板浇筑混凝土后，轴线用墨斗线弹到混凝土面上，复核准确后供上部结构施工用。

②模板的选用。

A. 地下室底板的侧模采用 240 mm 厚砖模，内侧粉 1∶3 水泥砂浆。

B. 地下室柱、墙及顶梁板均采用木胶合板，模板体系的支撑采用满堂钢管脚手架。(注意支撑脚手与混凝土浇捣脚手分开搭设)。

C. 外墙模板内设止水拉结螺杆，内墙及柱模板内设普通螺杆，间距 300 mm×600 mm。

③墙板模板施工。

A. 300 mm 高吊空墙模板安装顺序。底板、钢筋验收→搭设吊空墙板模板支撑钢管架→安装墙柱钢筋验收→吊空模板安装→安装钢板止水带→临时固定模板及支撑→轴线、标高调整→模板、支撑紧固→验收。

B. 墙模板安装顺序。弹定位控制线、复核→搭设支撑钢管架→墙板钢筋验收→安装一侧模板→安放止水螺栓及预埋件→安装另一侧模板→后浇带处模板(止水带)安放→临时固定模板及支撑→轴线、标高调整→模板、支撑紧固→验收。

C. 墙板安装要点。必须严格按定位线就位安装，调整时用经纬仪复核轴线尺寸，用水准仪复测标高，应从四角部开始。模板支架必须严格按方案搭设，不准任意改变，注意模板支架与混凝土浇捣脚手架应分开搭设。浇混凝土时专人看管，确保混凝土结构尺寸符合设计要求。

④地下室柱模板施工。

A. 施工准备。模板安装前，先测放控制轴线网和模板控制线。根据平面控制轴线网，在板面上放出柱边线和检查控制线。

B. 施工顺序。弹线→搭柱架→柱筋绑扎→验收→清理柱根部杂物→模板下口找平→验收→浇混凝土→养护→拆除清理到位，涂刷隔离剂。

C. 柱施工方法。本工程柱截面尺寸较大，高度较高，混凝土浇筑时侧压力较大，采用常规的支模方法难以控制模板的稳定性且不能保证混凝土的质量，为此，除采取方木包角、模板背侧靠方木外，还应采用 ϕ12 mm 对拉螺栓(内设 ϕ14 mm 硬塑套管)，以防胀模及弥补双钢管柱箍的刚度不足，柱箍间距 500～600 mm。

D. 柱模板施工要点。弹出柱模位置线，应以柱模外包线为控制；支撑下要加垫木方，支撑立柱根据设计放线确定，并使上、下层对齐搭设，确保传力均匀、合理；柱脚标高用水准仪测平后用水泥砂浆找平；模板拼缝应严密且相互错开；模板要求一次立模到板底或规范要求的部位，不准二次立模；通排柱模安装校正时，要先将两端柱校正吊直固定，后拉通线校正中间柱。

⑤地下室顶板模板施工。

A. 地下室顶板采用 15 mm 或 18 mm 厚木胶合板模板，50 mm×100 mm 木方做木楞，ϕ48 mm×3.5 mm 钢管支撑体系，梁板底模、木楞承重架均应计算后确定(应考虑两层结构和二层模板及架子荷载)。

B. 梁底模、梁侧模采用 15～18 mm 厚木夹板，加 50 mm×100 mm 木方做骨架，根据梁截面尺寸，定型加工、编号，分类堆放。

C. 梁、板模板施工顺序。搭梁、板支模架→铺梁底模→梁钢筋绑扎、验收→立侧模→铺板模板→清理模板上杂物→模板验收。

D. 梁模加固。梁截面高度 50 cm 以内，可直接采用钢管、方木加固；为保证梁截面尺寸正确，梁截面高度 $h\geqslant$50 cm 时，考虑采用 ϕ10 mm 对拉螺栓(内设 ϕ12 mm 硬塑套管)，间距 300 mm×600 mm(垂直 300 mm，水平 600 mm)。

⑥楼梯模板施工。

A. 应根据设计标高放样，并找好平台标高，其施工步骤应为：安装平台梁及平台模板→安装楼梯斜梁或楼梯底模板并完成楼梯支撑体系→安装楼梯外帮侧板→安装踏步模板。

B. 楼梯支撑底板的搁栅间距宜为 350 mm，支撑搁栅和横托木间距为 1 000～1 200 mm，托木两端用斜支撑支柱，下用木楔楔紧，斜撑间用牵杠互相拉牵，搁栅外面钉上外帮侧板，其高度与踏步口齐。

C. 外帮侧板上应弹出楼梯底板厚度线，用套板画出踏步侧板位置线，钉好固定踏步侧板的挡木。

D. 步高度要均匀一致，踏步侧板下口钉一根小支撑，以确保踏步侧板的稳固，楼梯扶手柱杆预留孔或预埋件应按设计位置正确埋好。

E. 楼梯井洞应扣除建筑装饰厚度施工，楼梯起步、收步的标高根据楼梯面层厚度确定。

⑦后浇带处模板设计和施工。

A. 后浇带在底板内侧面用钢丝网加强型钢骨架制作，一次性使用，不拆除模板。

B. 后浇带在结平梁、板内用木模制作。

C. 后浇带承重架须专门进行设计，依据《混凝土结构工程施工质量验收规范》(GB 50204—2015)和《建筑施工扣件式钢管脚手架安全技术规范》(JGJ 130—2011)，根据楼层结构的断面，计算出模架所承受的结构自重、模架自重和施工荷载，然后分析承重架立杆和扣件承载能力，形成方案，报总工室批准后实施。

⑧模板拆除。非承重的侧模，应在混凝土强度能保证其表面棱角不因拆模而损坏时拆除，但防水墙板应延迟拆模，待混凝土达 30%以上。地下室顶板承重底模及其支架拆除时的混凝土强度应符合设计要求；当设计无具体要求时，混凝土强度应符合表 3-3 的规定。

表 3-3　水平承重底模拆模时混凝土的强度要求

序号	结构类型	结构跨度/m	按设计的混凝土强度标准值的百分率计/%
1	板	≤2 >2，≤8 >8	≥50 ≥75 ≥100
2	梁、拱、壳	≤8 >8	≥75 ≥100
3	悬臂构件	—	≥100

后浇带部位架子应待后浇混凝土达 75%强度后拆除，不允许随意性拆除。

3)钢筋工程。

①材料质量、钢筋制作及堆放要求。

A. 材料要求。按相关施工规范要求，钢筋质量符合设计要求，复试合格，经业主、监理认可后方可投入使用。

B. 钢筋翻样。项目部组织相关人员认真学审图纸，并经设计交底后，根据工程进度由专职钢筋翻样员进行翻样，经项目工程师审核后方可送往加工厂下料制作。

C. 钢筋制作、堆放。本工程的钢筋考虑现场制作、成型，钢筋进场时，由材料员负责检验，并分类架空堆放，同时做好标识。

②钢筋接头形式及位置留设。

A. 柱、墙钢筋。内外墙竖直筋、柱钢筋考虑在底板上部按规定设置钢筋接头，墙筋接头采用绑扎接头，柱接头采用直螺纹连接。

B. 底板钢筋。按设计要求进行施工，并控制同截面接头百分率均不大于50%，当板筋过长影响施工时，采用直螺纹连接；钢筋接头位置设在受压区。

C. 钢筋闪光对焊施工要点。

a. 对焊前应先将钢筋端部0～150 mm范围内铁锈、污物清除干净。端部如弯曲时，必须加以调直或切除。

b. 采用连续闪光对焊时，先闭合一次电路，使两钢筋的端面轻微接触，此时端面间隙中即喷射出火花般熔化的金属粒——闪光，接着徐徐移动钢筋，使两端仍保持轻微的接触，形成连续闪光。待钢筋烧化到规定长度，火花由粗粒变成细粒，随即以适当的压力迅速顶锻，先带电顶，再无电顶。

c. 采用预热闪光焊时，先闭合一次电路，然后使用两钢筋的端面交替进行接触和分开，使端面间隙中继续发出闪光，形成预热过程。当钢筋预热留量达到规定长度时，随即以适当的压力进行顶锻。

d. 钢筋闪光对焊的操作，按以下程序进行：

首先，选择焊接方法和焊接参数(调伸长度、闪光留量、闪光速度、预热留量、顶锻留量、顶锻压力以及变压器级数)。其次，调整焊接电流，正确调整电极位置。最后，安装钢筋，拧紧夹具丝杆。

又进行一次闪光→预热→二次闪光→顶锻后，等到接头处由白红变成黑红，才能松开夹具，将钢筋平稳取出，以防接头处产生弯折现象。对焊缝周围挤出均匀的金属毛刺，应趁热打掉。

e. HRB400钢筋对焊应减小调伸长度，提高变压器级数，缩短加热时间，快速顶锻，形成快热快冷条件，控制热影响区长度。

f. 对已完成的闪光焊的连接构件，应分批抽样进行质量检查，以300个同一类型的接头为一批。外观检查，每批抽查10%的接头，并不得少于10个。

g. 钢筋闪光对焊接头的力学性能试验包括拉伸试验和弯曲试验，应从每批成品中切取6个试件，3个进行拉伸试验，3个进行弯曲试验。

h. 钢筋对焊接头的外观检查结果应符合下列要求：接头处不得有横向裂纹；与电极接触处的钢筋表面不得有明显的烧伤；接头处弯折角度不得大于3°；接头处的钢筋轴线偏移，不得大于1/10钢筋直径，同时不得大于2 mm。

i. 外观检查结果当有一个接头不符合要求时，应对全部接头进行检查，剔除不合格接头，切除热影响区后重新焊接。

③钢筋绑扎工艺。

A. 底板钢筋绑扎顺序。垫层弹控制线→板底钢筋绑扎→安放底板钢筋保护层垫块→验收→搭设上层板面钢筋支架→板面钢筋绑扎→验收。

B. 柱、墙板钢筋绑扎顺序。轴线复核→柱钢筋绑扎→墙板竖向钢筋绑扎→墙板水平钢筋绑扎→水平拉结筋绑扎→验收。

C. 结平板筋绑扎。结平板筋绑扎，应根据板筋受力情况，受力板筋应在下面，附加筋在上面，双向板应全部绑扎，板底筋扎好后进行水电管线预埋、预留进场施工，待水电管线完成后，再绑扎板面负弯矩钢筋，并每隔1 m^2左右设置钢筋支架，以保证板面负筋不下沉和位置的正确性。当板筋非双层双向时，沿管道上部按设计要求增加钢筋网片，混凝土浇捣时要搭设马道和泵管支架，减少施工操作人员踩踏钢筋。

D. 钢筋固定。柱及墙板钢筋采取搭设钢管架的方式来固定，以保证钢筋位置、间距及标高的正确，上、下层钢筋网之间采用钢筋支撑，间距800 mm。

④钢筋保护层垫块。

底板钢筋垫块可采用水泥砂浆垫块，间距1 000 mm，柱、墙采用带扎丝的塑料垫块，当垫块采用水泥砂浆制作时，应提前一个月制作。

⑤钢筋绑扎质量要求。

A. 底板钢筋。底板钢筋绑扎前，应在垫层上标定钢筋中间距、位置，板面钢筋应在支架上标定间距、位置，且底板钢筋四周两道全部绑扎，中间间隔绑扎，确保钢筋间距、根数及绑扎质量符合设计和验收要求。

B. 墙板钢筋。应待柱钢筋绑扎结束后进行，先竖向后水平方向。水平钢筋间距应在竖向钢筋上用粉笔画出标识，双排钢筋应按设计要求安放拉结筋；顶部钢筋应锚入结平梁板内，钢筋的搭接接头应错开，搭接长度、锚固长度应符合设计和施工验收标准要求。浇混凝土前，在板面上50 mm处绑扎两道水平钢筋或在与板筋交接处用通长钢筋点焊固定，以防止浇混凝土时钢筋发生位移。

C. 柱、梁、顶板钢筋。

a. 当梁、柱主要受力钢筋采用焊接(闪光对焊)时，设置在同一截面上的焊接接头应相互错开，在中心长度为钢筋直径 D 的35倍并且不小于500 mm的区段内的同一根钢筋不得有2个接头，在该区段有接头的受力钢筋截面面积占受力钢筋总截面面积的百分率：受拉区不得超过50%，受压区则不受限制。

b. 柱竖向钢筋接头按50%错开，中心长度应不小于钢筋搭接长度 L_d，且不小于500 mm。

c. 梁钢筋绑扎接头应按设计规定设置。上直筋一般跨中(架立筋)搭接连通，下直筋接头设在支座处。所有梁、柱箍筋末端一律采用135度弯钩，弯钩直线长度不小于箍筋直径的10倍且≥75 mm。

d. 顶板钢筋绑扎，纵横向主副筋要按设计间距预先放线。板主筋可多跨连续绑扎，当长度不够时，钢筋接头可设在支座处。板支座面处负筋位置要准确，弯钩不得朝上。

e. 各层钢筋穿扎。次梁上直筋应穿在主梁直筋之上；次梁下直筋应穿在主梁腹部或主梁下直筋之上，保证结构受力的合理性，主梁环箍也相应作适当调整，以保证结平板标高的正确。板跨中主筋穿在主次梁上直筋之下，板支座负筋放在上面。绑扎时要严格按设计规定的规格、数量、间距、位置绑扎，要求平整齐直，绑扎牢固。

f. 在钢筋绑扎过程中，如发现钢筋与埋件或其他设施相碰时，应会同有关人员研究处理，不得任意剪、割、拆、移。

g. 钢筋绑扎好后，应按规范要求垫好受力钢筋的混凝土保护层，受力钢筋保护层应按设计要求设置，设计无要求时，应符合表3-4要求。

表3-4　钢筋保护层设置要求

环境类别	板和墙	梁和柱
一	15	20
二a	20	25
二b	25	35
三a	30	40
三b	40	50

4)混凝土工程。本工程地下室垫层采用C15，基础底板主楼筏板为C40，车库筏板及辅房独基为C30；地下室外墙及底板混凝土采用抗渗混凝土，抗渗等级为S6，均采用商品混凝土。

①商品混凝土供应商的选择。施工前，征求建设方的意见，选择市场上信誉好、运输距离近的商品混凝土厂家。会同业主、监理共同对其进行考察，考察搅拌站的供应能力、机械设备、运输能力、混凝土原材料质量、混凝土试验能力、混凝土试配等各项技术指标、单价等多种因素，以确保商品混凝土的质量和施工速度。

②施工准备。

A. 材料要求。商品混凝土的配料质量及外掺剂的使用，严格按设计、施工规范要求执行。施工前，由商品混凝土搅拌站提供有关配合比数据和质保资料，经建设或监理签字认可后实施。

B. 办理好各项隐蔽工程验收。

C. 项目部与商品混凝土搅拌站共同制订详细的浇捣施工方案，明确现场混凝土坍落度测量、泵车、泵管布置及混凝土温控测量等施工方法。

③底板混凝土浇筑。

A. 浇筑方式。底板近3 600 m^3 混凝土，分二次浇捣，均采取二台泵车，采用机械振捣，浇捣线路由西向东退行。

B. 混凝土振捣。根据混凝土泵送自然形成一个坡度的实际情况，在每个浇筑口的前、后布置两道振动器。第一道布置在混凝土卸料点，解决上部混凝土捣实；第二道布置在混凝土坡脚处，确保下部混凝土密实。

C. 混凝土的泌水处理。大流动性混凝土在浇筑、振捣过程中，游离的泌水和浮浆顺混凝土斜面流至坑底，利用基坑内排水盲沟进行排水。

D. 混凝土的表面处理。掺用高性能的表面抗裂外加剂，用机械进行混凝土表面抹紧抹平。

E. 混凝土表面标高控制。在柱、墙钢筋上测设高于底板面标高20 cm标记，红漆或红胶布标识，并在底板面筋每隔2 m处焊ϕ6 mm钢筋，钢筋顶部作为控制底板面的标高。

④墙板混凝土浇捣。

A. 浇捣方法。采取分段定位、薄层交圈浇筑的方法。注意钢筋密集处混凝土的浇筑，振动棒应插下层、快插慢拨，确保振捣密实。

B. 混凝土浇筑高度控制。通过模板上口标高控制其混凝土的浇筑高度，为此要求模板上口标高必须严格用水平仪检测。

⑤地下室柱、顶板混凝土浇捣。本工程地下室柱和顶板的浇捣参见"主体结构"中混凝土工程的相关内容。

⑥混凝土养护。底板、顶板混凝土浇筑完毕，及时在其板面上铺设一层薄膜加两层草包，保温保湿养护；柱、墙面上喷专用混凝土养护液，养护时间应持续不少于14昼夜。

⑦混凝土试块制作。除按每100 m^3 一组，超过1 000 m^3 每200 m^3 一组，同时满足每一台班一组外(抗渗试块严格按规范留置)，试块要有同条件养护试块。制作方案提前报监理方审查认可。

⑧雨期混凝土施工。大面积混凝土浇捣，应先了解天气情况，避免雨天浇筑，同时应做好防雨、抽水准备工作，准备好薄膜、草包等覆盖物和备用水泵。

⑨底板大体积混凝土的技术控制措施。

A. 材料要求。商品混凝土的材料质量及外掺剂的使用，严格按设计、施工规范要求执行。施工前，所有材料必须符合国家现行标准规定，每批材料均经试验合格后方可使用。

a. 水泥选用强度等级为42.5的矿渣硅酸盐水泥。

b. 黄砂选用细度模数为2.5 m以上中组砂，砂含泥量在0～3%之内。

c. 石子采用料径为5～31.5 mm的连续级配，碎石含泥量在0～1%之内。

d. 如设计同意，可采用60 d龄期混凝土。

B. 采取技术措施。

a. 要求混凝土供应方提前做好混凝土的设计配合比试验，合理调整外加剂及粉煤灰的掺量，确保送到施工现场的坍落度符合要求。

b. 振实后掺高效表面抗裂剂，用专用机械进行表面抹实抹平。

c. 混凝土表面保温保湿。随浇筑顺序在每一段混凝土表面经处理以后，及时用一层塑料薄膜覆盖养护；具备条件时可在24 h后采用蓄水养护，蓄水深度根据混凝土入模温度和气温来计算。

d. 混凝土的测温。分别在混凝土底板浇筑层的上、中、下部埋设测温孔，及时掌握混凝土浇筑后内外温度的变化。

C. 加强技术管理。

a. 施工前进行详细的技术交底，认真检查现场的施工准备工作，明确各有关人员的岗位和责任，加强计量工作，专人负责检查混凝土的坍落度、入模温度和浇筑的内部温度，及时处理施工中发现的问题，特别要加强混凝土表面的覆盖和保温、保湿养护工作。

b. 检查钢筋、预埋管线、预留孔洞的情况，检查模板的几何尺寸和刚度，办理隐蔽工程验收手续。

c. 排水设施必须保证正常工作；基坑内杂物、积水必须清除干净；混凝土泵安装就位，调试正常；测温工作准备妥当；现场道路畅通。

d. 检查所有施工机具及现场电力、照明设施必须能正常使用，保温覆盖材料准备就绪。

e. 商品混凝土搅拌站应保证连续供料，本工程地下室底板面积约为3 600 m^3，分二次浇筑。

D. 合理组织安排。

a. 在混凝土浇筑前，召开一次请甲方、监理、商品混凝土供应单位等有关人员参加的会议，对各项准备工作进行一次总检查，经共同认可后，再签发混凝土浇筑令。

b. 地下室底板混凝土为连续浇捣，工作实行两班制，其他配合工种及后勤服务要按此进行；现场主要施工管理人员的安排名单在混凝土浇筑前3 d交业主、监理，共同协调浇捣。

E. 大体积混凝土的内外温差控制。

a. 大体积混凝土内外温差控制是本工程大体积混凝土施工关键。控制混凝土内外温差应小于25 ℃，即混凝土中心与混凝土表面、底板、边缘及环境温差均小于25 ℃。

b. 测温点布置。为了及时掌握混凝土内部温度变化情况，便于施工管理，必须进行温控，测温点布置一般取有代表性的四分之一区域，位置为混凝土中心、基底、混凝土表面、基础边缘及结构设计刚度较薄弱部位。

c. 测温时间。具体工作从混凝土浇筑后12 h开始。

混凝土浇筑后2 d内：每1 h测一次；

混凝土浇筑后3～6 d内：每2 h测一次；

混凝土浇筑后7～10 d内：每4 h测一次；

混凝土浇筑后11～16 d内：每8 h测一次；

混凝土浇筑后17～30 d内：每24 h测一次。

d. 养护措施。要求现场提前备足塑料薄膜，保温采用一层塑料薄膜或蓄水养护。

根据每天测温记录，观察温差与降温情况，特别注意天气预报；防止环境温度突降，提前做好保温措施。

对墙板筋和柱筋等部位，要用化纤厚布填实盖严，防止此处温度散热过快，引起裂缝。

后续施工时需揭保温层，只能局部进行，要揭一块随手覆盖一块。

5)后浇带的设置及处理。

①后浇带的设置。本工程后浇带设置在主楼结构和车库结构交界处及车库沿南北向缝中设置1条后浇带，缝宽800 mm。

②后浇带超前止水做法。按照《地下工程防水技术规范》(GB 50108—2008)构造做法施工。

③地下室底板后浇带处模板。本工程后浇带处模板采用钢框加两道钢丝网的支撑方案，即采用∟30 mm×3 mm角钢与钢筋焊接成片，外封两道钢丝，要求小眼网在大眼网外侧，以防混凝土浆外漏，两侧钢网模可用钢管支撑、加固。

④施工缝处止水带安放。地下室500 mm高外墙板施工缝中间均设置钢板止水带，钢板止水带长度方向的搭接在两侧搭接处采用电焊满焊，严禁采用点焊方式，为了确保止水带位置正确，用钢筋焊接固定。

⑤后浇带处钢筋处理。按设计要求，地下室顶板在后浇带处钢筋须加强，混凝土浇捣前报监理审查认可后实施。

⑥后浇带混凝土浇捣。按设计及施工规范要求，主体结构施工中，对该部位进行封盖处理，保持清洁，待主体结构施工结束，且建筑物沉降及其他变形基本稳定，对后浇带处进行清理，用高于原混凝土强度等级一级的混凝土浇筑，并注意养护。

6)地下防水施工。

①底板下。混凝土垫层上进行20 mm厚1∶2.5水泥砂浆找平，后进行防水层施工。

②外墙上。进行防水涂料施工。

③顶板上。在结构层上直接做防水层，然后做20 mm厚水泥砂浆找平层。

④防水层施工时，编制专项施工方案，报监理、业主审查认可后施工。

(3)主体结构工程。

1)模板工程。

①模板及支撑体系选择。

A. 本工程主体结构模板均采用木胶合板施工，支撑采用ϕ48 mm×3.63 mm钢管、扣件，墙、柱模板支撑采用钢管架平面成带状分布，并与梁板底支撑形成满堂脚手架体系。

控制模板工程质量是保证钢筋混凝土结构质量的关键，因此，对模板工程总的质量要求为：

a. 准确。模板的位置和几何尺寸必须准确。

b. 牢固。模板自身安装连接和其支撑系统必须牢固稳定。

c. 严密。模板与模板之间拼缝应严密，不得漏浆。

B. 本工程柱、楼梯及板均采用木胶合板作模板，龙骨采用50 mm×100 mm木方和ϕ48 mm脚手钢管。木方选用白松或杉木，使用前采用压刨，保证规格统一、平整。

②模板施工工艺。柱、楼梯、结平梁、板均参照地下室模板施工工艺。

2)钢筋工程。

①材料质量、制作及现场堆放。

A. 原材料要求。所有钢材都必须有出厂合格证，按规范要求现场抽样对原材料进行力学性能检测及质量偏差检验，现场检验合格后报监理、业主验收，验收合格后方可投入使用。

B. 钢筋翻样、制作。项目部组织相关人员认真学审图纸，并经设计交底后，根据工程进度由专职钢筋翻样员进行翻样，经项目工程师审核后方可送加工厂下料制作。

C. 钢筋堆放、保管。按场布要求堆放，进场的钢筋及制作成型的钢筋，应采用钢管搭设支架架空、分类堆放，并做好标识，以防止污染和混用。

②钢筋绑扎顺序。

弹柱、墙轴线并复核→柱墙竖向钢筋接头连接施工→搭设结平板满堂架→柱、墙钢筋绑扎→验收→封模→柱、墙浇混凝土→结平模板安装→结平板底筋绑扎→水电管线预埋→结平负筋绑扎→验收→浇结平混凝土。

③钢筋接头施工。

A. 接头形式。本工程现场负责现浇板内水平统长钢筋连接和柱竖向钢筋竖向连接。现浇板钢筋的连接宜采用绑扎搭接；柱纵筋，直径 $d<22$ mm 可绑扎，其余采用直螺纹连接。

B. 钢筋直螺纹连接施工另行编制专项施工方案。

④钢筋绑扎工艺。

柱筋绑扎先绑扎柱上端及下端固定箍筋，在柱筋上画出箍筋位置(粉笔标识)后，逐个套入箍筋进行绑扎，在梁、柱节点的加密区域预先套入箍筋，后穿入梁筋绑扎；柱箍筋应与柱筋全部绑扎，不准遗留，柱箍筋应在结平板面上 50 mm，加套整箍筋两道，以防止柱筋位移，柱与围护墙体拉结筋应待柱模固定后打洞穿入，构造柱钢筋采用预留插筋方法。

⑤钢筋保护层及保护层垫块。

A. 楼层结平板钢筋保护层厚度为 15 mm，柱钢筋保护层厚度为 30 mm。

B. 保护层垫块材料。柱钢筋垫块采用塑料垫块或 1∶1 水泥砂浆制作，并带有扎丝，垫块制作好后，要覆盖草包浇水养护 7 d。梁、板钢筋垫块采用水泥砂浆垫块，主要防止垫块受力后损坏。

C. 垫块放置时间。柱、墙钢筋垫块应在封模前全部放置到位，板钢筋垫块可在水管线预留施工后放置。

⑥钢筋验收。现场班组自检合格后由质检员检验，项目部自检合格后，报业主、监理进行隐蔽工程验收，验收合格后方可进行下道工序。

3)混凝土工程。本工程主体结构部位混凝土均采用商品混凝土，一般情况柱和结平同时采用泵送，当柱单独浇时用塔式起重机。

①商品混凝土原材料要求。参见“地下室工程”中相关内容。

②加强技术管理及施工准备。

A. 施工前进行详细的技术交底，认真检查现场的施工准备工作，应召开一次由业主、监理、项目部、商品混凝土供应单位等有关人员参加的会议，对各项准备工作进行一次总检查，共同制订详细的浇捣施工方案，明确现场混凝土坍落度测量、泵车、泵管布置等施工方法。经共同认可后，再签发混凝土浇筑令。

B. 明确各有关人员的岗位和责任，明确施工交底内容。

C. 加强计量工作，专人负责检查混凝土的坍落度、入模温度，及时处理施工中发现的问题，特别要加强混凝土表面的覆盖和保温、保湿养护工作。

D. 检查钢筋、预埋管线、预留孔洞的情况，检查模板的几何尺寸和刚度，办理隐蔽工程验收手续。

E. 检查所有施工机具及现场电力、照明设施必须能正常使用，保温覆盖材料准备就绪。

F. 商品混凝土搅拌站应保证连续供料。

G. 办理好各项隐蔽工程验收。

③泵送混凝土注意事项。

A. 若商品混凝土运输距离较长时，对混凝土的坍落度的损失影响较大，因此，要求商品混凝土站根据天气气温的情况，做好混凝土的设计配合比试验，合理调整外加剂掺量，确保送到施工现场的坍落度符合要求。

B. 采用固定泵泵送时，人工布料宜由远而近进行浇筑，泵管只拆不装，浇筑方向与泵送方向相反，且随拆随浇，拆下的管要立即清洗。

C. 每一楼层混凝土浇筑完毕，可拆除施工楼层上的水平管，保留垂直管，并向上安装。

④混凝土的浇筑。

A. 混凝土浇筑时，严格按交底时确定的浇捣线路执行，一般宜由板长方向的一端向另一端退行。根据行走路线的远近，现场管理人员及时调整各小组混凝土浇捣速度，严禁随意留设施工缝，消除混凝土浇捣中出现的混凝土冷缝。

B. 混凝土浇筑中，就控制混凝土振捣的均匀性和密实性，各专业工种派专人负责各自项目的质量保证，观察模板、支撑、钢筋、预留洞和预埋件的稳定情况，当发现有变形、移动时，应立即停止浇筑，并立即采取措施对已浇筑的混凝土进行修整完好。

C. 楼面混凝土表面的处理。由于泵送混凝土的水泥浆体较多，要采用二次振捣方式，即混凝土初凝前再次振捣，并按标高用长刮尺刮平；当初凝后、终凝前用木抹子反复搓平压实，随即进行覆盖薄膜、保温养护，这样可以较好地控制混凝土表面微裂缝。

D. 混凝土表面标高控制。施工前，在柱筋四周测定高于板面标高 20 cm 标记，用红漆或红胶布标识，并在板面筋每隔 2 m 处焊 ϕ6 mm 钢筋，以钢筋顶部作为控制结平面标高。混凝土浇捣过程中，拉线控制混凝土的表面高差，并用水准仪测定、复核。

E. 现场应做到“随做随清”，确保文明施工。

⑤不同强度等级混凝土的浇筑。

本工程设计有不同强度等级的混凝土同时浇筑[墙(包括墙身及连梁)、柱主楼 4.45 m 以下为 C40，4.45～19.75 m 为 C35，19.75 m 以上为 C30，车库及辅房为 C30；梁、板为 C30]，按照“不同等级混凝土设计的现象，构件相连接时，两种混凝土的接缝应设置在低强度等级构件中，并离开高强度等级构件一段距离”的原则，我们把该梁、板、柱混凝土施工缝留设在离柱边 500 mm 板厚处沿梁方向，设置双层钢板网作为不同等级混凝土的拦网，该钢板网作为永久性模板使用。把不同等级的混凝土分两次施工，先施工柱、墙 C40、C35 混凝土，然后浇筑中间板 C30 混凝土。

⑥施工缝的留设和处理。本工程混凝土施工时，结平混凝土一次性泵送，不留施工缝。楼梯、柱及楼面板部位考虑按施工规范及设计要求留设施工缝。

A. 柱施工缝留设于结平梁下 50～100 mm 及楼面结平处。

B. 楼梯。根据现场需要，留设在跨中的 1/3 区段，可用临时模板挡牢，施工缝应垂直于板面，不得留成斜面。

C. 施工缝的处理。在混凝土终凝后立即清除水泥浆膜，继续浇筑混凝土前，将混凝土表面松动的石子和浮尘等杂物清除干净，提前一天浇水、洒水充分湿润，在浇筑前先注入 30～50 mm 厚与混凝土灰砂比相同的水泥砂浆一层，使新、旧混凝土具有良好的结合。

⑦现场混凝土养护。柱混凝土表面喷专用养护液；楼层平面采用先覆盖后浇水保湿养护。

⑧混凝土试块制作、养护。

A. 标准养护 28 d 试块，按每 100 m^3 制作一组，不足 100 m^3 按 100 m^3 计制作一组。

B. 每层、每一台班需制作两组同条件养护试块，一组备作结构强度检测，一组用于控制拆模时间。

4)砌体工程。本工程±0.000以上外墙及女儿墙采用KM1空心砖，M5混合砂浆砌筑内墙用MU5加气混凝土砌块、M5混合砂浆等轻质墙体材料。

①工艺流程。

砖块浇水→晾至表干→楼、地面清扫、弹线→试摆砖→立皮数杆→盘角拉线→砌筑→清理、验收。

②施工准备。

A. 按模数制作好混凝土木砖。

B. 按结构图纸尺寸预制足够数量的混凝土过梁并分类堆放整齐。

C. 按设计图纸进行墙体放样弹线，并标明门洞口边线。

D. 将框架柱中预留的墙体连接钢筋调直，绑扎固定到位。

③材料要求。

A. 所用砖块必须要有质保书并取样复试合格后方可使用。

B. 砌筑砂浆所用水泥、黄砂等材料必须验收合格并取样送检符合要求后方可使用。

C. 砌筑砂浆必须由试验室按现场所用材料进行试配的配合比进行配制。

④ 砌筑工艺。

A. 砖应提前浇水湿润，含水率宜为10%～15%，当施工间歇完毕重新砌筑时，应对原砌体顶面洒水湿润。

B. 砌筑时，不应一次砌筑到顶，在梁底或板底留2～3皮，至少14 d后采用侧砖斜砌挤紧，砂浆应饱满。

C. 墙体砌筑时，水、电等专业必须协调配合，组砌后不得开凿，配电盒、消防箱、通风进口、线槽等必须采用开槽机完成。

D. 砌砖排列时，必须根据施工图纸和砌筑尺寸、垂直灰缝的宽度、水平灰缝的厚度等计算砌体的砌筑皮数和排数，以保证砌体的尺寸。

E. 混合砂浆砌筑时，灰缝宽度一般为10 mm，应控制在8～12 mm。

F. 砌筑前，按施工图纸放出墙体的边线，按要求制作并放好皮数杆。

G. 砌筑墙体时，砖的孔洞应垂直于受压面。灰缝应横平竖直，砂浆饱满，砖块之间应有良好的粘结力，铺灰长度不应超过750 mm，并随时对外观质量进行检查，不得用断裂砖块。

H. 墙柱拉结钢筋末端要带弯钩砌入墙内，其间距长度应符合设计要求。

I. 砖砌体的砖角处和交接处应同时砌筑，对不能同时砌筑而又必须留置的临时间断处应砌成斜槎；如临时间断处留斜槎确有困难时，除转角处外，也可留直槎，但必须砌成阳槎，并加拉结筋。

J. 砌筑与构造柱连接的墙体应留大马牙槎，马牙槎应先退后进、上下顺直，每一马牙槎沿墙高度方向的尺寸不宜超过300 mm，墙与构造柱应沿墙高度每500 mm设置两根6 mm直径的拉结筋，每边埋入墙内应不小于1 m，钢筋端头弯90°直钩。

K. 构造柱、圈梁。模板安装采用木胶合板，模板背面设方木楞加固，不准采用墙体留洞与穿钢管的固定模板方法，为了减少墙体渗漏而采用在墙体用冲击钻打眼，设置对拉螺栓来固定模板。浇混凝土时，构造柱、圈梁模板与墙体接触部位，采用双面粘结带封严模板缝隙，以防止混凝土渗漏。

⑤质量要求。

A. 砖块的品种、规格、强度必须符合设计和规范要求，有试验报告。

B. 砂浆品种必须符合设计要求。

C. 砌体灰缝应做到横平竖直，砂浆饱满。全部灰缝均应满铺砂浆，水平灰缝的砂浆饱满度不得低于90%，竖向灰缝的砂浆饱满度不得低于80%。

D. 砌筑过程中，应随时检查墙角和墙面垂直度、平整度，及时纠正偏差。

E. 预埋件、预留洞口符合规定。

⑥砂浆试块的留置位置及养护方法。

A. 每一楼层或250 m^3 砌体中的各种强度等级的砂浆。

B. 每一台搅拌机应至少检查一次，每次至少制作一组试块(每组6块)。

C. 如果砂浆强度等级或配合比变更时，还应制作试块。

D. 砂浆强度等级以标准养护、龄期为28 d的试块抗压试验结果为准。

(4)屋面工程。

1)工艺流程。

①上人屋面。现浇钢筋混凝土楼板，表面清扫干净；最薄处30 mm厚粉煤灰陶粒混凝土随图找坡；20 mm厚1∶3水泥砂浆找平；45 mm厚挤塑板保温；20 mm厚1∶2.5水泥砂浆找平；4 mm厚SBS改性沥青防水卷材；满铺0.15 mm厚聚苯乙烯薄膜一层；50 mm厚C30细石混凝土刚防层(φ6@200)；刷素水泥浆一道，25 mm厚1∶4干硬性水泥砂浆，面上撒素水泥；8～10 mm厚地面砖铺实拍平，缝宽为5～8 mm，干水泥擦缝。

②不上人屋面。现浇钢筋混凝土楼板，表面清扫干净；最薄处30 mm厚粉煤灰陶粒混凝土随图找坡；20 mm厚1∶3水泥砂浆找平；聚氨酯涂料3遍，厚2.0 mm；45 mm厚挤塑板保温；20 mm厚1∶2.5水泥砂浆找平；4 mm厚SBS改性沥青防水卷材，卷材面为乙烯膜或铝箔保护层。

2)施工准备。

①选择有资质、社会信誉好的防水专业队伍，施工前编制详细的分项工程施工交底书。

②屋面工程施工前，应进行屋面结构层抗渗漏试验，试水时间不得小于24 h。经业主、监理检验，合格后方可进行下道工序、层次的作业。

③屋面所用防水材料均必须经现场抽样复试合格方可使用。

④屋面排水坡度、落水口设置标高必须准确，经泼水检验无积水现象方可进行防水层的施工。

3)施工要点。

①水泥砂浆找平层施工。

A. 基层表面应清扫干净，并洒水湿润。

B. 砂浆需设分格缝，铺设应按由远到近、由高到低的程序进行，每分格内一次连续铺成。

C. 待砂浆稍收水后，用木抹子压实抹平，终凝前轻轻取小木条，完工后24 h内不准人员踩踏。

②SBS卷材防水层施工。

A. 防水基层必须经检查合格、洁净、干燥。

B. 涂刷基层处理剂，材料必须和卷材相容，涂刷时，搅拌均匀，二度涂刷。

C. 天沟、檐口、变形缝、水落口等处，均应加铺有胎体增强材料的附加层。

D. 防水层的收头应用钢钉固定在结构上，并用密封材料封严，密封宽度不应小于10 mm。

E. 铺贴卷材时，相邻卷材的搭接应错开，长边的搭接缝相互错开1/3幅宽，短边搭接缝相互错开300～500 mm，搭接宽度不小于80 mm。

③聚苯板保温层施工。

A. 施工前，应将找平层表面的散杂物清除干净。

B. 板状保温材料应铺平垫稳，厚度及表面坡度应符合设计要求，相邻板块接缝平顺。

C. 保温材料应采用粘结料与基层贴紧、铺平。

④粉煤灰陶粒混凝土找坡层施工。

A. 严格控制原材料质量。

B. 按配合比施工，并认真掌握压实程度。

C. 找坡层内预留出气道。

⑤刚性防水层施工。

A. 基层隔离处理。先清理 1∶3 水泥砂浆找平层，满铺 0.15 mm 厚聚苯乙烯薄膜，扎 Φ6@200 双向筋，预埋分割缝条。

B. 刚性防水层施工。刚性防水层采用 C30 细石混凝土，厚度为 50 mm，施工时先将混凝土按分格铺好，然后用石滚筒多次来回碾压，直到细石混凝土面冒浆为止，再用直尺将混凝土面刮平，并用木抹子将混凝土面打毛，用钢板压实抹光，待混凝土初凝前后应浇水养护。

C. 刚性防水层混凝土达到一定强度后，应将分格缝清理干净，在混凝土达到设计强度后用防水油膏灌缝。

D. 刚性防水施工结束后，应进行浇水养护，养护期间不允许在上面堆放或进行其他作业施工，必须待混凝土强度达到 5.0 MPa 后才允许人员在上面行走。刚性防水层不允许在上面打洞、凿槽和打膨胀螺栓。

⑥地砖面层施工。

A. 材料要求。材料严格按设计要求选用，规格统一，色泽一致，进场时须由建设、监理、施工单位共同验收，合格后方可施工。

B. 工艺流程。基层清理→弹线→试排→试拼→扫浆→铺水泥砂浆结合层→粘贴→灌缝→擦缝→养护。

C. 施工要点。

a. 清理基层。清除基层的落地砂浆、油垢和垃圾，并冲洗干净。

b. 弹线控制。根据女儿墙水平基准线，在女儿墙上弹出标高控制线，同时按照地砖尺寸、允许缝隙在基层上弹出排砖控制线。

c. 试排、试拼。根据施工大样图拉线校正方度并排列好，检查接缝宽度，对于较复杂部位的非整块面板，应确定相应尺寸，以便切割。

d. 扫浆、铺结合层。先洒水湿润基层，然后刷水胶比为 0.5 的水泥素浆一遍，随刷随铺 1∶4 干硬性水泥砂浆做结合层砂浆，从里往外摊铺，用刮尺压实赶平，再用木抹子搓揉找平，一般铺完结合层随即铺地砖，以防砂浆结硬。

e. 粘贴。镶贴地砖一般从中间向边缘展开退至门口。铺贴时，板块应预先用水浸湿，待擦干或表面晾干无明水方可铺设。铺贴的面层平整，缝隙顺直，镶嵌正确。

f. 灌缝、擦缝。铺完地砖养护 1 d 后，在缝隙内灌水泥浆擦缝。灌浆 1～2 h 后，用棉纱蘸色浆擦缝，黏附在板面上的浆液随手用湿纱头擦拭干净。

g. 养护。铺上干净湿润的锯末养护，喷水养护不少于 7 d(3 d 内不得上人)，同时做好成品保护工作。

(5)门、窗工程。

1)施工准备。

①门窗型号、品种符合图纸要求并经现场抽检合格。

②门窗及玻璃成品的质量、形状及尺寸的允许偏差应符合规范规定。

③检查洞口位置、尺寸及标高，并检查门洞预埋件的数量及质量是否符合设计要求。

④施工前，将由专业工长根据实际施工图进行放样与班组交底。

2)工艺流程。弹线找规矩→窗洞口处理→就位和临时固定→门、窗框固定→窗扇安装→密封嵌缝→清理→安装五金配件。

3)铝合金门窗安装施工。

①铝合金门窗框安装工作应在室内、外刮糙等湿作业完毕后进行。

②弹线。首先应弹出门窗洞中的中心线，从中心线确定基洞口宽度，门窗框安装后，应与墙面阳角线尺寸保持一致。在洞口两侧弹出同一标高的水平线，且水平线在同一楼层内标高均应相同。

③门窗框安装。按照弹线位置，将门窗框临时用木楔固定，用水平尺和托线板反复校正门窗框的垂直度及水平度，并调整木楔直至门窗框垂直水平，最后用射钉将其连接件固定在墙体上。检查校正后贴上保护胶纸，以后施工时，严禁搁置脚手板或其他重物。

④门窗框与墙体的连接位置。应设在距边框角和边框与中横框、中竖框的交点 150 mm 处，连接点的间距应不大于 600 mm。

⑤窗框与墙体间隙处理。先内填塞发泡剂，再外用防水泥浆封堵，最后用专用密封胶密封。

⑥门、窗扇安装。待内外墙面面层及楼地面工程施工完成后再安装。

⑦密封胶施工。清除被粘物表面的油污、灰尘，被粘物要保证一定的干燥度，施工后密封胶表面平整。

4)内墙木门安装施工。

①工程所用木材的种类、质量、断面尺寸及含水率，必须符合设计要求及施工规范的规定。

②安装门框前，应检查墙体中预埋的混凝土块中的木砖及门框靠墙的表面是否满涂防腐剂，检查门框质量，如有翘曲及不方正等缺陷，需待修整后再安装。

③与粉刷层相平的门框安装时，应凸出墙面，放出粉刷层的厚度。

④门框立起时，采用钢钉钉入墙体内预埋的混凝土块中的木砖，然后用水平尺、托线板或线坠等校正垂直，随即使之固定。同一墙面、同一高度的门框，必须在同一水平线上。

⑤立好的门框须在框梃及门框下坎等易受碰撞的部位加钉木条或其他保护材料，以防碰坏。

⑥木门扇的安装，应在室内其他装饰基本完成后进行，门扇的规格、质量应符合设计要求。

⑦门扇与边框的缝隙应一致，门扇的边梃宽窄也应一致；安装好的门扇，必须开关灵活，不得反翘，门扇梃与框面应相平。

5)质量标准。

①门、窗必须符合设计要求和施工规范的规定。

②为了保证门窗框安装牢固，预埋件或块及连接铁件一定要符合要求，且安装牢固。

③门、窗四面的缝隙不宜过大或过小，需填充饱满。

④门、窗关闭严密，开启灵活，无阻滞、回弹和倒翘；附件齐全。

⑤加强半成品及成品保护。

A. 施工时要加强保护，不允许随意撕去框边上贴的保护胶纸。粉刷工艺完成后将保护胶纸撕去，塑料胶纸在铝合金型材表面留有的胶痕，宜用香蕉水清理干净。

B. 在交叉作业中，特别是拆除脚手架过程中，应采用木挡板或石棉布保护安装好的门窗框，以免钢管或硬物碰坏。

(6)室内外装饰工程。

1)一般抹灰工程。

①材料要求。

A. 水泥应采用不低于32.5强度等级的水泥，宜按出厂日期先后顺序堆放和使用。

B. 砂宜采用中砂，含泥量不超过5%，且不含有机杂物。

C. 建筑胶粘剂。用混凝土界面处理剂，作为基层结合层砂浆的外加剂。其质量及掺合比符合设计要求，且具有合格证书。

②施工准备。

A. 砌体工程完成，并经业主、监理、质监站及项目部有关人员进行主体验收，验收合格后方可准备抹灰工程施工。

B. 抹灰前应将水电管线预埋好，内门窗框的位置校正准确，与墙体的缝隙处应用水泥砂浆填实。墙体表面应清理干净，并用水湿润。

C. 施工前，做好抹灰样板间或样板墙，报监理工程师检验合格后，方可大面积施工。

③工艺流程。基层处理→找方吊直→门、窗洞口阳角做护角→冲筋→涂抹混凝土表面界面剂随抹底层灰→抹面层灰。

④施工要点。

A. 在两冲筋之间的基层上抹底层砂浆时，要用力抹压，使基层缝道充满砂浆。稍后再抹垫层砂浆，使砂浆的表面略高出冲筋面，然后用硬刮尺以冲筋平面为准，用力均匀平衡，冲筋面上不能刮低也不可添加砂浆，以保持平整。

B. 中层抹灰是保证抹面平整、节约材料的关键，中层要求密实，表面平整，个别低处要找平。中层抹灰面干燥至7～8成后，即可进行面层抹灰，不宜过干。通常在中层抹灰后第二天进入下道工序面层抹灰。

C. 大面积抹完后，随即修整预留孔洞四周、箱边槽周、阴阳角及墙顶等相接部位。中层砂浆抹完后，立即作表面平整、垂直度及阴阳角方正检查，及时发现问题并立即修整好。

D. 每层抹灰完成后，均应进行现场清理，回收落地砂浆，不得过夜，特别是窗台、门窗边等处，抹灰后应把残存在门窗框上砂浆清理干净，门窗框的保护膜必须于抹灰后揭去，并用干净的棉纱或废纺布将门、窗框擦净。

⑤质量标准和保证质量措施。

A. 抹灰所用的材料品种、质量必须符合设计要求。

B. 抹灰层与基层之间必须粘结牢固，无脱层、空鼓、面层爆灰和裂缝等缺陷。

C. 抹灰表面应洁净，接槎平整，线角顺直清晰。

D. 基层处理。其处理必须严格按要求进行，特别是混凝土与砖墙交接部位、管道、预埋箱盒与墙体相嵌部位，必须加设钢丝网片。这是因为基层处理的好坏直接影响面层的施工质量。

E. 抹灰的底层、中层及面层应分层进行，底层、中层厚度宜控制在5～7 mm，面层厚度宜控制在3～5 mm。

F. 为了保证抹灰面层色泽一致，要求所用的水泥、黄砂、石灰膏等材料按工程量和配合比，一次备足同样品种并单独堆放，专材专用。

G. 拌好的水泥砂浆应在初凝前用完，凡已结硬的水泥砂浆不得继续使用，也不允许加水重新拌和使用。

2)玻璃幕墙、铝塑板、干挂花岗岩工程。

①尽早选择合格分包方，考察其近期业绩，在分包合同中明确双方质量安全职责。

②和分包方、监理、设计共同策划并由分包方编制设计施工方案，并报设计、总包、监理、

建设四方审查认可。

③做好双方工序验收和交接工作。

④严格按国家和行业标准对其进行过程检验和最终检验。

3)室内涂料施工。

①材料要求。

A. 涂料工程所用的材料、半成品，应符合设计要求和现行有关产品国家标准的规定，并应有品名、种类、颜色、制作时间、贮存有效期、技术指标、使用说明书和产品合格证。

B. 涂料工程所用腻子的塑性和易涂性应满足施工要求，干燥后应坚固，不得粉化、起皮和裂纹并按基层、底涂层和面涂层的性能配套使用。腻子可自配或购买成品，自配时的配合比应严格按设计要求和施工规范执行。

②工艺流程。清理基层→填补缝隙、局部刮腻子→磨平→第一遍满刮腻子→磨平→第二遍满刮腻子→磨平→干性油打底→第一遍涂料→复补腻子→磨平→第二遍涂料→磨平→第三遍涂料。

③施工要点。

A. 墙面、混凝土板底处理。先将抹灰面的灰渣及其他杂物清除干净，表面清扫后，用腻子将墙面麻面、蜂窝、洞眼等处填补好，局部空鼓部分应铲除，重做基层，直径 3 mm 以上孔需用水泥聚合物砂浆填充，待其固化后打磨平整。

B. 第一遍嵌缝、刮腻子、磨平。当室内缝隙填补平整后，使用批嵌工具满刮乳胶腻子一遍。所有微小砂眼及收缩裂缝均需满刮，以密实、平整、线角棱边整齐为度。同时，应一刮顺一刮地沿着墙面横刮，尽量刮薄，不得漏刮，接头不得留槎。用刮板批腻子时，批刮一次厚度不超过 0.5 mm，待底层腻子干燥后打磨平整，再刮次层腻子，直到基层批嵌密实，平整后方可涂刷涂料。

C. 磨平。腻子干透后，用 1 号砂纸裹着平整小木板，将腻子渣及高低不平处打磨平整，注意用力均匀，保护棱角。打磨后用棕扫帚清理干净。

D. 第二遍满刮腻子、打磨。施工方法同头遍腻子，但要求此遍腻子与前遍腻子抹刮方向相互垂直。

E. 第一遍涂料。涂刷时宜用排笔，涂刷顺序一般是从上到下，从左到右，先横后竖，先边线、棱角、小面后大面。阴角处不得有残积涂料，阳角处不得裹棱。独立面每遍应用同一批涂料，并一次完成。

F. 复补腻子。第一遍涂料干透后，应普遍检查一遍，如有缺陷局部复补涂料腻子一遍，并用牛角刀刮抹，以免损伤涂料涂膜。

G. 磨光。复补腻子干透后，应用细砂纸将涂面打磨平滑，注意用力应轻而匀，且不得磨穿漆膜，磨后将表面清扫干净。

H. 第二遍涂料涂刷及磨光。施工方法与第一遍相同。

I. 第三遍涂料涂刷。施工方法及顺序与第一遍相同，要求表面更美观细腻，必须使用排笔涂刷。大面积涂刷时应多人配合流水作业，互相衔接。一般从不显眼的一头开始，逐渐向另一头循序涂刷，至不显眼处收刷为止，不得出现接槎及刷纹，排笔毛若黏附在墙上应及时剔掉。高级涂刷时，表面应用更细的砂纸轻轻打磨光滑，必要时可涂刷第四遍涂料。

④质量要求。

A. 饰面涂层表面。应平整、光滑、无凹凸、无缺损、无刷痕、无流坠。

B. 饰面层与基层结合牢固，无空鼓、开裂现象。

C. 阴阳角方正垂直。

D. 做好工程收尾、清理及成品保护工作。

(7)地面工程。本工程地面主要为细石混凝土地面、地砖地面、花岗岩地面。本工程主要针对细石混凝土地面。

1)地面细石混凝土铺筑前，应先行对地面上积灰垃圾认真清除，经施工员或技术人员检验，审核符合要求，方可进行下道工序。

2)地面在铺筑前一天，应将板面先浇水湿润，在铺筑当天用水胶比为 0.5 的纯水泥浆进行扫浆，扫浆必须扫透。扫浆与细石混凝土铺筑，应随捣随铺，振密，初凝时间一般不超过 2 h，严禁用撒干灰浇水扫浆法和扫浆过早的操作方法。

3)地面细石混凝土铺料后先用硬括尺拍实刮平，然后用振动抹光机沿四周墙脚先振实，而后往中间进行全面振实，如有高低再行补料加振，用括尺括平再普遍振实一次，在二次振实后，若表面浆水不足时，可用 1∶1 干水泥砂稀撒一层，再用木抹子打磨均匀。

4)厕所、阳台地面应注意泛水，标高和地漏落水口的处理，做到泛水准确，落水畅通，接口不渗漏水。

5)对大面积地面，应做好水平测量，分仓线格划分和设置，做出塌饼标志，严格控制表面平整度和分仓线路垂直度，大面积细石混凝土面层，细石混凝土的铺筑间隔时间以不超过 2 h 为宜，防止面层与标筋处造成裂缝起壳。

6)地面细石混凝土养护。一般在表面抹光完成后 24 h 进行洒水养护 2～3 d，严禁水冲，养护人员不准穿钉鞋，不准在初完成的面层拖拉洒水皮管，细石混凝土面层强度达到 4.9 MPa 以上方能走人，达到 3.8 MPa 以上方能进行下道工序施工。

7)地面质量要求。

①混凝土和基层应粘结密实牢固，不允许空鼓。

②表面应无裂缝、无起砂，色泽一致。

③有泛水的地面，其坡度必须符合要求，不应有积水和倒泛水现象。

④表面平整度，2 m 直尺和楔尺检查，误差不大于±5 mm。

(8)脚手架工程。

1)主体结构施工脚手架。本工程主体结构施工阶段，采用随主体结构施工逐层搭设落地式钢管脚手架，脚手架外侧用加密目网全封闭，并随主体结构施工而升高，每 4 层设一道安全防护网。

2)主体围护外墙砌筑脚手架。外围护墙的砌筑，利用主体混凝土结构施工期间搭设的脚手架。

3)装饰、装修施工脚手架。外墙装饰阶段，外墙脚手架采用双排钢管落地脚手架；室内装饰采用门式脚手架。

4)转料型钢平台。主体结构施工阶段，用于楼层模板、钢管周转材料的转运，装饰施工阶段用于外墙装饰材料的转送。

5)材料要求。

①本工程外脚手架宜采用外径为 ϕ48 mm、壁厚为 3.6 mm 的高频焊接钢管，铸铁扣件材料应符合《钢管脚手架扣件》(GB 15831—2006)的规定。

②内脚手架采用焊接门式脚手架，其材质应符合《碳素结构钢》(GB/T 700—2006)的规定。

6)脚手架的搭设要求。

①转料平台搭设要求按公司《转料钢平台作业指导书》执行。

②落地脚手架的搭设要求，方案应按《建筑施工扣件式钢管脚手架安全技术规范》(JGJ 130—2011)进行设计计算，报总工室审批。

A. 脚手架底座。夯实土上采用C15混凝土浇筑100 mm厚，主楼下用18#槽钢做立杆垫板，主要用于承受脚手架立杆传递下来的荷载；裙房上主楼外架子4层设斜撑一道(利用主体外架子埋件)。

B. 立杆要求。立杆纵向间距为1.8 m，横向间距为1.05 m，步高为1.8 m，内立杆距外墙面为25 cm，且在距底20 cm座高处，里外设置地牵杠，以保证架子的整体性。立立杆时，应选用长度不同的两种钢管间隔搭设，以保证相邻两根立柱的接头错开，错开的长度大于600 mm。

C. 水平杆要求。水平杆应水平设置，钢管长度不宜小于3跨。水平杆接头采用对接扣件连接，内、外两根相邻纵向水平杆的接头不应在同步同跨内，上、下两个相邻接头应错开一跨，其错开的水平距离不应小于500 mm，各接头中心距立杆轴心线距离应小于纵距的1/3。

D. 纵向水平杆与立杆相交处必须用直角扣件与立杆固定。脚手架每根钢管的固定扣件不应少于2个。沿建筑物周围搭设的脚手架应采用闭合形式，脚手架的同一步纵向水平杆必须四周交圈。

E. 拉锚杆设置。脚手架在搭设过程中，立杆应从第一步纵向水平杆处开始采用刚性连接件与柱或墙体、构造柱进行硬拉锚连接，以确保安全。连墙杆竖直方向间距以2步为宜，水平间距以3跨为宜。连墙杆应呈水平设置，其轴心线距脚手架主节点的距离应小于300 mm。

F. 剪刀撑设置。脚手架搭好后，应每隔9 m(水平距离)左右设一组剪刀撑，剪刀撑与地面夹角为45°～60°，自下而上顺次连接设置，钢管搭接长度不少于1 m，并用两只旋转扣件紧固，剪刀撑两端和交叉点与立杆、横杆也应全部扣牢固。

③接地。钢管落地脚手架均应接地防雷，采用3根∟50 mm×50 mm的角钢(长度为1 500 mm)，埋入地下，再用━40 mm×4 mm扁钢引出与脚手架连接。

④脚手架围护。

A. 在脚手架操作层的外侧应设置栏杆，上栏杆高度宜在1.1～1.2 m，挡脚板高度不应小于150 mm，中栏杆应居中设置。脚手板采用竹笆脚手板，施工时应满铺于纵向水平杆上方。

B. 悬挑脚手架外围采用竹排、密目网全封。

C. 落地脚手外围采用竹排半封，密目网全封。

D. 出入口处。脚手架的施工出入口处应搭设安全防护棚。

⑤验收。脚手架搭设应符合《建筑施工扣件式钢管脚手架安全技术规范》(JGJ 130—2011)标准，每段脚手架搭设完毕后，应进行验收，合格后方可使用。

⑥维护。定期检查基础有无不均匀下沉，脚手板有否松动，与建筑物连接扣件是否齐全、松动，外挑安全网、密目网及安全隔离设施是否发挥作用，同时做好记录。

⑦拆除。与搭设顺序相反，后搭的先拆，先搭的后拆。拆除顺序为：安全网→脚手板→扶手→剪刀撑→搁栅→大横杆→小横杆→立杆。拆除时应由上而下，一步一清，拆下的材料由中间人员往下递送，拆除时应遵守《建筑施工高空作业安全技术规范》(JGJ 80—2016)高空作业技术规范的规定。

⑧脚手架中的危险源识别和风险控制技术措施。

A. 危险源主要有以下几种：

a. 4.5 m高梁板结构承重架(地下室顶盖，二层结平等楼层)。

b. 转料型钢平台。

c. 地外脚手架。

B. 风险控制技术措施。

a. 均在施工前组织技术策划，进行受力分析、结构计算，形成方案，经总工室批准后实施，同时报监理方审查。

b. 施工中以书面会议方式对施工人员进行交底，并由施工(分包)方负责人签字。

c. 施工过程中由施工员、安全员旁站监督，随时对不符合之处进行整改。

d. 情况发生异常，立即由施工员报技术部门现场解决，必要时修改技术方案。

(9)避雷接地安装。

1)本工程避雷系统引下线利用建筑物结构柱内两根 Φ16 mm 主钢筋，接地体利用建筑物基础内的主钢筋。在基础地梁内焊接成环状作为防雷接地极，接地电阻应小于 1 Ω。

2)屋顶避雷带采用 25 mm×4 mm 的扁钢沿女儿墙、屋脊和檐口等部位敷设，在屋面组成 10 m×10 m 或 8 m×12 m 避雷网格。所有凸出屋面的金属构件、金属管道等均应与避雷带可靠连接。圆钢与圆钢焊接时的搭接长度不小于钢筋直径的 6 倍，双面施焊；扁钢与扁钢焊接时的搭接长度不小于扁钢宽度的 2 倍，不少于三面施焊。焊接处应清除焊渣后涂防锈漆防腐，外刷一道银粉漆。

3)接地系统为联合接地方式，电气设备保护接地、防雷接地等电位联结接地及其他电子设备的功能接地合用同一接地体，接地电阻不大于 1 Ω。低压接地系统采用 TN－S 形式。

4)金属桥架全长应不少于两处与接地干线可靠连接，金属桥架和与桥架接通的金属电管应可靠连接并接地。

3.7.2 钢结构安装方案

工程概况

某住宅楼，建筑高度为 251.1 m，地下为 4 层，地上为 62 层，用钢量约 6.331 万 t。采用矩形钢管混凝土柱框架-钢板混凝土剪力墙结构，楼盖采用型钢梁和钢筋混凝土现浇板组合楼板。

该住宅楼钢结构部分主要由钢柱、钢梁、剪力墙钢板组成。其中，钢柱有目字型钢柱、日字型钢柱和箱型钢柱三种，材质为 Q390 GJC，最大截面尺寸为 2 500×2 500×80，钢板最厚达 80 mm；钢梁主要为热轧 H 型钢和焊接 H 型钢，材质为 Q390 GJC、Q345 GJC 和 Q345 B，最大规格为 H2 550×1 000×30×60；剪力墙钢板最厚达 45 mm，材质为 Q345 B。

施工方案

1. 施工部署

根据本设计住宅楼地下部分钢结构特点和合同文件中节点工期、质量要求，有针对性地进行地下阶段钢结构施工部署、现场平面布置及管理，并紧密结合施工现场实际条件，力求方案的可行性、合理性和具体化。

(1)施工管理总体目标。

1)质量目标。严格按照设计图纸及国家相关规范要求进行深化设计、材料采购，精心组织施工，工程质量验收合格，确保获得“中国钢结构金奖”，配合总承包人获得“省优质工程奖”，争创“鲁班奖”或“国家优质工程奖”。

2)工期目标。根据施工总体计划安排，计划在 2018 年 12 月 31 日完成住宅楼钢结构施工。

3)安全目标。确保工程、设备安全，施工人员重伤、死亡事故为零指标。

4)文明施工目标。按规范化、标准化进行现场管理，确保达到“建筑工程安全生产文明施工优良样板”工地。

(2)施工组织管理。为了确保本设计现场施工的进度、质量、安全，确保各种资源(技术、人员、设备、原材料等)的充分满足和及时到位，为此在施工总承包单位管理架构下，成立钢结构现场项目管理部。项目管理部由超高层结构方面制造及施工经验丰富的技术、管理人员组成，负责组织落实钢构件制造、运输、现场安装等本设计的全部工作，由现场项目经理负全责，项目经理下设项目副经理和技术负责人各 1 人统辖管理下属各施工班组，组织机构设置详见图 3-6 所示。

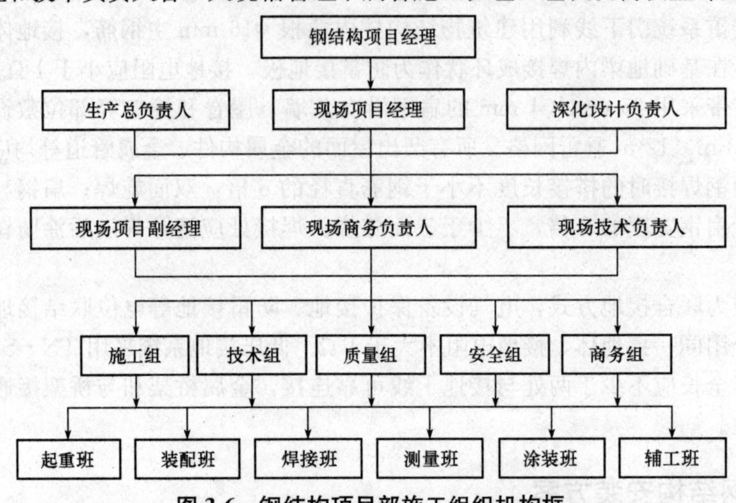

图 3-6　钢结构项目部施工组织机构框

2. 施工分区划分及立面流水施工

(1)施工平面分区划分。

该住宅楼钢结构施工平面根据塔式起重机的布置共划分为两个施工分区，分别为 A 区、B 区，分区示意图如图 3-7 所示。

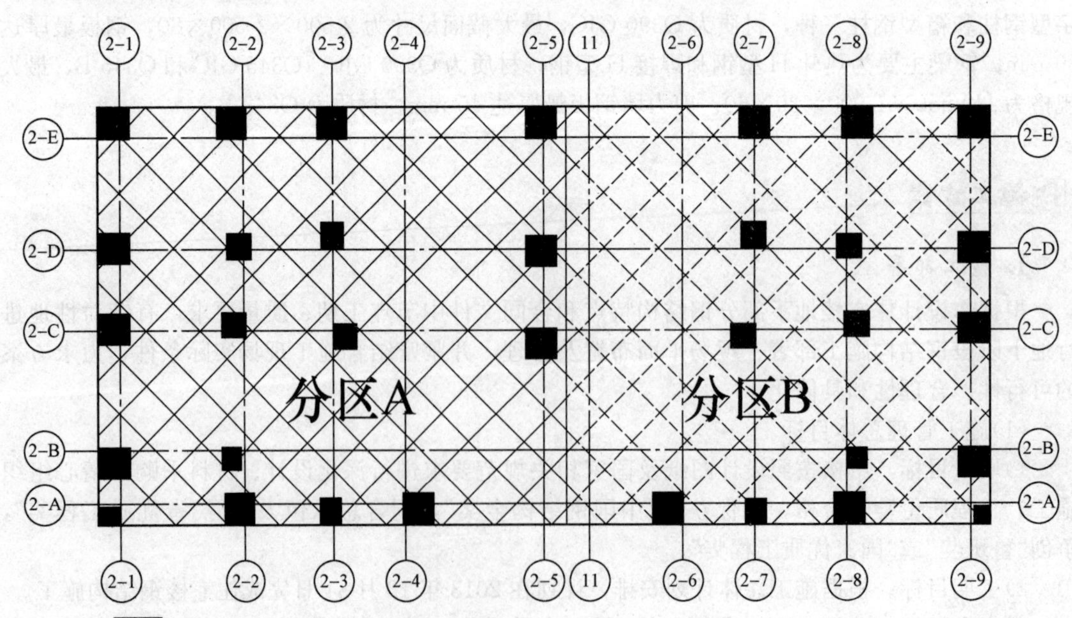

图 3-7　施工平面分区划分示意

(2)钢结构安装立面分区与流水施工安排。

1)立面分区划分。根据节点工期计划，将本工程分别划分为4个分区进行分阶段施工，分区布置图及工程量统计详见表3-5。

表3-5 分区布置图及工程量统计

住宅楼分区工程量统计表(根据招标图，具体以实际最终图为准)				
分区编号	标高范围		总质量/t	备注
预埋件			65	
一区	−21.0	−0.1	5 471	B4～首层
二区	−0.1	90.74	23 566	首层～23层
三区	90.74	166.34	18 228	23层～44层
四区	166.34	245.69	16 135	44层～屋面

2)流水施工安排。

①逐节安装钢柱。

②逐层安装相应的钢结构楼层梁和柱间剪力墙钢板。

③每个楼层验收合格后，交出工作面给土建专业进行模板、钢筋、混凝土施工。

3. 典型构件安装方法

(1)柱脚埋件安装。本设计钢埋件共有矩形钢管柱柱脚埋件和剪力墙埋件两种形式，两者均采用D50的锚栓。

本设计矩形钢管柱柱脚锚栓数量多、规格大、质量较大，且底部无任何有力的支撑体系，因此在安装柱脚锚栓时需借助刚性支架。同时，为保证后期柱脚安装工作的顺利进行，锚栓群在安装过程既要保证锚杆之间的相对精度，又要保证单根锚杆的决定精度，为此在锚栓安装时，采用锚栓组装架来辅助锚栓安装(保证锚杆之间的相对精度)，同时借助锚栓定位支架(保证单根锚杆的决定精度)将锚栓群整体进行定位安装，具体施工方法如下：

1)锚栓群安装流程。锚栓群安装流程如图3-8所示。

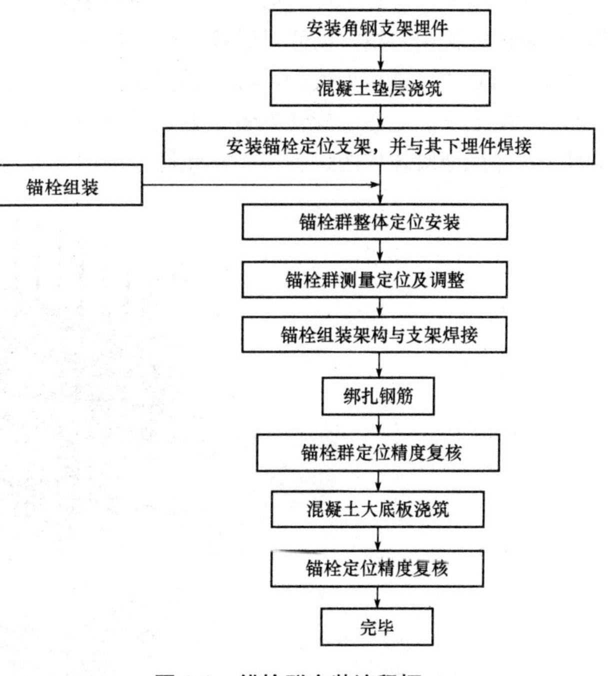

图3-8 锚栓群安装流程框

2)安装锚栓支架。锚栓支架由4根长度相同的直立角钢(规格：∟180×16，材质：Q235B)组成，角钢的下端与混凝土垫层中预设的埋件进行焊接，如图3-9所示。

3)锚栓组装。锚栓组装架由14根∟180×6的角钢制作而成，为提高组装精度，角钢打孔直径比锚栓直径大 1 mm 即可，孔的中心距角钢两侧外边缘的距离均为 90 mm，组装时适当调整上下两排角钢间距 550～650 mm 即可，调整时，可用相应锚栓插入孔中进行辅助定位，并用钢尺检查，将上、下两排角钢中的孔垂直对正后，用 4 段角钢斜撑与上下两排角钢焊接固定，防止上、下两排角钢间发生相对位移，锚栓调整校正完成后与组装架焊接牢固，如图 3-10 所示。

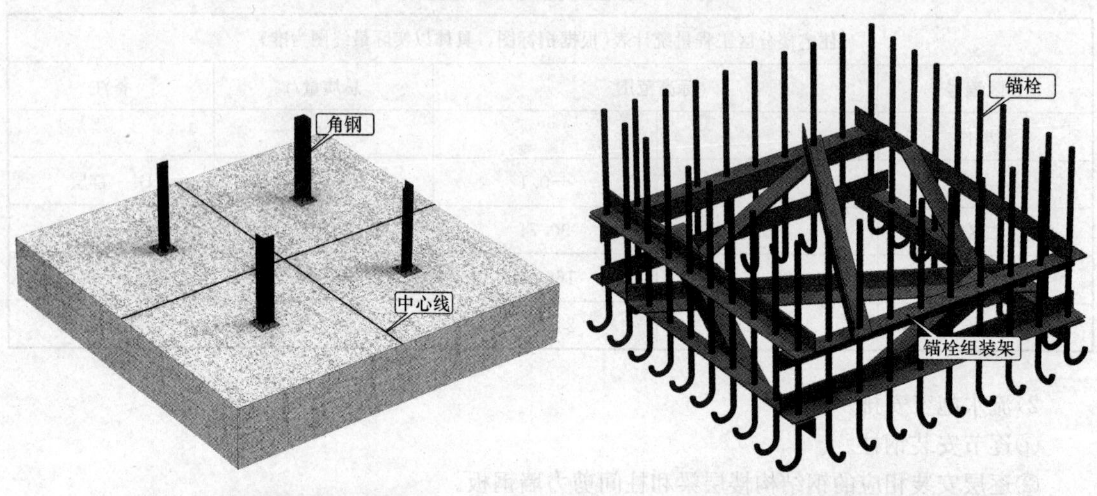

图 3-9　柱脚锚栓安装支架示意　　**图 3-10　锚栓组装架构示意**

4)锚栓群整体测量定位。锚栓组装后进行整体安装，安装前可根据锚栓位置，在上排角钢顶面刻划出纵横中心线，以便对锚栓组进行快速定位，定位后抽取 3～5 个锚杆，并进行其顶端空间坐标的复核，复核无误后，将下排角钢与支架焊接牢固，并在四周搭设角钢斜撑，保证锚栓组不发生上下、左右、旋转等各个方向的移动。具体安装时可借助全站仪配合锚栓组的定位和固定，保证地脚锚栓的位置偏差在允许范围内，如图 3-11 所示。

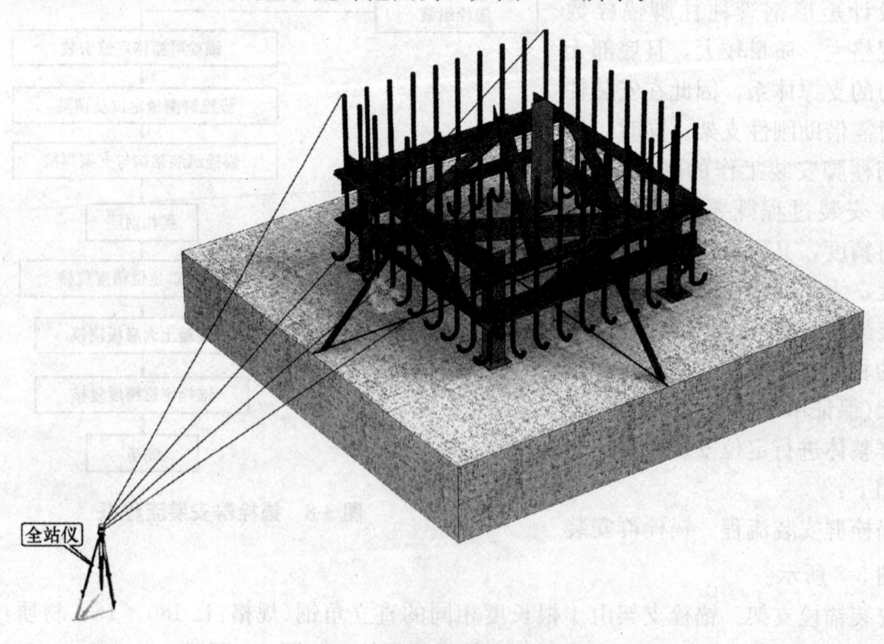

图 3-11　锚栓组测量定位示意

5)锚栓定位复测。混凝土大底板顶层钢筋绑扎完成后，应对锚栓的定位进行复核，复核无误后进行混凝土浇筑，混凝土浇筑后应及时对锚栓的定位再次进行复核，确保锚栓的最终定位偏差在允许范围内，如图 3-12 所示。

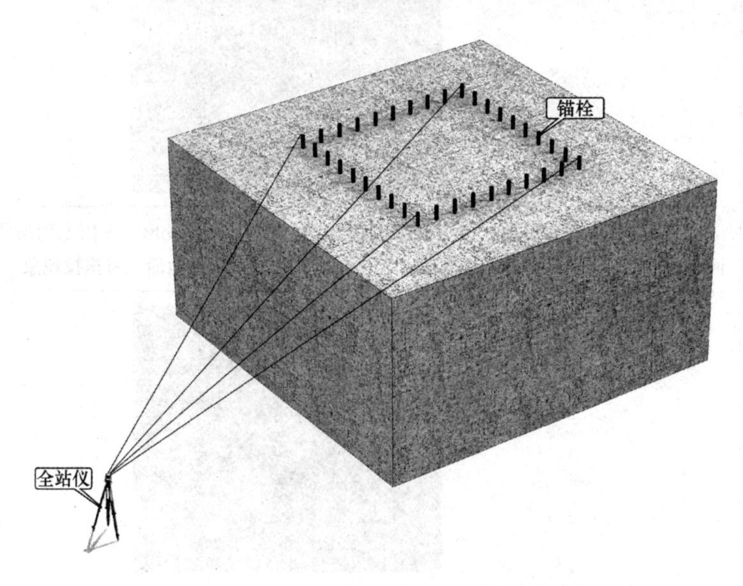

图 3-12　混凝土浇筑后锚栓定位复测示意

(2)钢柱安装。

1)钢柱安装过程中偏差控制要点。

钢柱安装后，应对柱顶作一次标高实测，根据实测标高的偏差值来确定是否对后一节钢柱的高度进行调整。标高偏差值≤±3 mm，只记录不调整，超过±3 mm 需进行调整。柱顶的标高误差产生主要的原因有以下几方面：

①钢柱制作误差，长度方向每节柱规范允许误差为±3 mm；

②吊装后造成垂直度偏差；

③钢柱电焊对接造成焊接收缩。

调整的方法是：如果标高过高，必须在后节柱上截去相应的误差长度；如果标高过低，可采用扩大焊缝根部间隙的方式进行调整，另外需要注意以下几点：

①一次调整不宜过大，一般以 5 mm 为限，因为过大的调整会带来其他构件节点连接的复杂化和安装难度。

②钢柱两端经过端铣。

③无论是钢柱的截短还是扩大焊缝根部间隙，都要求在加工厂加工，现场处理会造成钢柱电焊对接时质量难以控制，由于钢柱截短相对比较麻烦，因此，施工时柱顶标高尽可能控制在负公差内。

钢柱安装后，先用连接耳板对上、下钢柱进行固定，然后将立柱根部上的刻画线对准已安装的立柱的顶部刻画线，并保证正确衔接，即完成根部定位及解决空间扭转，然后用全站仪对上口采用坐标法测量定位，当垂直度超差时应进行校正。校正的方法是：大多采用螺旋千斤顶作微调来完成垂直度的校正，校正过程中应边调整边测量，每次调整幅度不宜过大。

2)钢柱安装技术保证措施。钢柱安装技术保证措施见表 3-6。

表 3-6 钢柱安装技术保证措施

序号	技术措施示意图
吊点设置及起吊方式	吊点设置在预先焊好的连接耳板处。为防止吊耳起吊时的变形，采用专用吊装卸扣，采用单机回转法起吊。采用 4 根钢丝绳起吊，起吊时，不得使柱端在地面上有拖拉现象
柱身扭转调整	柱身的扭转调整通过上、下的耳板在不同侧夹入垫板(垫板的厚度一般在 0.5～1.0 mm)，在上连接板拧紧大六角头螺栓来调整。每次调整扭转在 3 mm 以内，若偏差过大则可分成 2～3 次调整。当偏差较大时，可通过在柱身侧面临时安装千斤顶对钢柱接头的扭转偏差进行校正
柱身垂直度和标高的调整	上、下柱对接使用的连接耳板，除起到连接作用，还可以作为垂直度和标高的调节使用，连接上、下柱时临时螺栓不拧紧。通过起落钩与撬棒调节柱间间隙达到调整垂直度和标高的目的
操作平台	

续表

序号	技术措施示意图
防雨措施	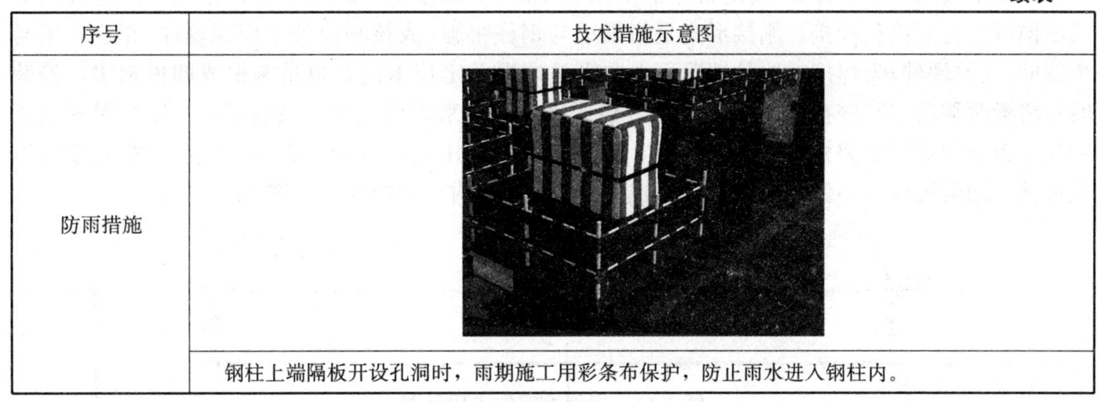
	钢柱上端隔板开设孔洞时，雨期施工用彩条布保护，防止雨水进入钢柱内。

(3)钢梁安装。

1)钢柱吊装校正完成以后，吊装对应的 H 形钢梁，保证其空间结构体系稳定。

2)为了安装方便，根据 H 形钢梁规格的不同，采取不同的吊装方法，部分钢梁设置耳板吊装，部分钢梁采用上翼缘开孔吊装，吊装原则见表 3-7。具体设置位置如图 3-13 所示。

表 3-7　吊装原则

质量 / 翼缘厚度	铰接梁质量≤4.0 t	铰接梁质量>4.0 t 所有刚接梁
翼缘板厚≤30mm	开吊装孔	设吊耳
翼缘板厚>30 mm	设吊耳	设吊耳

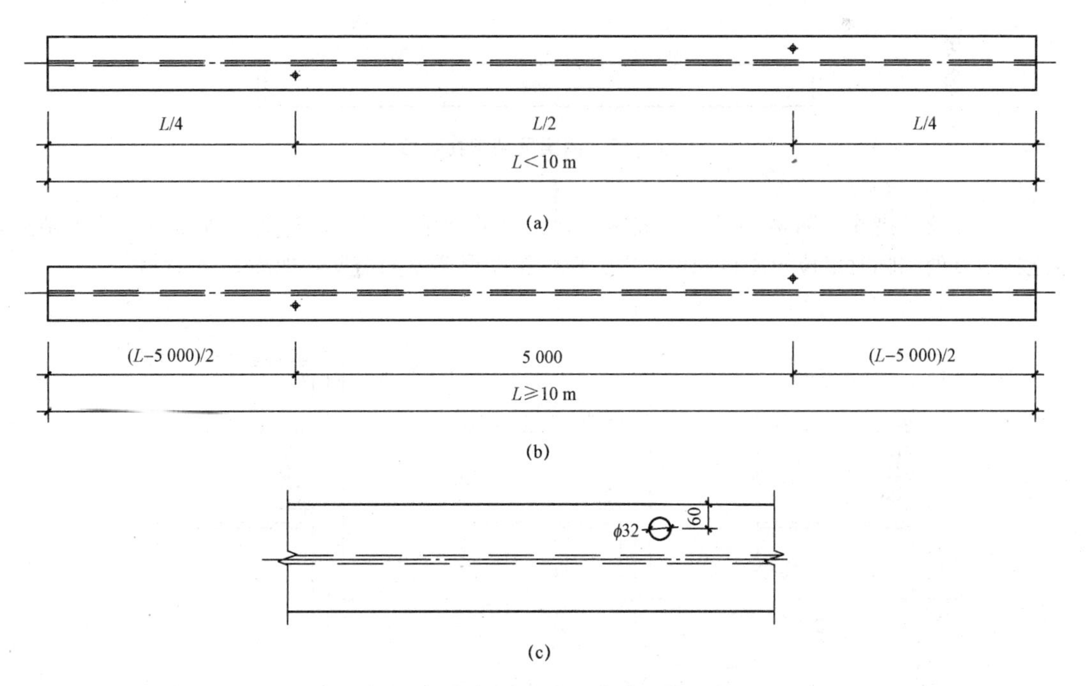

图 3-13　钢梁吊耳或吊装孔位置示意

(a)吊耳和员装孔位置一；(b)吊耳和吊装孔位置二；(c)吊装孔大样

3)钢梁安装。本设计 2# 楼钢梁分别采用 3#、4# 塔式起重机进行吊装，根据梁柱连接的形式不同可分为刚接和铰接。刚接形式是指钢梁与钢柱牛腿(或核心筒外立面预埋件)相连，梁与牛腿间(或预埋件)为焊接，这种情况下先在梁两端焊上定位卡码，每吊两根或四根钢梁，安装时先将梁两端的卡码搁在柱牛腿上，然后根据梁中心线来定位钢梁，最后焊接；铰接形式是指钢柱与钢梁间通过单剪板或双剪板连接，这种情况下，用塔式起重机将梁吊到位，穿入腹板安装螺栓；钢梁腹板中心偏差或接口错位控制在 2 mm 以内，如图 3-14、图 3-15 所示。

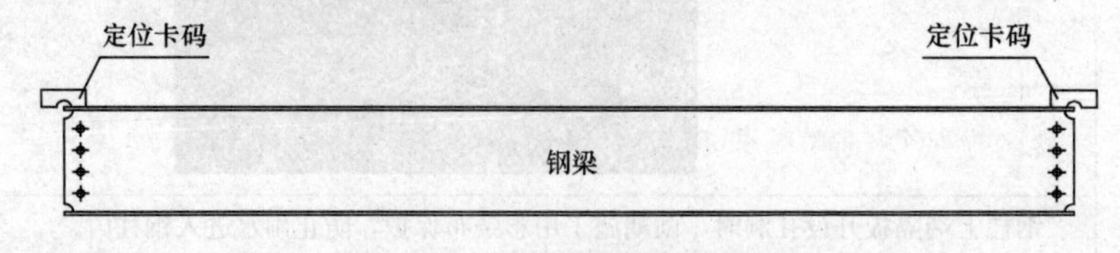

图 3-14　梁刚接定位卡码示意

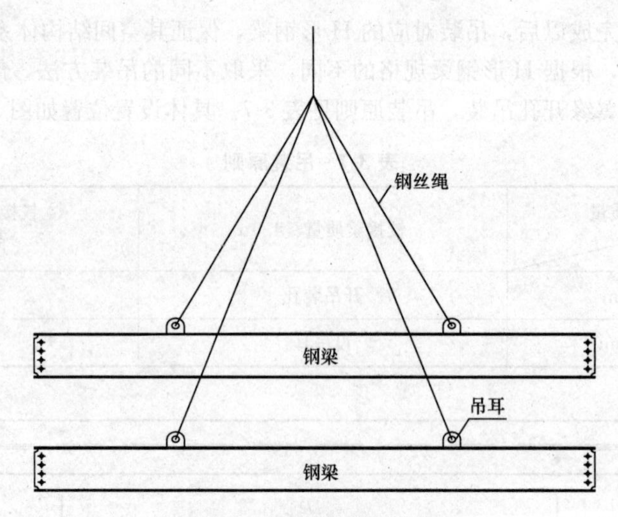

图 3-15　钢梁吊装绑扎示意

4)钢梁校正措施。钢梁校正采用成熟工艺，可借助千斤顶、手拉葫芦等。一旦校正结束，各连接节点处用临时定位板进行固定，以适应焊接变形调整的需要，如图 3-16 所示。

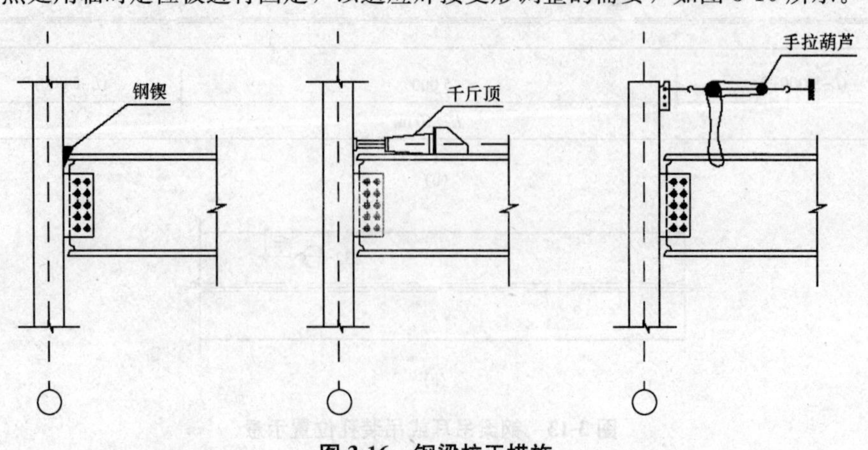

图 3-16　钢梁校正措施

(4)剪力墙钢板安装。

1)剪力墙钢板与上部钢梁焊接。本设计 2# 楼地下部分剪力墙钢板多位于两钢柱之间，且其上下均需与钢梁焊接，为此剪力墙钢板在制作时与其上部钢梁焊接成一整体，安装时随同钢梁一起安装，同时也可减少现场安装和焊接工作量。地上部分剪力墙钢板不设牛腿，直接整根设衬垫板焊接在钢柱上。

2)剪力墙钢板的安装顺序(以地下部分为例叙述)。钢板剪力墙的安装是随着楼层自然升高进行施工，因此，剪力墙钢板的焊接顺序要考虑焊接变形的延展方向，焊接的顺序不能将焊接变形的延展方向限制住。

本设计剪力墙钢板与钢柱间的焊接采用单边坡口加衬垫的全熔透焊接方式，且钢板最厚达 45 mm，焊接工作量较大，所以焊接时需遵循先立焊后横焊、立焊由下往上、钢板左右同时施焊的焊接顺序，且焊接前需在剪力墙钢板与钢柱间加设焊接变形限位板，限位板间距控制在 500～700 mm，控制好钢板的焊接变形量。

任务拓展

编制 5 层框架结构教学楼工程施工方案。

工程概况如任务 2(5 层框架结构教学楼工程，图 2-4、图 2-5)，编制施工方案。

任务 4　编制施工进度横道计划

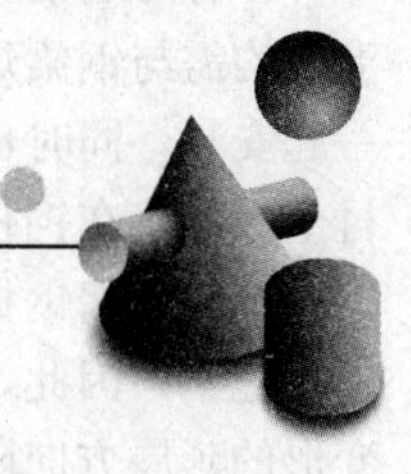

▶ 任务提出

编制施工
进度横道计划

编制 5 层砖混结构住宅楼流水施工进度横道计划。

工程概况如任务 2(5 层砖混结构住宅楼工程)，依据前面编制好的施工方案，依据表 4-1 工程量(时间定额查阅相关建筑与装饰工程计价定额)，编制流水施工进度横道计划。

表 4-1　工程量一览表

序号	分部分项工程名称	工程量		
		单位	数量	时间定额
一	基础工程			
1	人工挖基槽	m^3	594	0.18 工日/m^3
2	混凝土垫层	m^3	90.3	1.37 工日/m^3
3	砌砖基础	m^3	200.4	1.14 工日/m^3
4	钢筋混凝土圈梁	m^3	19.8	1.92 工日/m^3
5	基础及室内回填土	m^3	428.5	0.27 工日/m^3
二	主体工程			
6	砌砖墙	m^3	1 504.1	1.32 工日/m^3
7	脚手架、井架			
8	构造柱、圈梁、过梁、板	m^3	118.4	2.035 工日/m^3
9	预制楼板安装、灌缝	块/m^3	1 520/13.5	0.38 工日/块/0.99 工日/m^3
三	屋面工程			
10	水泥砂浆找平层	m^2	640.4	0.07 工日/m^2
11	冷油、SBS 防水层	m^2	640.4	0.015 工日/m^2
四	装饰工程			
12	楼地面	m^2	2 651.4	0.095 工日/m^2
13	门窗安装	m^2	800.8	0.208 工日/m^2
14	内墙、顶棚抹灰	m^2	8 901.8	0.143 工日/m^2
15	外墙抹灰	m^2	2 666.4	0.164 工日/m^2
16	厨、厕地面马赛克	m^2	280	0.464 工日/m^2

续表

序号	分部分项工程名称	工程量		
		单位	数量	时间定额
17	厨、厕瓷砖	m^2	650.6	0.588 工日/m^2
18	油漆、玻璃	m^2	1 579.2/590.4	0.066/0.543 工日/m^2
19	顶棚、内墙刷白	m^2	8 901.5	0.165 工日/m^2
20	散水、台阶压抹	m^2	136.6/16.9	0.245/0.39 工日/m^2
21	其他			15%劳动量
22	水、电、卫安装			

▶ 所需知识

4.1 施工进度计划的编制

单位工程的施工进度计划是施工方案在时间上的具体安排，是单位工程施工组织设计的重要内容之一。其任务是以确定的施工方案为基础，并根据规定的工程工期和技术物资供应条件，遵循各施工过程合理的工艺顺序，统筹安排各项施工活动的原则进行编制的。施工进度计划的任务，既是为各项施工过程明确一个确定的施工期限，又以此确定各施工期内的劳动力和各种技术物资的供应计划。

单位工程进度计划的主要作用是：安排单位工程施工进度，保证在规定竣工期限内完成符合质量要求的工程任务；确定单位工程各个施工过程的施工顺序、施工持续时间及相互衔接和合理配合的关系；为确定劳动力和各种资源需要量计划，编制单位工程施工准备工作计划提供依据；作为编制年、季、月生产作业计划的基础；指导现场的施工安排。

单位工程的施工进度计划，事关工程全局和工程效益。所以，在编制单位工程施工进度计划时，应力争做到：在可能的条件下，尽量缩短施工工期，以便及早发挥工程效益；尽可能使施工机械、设备、工具、模具、周转材料等，在合理的范围内最少，并尽可能重复利用；尽可能组织连续、均衡施工，在整个施工期间，施工现场的劳动人数在合理的范围内保持一定的最小数目；尽可能使施工现场各种临时设施的规模最小，以降低工程的造价；应尽可能避免或减少因施工组织安排不善，造成停工待料而引起时间的浪费。

由于工程施工是一个十分复杂的过程，受许多因素的影响和约束，如地质、气候、资金、材料供应、设备周转等各种难以预测的情况，因此，在编制施工进度计划时，既要强调各施工过程之间紧密配合，又要适当留有余地，以应付各种难以预测的情况，避免陷于被动的局面；另外在实施过程中，也便于不断地修改和调整，使进度计划总是处于最佳状态。

4.2 施工进度计划的类型

施工进度计划包括施工准备工作计划、施工总进度计划、单位工程施工进度计划及分部分项工程进度计划。

4.2.1 施工准备工作计划

施工准备工作的主要任务是为建设工程的施工创造必要的技术和物资条件，统筹安排施工力量和施工现场。施工准备工作内容通常包括调查研究与搜集资料、技术准备、施工现场准备、物资准备、施工人员准备、机械机具准备、季节性施工准备等。

为落实各项施工准备工作，加强检查和监督，应根据各项施工准备工作的内容、时间和人员，编制施工准备工作计划。

4.2.2 施工总进度计划

施工总进度计划是根据施工部署中施工方案和工程项目的开展程序，以单项工程为对象作出时间上的安排。其目的在于确定单项工程中各单位工程的施工期限及开工、完工日期以及单项工程的竣工日期，进而确定施工现场劳动力、材料、成品、半成品、施工机械的需要数量和调配情况，以及现场临时设施的数量、水电供应量和能源、交通需求量。因此，科学、合理地编制施工总进度计划，是保证整个建设工程按期交付使用，充分发挥投资效益，降低建设工程成本的重要条件。

4.2.3 单位工程施工进度计划

单位工程施工进度计划是在既定施工方案的基础上，根据规定的工期和各种资源供应条件，遵循各施工过程的合理施工顺序，对单位工程中各施工过程作出时间和空间上的安排，并以此为依据，确定施工作业所必需的劳动力、施工机具和材料供应计划。因此，合理安排单位工程施工进度，是保证在规定工期内完成符合质量要求的工程任务的重要前提，同时为编制各种资源需要量计划和施工准备工作计划提供依据。

4.2.4 分部分项工程进度计划

分部分项工程进度计划是针对工程量较大或施工技术比较复杂的分部分项工程，在依据工程具体情况所制定的施工方案基础上，对其分部分项工程所作出的时间安排。如大型基础土方工程、复杂的基础加固工程、大体积混凝土工程、大型桩基工程、大面积预制构件吊装工程、高大模板工程等，均应编制详细的进度计划，以保证分部分项工程满足单位工程施工进度计划的目标。

为了有效地控制建设工程施工进度，施工进度计划还可按时间编制年度施工计划、季度施工计划和月(旬)施工进度计划，将施工进度计划逐层细化，形成旬保月、月保季、季保年的计划体系。

4.3 施工进度计划的表达形式

流水施工进度计划图表反映了工程流水施工时各施工过程在工艺上的先后顺序、相互配合的关系和它们在时间、空间上的开展情况。目前，应用最广泛的流水施工进度计划图表有横道图和网络图，如图 4-1 所示。

4.3.1 横道图

流水施工的工程进度计划图表采用横道图表示时，按其绘制方法的不同可分为水平指示图表和垂直指示图表(又称斜线图)。

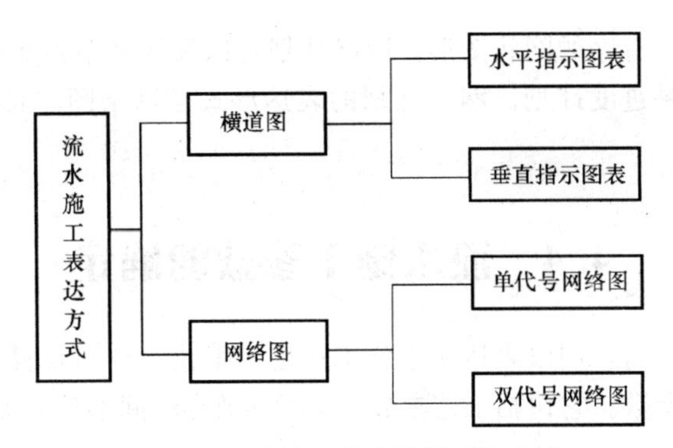

图 4-1　流水施工进度计划表达方式

4.3.1.1　**水平指示图表**

横坐标表示流水施工的持续时间；纵坐标表示开展流水施工的施工过程、专业工作队的名称、编号和数目；呈梯形分布的水平线段表示流水施工的开展情况。

某房屋基础工程流水施工的水平指示图表如图 4-2(a)所示。图中的横坐标表示流水施工的持续时间；纵坐标表示施工过程的名称或编号。施工过程 A、B、C、D 的水平线段表示 4 个施工过程或专业工作队的施工进度安排，其施工过程 A 的 3 条水平线段表示 3 个施工段。横道图表示法的优点是：绘图简单，施工过程及其先后顺序表达清楚，时间和空间状况形象直观，使用方便，因而被广泛用来表达施工进度计划。

4.3.1.2　**垂直指示图表**

横坐标表示流水施工的持续时间；纵坐标表示开展流水施工所划分的施工段编号；斜线段表示各专业工作队或施工过程开展流水施工的情况。应该注意，垂直指示图表中垂直坐标的施工段编号是由下而上编写的。

某房屋基础工程流水施工的垂直指示图表如图 4-2(b)所示。垂直图表示法的优点是：垂直图表能直观地反映出在一个施工段中各施工过程的先后顺序和相互配合关系，而且可由其斜线的斜率形象地反映出各施工过程的流水强度。在垂直图表中还可方便地进行各施工过程工作进度的允许偏差计算，但编制实际工程进度计划不如横道图方便。

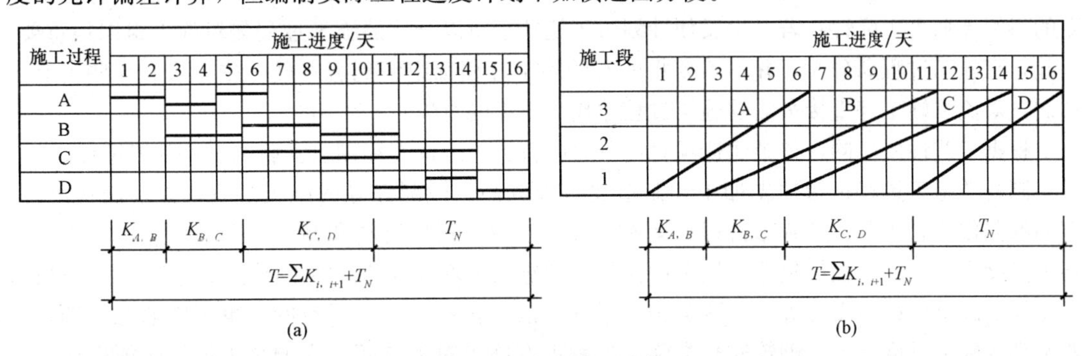

图 4-2　流水施工图表

(a)水平指示图表；(b)垂直指示图表

4.3.2　网络图

流水施工的工程进度计划图表也可采用网络图表示，网络图是指由箭线和节点组成的，用来表示工作流程的有向、有序的网状图形。网络计划是以箭线和节点组成的网状图形来表达工作间的关系、进程的一种进度计划。网络计划的表达形式是网络图。具体编制方法将在任务5介绍。

4.4 流水施工参数的确定

在组织项目流水施工时，用以表达流水施工在施工工艺、空间布置和时间排列方面开展状态的参量，统称为流水参数。它包括工艺参数、空间参数和时间参数3类。

4.4.1 工艺参数

工艺参数主要是指在组织流水施工时，用以表达流水施工在施工工艺上开展顺序及其特征的参数；或是在组织流水施工时，将拟建工程项目的整个建造过程分解为施工过程的种类、性质和数目方面的总称。通常，工艺参数包括施工过程数目和流水强度两种。

4.4.1.1 施工过程数目

组织建设工程流水施工时，根据施工组织及计划安排而将计划任务划分成的子项称为施工过程，施工过程划分的粗细程度根据实际需要而定。当编制控制性施工进度计划时，组织流水施工的施工过程可以划分得粗一些，施工过程可以是单位工程，也可以是分部工程；当编制实施性施工进度计划时，施工过程可以划分得细一些，施工过程可以是分项工程，甚至是将分项工程按照专业工种不同分解而成的施工工序。施工过程的数目一般用 N 表示。施工过程数目(N)的多少，主要依据项目施工进度计划在客观上的作用、采用的施工方案、项目的性质和建设单位对项目建设工期的要求等来确定。

在施工过程划分时，应该以主导施工过程为主，如住宅工程前期是主体结构(砌墙、装楼板等)起主导作用，后期是装饰工程起主导作用。组织流水施工时，一般只考虑主导施工过程，保证这些过程的流水作业，如砌墙工程中的脚手架搭设和材料运输等都是配合砌墙这个主要施工过程而进行的，它不占绝对工期，故不能看作是主导作用的施工过程，而砌墙本身则应作为主导过程而参与流水作业。若在施工过程划分时，施工过程数过多使施工组织太复杂，那么所订立的组织计划失去弹性；若过少又使计划过于笼统，所以合适的施工过程数对施工组织很重要。因此，在施工过程划分时，并不需要将所有的施工过程都组织到流水施工中，只有那些占有工作面，对流水施工有直接影响的施工过程才作为组织的对象。

根据工艺性质不同，整个建造项目可分为制备类、运输类和砌筑安装类三种施工过程。

制备类施工过程是指预先加工和制造建筑半成品、构配件等的施工过程，如预制构配件、钢筋的制作等属于制备类施工过程；运输类施工过程是指把材料和制品运到工地仓库或再转运到现场操作地点的过程；建造类施工过程是指对施工对象直接进行加工而形成建筑产品的过程，如墙体的砌筑、结构安装等。前两类施工过程一般不占有施工项目空间，也不影响总工期，一般不列入施工进度计划；砌筑安装类施工过程占有施工对象空间并影响总工期，必须列入施工进度计划。

综上所述，在施工过程划分时应考虑以下因素：

(1)施工过程数应结合房屋的复杂程度、结构的类型及施工方法。对复杂的施工内容应分得细些，简单的施工内容分得不要过细。

(2)根据施工进度计划的性质确定控制性施工进度计划时，组织流水施工的施工过程可以划分得粗一些；确定实施性施工进度计划时，施工过程可以划分得细一些。

(3)施工过程的数量要适当，以便于组织流水施工。若施工过程数过少，也就是划分得过粗，达不到好的流水效果；反之，若施工过程数过大，需要的专业队(组)就多，相应地需要划分的流水段也多，同样也达不到好的流水效果。

(4)要以主要的建造类施工过程为划分依据，同时综合考虑制备类和运输类施工过程。

4.4.1.2 流水强度

流水强度是指在组织流水施工时，某施工过程(或专业工作队)在单位时间内所完成的工程量，也称为流水能力或生产能力。流水强度又可分为机械施工过程流水强度和手工施工过程流水强度两种。

(1)机械施工过程流水强度公式为

$$V=\sum_{i=1}^{X}R_iS_i \tag{4-1}$$

式中 R_i——投入到第 i 施工过程的某种主要施工机械的台数；

S_i——该种施工机械的产量定额；

X——投入到第 i 施工过程的某种主要施工机械的种类。

【例 4-1】 某铲运机铲运土方工程，推土机 1 台，$S=1\,562.5\ \mathrm{m^3}$/台班，铲运机 3 台，$S=223.2\ \mathrm{m^3}$/台班。求这一施工过程的流水强度。

解：$V=\sum_{i=1}^{X}R_iS_i=1\times1\,562.5+3\times223.2=2\,232.1(\mathrm{m^3}/台班)$

(2)手工操作施工过程流水强度公式为

$$V=\sum_{i=1}^{X}R_iS_i \tag{4-2}$$

式中 R_i——投入到第 i 施工过程的施工人数；

S_i——投入到第 i 施工过程的每人工日定额；

X——投入到第 i 施工过程的人工的种类。

4.4.2 空间参数

空间参数是指在组织流水施工时，用以表达流水施工在空间布置上开展状态的参数，通常包括工作面、施工段两种。

4.4.2.1 工作面

某专业工种在加工建筑产品时所必须具备的活动空间，称为该工种的工作面，用 A 表示。工作面的大小表明能安排施工人数或机械台数的多少。每个作业的工人或每台施工机械所需工作面的大小，取决于单位时间内其完成的工程量和安全施工的要求。工作面确定的合理与否，直接影响专业工作队的生产效率，因此必须合理确定工作面。

4.4.2.2 施工段

1. 施工段的含义

通常把拟建工程项目在平面上划分成若干个劳动量大致相等的施工段落，这些施工段落称为施工段。施工段的数目以 m 表示。

2. 划分施工段的原则

由于施工段内的施工任务由专业工作队依次完成，因而在两个施工段之间容易形成一个施工缝而影响工程质量；同时，施工段数目的多少，将直接影响流水施工的效果。为使施工段划分得合理，一般应遵循下列原则：

(1)施工段的数目要适宜。过多施工段使其能容纳的人数减少，工期增加；过少施工段使作业班组无法连续施工，工期增加。

(2)以主导施工过程为依据。

(3)同一专业工作队在各个施工段上的工程量应大致相等，相差幅度不宜超过10%～15%，目的是劳动班组相对固定。

(4)每个施工段内要有足够的工作面，以保证相应数量的工人、主导施工机械的生产效率满足合理劳动组织的要求。

(5)施工段的界限应尽可能与结构界限(如沉降缝、伸缩缝等)相吻合，或设在对建筑结构整体性影响小的部位，以保证建筑结构的整体性。

(6)施工段的数目要满足合理的组织流水施工的要求，即必须满足 $m \geqslant N$ 的条件。一般 m 和 N 存在下列关系：

1)当 $m=N$ 时，各施工班组连续施工，无工作面闲置，是最理想的方式；

2)当 $m>N$ 时，施工班组连续工作，但工作面有停歇；

3)当 $m<N$ 时，虽然工作面无停歇，但施工班组不能连续工作。

当不分层时，无此限制。

注意：m 和 N 的含义。

【例 4-2】 一个砖混结构主体工程有5个施工过程(砌墙、绑扎钢筋、支模板、浇筑混凝土、盖楼板)，若分成5个施工段(即 $m=N$)，则可以5个工种同时生产，其工作面利用率为100%；若分成5个以上施工段(即 $m>N$)，则就会有工作面处于停歇状态，但每个施工队仍能连续作业；若分成小于5个施工段(即 $m<N$)，则就会出现施工队不能连续作业的现象，造成人员窝工。因此，施工段数 m 不可以小于施工过程数 N，否则对组织流水作业是不利的。

(7)对于多层建筑物、构筑物或需要分层施工的工程，应既分施工段，又分施工层，各专业工作队依次完成第一施工层中各施工段任务后，再转入第二施工层的施工段上作业，依此类推，以确保相应专业队在施工段与施工层之间连续、均衡、有节奏地流水施工。

4.4.3 时间参数

在组织流水施工时，用以表达流水施工在时间排列上所处状态的参数，称为时间参数。它一般包括流水节拍、流水步距、平行搭接时间、技术间歇时间、组织间歇时间和流水施工工期。

4.4.3.1 流水节拍

在组织流水施工时，每个专业工作队在各个施工段上完成相应的施工任务所需要的工作延续时间，称为流水节拍，用 t 表示。

流水节拍是流水施工的主要参数之一，它表明流水施工的速度和节奏性。流水节拍的大小，反映施工速度的快慢、投入的劳动力、机械以及材料用量的多少。根据其数值特征，一般流水施工又可分为等节奏专业流水、异节奏专业流水和非节奏专业流水等施工组织方式。

1. 确定流水节拍应考虑的因素

(1)施工班组人数要适宜，应满足最小劳动组合和最小工作面的要求。

1)最小劳动组合：某一施工过程进行正常施工所必需的最低限度的班组人数及合理组合。

2)最小工作面：施工班组为保证安全生产和有效操作所必需的工作面。

(2)工作班制要恰当。对于确定的流水节拍采用不同的班制，其所需班组人数是不同的。当工期较紧或工艺限制时，可采用两班制或三班制。

(3)以主导施工过程流水节拍为依据。

(4)充分考虑机械台班效率或台班产量的大小及工程质量的要求。

(5)节拍值一般取整。为避免浪费工时，流水节拍在数值上一般可取半个班的整数倍。

2. 流水节拍的确定方法

(1)根据每个施工过程的工期要求确定流水节拍。

1)若每个施工段上的流水节拍要求不等，则用估算法。

2)若每个施工段上的流水节拍要求相等，则每个施工段上的流水节拍为

$$t=\frac{T}{m} \tag{4-3}$$

式中 T——每个施工过程的工期(持续时间)；

m——每个施工过程的施工段数目。

(2)根据每个施工段的工程量计算(根据工程量、产量定额、班组人数计算)：

$$t=\frac{Q}{S\cdot R\cdot Z}=\frac{P}{R\cdot Z} \tag{4-4}$$

式中 t——施工段 i 的流水节拍，一般取 0.5 天的整数倍；

Q——施工段 i 的工程量；

S——施工段 i 的人工或机械产量定额；

R——施工段 i 的人数或机械的台、套数；

P——施工段的劳动量需求值或机械台班的需求值；

Z——施工段 i 的工作班次。

【例 4-3】 在组织砌筑工程流水施工时，根据划分的施工段，24 人的专业工作队在某施工段上需完成的砌筑施工任务为 230 m^3，已知计划产量定额为 1.15 m^3/工日，每天实行 8 h 工作制，计算该施工过程的流水节拍。

解： $t=\frac{Q}{S\cdot R\cdot Z}=\frac{230}{1.15\times 24\times 1}=8.33(\text{d})$，取 8.5 d。

注：如每天实行 16 小时工作制，则 $Z=2$；如每天实行 24 h 工作制，则 $Z=3$。

(3)根据各个施工段投入的各种资源来确定流水节拍：

$$t_i=\frac{Q_i}{N_i} \tag{4-5}$$

式中 Q_i——各施工段所需的劳动量或机械台班量；

N_i——施工人数或机械台数。

(4)经验估算法。它是根据以往的施工经验进行估算。一般为了提高其准确程度，往往先估算出每个施工段的流水节拍的最短值 a、最长值 b 和正常值 c(即最可能值)3 种时间，然后据此求出期望时间作为某专业工作队在某施工段上的流水节拍。本法也称为三时估算法。

$$t=\frac{a+4c+b}{6} \tag{4-6}$$

如某工作持续时间经估计，乐观时间为 12 天，悲观时间为 19 d，最可能时间为 14 d，则按照三时估算法确定的持续时间为(12＋14×4＋19)/6＝14.5(d)。这种方法多适用于新材料、新设备、新工艺和新技术等没有定额可循的工程或项目。

4.4.3.2 流水步距

在组织流水施工时，相邻两个专业工作队在保证施工顺序、满足连续施工、最大限度搭接和保证工程质量要求的条件下，相继投入施工的最小时间间隔，称为流水步距。流水步距一般

用符号 $K_{i,i+1}$ 表示，通常也取0.5 d的整数倍。当施工过程数为 N 时，流水步距共有 $N-1$ 个。

流水步距的大小，应考虑施工工作面的允许、施工顺序的适宜、技术间歇的合理以及施工期间的均衡。其大小取决于相邻两个施工过程（或专业工作队）在各个施工段上的流水节拍及流水施工的组织方式。

1. 流水步距与流水节拍的关系

(1)当流水步距 $K>t$ 时，会出现工作面闲置现象（如混凝土养护期，后一工序不能立即进入该施工段）。

(2)当流水步距 $K<t$ 时，就会出现两个施工过程在同一施工段平行作业。

总之，在施工段不变的情况下，流水步距小，平行搭接多，工期短；反之，则工期长。

2. 确定流水步距的基本要求

(1)始终保持各相邻施工过程间先后的施工顺序。

(2)满足各施工班组连续施工、均衡施工的需要。

(3)前后施工过程尽可能组织平行搭接施工，以缩短工期。

(4)考虑各种间歇和搭接时间。

(5)流水步距的确定要保证工程质量，满足安全生产和组织要求。

3. 流水步距与工期的关系

如果施工段不变，流水步距越大，则工期越长；反之，则工期越短。

4. 流水步距K的确定方法

(1)图上分析法。根据编制的横道图计划分析每个相邻施工过程的流水步距。

(2)理论公式计算法。

当 $t_i \leqslant t_{i+1}$ 时，
$$K_{i,i+1}=t_i+t_j-t_d \tag{4-7}$$

当 $t_i>t_{i+1}$ 时，
$$K_{i,i+1}=mt_i-(m-1)t_{i+1}+t_j-t_d \tag{4-8}$$

式中 t_i——前面施工过程的流水节拍；

t_{i+1}——紧后施工过程的流水节拍，$i \geqslant 2$；

t_j——施工过程中的间歇时间之和；

t_d——施工段之间的搭接时间之和。

注：以上方法适用于全等节奏流水施工和一般异节奏流水施工。

【例4-4】 有6幢完全相同的住宅装饰，每幢住宅装饰施工的主要施工过程划分为室内地平1周，内墙粉刷3周，外墙粉刷2周，门窗油漆2周，并按上述先后顺序组织流水施工，试问各相邻施工过程的流水步距为多少？

解： 流水施工段数 $m=6$，施工过程数 $N=4$。

各施工过程的流水节拍分别为 $t_{地坪}=1$ 周，$t_{内墙}=3$ 周，$t_{外墙}=2$ 周，$t_{油漆}=2$ 周，将上述条件代入公式可得：

流水步距：
$$K_{1-2}=1(周)$$
$$K_{2-3}=6\times3-(6-1)\times2=8(周)$$
$$K_{3-4}=2(周)$$

(3)最大公约数法。本方法在加快成倍节拍流水施工中详细介绍。

(4)累加斜减法（最大差法）。本方法在非节奏流水施工中详细介绍。

4.4.3.3 平行搭接时间

在组织流水施工时，有时为了缩短工期，在工作面允许的条件下，如果前一个专业工作队完成部分施工任务后，能够提前为后一个专业工作队提供工作面，使后者提前进入前一个施工段，两者在同一施工段上平行搭接施工，这个搭接时间称为平行搭接时间，以 $D_{j,j+1}$ 表示。

4.4.3.4 **技术间歇时间**

在组织流水施工时，除要考虑相邻专业工作队的流水步距外，有时根据建筑材料或现浇构件等工艺性质，还要考虑合理的工艺等待时间，这个等待时间称为技术间歇时间，以 $Z_{j,j+1}$ 表示。如混凝土的养护时间、砂浆抹面和油漆面的干燥时间。

4.4.3.5 **组织间歇时间**

在组织流水施工时，由于施工技术或施工组织原因造成的在流水步距以外增加的间歇时间，称为组织间歇时间，以 $G_{j,j+1}$ 表示。如机器转场、验收等。

4.4.3.6 **流水施工工期**

流水施工工期是指从第一个专业工作队投入流水施工开始，到最后一个专业工作队完成流水施工为止的整个持续时间。流水施工工期用 T 表示。由于一项建设工程往往包含有许多流水组，故流水施工工期一般均不是整个工程的总工期。流水施工工期应为各施工过程之间的流水步距之和，以及最后一个施工过程中各施工段的流水节拍之和(T_N)确定。

$$T = \sum K_{i,i+1} + T_N \tag{4-9}$$

4.5 流水施工的组织方法

根据各施工过程的各施工段流水节拍的关系，我们可以组织有节奏流水和非节奏流水施工方式。

4.5.1 有节奏流水施工

有节奏流水是指同一施工过程在每一个施工段上的流水节拍都相等的流水施工组织方式。按不同施工过程中每个施工段的流水节拍相互关系又可以分为如下两类：

(1)全等节奏流水。各施工过程流水节拍在每一个施工段上的流水节拍都相等。

(2)异节奏流水。同一施工过程在每一个施工段上的流水节拍相等，不同施工过程之间，每个施工段的流水节拍不完全相等。通常也可将其细分为一般异节奏流水和成倍异节奏流水。

4.5.1.1 **全等节奏流水施工**

全等节奏流水施工是指在组织流水施工时，各施工过程在每一个施工段上的流水节拍相等，且不同施工过程的每一个施工段上的流水节拍互相相等的流水施工组织方式，即在组织流水施工时，如果所有的施工过程在各个施工段上的流水节拍彼此相等，这种流水施工组织方式称为全等节奏流水施工，又称为全等节拍流水施工或固定节拍流水施工。它是一种最理想的流水施工组织方式。

1. 基本特点

(1)所有流水节拍都彼此相等。

(2)所有流水步距都彼此相等，而且等于流水节拍。

(3)每个专业工作队都能够连续作业，施工段没有间歇时间(即工作面也没有闲置)。

(4)专业工作队数目等于施工过程数目。

2. 组织步骤

(1)确定项目施工起点流向，分解施工过程。

(2)确定施工顺序，划分施工段。(划分施工段时，一般可取 $m=N$)

(3)根据等节拍专业流水要求，确定流水节拍 t 的数值。

(4)确定流水步距 K。

(5)计算流水施工的工期。(本任务仅讨论不分施工层的情况)工期计算公式如下：

1)无间歇和搭接时间：

$$T=(N-1)t+mt=(N-1)t+mt=(m+N-1)t \tag{4-10}$$

2)若存在间歇和搭接时间：

$$T=(m+N-1)t+\sum Z_{j,j+1}+\sum G_{j,j+1}-\sum D_{j,j+1} \tag{4-11}$$

式中 $\sum Z_{j,j+1}$ ——所有技术间歇时间之和；

$\sum G_{j,j+1}$ ——所有组织间歇时间之和；

$\sum D_{j,j+1}$ ——所有平行搭接时间之和。

(6)绘制流水施工进度横道图。

3. 无间歇时间和搭接时间全等节奏流水施工

(1)概念。即各施工过程流水节拍在每一个施工段上相等且与流水步距互相相等的流水施工组织方式。$t_i=K=t$ 常数。

(2)无间歇时间和搭接时间。由于全等节奏流水施工中各流水步距 K 等于流水节拍 t，故其持续时间为

$$T=(N-1)K+mt=(m+N-1)t \tag{4-12}$$

式中 T——流水施工工期；

N——施工过程数；

m——施工段数；

K——流水步距；

t——流水节拍。

【例 4-5】 某分部工程有 A、B、C、D 四个施工过程，每个施工过程分为 5 个施工段，流水节拍均为 3 d，试组织全等节拍流水施工。

解：(1)计算流水施工工期。

因为 $m=5$，$N=4$，$t=3$

所以 $T=(N-1)K+mt=(N-1)t+mt=(m+N-1)t=(5+4-1)\times 3=24$(d)

(2)用横道图绘制流水施工进度计划，如图 4-3 所示。

施工过程	施工进度/d							
	3	6	9	12	15	18	21	24
A	①	②	③	④	⑤			
B	K_{A-B}	①	②	③	④	⑤		
C		K_{B-C}	①	②	③	④	⑤	
D			K_{C-D}	①	②	③	④	⑤
	$(N-1)K$			nt				
	$(N-1)t+nt$							

图 4-3 无间歇和搭接的全等节拍流水施工横道图计划

4. 有间歇时间和搭接时间的全等节奏流水施工

【例 4-6】 某分部工程划分为 A、B、C、D、E 五个施工过程和 4 个施工段，流水节拍均为 4 d，其中 A 和 D 施工过程各有 2 天的技术间歇时间，C 和 B、D 和 C 施工过程各有两天的搭接，试组织全等节拍流水施工。

解：(1)计算流水施工工期。

因为 $m=4$，$N=5$，$t=4$，$\sum G_{j,j+1}=4\ \mathrm{d}$，$\sum D_{j,j+1}=4\ \mathrm{d}$

所以 $T=(m+N-1)t+\sum Z_{j,j+1}+\sum G_{j,j+1}-\sum D_{j,j+1}=(4+5-1)\times4+4-4=32(\mathrm{d})$

(2)用横道图绘制流水施工进度计划，如图 4-4 所示。

全等节奏流水施工的适用范围：等节拍专业流水能保证各专业班组的工作连续，工作面能充分利用，实现均衡施工，但由于它要求各施工过程的每一个施工段上的流水节拍都要相等，对于一个工程来说，往往很难达到这样的要求，所以在单位工程组织施工时应用较少，往往用于分部工程或分项工程。

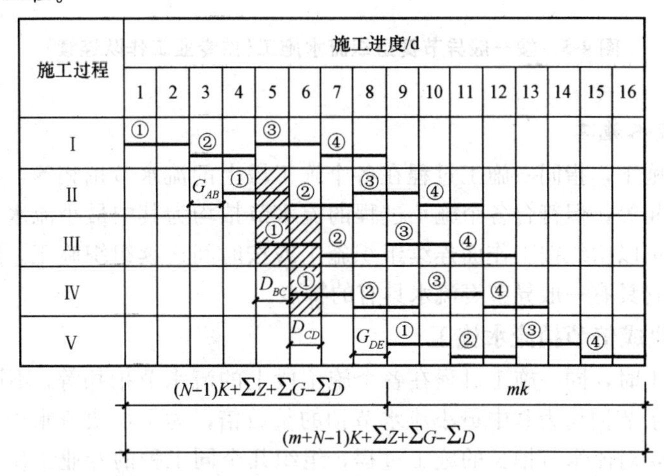

图 4-4　有间歇和搭接的全等节拍流水施工横道图计划

4.5.1.2　异节奏流水施工

1. 一般异节奏流水施工

各施工过程在各施工段上的流水节拍相等，但相互之间不等，且无倍数关系。根据组织方式可以组织按工作面连续组织施工或按时间连续组织施工。通过上述两种方式组织施工可以发现一般异节奏流水施工具有以下特点：

(1)若时间连续，则空间不连续。

(2)若空间连续，则时间不连续。

(3)不可能时间、空间都连续。

(4)工期：$T=\sum K_{i,i+1}+T_N+\sum Z_{j,j+1}+\sum G_{j,j+1}-\sum D_{j,j+1}$。

按上述两种方法组织施工都有明显不足，其根本原因在于各施工过程之间流水节拍不一致。

【例 4-7】 拟兴建 4 幢大板结构房屋，施工过程为：基础(Ⅰ)、结构安装(Ⅱ)、室内装修(Ⅲ)和室外工程(Ⅳ)，每幢为一个施工段。其流水节拍分别为 5 d、10 d、10 d 和 5 d。试按专业工作队连续组织一般异节奏流水施工。

解：(1)计算流水步距。

$t_{\mathrm{I}}=5$ d，$t_{\mathrm{II}}=10$ d，$t_{\mathrm{III}}=10$ d，$t_{\mathrm{IV}}=5$ d，$N=4$，$m=4$。

$K_{\mathrm{I-II}}=5$ d，$K_{\mathrm{II-III}}=10$ d，$K_{\mathrm{III-IV}}=m\,t_{\mathrm{III}}-(m-1)t_{\mathrm{IV}}=4\times10-(4-1)\times5=25(\mathrm{d})$。

(2)计算流水工期。

$T=\sum K_{i,i+1}+T_N=5+10+25+4\times5=60(\mathrm{d})$

(3)绘制流水施工进度计划横道图，如图 4-5 所示。

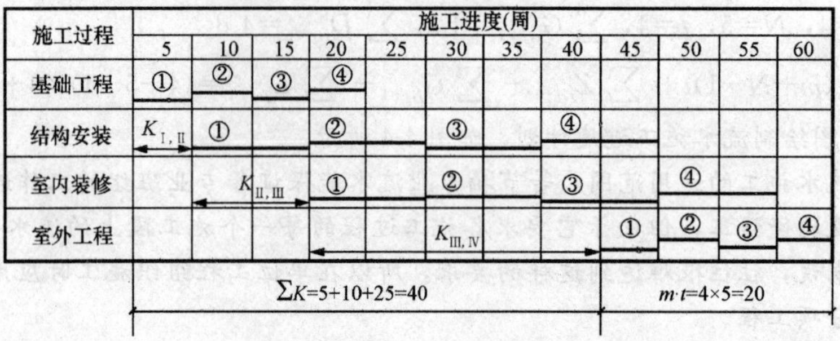

施工过程	施工进度(周)											
	5	10	15	20	25	30	35	40	45	50	55	60
基础工程	①	②	③	④								
结构安装	$K_{\mathrm{I,II}}$	①		②		③		④				
室内装修		$K_{\mathrm{II,III}}$		①		②		③		④		
室外工程					$K_{\mathrm{III,IV}}$				①	②	③	④

$\sum K=5+10+25=40$　　$m\cdot t=4\times5=20$

图 4-5　按一般异节奏组织流水施工(按专业工作队连续)

2. 成倍节拍流水施工

成倍节拍流水施工，指同一施工过程在各个施工段上的流水节拍相等，不同施工过程之间的流水节拍不完全相等，但符合各个施工过程的流水节拍均为其中最小流水节拍的整数倍的条件。根据组织方式可以组织按工作面连续组织施工或按时间连续组织施工。通过上述两种方式组织施工可以发现它具有一般异节奏流水具有的特点。

4.5.1.3　加快成倍节拍流水施工

在组织流水施工时，同一施工过程在各个施工段上的流水节拍相等，不同施工过程如果在每个施工段上的流水节拍均为其中最小流水节拍的整数倍，为了加快流水施工的速度，在资源供应满足的前提下，对流水节拍长的施工过程，组织几个同工种的专业工作队来完成同一施工过程在不同施工段上的任务，专业施工队数目的确定根据流水节拍的倍数关系而定，从而就形成了一个工期短、类似于等节拍专业流水的等步距的异节拍专业流水施工方案。

1. 基本特点

(1)同一施工过程在各施工段上的流水节拍彼此相等，不同施工过程在同一施工段上的流水节拍彼此不等，但均为某一常数的整数倍。

(2)流水步距彼此相等，且等于流水节拍的最大公约数。

(3)各专业工作队(时间)能够保证连续施工，施工段(空间)没有空闲。

(4)专业工作队数目(N')大于施工过程数目(N)。

2. 组织步骤

(1)确定施工起点流向，分解施工过程。

(2)确定施工顺序，划分施工段；划分施工段、不分施工层时，可按划分施工段原则确定施工段数 m。

(3)按异节拍专业流水确定流水节拍。

(4)确定流水步距，按下式计算：

$$K_0=\text{最大公因数}\{t_1,\ t_2,\ \cdots,\ t_n\}$$

(5)确定专业工作队数：

$$n_i = \frac{t_i}{K_0} \tag{4-13}$$

$$N' = \sum_{i=1}^{n} n_i \tag{4-14}$$

(6)工期：

$$T = (m + N' - 1)K_0 + \sum Z_{j,j+1} + \sum G_{j,j+1} - \sum D_{j,j+1} \tag{4-15}$$

式中　N'——各施工过程施工队数目之和，其他符号含义同前。

(7)绘制流水施工进度计划横道图。

【例 4-8】 在例 4-7 中，如果在资源条件满足的条件下组织加快成倍节拍流水施工，则组织步骤如下：

(1)计算流水步距。各施工过程的流水节拍的最大公因数，即 $K_0 = \max[5, 10, 10, 5] = 5$。

(2)确定专业工作队数目。各施工过程的专业工作队数目分别为：

Ⅰ(基础工程)：$n_1 = \frac{5}{5} = 1$；Ⅱ(结构安装)：$n_2 = \frac{10}{5} = 2$；Ⅲ(室内装修)：$n_3 = \frac{10}{5} = 2$；

Ⅳ(室外工程)：$n_4 = \frac{5}{5} = 1$，参与该工程流水施工的专业工作队总数为：$N' = 1 + 2 + 2 + 1 = 6$。

(3)确定流水施工工期。由题干可知，本项目没有组织间歇时间、技术间歇时间及平行搭接时间，故计算出流水施工工期为

$$T = (m + N' - 1)K_0 + \sum Z_{j,j+1} + \sum G_{j,j+1} - \sum D_{j,j+1} = (4 + 6 - 1) \times 5 = 45(\mathrm{d})$$

与一般异节奏相比，加快的流水施工的工期缩短了 15 d。

(4)绘制加快成倍节拍流水施工进度计划，如图 4-6 所示。

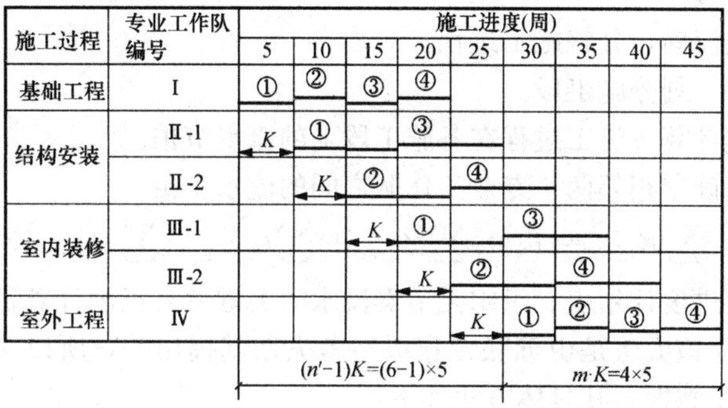

施工过程	专业工作队编号	施工进度(周)								
		5	10	15	20	25	30	35	40	45
基础工程	Ⅰ	①	②	③	④					
结构安装	Ⅱ-1	K	①		③					
	Ⅱ-2		K	②		④				
室内装修	Ⅲ-1			K	①		③			
	Ⅲ-2				K	②		④		
室外工程	Ⅳ					K	①	②	③	④

$(n'-1)K=(6-1)\times 5$

$m \cdot K=4\times 5$

图 4-6　加快成倍节拍流水施工进度计划

在加快成倍节拍流水施工进度计划图中，除表明施工过程的编号或名称外，还应表明专业工作队的编号。在表明各施工段的编号时，一定要注意有多个专业工作队的施工过程。

各专业工作队连续作业的施工段编号不应该是连续的，否则无法组织合理的流水施工。

从上例可以看出，加快成倍节拍流水施工具有以下特点：

(1)时间连续，空间连续。

(2)流水步距 K_0 为各施工过程流水节拍最大公约数。

4.5.2　无节奏流水施工

在实际施工中，通常每个施工过程在各个施工段上的工程量彼此不相等，或者各个专业

工作队的生产效率相差悬殊，造成多数流水节拍彼此不相等，不可能组织等节拍专业流水或异节拍专业流水。在这种情况下，往往利用流水施工的基本原理，在保证施工工艺、满足施工顺序要求和按照专业工作队连续的前提下，按照一定的计算方法，确定相邻专业工作队之间的流水步距，使其在开工时间上最大限度地、合理地搭接起来，形成每个专业工作队都能连续作业的流水施工方式。这种施工方式称为无节奏流水，也叫作分别流水，它是流水施工的普遍形式。

4.5.2.1 **基本概念**

无节奏流水施工是指各施工过程在各施工段上的流水节拍彼此不等，相互之间无规律可循的流水施工组织形式。

4.5.2.2 **基本要求**

必须保证每一个施工段上的工艺顺序是合理的，且每一个施工过程的施工是连续的，即专业工作队一旦投入施工是连续不间断的，同时各个施工过程施工时间的最大搭接也能满足流水施工的要求。但必须指出，这一施工组织在各施工段(工作面)上允许出现暂时的空闲，即暂时没有工作队投入施工的现象。

4.5.2.3 **基本特点**

(1)各个施工过程在各个施工段上的流水节拍通常不相等。

(2)在多数情况下，流水步距彼此不相等，而且流水步距与流水节拍之间存在着某种函数关系。

(3)每个专业工作队都能够连续作业(时间连续)，施工段可能有空闲(空间可能有空闲)。

(4)专业工作队数目等于施工过程数目。

4.5.2.4 **组织步骤**

(1)确定施工起点流向，分解施工过程。

(2)确定施工顺序，划分施工段。

(3)按相应的公式计算各施工过程在各施工段上的流水节拍。

(4)按照最大差法确定相邻两个专业工作队之间的流水步距。

(5)按照公式 $T=\sum K_{i,i+1}+T_N+\sum Z_{j,j+1}+\sum G_{j,j+1}-\sum D_{j,j+1}$ 计算流水施工的工期。

(6)绘制流水施工进度计划表。组织无节奏流水的关键就是正确计算流水步距。计算流水步距可用取大差法，由于该方法是由苏联专家潘特考夫斯基提出的，所以又称为潘氏方法。这种方法简捷、准确，便于掌握。其具体方法如下：

1)对每一个施工过程在各施工段上的流水节拍依次累加，求得各施工过程流水节拍的累加数列。

2)将相邻施工过程流水节拍累加数列中的后者错后一位，相减后求得一个差数列。

3)在差数列中取最大值，即为这两个相邻施工过程的流水步距。

【例 4-9】 现有一楼面工程分Ⅰ、Ⅱ、Ⅲ、Ⅳ、Ⅴ、Ⅵ六个施工段，每个施工段又分为立模、扎筋、浇混凝土 3 道工序，各工序工作时间见表 4-2。试确定最小流水步距，并求总工期。

表 4-2 流水节拍表

施工过程	施工段					
	一	二	三	四	五	六
Ⅰ(立模)	3	3	2	2	2	2

续表

施工过程	施工段					
	一	二	三	四	五	六
Ⅱ(扎筋)	4	2	3	2	2	3
Ⅲ(浇混凝土)	2	2	3	3	3	2

分析：上述工程有3个施工过程，划分6个施工段，各施工过程在各施工段上的流水节拍均不同，因此，该工程属于非节奏流水施工。

解：1)计算K。将各道工序工作时间依次累加，相邻两道工序累加时间进行错位相减，取最大差求得最小流水步距。

①施工过程Ⅰ的流水节拍3、3、2、2、2、2；其累加数列：3、6、8、10、12、14；

②施工过程Ⅱ的流水节拍4、2、3、2、2、3；其累加数列：4、6、9、11、13、16；

③施工过程Ⅲ的流水节拍2、2、3、3、3、2；其累加数列：2、4、7、10、13、15；

④施工过程Ⅰ、Ⅱ流水节拍累加数列错位相减：

$$\begin{array}{rrrrrrr} 3 & 6 & 8 & 10 & 12 & 14 & \\ - & 4 & 6 & 9 & 11 & 13 & 16 \\ \hline 3 & 2 & 2 & 1 & 1 & 1 & -16 \end{array}$$

取最大差，故$K_{\text{Ⅰ}-\text{Ⅱ}}=3$ d。

⑤施工过程Ⅱ、Ⅲ的流水节拍累加数列错位相减：

$$\begin{array}{rrrrrrr} 4 & 6 & 9 & 11 & 13 & 16 & \\ - & 2 & 4 & 7 & 10 & 13 & 15 \\ \hline 4 & 4 & 5 & 4 & 3 & 3 & -15 \end{array}$$

取最大差，故$K_{\text{Ⅱ}-\text{Ⅲ}}=5$ d。

2)计算总工期T。

$T=\sum K_{i,i+1}+T_N+\sum Z_{j,j+1}+\sum G_{j,j+1}-\sum D_{j,j+1}=K_{12}+K_{23}+T_N=3+5+(2+2+3+3+3+2)=23(\text{d})$

3)绘制流水施工进度计划横道图，如图4-7所示。

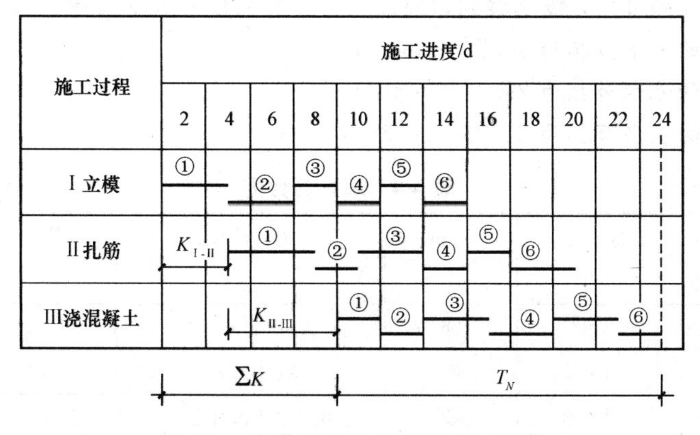

图4-7　非节奏流水施工进度计划图

从上例可以看出，非节奏流水施工具有以下特点：

(1)流水步距用累加斜减法求得。

(2)时间连续，空间不能确保连续。

4.5.3 流水施工综合案例

某建筑装饰工程地面抹灰可以分为三个施工段，三个施工过程分别为基层、中层、面层三个施工过程。有关数据见表4-3。试编制施工进度计划。要求：

(1)填写表4-3中的内容。

(2)按不等节拍组织流水施工，绘制进度计划及劳动力动态曲线。

(3)按成倍节拍组织流水施工，绘制进度计划及劳动力动态曲线。

表4-3 有关数据

过程名称	M_i	Q总/m²	Qi/m²	H_i或S_i	P_i	R_i	t_i
①	②	③	④	⑤	⑥	⑦	⑧
基层		108		0.98 m²/工日		9人	
中层		1 050		0.084 9工日/m²		5人	
面层		1 050		0.062 7工日/m²		11人	

解：(1)填写表中内容，填写结果见表4-4中。

对于②列，各过程划分的施工段数，根据已知条件，划分为3个施工段。

对于④列，求一个施工段上的工程量，$Q_i=Q_{总}/m_i$：

基层一个段上的工程量为108/3=36(m²)

中层一个段上的工程量为1 050/3=350(m²)

面层一个段上的工程量为1 050/3=350(m²)

对于⑥列，求一个施工段上的劳动量：

基层一个段上的劳动量为36/0.98=36.73(工日)

中层一个段上的劳动量为350×0.084 9=29.72(工日)

面层一个段上的劳动量为350×0.062 7=21.95(工日)

对于⑧列，求每个施工过程的流水节拍：

这里工作班制在题目中，没有提到，因此，工作班制按一班制对待。

基层一个段上的流水节拍为36.73/9=4(d)

中层一个段上的流水节拍为29.72/5=6(d)

面层一个段上的流水节拍为21.95/11=2(d)

表4-4 填好后数据

过程名称	M_i	Q总/m²	Qi/m²	H_i或S_i	P_i	R_i	t_i
①	②	③	④	⑤	⑥	⑦	⑧
基层	3	108	36	0.98 m²/工日	36.73	9人	4
中层	3	1 050	350	0.084 9工日/m²	29.72	5人	6
面层	3	1 050	350	0.062 7工日/m²	21.95	11人	2

(2)按不等节拍组织流水施工。

第一步：求各过程之间的流水步距

$\because t_{基}=4$ 天$<t_{中}=6$ 天

$\therefore K_{基,中}=t_{基}=4$ 天

又$\because t_{中}=6$ 天$>t_{面}=2$ 天

$\therefore K_{中,面}=Mt_{中}-(M-1)t_{面}=3\times6-(3-1)\times2=18-4=14$(天)

第二步：求计算工期

$\because T=\sum K_{i,i+1}+T_N$

$\therefore T=4+14+3\times2=24$(天)

第三步：绘制进度计划表，如图 4-8 所示。

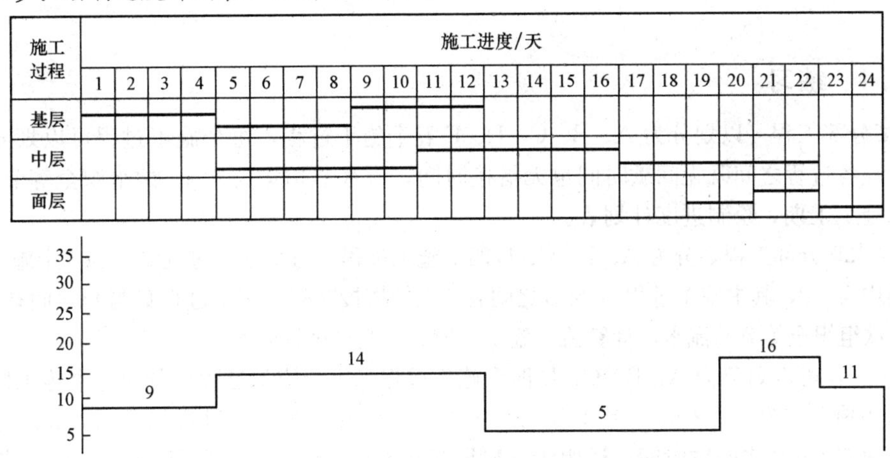

图 4-8　按不等节拍组织流水绘制进度计划及劳动力动态曲线

(3)按成倍节拍组织流水施工。

第一步：确定流水节拍之间的最大公因数及过程班组数。

因为最大公约数为：$K_0=t_{\min}=2$(天)

则 $b_{基层}=\dfrac{t_{基层}}{t_{\min}}=\dfrac{4}{2}=2$(个)，$b_{中层}=\dfrac{t_{中层}}{t_{\min}}=\dfrac{6}{2}=3$(个)，$b_{面层}=\dfrac{t_{面层}}{t_{\min}}=\dfrac{2}{2}=1$(个)

施工班组总数为：$N'=\sum b_i=b_{基层}+b_{中层}+b_{面层}=2+3+1=6$(个)

第二步：确定总的计算工期

$$T=(N'+m-1)K_0=(6+3-1)\times2=16(天)$$

第三步：绘制成倍节拍流水施工进度计划表，如图 4-9 所示。

施工过程	班组数	施工进度/天															
		1	2	3	4	5	6	7	8	9	10	11	12	13	14	15	16
基层			①				③										
					②												
中层								①									
										②							
												③					
面层												①		②		③	

图 4-9　按成倍节拍组织流水绘制进度计划及劳动力动态曲线

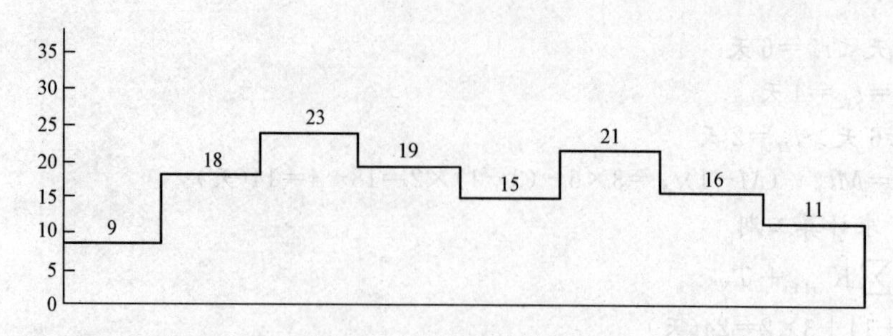

图 4-9　按成倍节拍组织流水绘制进度计划及劳动力动态曲线(续)

4.5.4　练习

(1)某分部工程可以划分为 A、B、C、D、E 五个施工过程，每个施工过程可以划分为 6 个施工段，且各过程之间既无间歇时间也无搭接时间，流水节拍均为 4 d。试组织全等节奏流水，计算流水施工工期，绘制进度计划表。

(2)流水某分部工程划分为 A、B、C、D 四个施工过程，每个施工过程划分为 3 个施工段，其流水节拍均为 4 d，其中施工过程 A 与 B 之间有 2 天的搭接时间，施工过程 C 与 D 之间有 1 d 的间歇时间。试组织全等节奏流水，计算流水施工工期，绘制进度计划表。

(3)某工程可以划分为 A、B、C、D 四个施工过程，每个施工过程划分为 3 个施工段，各过程的流水节拍分别为 $t_A=2$ d，$t_B=3$ d，$t_C=4$ d，$t_D=3$ d，并且 A 过程结束后，B 过程开始之前，工作面有 1 d 技术间歇时间。试组织一般异节奏流水，计算流水步距、流水施工工期，绘制进度计划表。

(4)某工程可以划分为 A、B、C、D 四个施工过程，6 个施工段，各过程的流水节拍分别为 $t_A=2$ d，$t_B=6$ d，$t_C=4$ d，$t_D=2$ d。试组织成倍节拍流水，并绘制水施工进度计划。

(5)某工程可以分为 A、B、C、D 四个施工过程，4 个施工段，各施工过程在各施工段上的流水节拍见表 4-5，试计算流水步距和工期，绘制流水施工进度表。

表 4-5　流水节拍表

施工过程	施工段			
	Ⅰ	Ⅱ	Ⅲ	Ⅳ
A	5	4	2	3
B	4	1	3	2
C	3	5	2	3
D	1	2	2	3

(6)某小区一期工程开工建设 6 幢住宅楼，每幢住宅楼划分为基础工程、主体结构工程、屋面工程、装饰装修工程和室外工程五个阶段，各阶段的持续时间依次为 6 周、12 周、6 周、12 周、6 周。

问题：

1)如果该小区一期工程建设在资源供应满足要求的前提下，为了加快施工进度，该工程适宜采用哪种流水施工方式组织施工？说明理由。

2)进行总共期的计算并绘制出施工进度横道图。

(7)某综合楼工程主体结构施工分为A、B、C三个施工过程。该工程共划分为5个施工段。每个施工过程在各施工段上的流水节拍见表4-6。

表4-6 流水节拍

施工过程	施工段				
	一	二	三	四	五
A	4	5	4	3	5
B	5	7	4	4	6
C	3	5	5	6	4

问题：

1)试求各相邻施工过程之间的流水步距。

2)该工程适合组织何种方式的流水施工？请说明理由。

3)进行总共期的计算并绘制出施工进度横道图。

4.6 流水施工的应用

4.6.1 单位工程施工进度计划编制的依据和程序

单位工程施工进度计划编制的依据主要有：有关设计图纸(如建筑与结构施工图、工艺设备布置图等)；施工组织总设计对本工程的要求及施工总进度计划；单位工程施工方案；施工工期要求；施工预算；施工定额(包括劳动定额、机械台班定额等)；施工条件；资源供应情况等。

单位工程施工进度计划编制的程序如图4-10所示。

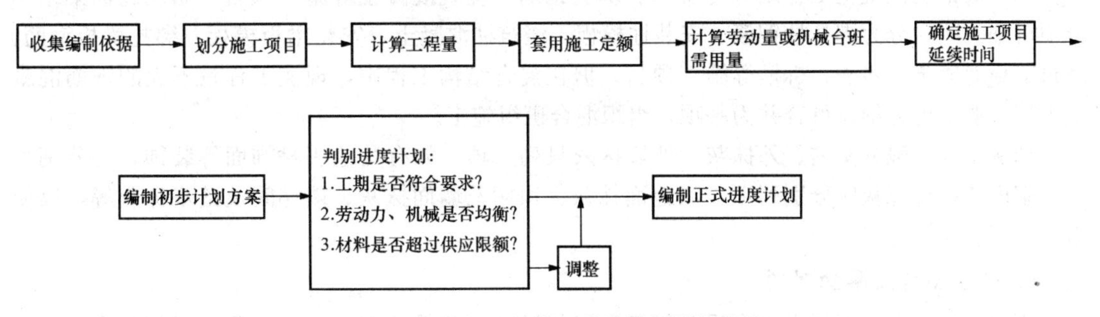

图4-10 单位工程施工进度计划编制程序

4.6.2 单位工程施工进度计划的编制

4.6.2.1 施工项目的划分

施工项目是包括一定工作内容的施工过程，是进度计划的基本组成单元。施工项目划分的一般要求和方法如下。

1. 明确施工项目划分的内容

应根据施工图纸和施工方案，确定拟建工程可划分成哪些分部分项工程，明确其划分的范围和内容。如单层厂房的设备基础是否包括在厂房基础的施工项目之内；室内回填土是否包括在基础回填土的施工项目之内等。

2. 掌握施工项目详细程度

编制控制性施工进度计划时，施工项目可以划分得粗一些，一般只明确到分部工程。如一般多层砌体结构建筑控制性进度计划中，只列出土方工程、基础工程、主体结构工程、装修工程等各分部工程项目。编制实施性施工进度计划时，施工项目应当划分得细一些，特别是其中的主导施工过程均应详细列出分项工程或更具体的内容，以便于掌握施工进度，起到指导施工的作用。如在多层砌体结构建筑实施性施工进度计划中，应将基础工程进一步划分为基坑开挖、地基处理、基础砌筑和回填土等分项工程。

3. 某些施工项目应单独列项

对于工程量大、用工多、工期长、施工复杂的项目，均应单独列项，如结构吊装等。凡影响下一道工序施工的项目(如回填土)和穿插配合施工的项目(如框架结构的支模、绑扎钢筋等)，也应单独列项。

4. 将施工项目适当合并

为了使计划简洁清晰、重点突出，根据实际情况，可将一些在施工顺序上和时间安排上互相穿插配合的施工项目或由同一专业队完成的施工项目适当合并。主要有以下几种情况：对于一些次要的施工过程，可将它们合并到主要施工过程中去，如基础防潮层可合并到基础砌筑项目内；对于一些虽然重要但工程量不大的施工过程，可与相邻施工过程合并，如基础挖土可与垫层合并为一项，组织混合班组施工；同一时间由同一工种施工的可合并在一起，如各种油漆施工，包括门窗、栏杆等可并为一项；对于一些关系比较密切、不容易分出先后的施工过程也可合并，如玻璃和油漆，散水、勒脚和明沟等均可合并为一项。

5. 根据施工组织和工艺特点列项

如一般钢筋混凝土工程划分为支模、绑扎钢筋、浇筑混凝土等施工项目，而现浇框架结构分项可细一些，分为绑扎柱钢筋、安装柱模板、浇筑柱混凝土、安装梁板模板、绑扎梁板钢筋、浇筑梁板混凝土、养护、拆模等施工项目。但在混合结构工程中，现浇工程量不大的钢筋混凝土工程一般不再分细，可合并为一项，组织混合班组施工。

抹灰工程一般分室内、外抹灰。外墙抹灰只列一项，如有其他块材饰面等装饰，可分别列项。室内的各种抹灰应分别列项，如地面抹灰、顶棚及墙面抹灰、楼梯间及踏步抹灰等，以便组织施工和安排进度。

6. 设备安装应单独列项

土建施工进度计划列出的水暖电气卫和工艺设备安装等施工项目，只要表明其与土建施工的配合关系，一般不必细分，可由安装单位单独编制施工进度计划。

7. 项目划分应考虑施工方案

施工项目的划分，应考虑采用的施工方案。如厂房基础采用敞开式施工方案时，柱基础和设备基础可划分为一个施工项目，而采用封闭式施工方案时，则必须分别列出柱基础、设备基础这两个施工项目；结构吊装工程采用分件吊装法时，应列出柱吊装、梁吊装、屋架扶直就位、屋盖吊装等施工项目，而采用综合吊装法时，则只要列出结构吊装一项即可。

8. 项目划分应考虑流水施工安排

如组织楼层结构流水施工时，相应施工项目数量应小于或等于每层施工段数量。混合结构房屋如果每层划分为 2 个施工段时，施工项目可分为砌墙(包括脚手架、门窗过梁、楼梯施工等)与安装预应力混凝土楼板(包括现浇圈梁等)2 项；如果划分为 3 个施工段时，则可分为砌墙、现浇圈梁、安装预应力混凝土楼板 3 项。

9. 区分直接施工与间接施工

直接在拟建工程的工作面上施工的项目，经过适当合并后均应列出。不在现场施工而在拟建工程工作面之外完成的项目，如各种构件在场外预制及其运输过程，一般可不必列项，只要在使用前运入施工现场即可。

施工项目划分和确定之后，应大体按施工顺序排列，依次填入施工进度计划表的“施工项目”一栏内。

4.6.2.2 计算工程量

工程量应根据施工图纸、有关计算规则及相应的施工方法进行计算。计算时应注意以下几个问题。

1. 注意工程量的计量单位

工程量的计量单位应与现行定额中所规定的计量单位一致，以便计算劳动量、材料需要量时直接套用定额，而不必进行换算。

2. 注意所采用的施工方法

计算工程量时应注意与所采用的施工方法一致，使计算所得工程量与施工实际情况相符合。如计算柱基土方工程量时，开挖方式是单独开挖、条形开挖还是整片开挖，基坑是否放坡，是否加工作面，坡度和工作面尺寸是多少等，都直接影响到工程量。

3. 注意结合施工组织的要求

组织流水施工时的项目应按施工层、施工段划分，列出分层、分段的工程量。如每层、每段的工程量相等或出入不大时，可计算一层、一段的工程量，再分别乘层数、段数，即得该项目的总工程量，或根据总工程量分别除以层数、段数，可得每层、每段的工程量。

4. 正确套用预算文件中的工程量

如已编制预算文件，且施工项目的划分与施工进度计划一致时，可直接套用施工预算的工程量，不必重新计算。当某些施工项目与预算项目不同或有出入时(如计量单位、计算规则和采用定额不同等)，则应根据施工实际情况加以修改、调整或重新计算。

4.6.2.3 套用施工定额

根据所划分的施工项目、工程量和施工方法，即可套用施工定额(当地实际采用的劳动定额及机械台班定额)，以确定劳动量和机械台班量。

施工定额一般有两种形式，即时间定额和产量定额。时间定额是指某种专业、某种技术等级工人小组或个人在合理的技术组织条件下，完成单位合格产品所必需的工作时间，一般用符号 H_i 表示，它的单位有工日/m^3、工日/m^2、工日/m、工日/t 等。因为时间定额以劳动工日数为单位，便于综合计算，故在劳动量统计中用得比较普遍。产量定额是指在合理的技术组织条件下，某种专业、某种技术等级工人小组或个人在单位时间内所应完成的合格产品数量，一般用符号 S_i 表示，它的单位有 m^3/工日，m^2/工日、m/工日、t/工日等。因为产量定额是以产品数量来表示的，具有形象化的特点，故在分配任务时用得比较普遍。

时间定额和产量定额是互为倒数的关系，即

$$H_i=\frac{1}{S_i}\text{或}S_i=\frac{1}{H_i} \tag{4-16}$$

套用国家或当地颁发的定额，必须注意结合本单位工人的技术等级，实际施工技术操作水平、施工机械情况和施工现场条件等因素，确定完成定额的实际水平，使计算出来的劳动量、台班量符合实际需要，为准确编制施工进度计划打下基础。

有些采用新技术、新材料、新工艺或特殊施工方法的项目，定额中尚未编入，这时可参考类似项目的定额、经验资料，按实际情况确定。

4.6.2.4 劳动量和机械台班量的确定

根据计算的工程量和实际采用的定额水平，即可计算出各施工项目的劳动量和机械台班量。

1. 劳动量的确定

凡是以手工操作为主完成的施工项目，其劳动量可按下式计算：

$$P_i = Q_i \times H_i = \frac{Q_i}{S_i} \tag{4-17}$$

式中 P_i——第 i 个施工项目所需劳动量(工日)；

Q_i——第 i 个施工项目的工程量，m^3、m^2、m、t 等；

H_i——第 i 个施工项目的时间定额，工日/m^3、工日/m^2、工日/m、工日/t 等；

S_i——第 i 个施工项目的产量定额，m^3/工日、m^2/工日、m/工日、t/工日等。

【例 4-10】 某砌体工程一砖厚外墙砌筑工程量为 855 m^3，经研究确定平均时间定额为 0.83 工日/m^3。试计算完成该砌墙任务所需劳动量。

解： $P = 855 \times 0.83 = 709.65$(工日)

取 710 个工日。

当施工项目由 2 个或 2 个以上的施工过程或内容合并组成时，其总劳动量可按下式确定：

$$P_{总} = \sum P_i = P_1 + P_2 + \cdots + P_n \tag{4-18}$$

【例 4-11】 某厂房混凝土杯形基础工程，支模、绑扎钢筋、浇筑混凝土 3 个施工项目的工程量分别为 719.4 m^2、6.284 t、287.3 m^3，经研究确定其时间定额分别为 0.253 工日/m^2、5.28 工日/t、0.833 工日/m^3，试计算完成该杯形基础施工所需的总劳动量。

解： $P_{模} = 719.4 \times 0.253 \approx 182$(工日)

$P_{筋} = 6.284 \times 5.28 \approx 33$(工日)

$P_{混凝土} = 287.3 \times 0.833 \approx 239$(工日)

$P_{总} = P_{模} + P_{筋} + P_{混凝土} = 182 + 33 + 239 = 454$(工日)

当合并的施工项目由同一工种的施工过程组成，但施工的做法、材料等不相同时，可按下式计算其综合时间定额或产量定额。应当注意，综合时间定额或产量定额不是取平均的概念。

$$H = \frac{\sum P_i}{\sum Q_i} = \frac{Q_1 H_1 + Q_2 H_2 + \cdots + Q_n H_n}{Q_1 + Q_2 + \cdots + Q_n} \tag{4-19}$$

$$S = \frac{\sum Q_i}{\sum P_i} = \frac{Q_1 + Q_2 + \cdots + Q_n}{\frac{Q_1}{S_1} + \frac{Q_2}{S_2} + \cdots + \frac{Q_n}{S_n}} \tag{4-20}$$

总的劳动量为

$$P = \sum P_i = \sum Q_i \times H = \frac{\sum Q_i}{S} \tag{4-21}$$

式中 $Q_1, Q_2, \cdots, Q_n$——同一工种但施工做法不同的各个施工过程的工程量；

$S_1, S_2, \cdots, S_n$——与 $Q_1, Q_2, \cdots, Q_n$ 相对应的产量定额。

$\sum P_i$ ——施工项目的总劳动量(工日)；

$\sum Q_i$ ——施工项目的总工程量(计量单位要统一)，m^3、m^2、m、t 等；

H——综合时间定额，工日/m^3、工日/m^2、工日/m、工日/t 等；

S——综合产量定额，m^3/工日、m^2/工日、m/工日、t/工日等。

【例 4-12】 某教学大楼外墙抹灰有白色水刷石、浅绿色马赛克、彩色干粘石 3 种做法，其工程量分别为 48 m^2、85 m^2、124 m^2，试计算其综合时间定额及外墙抹灰的劳动量。

解： 查劳动定额，得水刷石、马赛克、干粘石的时间定额分别为 0.278 工日/m^2、0.4 工日/m^2、0.233 工日/m^2，则其综合时间定额为

$$H=\frac{48\times0.278+85\times0.4+124\times0.233}{48+85+124}=0.297(\text{工日}/m^2)$$

外墙抹灰的劳动量为

$$P=\sum Q_i\times H=(48+85+124)\times0.297=76.3(\text{工日})$$

取 76 个工日。

2. 机械台班量的确定

凡是以机械施工为主完成的施工项目，应按下式计算其机械台班量：

$$P_{\text{机械}}=\frac{Q_{\text{机械}}}{S_{\text{机械}}}\text{或}P_{\text{机械}}=Q_{\text{机械}}\times H_{\text{机械}} \tag{4-22}$$

式中 $P_{\text{机械}}$——某施工项目所需机械台班量(台班)；

$Q_{\text{机械}}$——机械完成的工程量，m^3、t、件等；

$S_{\text{机械}}$——机械的产量定额，m^3/台班、t/台班、件/台班等；

$H_{\text{机械}}$——机械的时间定额，台班/m^3、台班/t、台班/件等。

【例 4-13】 某基础工程采用 W－100 型反铲挖土机挖土，土方量为 2 210 m^3，挖土机产量定额为 120 m^3/台班，试计算挖土机所需的台班量。

解： $P_{\text{机械}}=\frac{Q_{\text{机械}}}{S_{\text{机械}}}=\frac{2\ 210}{120}\approx18.42(\text{台班})$

取 18.5 个台班。

4.6.2.5 施工项目工作延续时间计算

施工项目工作延续时间的计算方法一般有经验估计法、定额计算法和倒排计划法 3 种。

1. 经验估计法

这种方法是根据过去的经验进行估计，一般适用于采用新工艺、新技术、新结构、新材料等无定额可循的工程。为了提高其准确程度，可采用“三时估计法”，即先估计出完成该施工项目的最乐观时间(A)、最悲观时间(B)和最可能时间(C)3 种施工时间，然后按下式确定该施工项目的工作延续时间：

$$T_i=\frac{A+4B+C}{6} \tag{4-23}$$

2. 定额计算法

这种方法就是根据施工项目需要的劳动量或机械台班量以及配备的劳动人数或机械台数，来确定其工作延续时间。

当施工项目所需劳动量或机械台班量确定后，可按下式计算确定其完成施工任务的延续时间：

$$T_i=\frac{P_i}{R_i\times b} \tag{4-24}$$

$$T_{机械}=\frac{P_{机械}}{R_{机械}\times b} \tag{4-25}$$

式中 T_i——某手工操作为主的施工项目延续时间(d)；

P_i——该施工项目所需的劳动量(工日)；

R_i——该施工项目所配备的施工班组人数(人)；

b——每天采用的工作班制(班)；

$T_{机械}$——某机械施工为主的施工项目延续时间(d)；

$P_{机械}$——该施工项目所需的机械台班数(台班)；

$R_{机械}$——该施工项目所配备的机械台数(台)。

在应用上述公式时，必须先确定 R_i、$R_{机械}$ 及 b 的数值。

(1)施工班组人数的确定。在确定施工班组人数时，应考虑最小劳动组合人数、最小工作面和可能安排的施工人数等因素。

最小劳动组合，即某一施工过程进行正常施工所必需的最低限度的班组人数及其合理组合。最小劳动组合决定了最低限度应安排多少工人，如砌墙就要按技工和普工的最少人数及合理比例组成施工班组，人数过少或比例不当都将引起劳动生产率的下降。

最小工作面，即施工班组为保证安全生产和有效地操作所必需的工作面。最小工作面决定了最高限度可安排多少工人。不能为了缩短工期而无限制地增加人数，否则将造成工作面的不足而产生窝工。

可能安排的人数是指施工单位所能配备的人数。一般只要在上述最低和最高限度之间，根据实际情况确定就可以了。有时为了缩短工期，可在保证足够工作面的条件下组织非专业工种的支援。如果在最小工作面的情况下，安排最高限度的工人数仍不能满足工期要求时，可组织两班制或三班制施工。

(2)机械台数的确定。与施工班组人数确定情况相似，也应考虑机械生产效率、施工工作面、可能安排台数及维修保养时间等因素。

(3)工作班制的确定。一般情况下，当工期允许、劳动力和机械周转使用不紧迫、施工工艺上无连续施工要求时，可采用一班制施工。当组织流水施工时，为了给第二天连续施工创造条件，某些施工准备工作或施工过程可考虑在夜班进行，即采用两班制施工。当工期较紧或为了提高施工机械的使用率及加快机械的周转使用，或工艺上要求连续施工时，某些施工项目可考虑两班制甚至三班制施工。但采用多班制施工，必然会增加材料或构件的供应强度，增加夜间施工费用及有关设施，因此必须慎重采用。

【例 4-14】 某工程砌墙劳动量为 710 个工日，采用一班制施工，每班人数为 22 人(技工 10 人，普工 12 人，比例为 1∶1.2)。如果分 5 个施工段，试求完成砌墙任务的施工持续时间和流水节拍。

解： $T=\frac{710}{22\times 1}\approx 32.27(\mathrm{d})$，取 32 d。

$t=\frac{32}{5}=6.4(\mathrm{d})$，取 6 d。

上例流水节拍平均为 6 d，总工期为 5×6＝30 d，则计划安排劳动量为 30×22＝660 工日，比计划定额需要的劳动量减少 50 工日。能否少用 50 工日完成任务，即能否提高工效 7%(50/710≈7%)，这要根据实际分析研究后确定。一般应尽量使定额劳动量和实际安排劳动量相接近。如果必须有机械配合施工，则在确定施工时间或流水节拍时，还应考虑机械效率，即机械是否能配合完成施工任务。

3. 倒排计划法

这种方法是根据流水施工方式及总工期要求，先确定施工时间和工作班制，再确定施工班组人数或机械台数。其计算公式如下：

$$R_i=\frac{P_i}{T_i\times b} \tag{4-26}$$

$$R_{机械}=\frac{P_{机械}}{T_{机械}\times b} \tag{4-27}$$

如果根据上式求得的施工人数或机械台数超过了本单位现有的数量，除了寻求其他途径增加人力、物力外，应从技术上和组织上采取措施加以解决，如组织流水施工或采用多班制施工等。

【例 4-15】 某工程砌墙劳动量为 710 个工日，要求在 20 天内完成，采用一班制施工，试求每天施工人数。

解：$R=\frac{710}{20\times 1}=35.5$(人)，取 36 人。

上例施工人数为 36 人，若配备技工 16 人，普工 20 人，其比例为 1∶1.25，是否有这些工人人数，是否有 16 名技工，工作面是否满足要求，都需要分析研究后确定。现按 36 人计算，实际采用劳动量为 36×20＝720 工日，比计划劳动量 710 工日多 10 个工日，相差不大。

4.6.2.6 施工进度计划初步方案的编制

上述各项计算内容确定之后，即可编制施工进度计划的初步方案。编制时，首先应选择施工进度计划的表达形式，即横道图或网络图。

横道图比较简单、直观，多年来人们已习惯采用。其编制方法如下：

1. 根据施工经验直接安排的方法

这种方法是根据经验资料及有关计算，直接在进度表上画出进度线，比较简单实用。其一般步骤是：先安排主导分部工程的施工进度，然后再安排其余分部工程并尽可能配合主导分部工程，最大限度地合理搭接起来，使其相互联系，形成施工进度计划的初步方案。

在主导分部工程中，应先安排主导施工项目(分项工程)的施工进度，力求其施工班组能连续施工，而其余施工项目尽可能与它配合、搭接或平行施工。

2. 按工艺组合组织流水施工的方法

这种方法是将某些在工艺上有关系的施工过程归并为一个工艺组合，组织各工艺组合内部的流水施工，然后将各工艺组合最大限度地搭接起来，组织分别流水。

上述采用横道图编制施工进度计划有一定的局限性。当单位工程项目中包含的施工过程较多且其互相之间的关系比较复杂时，横道图就难以充分暴露矛盾，尤其是在计划的执行过程中，当某些施工过程进度由于某种原因提前或拖后时，对其他施工过程及总工期产生的影响难以分析，因而不利于施工人员抓住主要矛盾控制施工。

采用网络图的形式表达单位工程施工进度计划，可以弥补横道图的不足。它能充分揭示工程项目中各施工过程间的互相制约和依赖关系，明确反映出进度计划中的主要矛盾；能利用计算机进行计算、优化和调整，不仅减轻了工作量，而且使进度计划更科学、更便于控制。网络进度计划的编制方法将在任务 5 中讲解。

4.6.2.7 施工进度计划的检查和调整

施工进度计划初步方案编好后，应根据业主和有关部门要求、合同规定、经济效益及施工条件等，从下述几个方面进行检查与调整，以使其满足要求且更加合理。

1. 施工顺序的检查和调整

施工进度计划安排的施工顺序应符合建筑施工的客观规律。应从技术、工艺、组织上检查各个施工项目的安排是否正确合理，如屋面工程中的第一个施工项目应在主体结构屋面板安装与灌缝完成之后开始。应从质量、安全方面检查平行搭接施工是否合理，技术组织间歇时间是否满足，如主体砌墙一般应从第一个施工段填土完成后开始，检查混凝土浇筑以后的拆模时间是否满足技术要求。总之，所有不当或错误之处，应予以修改或调整。

2. 施工工期的检查和调整

初始施工进度计划编制后，不可避免会存在一些不足之处，必须进行调整。检查与调整的目的在于使初始方案满足规定的目标，确定相对理想的施工进度计划。一般应从以下几个方面进行检查与调整：

(1)各施工过程的施工顺序、互相搭接、平行作业和技术间歇是否合理。

(2)施工进度计划的初始方案中工期是否满足要求。

(3)在劳动力方面，主要工种工人是否满足连续、均衡施工的要求。

(4)在物资方面，主要机械、设备、材料等的使用是否基本均衡，施工机械是否充分利用。

(5)进度计划在绘制过程中是否有错误。

经过检查，对于不符合要求的部分需进行调整。对施工进度计划调整的方法一般有：增加或缩短某些分项工程的施工时间；在施工顺序允许的情况下，将某些分项工程的施工时间向前或向后移动；必要时，还可以改变施工方法或施工组织措施。

应当指出，上述编制施工进度计划的步骤不是孤立的，而是互相依赖、互相联系的，有的还交叉同时进行。由于施工过程是一个复杂的生产过程，其影响因素很多，制定的施工进度计划也是不断变化的，所以，应随时掌握施工动态，不断进行调整。

4.6.3 砖混结构建筑的流水施工

【工程背景】

本工程为4层4单元砖混结构的房屋，建筑面积为1 560 m^2。基础采用钢筋混凝土条形基础，主体结构为砖混结构，楼板为现浇钢筋混凝土，屋面工程为现浇钢筋混凝土屋面板，贴一毡二油防水，外加架空隔热层。装修工程为铝合金窗、胶合板门，外墙用白色外墙砖贴面，内墙为中级抹灰，外加106涂料饰面。本工程计划工期为110 d，工程已经具备施工条件，其总劳动量见表4-7。

表4-7 某幢4层砖混结构房屋劳动量

序号	分部分项工程名称	劳动量/工日
一	基础工程	
1	基槽挖土	180
2	混凝土垫层	20
3	基础扎筋	40

续表

序号	分部分项工程名称	劳动量/工日
4	基础模板安装	160
5	基础混凝土浇筑(含墙基素混凝土)	135
6	回填土	50
二	主体工程	
7	脚手架	102
8	构造柱钢筋绑扎	68
9	砌砖墙	1 120
10	构造柱模板安装	80
11	构造柱混凝土浇筑	280
12	梁板模板安装(含楼梯)	528
13	梁板钢筋安装(含楼梯)	200
14	梁板混凝土浇筑(含楼梯)	600
15	拆除柱梁板模板(含楼梯)	120
16	主体结构验收	1
三	屋面工程	
17	屋面防水层	54
18	屋面隔热层	32
四	装饰工程	
19	楼地面及楼梯抹灰	190
20	顶棚墙面中级抹灰	220
21	墙中级抹灰	156
22	铝合金窗	24
23	胶合板门	20
24	油漆	19
25	外墙面砖	240
26	其他零星工程	
五	水电安装工程	
六	竣工验收	

【施工组织过程分析】

本工程由基础分部、主体分部、屋面分部、装饰分部和水电分部组成，因各分部的各分项工程的劳动量差异较大，无法按统一的等节奏流水施工方式组织流水，故可采取一般异节奏方式组织流水，保证各分部工程的各分项工程的施工过程施工节奏相同，这样可以使各专业班组在各施工过程的施工段上施工连续，无窝工现象。然后再考虑各分部之间的相互搭接施工。

根据施工工艺和组织要求，一般来说，本工程的水电部分随基础、主体结构的施工同步进行，它在工程进度关系上属于非主导施工过程，所以，可不将它按主导施工过程进行进度控制，而将它随其他工程施工穿插进行。因此，本工程我们仅考虑基础分部、主体分部、屋面分部、装修分部组织流水施工，具体组织方法如下：

(1)基础工程。基础工程包括基槽挖土、浇筑混凝土垫层、绑扎基础钢筋、基础模板安装、浇筑基础混凝土、浇素混凝土基础墙基、回填土等施工过程。考虑到基础混凝土与素混凝土墙基是同一工种，班组施工可合并为一个施工过程。

基础工程经过合并共为 6 个施工过程($n=6$)，每个施工过程按全等节拍组织流水施工，考虑到工作面的因素，每层的施工过程划分为 2 个施工段($m=2$)，流水节拍和流水施工工期计算如下。

基槽挖土劳动量为 180 工日，安排 30 人组成施工班组，采用一班作业，则流水节拍为

$$t_{基}=Q_{基}/(\text{每班劳动量}\times\text{施工段数})=180/(30\times2)=3(\mathrm{d})$$

考虑组织安排，取流水节拍为 5 d。

混凝土垫层劳动量为 20 工日，安排 10 人组成施工班组，采用一班作业，根据工艺要求垫层施工完后需要养护一天半，则流水节拍为

$$t_{垫层}=Q_{垫层}/(\text{每班劳动量}\times\text{施工段数})=\frac{20}{10\times2}=1(\mathrm{d})$$

基础扎筋劳动量为 40 工日，安排 20 人组成施工班组，采用一班作业，则流水节拍为

$$t_{扎筋}=Q_{扎筋}/(\text{每班劳动量}\times\text{施工段数})=\frac{40}{20\times2}=1(\mathrm{d})$$

基础模板安装共为 126 工日，施工班组人数为 24 人，采用一班制，则流水节拍为：

$K_{基础模板}=Q_{基础模板}/(\text{每班劳动量}\times\text{施工段数}\times\text{班次})=\frac{126}{24\times2}=2.625(\mathrm{d})$，取 3 d。

基础混凝土和素混凝土墙基劳动量共为 135 工日，施工班组人数为 20 人，采用三班制，基础混凝土完成后需要养护两天，则流水节拍为

$$t_{混凝土}=Q_{混凝土}/(\text{每班劳动量}\times\text{施工段数}\times\text{班次})=\frac{135}{20\times2\times3}=1.125(\mathrm{d})$$

取 1 d。

基础回填其劳动量为 50 工日，施工班组人数为 20 人，采用一班制，混凝土墙基完成后间歇 1 d 回填，则流水节拍为

$$t_{基础回填}=Q_{基础回填}/(\text{每班劳动量}\times\text{施工段数})=\frac{50}{20\times2}=1.25(\mathrm{d})$$

取 1.5 d。

(2)主体工程。主体工程包括脚手架、构造柱钢筋绑扎、砌砖墙、构造柱模板安装、构造柱混凝土浇筑、梁板模板(含梯)、梁板筋(含梯)、梁板混凝土(含梯)和拆柱梁板模板(含梯)等分项过程。脚手架工程可穿插进行。由于每个施工过程的劳动量相差较大，不利于按等节奏方式组织施工，故采取异节奏流水施工方式。

由于基础工程采取 2 个施工段组织施工，所以，主体结构每层也考虑按 2 个施工段组织施工，即 $n=8$，$m=2$，$m<n$，根据流水施工原理，我们可以发现：按此方式组织施工，工作面连续，专业工作队有窝工现象。但本工程只要求主导工序砌墙专业工作队施工连续，就能保证工程顺利进行，其余的班组人员可根据现场情况统一调配。

根据上述条件和施工工艺的要求，在组织流水施工时，为加快施工进度，我们既考虑工艺要求，也适当采用搭接的施工方式，所以本分部工程施工的流水节拍按如下方式确定。

构造柱钢筋绑扎的劳动量为 68 工日，施工班组人数 9 人，采用一班制，则流水节拍为

$$t_{构造筋}=Q_{构造筋}/(每班劳动量\times施工段数)=\frac{68}{9\times2\times4}\approx0.94(\text{d})，取 1 d。$$

砌砖墙的劳动量为 1 120 工日，施工班组人数 30 人，采用一班制，则流水节拍为

$$t_{支模}=Q_{支模}/(每班劳动量\times施工段数)=\frac{1\ 120}{30\times2\times4}\approx4.67(\text{d})，取 5 d。$$

构造柱模板安装的劳动量为 80 工日，施工班组人数 10 人，采用一班制，流水节拍为

$$t_{构模}=Q_{构模}/(每班劳动量\times施工段数\times班次)=\frac{80}{10\times2\times4}=1(\text{d})$$

构造柱混凝土浇筑的劳动量为 280 工日，施工班组人数 15 人，采用三班制，流水节拍为

$$t_{构混}=Q_{构混}/(每班劳动量\times施工段数\times班次)=\frac{280}{15\times2\times4\times3}\approx1.16(\text{d})，取 1 d。$$

梁板模板(含梯)的劳动量为 528 工日，施工班组人数 23 人，采用一班制，流水节拍为

$$t_{梁板梯模}=Q_{梁板梯模}/(每班劳动量\times施工段数)=\frac{528}{23\times2\times4}\approx2.87(\text{d})，取 3 d。$$

梁板筋(含梯)的劳动量为 200 工日，施工班组人数 25 人，采用一班制，流水节拍为

$$t_{梁板筋}=Q_{梁板筋}/(每班劳动量\times施工段数)=\frac{200}{25\times2\times4}=1(\text{d})$$

梁板混凝土(含梯)的劳动量为 600 工日，施工班组人数 25 人，采用三班制，流水节拍为

$$t_{梁板混凝土}=Q_{梁板混凝土}/(每班劳动量\times施工段数\times班次)=\frac{600}{25\times2\times4\times3}=1(\text{d})$$

拆柱梁板模板(含梯)的劳动量为 120 工日，施工班组人数 15 人，采用一班制，流水节拍为

$$t_{拆柱梁板梯模}=Q_{拆柱梁板梯模}/(每班劳动量\times施工段数)=\frac{120}{15\times2\times4}=1(\text{d})$$

(3)屋面工程。屋面工程包括屋面防水层和隔热层，考虑屋面防水要求高，所以防水层和隔热层不分段施工，即各自组织一个班组独立完成该项任务。

屋面防水层劳动量为 54 工日，施工班组人数为 10 人，采用一班制，施工延续时间为

$$t_{防水层}=Q_{防水层}/(每班劳动量\times施工段数)=\frac{54}{10\times1}=5.4(\text{d})$$

取 5 d。

屋面隔热层劳动量为 32 工日，施工班组人数为 16 人，采用一班制，施工延续时间为

$$t_{隔热层}=Q_{隔热层}/(每班劳动量\times施工段数)=\frac{32}{16\times1}=2(\text{d})$$

(4)装饰工程。装饰工程包括楼地面及楼梯抹灰；铝合金窗、胶合板门；外墙用白色外墙砖贴面；顶棚墙面为中级抹灰，墙中级抹灰，外加 106 涂料和油漆等。由于装饰阶段施工过程多，工程量相差较大，组织等节拍流水比较困难且不经济，因此可以考虑采用异节拍流水或非节奏流水方式。从工程量中发现，工程泥瓦工的工程量较多，而且比较集中，因此可以考虑组织连

续式的异节拍流水施工。

装饰工程可以划分为：天棚抹灰，内墙面中级抹灰，外墙面抹灰，楼地面工程，门窗安装，天棚及内墙面涂料，外墙面砖，室外工程及其他零星工程等施工过程。根据工艺和现场组织要求，可以考虑先进行1～7项组织流水施工方式，第8项穿插进行。由于本装饰工程共分4层，则施工段数可取4段，各施工过程的班组人数、工作班制及流水节拍依次如下。

顶棚抹灰劳动量为232工日，施工班组人数为20人，采用一班制，施工延续时间为：

$$K_{顶棚抹灰}=Q_{顶棚抹灰}/(每班劳动量\times施工段数)=\frac{232}{20\times4}=2.9(\mathrm{d})，取3\ \mathrm{d}。$$

内墙面抹灰劳动量为166工日，施工班组人数为20人，采用一班制，施工延续时间为：

$$K_{内墙面抹灰}=Q_{内墙面抹灰}/(每班劳动量\times施工段数)=\frac{166}{20\times4}=2.075(\mathrm{d})，取2\ \mathrm{d}。$$

外墙面抹灰劳动量为152工日，施工班组人数为20人，采用一班制，施工延续时间为：

$$K_{外墙面抹灰}=Q_{外墙面抹灰}/(每班劳动量\times施工段数)=\frac{152}{20\times4}=1.9(\mathrm{d})，取2\ \mathrm{d}。$$

楼地面工程的劳动量为196工日，施工班组人数16人，采用一班制，楼地面工程完成后养护3天，其流水节拍计算如下：

$$K_{楼地面}=Q_{楼地面}/(每班劳动量\times施工段数)=\frac{196}{16\times4}=3.062\ 5(\mathrm{d})，取3\ \mathrm{d}。$$

门、窗安装工程的劳动量为62工日，安排6人为一施工班组，采用一班作业，则流水节拍为：

$$K_{门窗安装}=Q_{门窗安装}/(每班劳动量\times施工段数)=\frac{62}{6\times4}\approx2.583\ 3(\mathrm{d})，取3\ \mathrm{d}。$$

门、窗安装分为两阶段进行施工，门、窗框安装在内、外墙面抹灰完成后进行，每层1.5天；门窗扇安装在内墙涂料、外墙面砖完成后进行，每层1.5天。

顶棚、内墙面涂料工程的劳动量为72工日，安排6人为一施工班组，采用一班作业，则流水节拍为：

$$K_{涂料}=Q_{涂料}/(每班劳动量\times施工段数)=\frac{72}{6\times4}=3(\mathrm{d})。$$

外墙面砖的劳动量为240工日，安排20人为一施工班组，采用一班作业，自上而下连续进行施工，则流水节拍为：

$$K_{外墙面砖}=Q_{外墙面砖}/(每班劳动量\times施工段数)=\frac{240}{20\times4}=3(\mathrm{d})。$$

流水进度表见表4-8。整个计划的工期为143 d，满足合同规定的要求。若整个工程按既定的计划不能满足合同规定的工期要求，可以通过调整每班的作业人数、工作班次或工艺关系来满足合同规定的要求。

任务拓展

编制4层框架结构教学楼流水施工进度横道计划。

某4层教学楼，建筑面积为1 560 m^2。基础为钢筋混凝土条形基础，主体工程为现浇框架结构。装修工程为铝合金窗、胶合板门，外墙用白色外墙砖贴面，内墙为中级抹灰，外加106涂料。屋面工程为现浇细石钢筋混凝土屋面板，防水层贴一毡二油，外加架空隔热层，劳动量见表4-9。

附：钢结构厂房进度计划见表4-10。钢结构施工包括图纸深化及钢结构加工、现场安装。

表 4-8 流水进度表

序号	分部分项工程名称	劳动量/工日	人数(人)	班制	天数(天)	施工进度计划/d
	基础工程					
1	基槽挖土	180	20	1	10	
2	混凝土垫层	20	20	1	1	
3	基础扎筋	40	20	1	2	
4	基础混凝土(含墙基)	135	20	3	2	
5	回填土	50	20	1	3	
	主体工程					
6	脚手架	102				
7	构造柱钢筋绑扎	68	9	1	8	
8	砌砖墙	1 120	20	1	56	
9	构造柱模板安装	80	10	1	8	
10	构造柱混凝土浇筑	280	20	3	4	
11	梁板模板(含梯)	528	23	1	22	
12	梁板筋(含梯)	500	25	1	8	
13	梁板混凝土(含梯)	600	25	3	8	
14	拆柱梁板模板(含梯)	120	15	1		
	屋面工程					
15	屋面防水层	54	10	1	5	
16	屋面隔热层	32	16	1	2	
	装饰工程					
17	楼地面及楼梯抹灰	190	16	1	11	
18	顶棚中级抹灰	220	20	1	11	
19	墙中级抹灰	156	20	1	8	
20	铝合金窗	24	4	1	6	
21	胶合板门	20	3	1	6	
22	油漆	19	3	1	6	
23	外墙面砖	240	20	1	12	
24	水电					

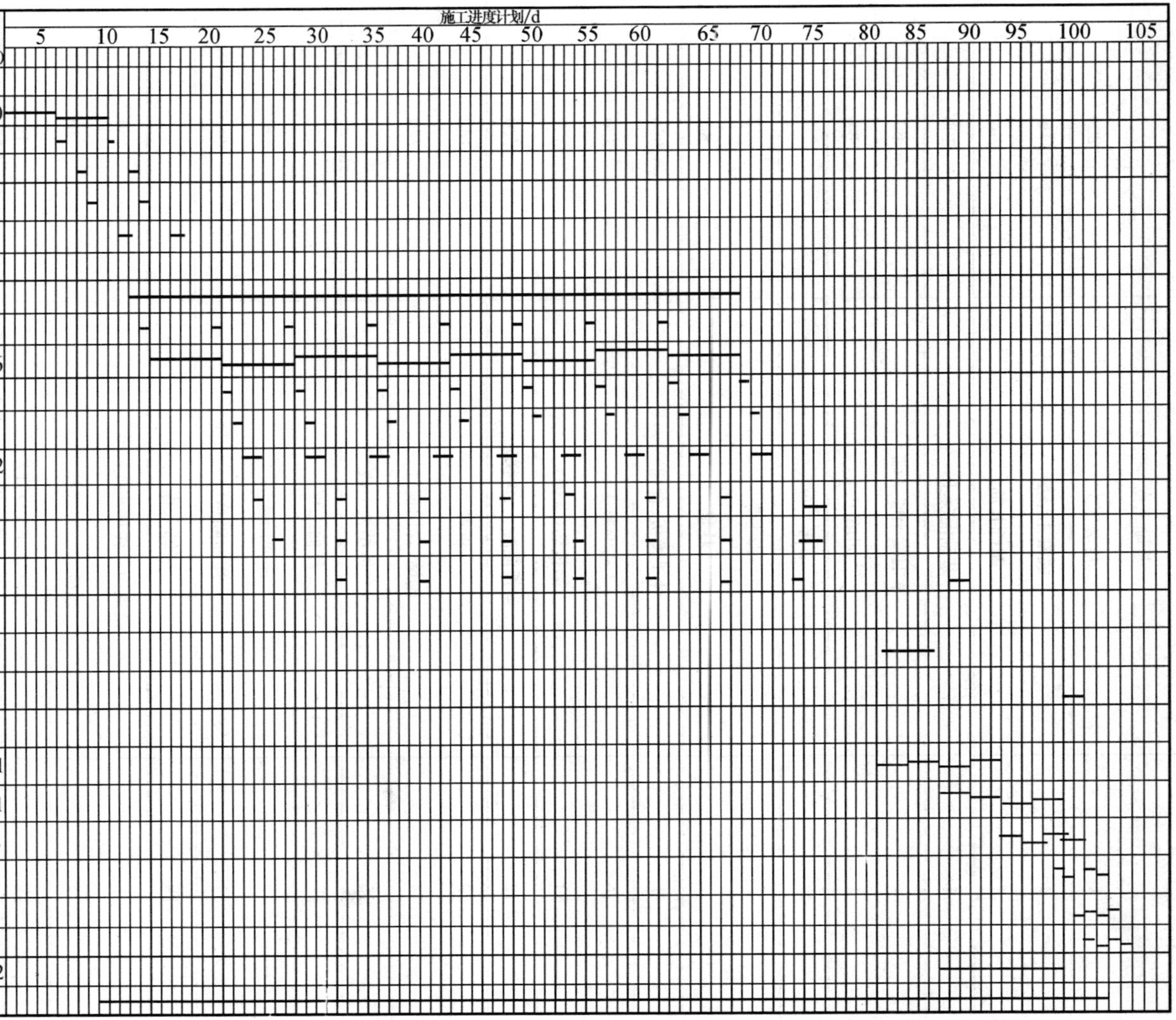

表 4-9　某 4 层框架结构教学楼劳动量　　工日

序号	分部分项工程名称	劳动量
一	基础工程	
1	基槽挖土	200
2	混凝土垫层	16
3	基础扎筋	48
4	基础混凝土	100
5	素混凝土墙基础	60
6	回填土	64
二	主体工程	
7	脚手架	112
8	柱筋	80
9	柱梁模板(含梯)	960
10	柱混凝土	320
11	梁板筋(含梯)	320
12	梁板混凝土(含梯)	720
13	拆模	160
14	砌墙(含门窗框)	720
15	主体结构验收	
三	屋面工程	
16	屋面防水层	56
17	屋面隔热层	36
四	装饰工程	
18	楼地面及楼梯水泥砂浆	480
19	顶棚墙面中级抹灰	640
20	顶棚墙面 106 涂料	46
21	铝合金窗	80
22	胶合板门	48
23	外墙面砖	450
24	油漆	45
25	其他零星工程	
五	水电安装工程	
六	竣工验收	

表 4-10　某钢结构工程施工进度计划

工厂制作45 d，现场安装94 d

2014年9月　2014年10月　2014年11月　2014年12月　2015年1月

序号	工作内容		天数	计划人数
1	总施工计划周期		120	
2	工厂生产	图纸深化翻图	20	2
3		采购材料	9	1
4		材料检测	7	1
5		主次钢构生产	40	60
6		探伤检测	7	2
7	现场施工	基础复测，调整	3	3
8		人员、设备进场，卸货	3	5
9		主要钢构安装	40	45
10		主次钢构安装	3	8
11		门窗框安装调整	6	10
12		雨棚结构安装调整	6	6
13		结构验收	1	2
14		[illegible]	12	
15		屋面板安装	25	12
16		屋面风机、开孔、收边	8	8
17		内墙板安装	15	12
18		外墙板安装	20	20
19		天沟、落水管安装	6	12
20		雨篷板安装	8	12
21		门窗框、收边包角	10	12

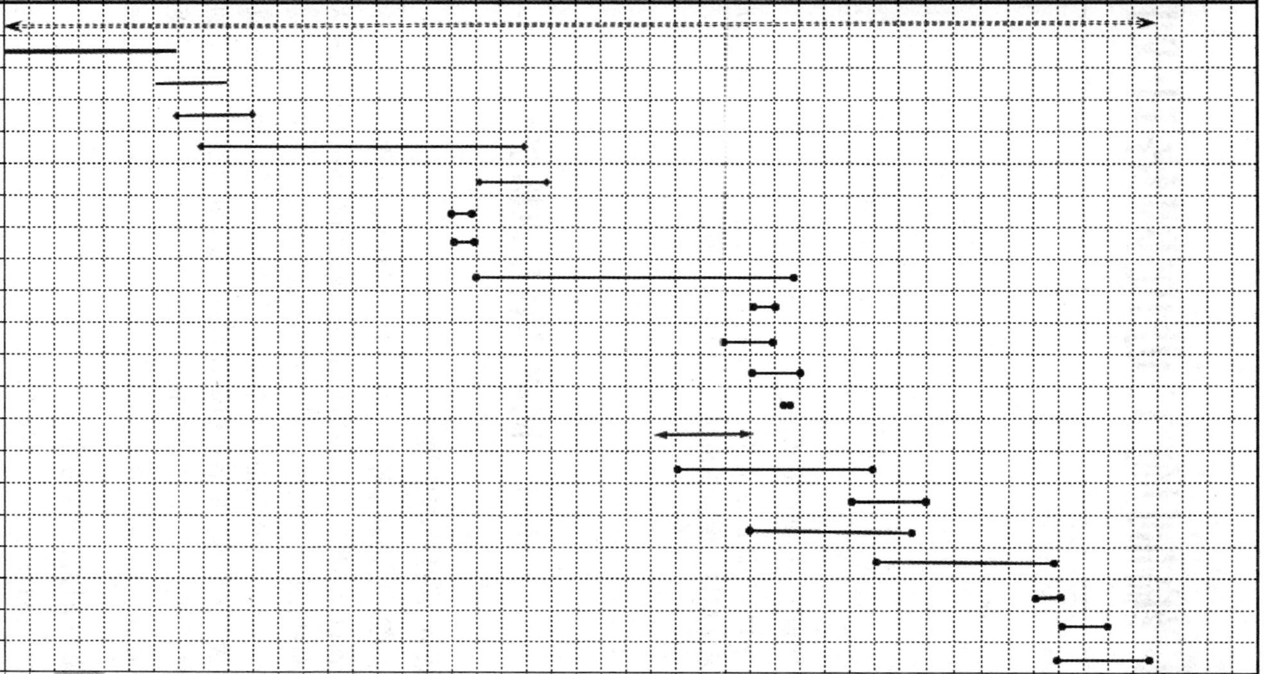

图例：

- 为总工期
- 为生产部工作
- 为项目部工作
- 为非钢结构单独完成内容
- 为非钢结构范围

任务5 编制施工进度网络计划

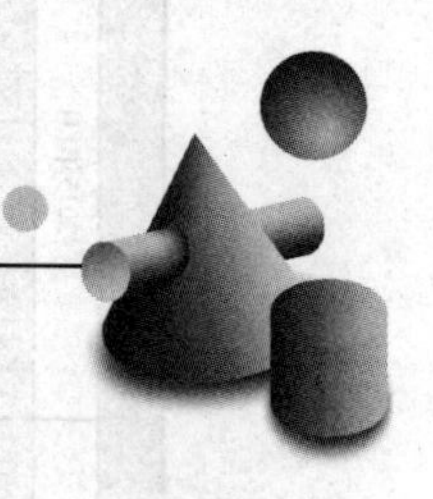

▶ 任务提出

编制施工进度网络计划

编制5层砖混结构住宅楼进度网络计划。

工程概况如任务2(5层砖混结构住宅楼工程)，依据前面编制好的施工方案，依据表4-1所示工程量，编制流水施工进度网络计划。

▶ 所需知识

5.1 网络计划基本概念

5.1.1 网络计划的基本原理

网络计划(或称统筹法)的基本原理，首先是把所要做的工作、哪项工作先做、哪项工作后做、各占用多少时间以及各项工作之间的相互关系等运用网络图的形式表达出来。其次是通过简单的计算，找出哪些工作是关键的，哪些工作不是关键的，并在原来计划方案的基础上进行计划的优化。例如，在劳动力或其他资源有限的条件下，寻求工期最短；或者在工期规定的条件下，寻求工程的成本最低等。最后是组织计划的实施，并且根据变化了的情况，搜集有关资料，对计划及时进行调整，重新计算和优化，以保证计划执行过程中自始至终能够最合理地使用人力、物力，保证多、快、好、省地完成任务。

5.1.2 网络计划方法的特点

网络计划是以箭线和节点组成的网状图形来表达工作间的关系、进程的一种进度计划。与横道计划相比，网络计划具有如下特点：

(1)通过箭线和节点把计划中的所有工作有向、有序地组成一个网状整体，能全面而明确地反映出各项工作之间相互制约、相互依赖的关系。

(2)通过对时间参数的计算，能找出决定工程进度计划工期的关键工作和关键线路，便于在工程项目管理中抓住主要矛盾，确保进度目标的实现。

(3)根据计划目标，能从许多可行方案中比较、优选出最佳方案。

(4)利用工作的机动时间，可以合理地进行资源安排和配置，达到降低成本的目的。

(5)能够利用电子计算机编制网络图，并对计划的执行过程进行有效的监督与控制，实现计划管理的微机化、科学化。

(6)随着经济管理改革的发展，建设工程实行投资包干和招标承包制，在施工过程中对进度管理、工期控制和成本监督的要求也日益严格。网络计划在这些方面将成为有效的手段。同时，网络计划可作为预付工程价款的依据。

(7)网络图的绘制比较麻烦，表达不像横道图那么直观明了。网络计划技术既是一种计划方法，又是一种科学的管理方法，它可以为项目管理者提供更多信息，有利于加强对计划的控制，并对计划目标进行优化，取得更大的经济效益。

5.1.3 网络计划的几个基本概念

网络计划的表达形式是网络图。所谓网络图，是指由箭线和节点组成的，用来表示工作流程的有向、有序的网状图形。

网络图中，按节点和箭线所代表的含义不同，可分为双代号网络图和单代号网络图两大类。

5.1.3.1 双代号网络图

以箭线及其两端节点的编号表示工作的网络图称为双代号网络图。即用两个节点一根箭线代表一项工作，工作名称写在箭线上面，工作持续时间写在箭线下面，在箭线前后的衔接处画上节点，编上号码，并以节点编号 i 和 j 代表一项工作名称，如图 5-1 所示。

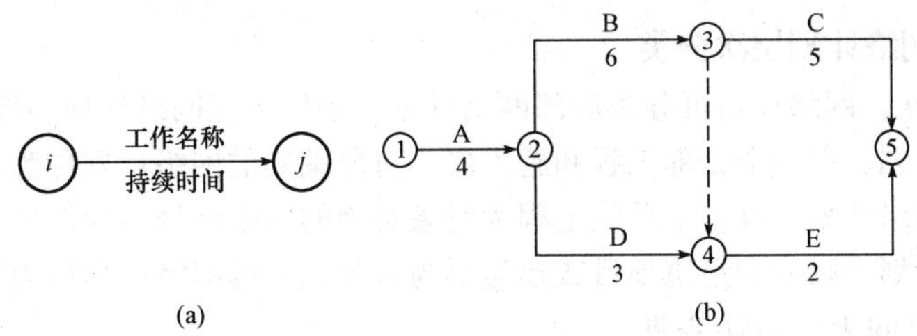

图 5-1 双代号网络

(a)工作的表示方法；(b)工程的表示方法

5.1.3.2 单代号网络图

以节点及其编号表示工作，以箭线表示工作之间的逻辑关系的网络图称为单代号网络图。即每一个节点表示一项工作，节点所表示的工作名称、持续时间和工作代号等标注在节点内，如图 5-2 所示。

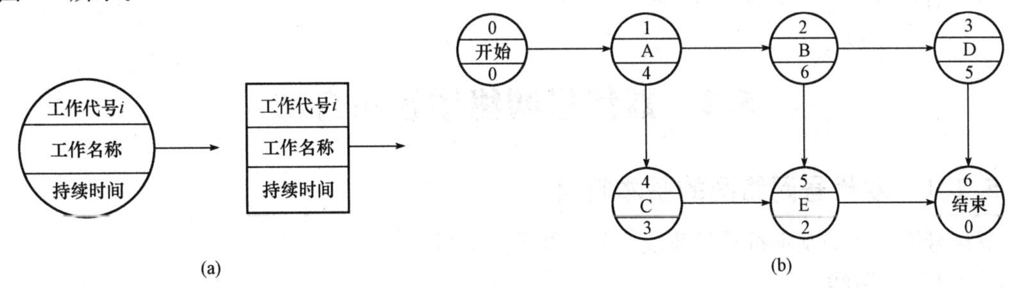

图 5-2 单代号网络

(a)工作的表示方法；(b)工程的表示方法

5.1.4 网络计划的分类

用网络图表达任务构成、工作顺序并加注工作时间参数的进度计划称为网络计划。网络计划的种类很多，可以从不同的角度进行分类，具体分类方法如下。

5.1.4.1　**按计划目标的多少分类**

按计划最终目标的多少，网络计划可分为单目标网络计划和多目标网络计划。

(1)单目标网络计划。单目标网络计划是指只有一个终点节点的网络计划，即网络图只有一个最终目标，如图5-3所示。

(2)多目标网络计划。多目标网络计划是指终点节点不止一个的网络计划。此种网络计划有若干个独立的最终目标，如图5-4所示。

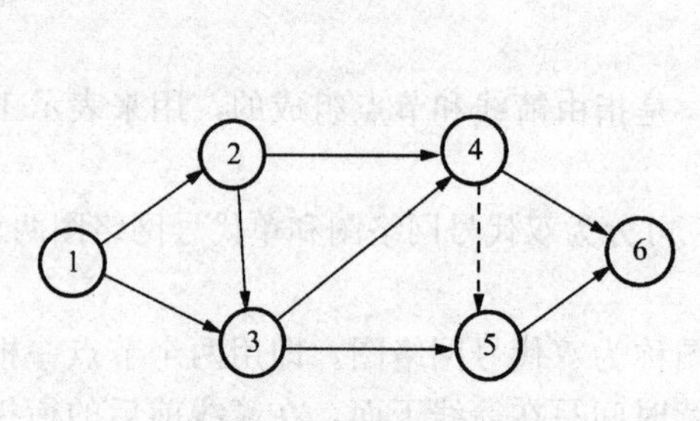

图5-3　单目标网络计划

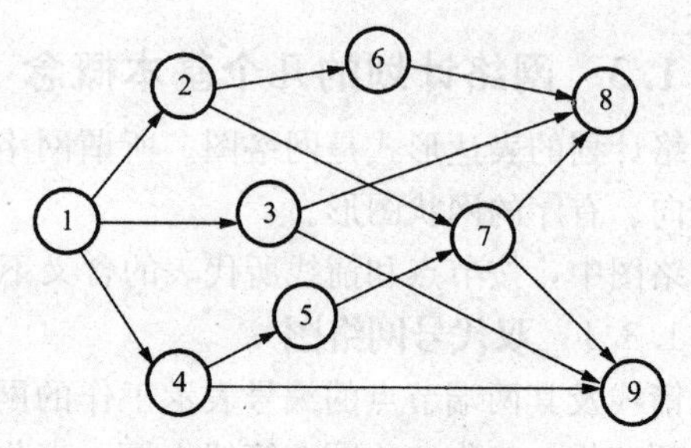

图5-4　多目标网络计划

5.1.4.2　**按网络计划层次分类**

按网络计划层次，网络计划可分为局部网络计划、单位工程网络计划和综合网络计划。

(1)局部网络计划。以一个分部工程和施工段为对象编制的网络计划称为局部网络计划。

(2)单位工程网络计划。以一个单位工程为对象编制的网络计划称为单位工程网络计划。

(3)综合网络计划。以一个建筑项目或建筑群为对象编制的网络计划称为综合网络计划。

5.1.4.3　**按时间表示方法分类**

1. 时标网络计划

时标网络计划是用箭线在横坐标上的投影长度表示工序时间的网络图，如图5-5所示。

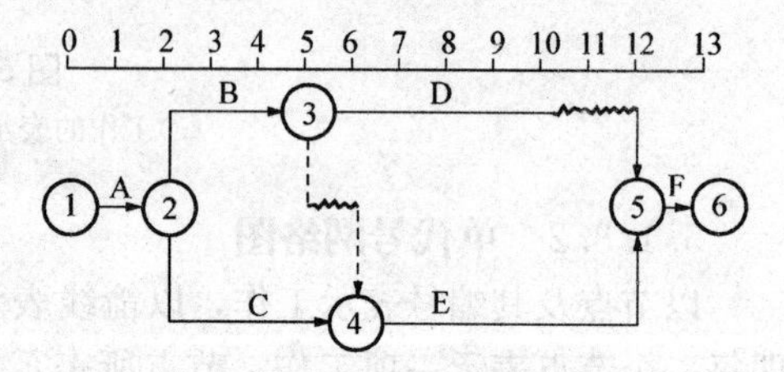

图5-5　双代号时标网络计划

2. 非时标网络计划

工作的持续时间以数字形式标注在箭线下面绘制的网络计划称为非时标网络计划，如图5-1所示。

5.2　双代号网络图表示方法

5.2.1　双代号网络图的基本符号

双代号网络图的基本符号是箭线、节点及节点编号。

5.2.1.1　**箭线**

网络图中一端带箭头的实线即为箭线。在双代号网络图中，箭线与其两端的节点表示一项工作。箭线表达的内容有以下几个方面：

(1)一根箭线表示一项工作或一个施工过程。根据网络计划的性质和作用的不同，工作既可以是一个简单的施工过程，如挖土、垫层等分项工程或者基础工程、主体工程等分部工程；也可以是一项复杂的工程任务，如教学楼土建工程等单位工程或者教学楼工程等单项工程。如何确定一项工作的范围取决于所绘制的网络计划的作用(控制性或指导性)。

(2)一根箭线表示一项工作消耗的时间和资源，分别用数字标注在箭线的下方和上方。一般而言，每项工作的完成都要消耗一定的时间和资源，如砌砖墙、浇筑混凝土等；也存在只消耗时间而不消耗资源的工作，如混凝土养护、砂浆找平层干燥等技术间歇，若单独考虑时，也应作为一项工作对待。

(3)在无时间坐标的网络图中，箭线的长度不代表时间的长短，画图时原则上是任意的，但必须满足网络图的绘制规则。在有时间坐标的网络图中，其箭线的长度必须根据完成该项工作所需时间长短按比例绘制。

(4)箭线的方向表示工作进行的方向和前进的路线，箭尾表示工作的开始，箭头表示工作的结束。

(5)箭线可以画成直线、折线或斜线。必要时，箭线也可以画成曲线，但应以水平直线为主，一般不宜画成垂直线。

5.2.1.2 节点

网络图中箭线端部的圆圈或其他形状的封闭图形就是节点。在双代号网络图中，它表示工作之间的逻辑关系。节点表达的内容有以下几个方面：

(1)节点表示前面工作结束和后面工作开始的瞬间，所以节点不需要消耗时间和资源。

(2)箭线的箭尾节点表示该工作的开始，箭线的箭头节点表示该工作的结束。

(3)根据节点在网络图中的位置不同可以分为起点节点、终点节点和中间节点。起点节点是网络图的第一个节点，表示一项任务的开始。终点节点是网络图的最后一个节点，表示一项任务的完成。除起点节点和终点节点外的节点称为中间节点，中间节点都有双重的含义，既是前面工作的箭头节点，也是后面工作的箭尾节点，如图 5-6 所示。

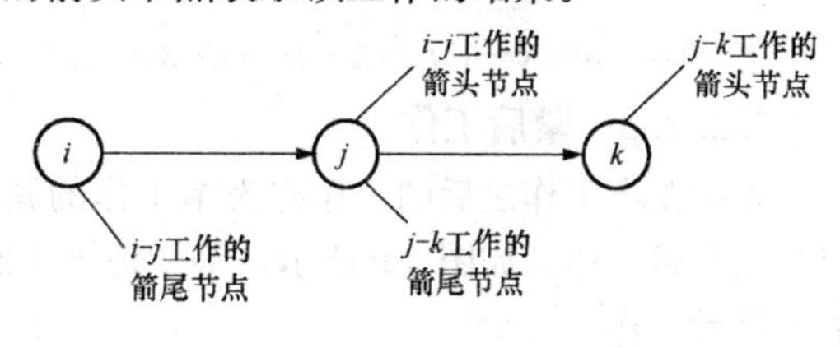

图 5-6 节点示意图

5.2.1.3 节点编号

网络图中每个节点都有自己的编号，以便赋予每项工作以代号，便于计算网络图的时间参数和检查网络图是否正确。

(1)节点编号必须满足两条基本规则。其一，箭头节点编号大于箭尾节点编号，因此，节点编号顺序是：箭尾节点编号在前，箭头节点编号在后，凡是箭尾节点没有编号，箭头节点不能编号。其二，在一个网络图中，所有节点不能出现重复编号，编号的号码可以按自然数顺序进行，也可以非连续数编号，以便适应网络计划调整中增加工作的需要，编号留有余地。

(2)节点编号的方法有两种：一种是水平编号法，即从起点节点开始由上到下逐行编号，每行则自左到右按顺序编号，如图 5-7 所示；另一种是垂直编号法，即从起点节点开始自左到右逐列编号，每列则根据编号规则的要求进行编号，如图 5-8 所示。

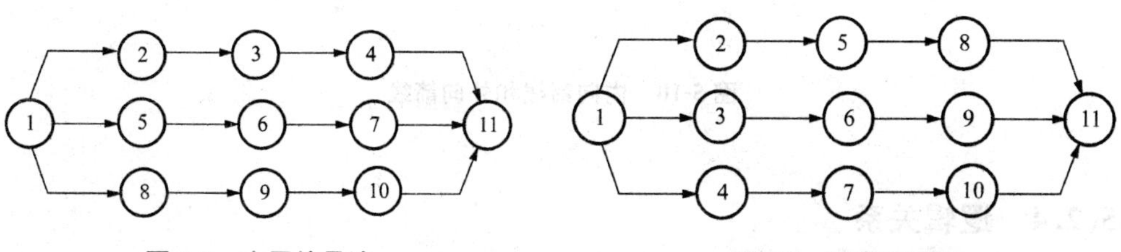

图 5-7 水平编号法　　**图 5-8 垂直编号法**

5.2.2 紧前工作、紧后工作、平行工作

5.2.2.1 紧前工作

紧排在本工作之前的工作称为本工作的紧前工作。双代号网络图中，本工作和紧前工作之间可能有虚工作。如图 5-9 所示，槽 1 是槽 2 的组织关系上的紧前工作；垫 1 和垫 2 之间虽有虚工作，但垫 1 仍然是垫 2 的组织关系上的紧前工作；槽 1 则是垫 1 的工艺关系上的紧前工作。

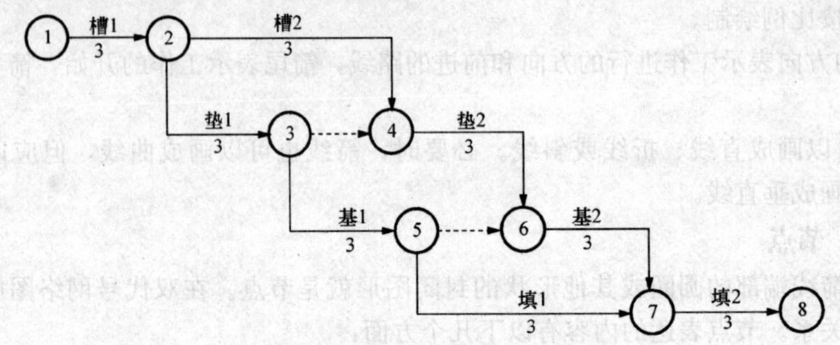

图 5-9　逻辑关系

注：$T=(m+N-1)t=(2+4-1)\times3=15$。

5.2.2.2 紧后工作

紧排在本工作之后的工作称为本工作的紧后工作。双代号网络图中，本工作和紧后工作之间可能有虚工作。如图 5-9 所示，垫 2 是垫 1 的组织关系上的紧后工作；垫 1 是槽 1 的工艺关系上的紧后工作。

5.2.2.3 平行工作

可与本工作同时进行的工作称为本工作的平行工作。如图 5-9 所示，槽 2 是垫 1 的平行工作。

5.2.3 内向箭线和外向箭线

5.2.3.1 内向箭线

指向某个节点的箭线称为该节点的内向箭线，如图 5-10(a)所示。

5.2.3.2 外向箭线

从某个节点引出的箭线称为该节点的外向箭线，如图 5-10(b)所示。

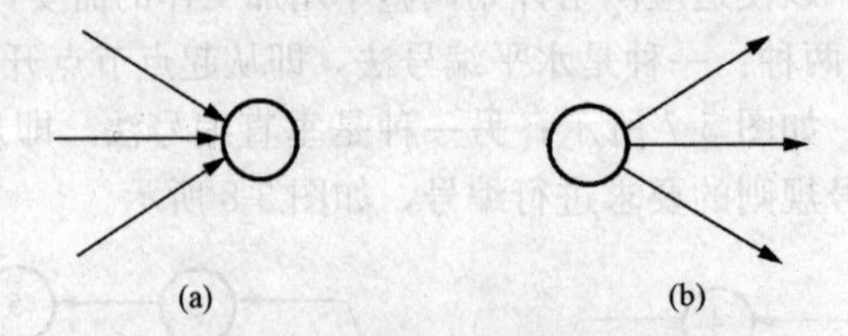

图 5-10　内向箭线和外向箭线

5.2.4 逻辑关系

工作之间相互制约或依赖的关系称为逻辑关系。工作之间的逻辑关系包括工艺逻辑关系和组织逻辑关系。

5.2.4.1 **工艺逻辑关系**

工艺逻辑关系是指施工工艺和操作规程所决定的各个工作之间客观上存在的先后施工顺序关系，或者是非生产性工作之间由工作程序决定的先后顺序关系。例如，建筑工程施工时，先做基础，后做主体；先做结构，后做装修。工艺关系是不能随意改变的，如图 5-9 所示，槽 1→垫 1→基 1→填 1 为工艺关系。

5.2.4.2 **组织逻辑关系**

组织逻辑关系是指在不违反工艺关系的前提下，在各工作之间主观上安排的先后顺序关系。例如，建筑群中各个建筑物的开工顺序的先后、施工对象的分段流水作业等。组织顺序可以根据具体情况，按安全、经济、高效的原则统筹安排。如图 5-9 所示，槽 1→槽 2、垫 1→垫 2 等为组织关系。

5.2.5 虚工作及其应用

双代号网络计划中，只表示前后相邻工作之间的逻辑关系，既不占用时间也不耗用资源的虚拟的工作称为虚工作。虚工作用虚箭线表示，其表达形式可垂直方向向上或向下，也可水平方向向右，如图 5-11 所示。虚工作起着联系、区分和断路三个作用。

5.2.5.1 **联系作用**

虚工作不仅能表达工作间的逻辑连接关系，而且能表达不同幢号的房屋之间的相互联系。例如，工作 A、B、C、D 之间的逻辑关系为：工作 A 完成后同时进行 B、D 两项工作，工作 C 完成后进行工作 D。不难看出，A 完成后其紧后工作为 B，C 完成后其紧后工作为 D，很容易表达，但 D 又是 A 的紧后工作，为把 A 和 D 联系起来，必须引入虚工作 2—5，逻辑关系才能正确表达，如图 5-12 所示。

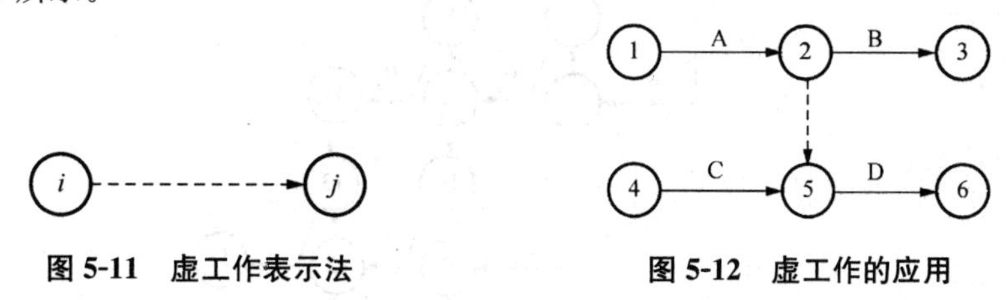

图 5-11 虚工作表示法 **图 5-12 虚工作的应用**

5.2.5.2 **区分作用**

双代号网络计划是用两个代号表示一项工作。如果两项工作用同一代号，则不能明确表示出该代号表示哪一项工作。因此，不同的工作必须用不同的代号，如图 5-13 所示。

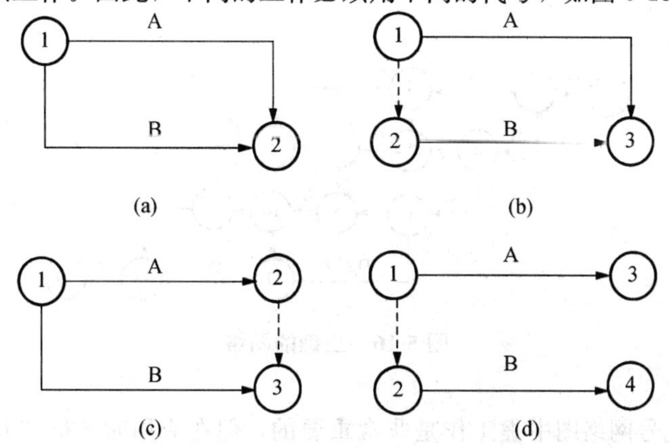

图 5-13 虚工作的区分作用

(a)图出现“同代号”的错误；(b)、(c)图是两种不同的区分方式；(d)图则多画了一个不必要的虚工作

5.2.5.3　**断路作用**

图 5-14 所示为某基础工程挖基槽(A)、垫层(B)、基础(C)、回填土(D)四项工作的流水施工网络图。该网络图中出现了 A_2 与 C_1，B_2 与 D_1，A_3 与 C_2，D_1、B_3与 D_2 四处把并无联系的工作联系上了，即出现了多余联系的错误。

为了正确表达工作间的逻辑关系，在出现逻辑错误的圆圈(节点)之间增设新节点(即虚工作)，切断毫无关系的工作之间的联系，这种方法称为断路法。如图 5-15 所示，增设节点⑤，虚工作 4—5 切断了 A_2 与 C_1 之间的联系；同理，增设节点⑧、⑩、⑬，虚工作 7—8、9—10、12—13 等也都起到了相同的断路作用。然后去掉多余的虚工作，经调整后的正确网络图如图 5-16 所示。

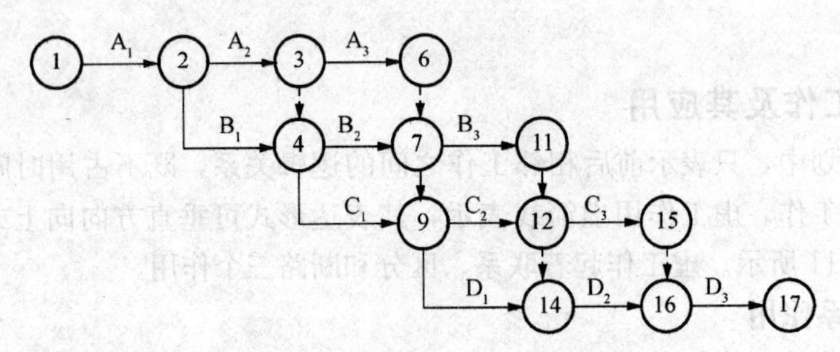

图 5-14　逻辑关系错误的网络

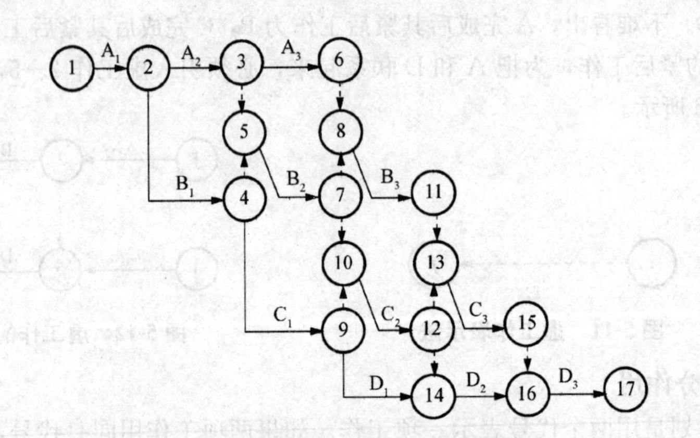

图 5-15　断路法切断多余联系

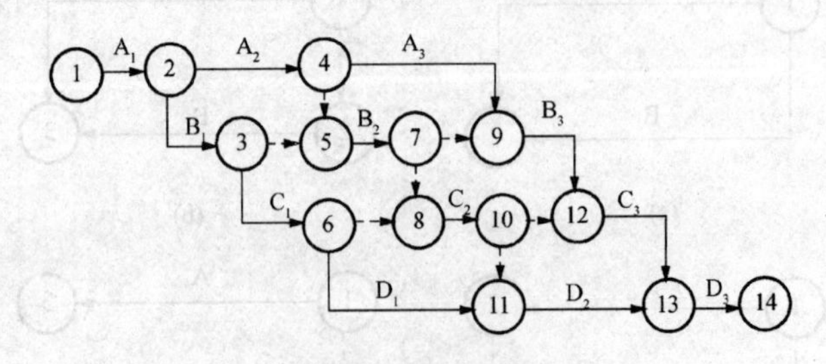

图 5-16　正确的网络

由此可见，双代号网络图中虚工作是非常重要的，但在应用时要恰如其分，不能滥用，以必不可少为限。另外，增加虚工作后要进行全面检查，不要顾此失彼。

5.2.6 线路、关键线路和关键工作

5.2.6.1 线路

网络图中从起点节点开始，沿箭头方向顺序通过一系列箭线与节点，最后达到终点节点的通路称为线路。一个网络图中，从起点节点到终点节点，一般都存在着许多条线路，如图 5-17 所示，4 条线路中，每条线路都包含若干项工作，这些工作的持续时间之和就是该线路的时间长度，即线路上总的工作持续时间。图 5-17 中的 4 条线路各自的总持续时间见表 5-1。

表 5-1 线路的总持续时间

线路	总持续时间/d	关键线路/d
① —A 2→ ② —C 2→ ③ —E 1→ ⑤ —G 4→ ⑥	9	9
① —A 2→ ② —D 2→ ④ - - -→ ⑤ —G 4→ ⑥	8	
① —B 3→ ③ —E 1→ ⑤ —G 4→ ⑥	8	
① —A 2→ ② —D 2→ ④ —F 2→ ⑥	6	

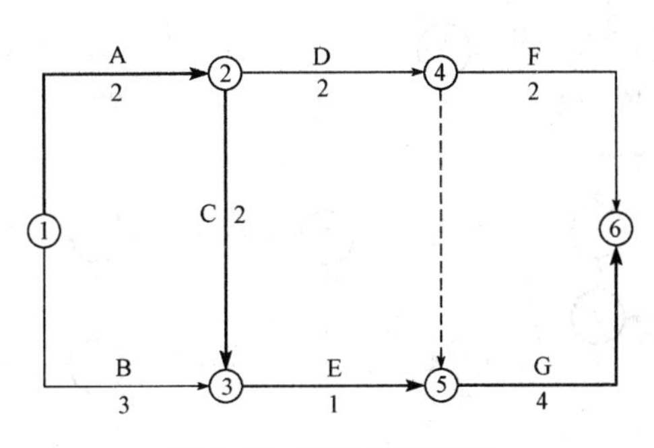

图 5-17 双代号网络图

5.2.6.2 关键线路和关键工作

线路上总的工作持续时间最长的线路称为关键线路。如图 5-17 所示，线路①—②—③—⑤—⑥总的工作持续时间最长，即为关键线路，其余线路称为非关键线路。位于关键线路上的工作称为关键工作。关键工作完成快慢直接影响整个计划工期的实现。

一般来说，一个网络图中至少有一条关键线路。关键线路也不是一成不变的，在一定的条件下，关键线路和非关键线路会相互转化。例如，当采取技术组织措施，缩短关键工作的持续时间，或者非关键工作持续时间延长时，就有可能使关键线路发生转移。网络计划中，关键工作的比重往往不宜过大，网络计划越复杂工作节点就越多，则关键工作的比重应该越小，这样有利于抓住主要矛盾。

非关键线路都有若干机动时间(即时差)，它意味着工作完成日期容许适当变动而不影响工

期。时差的意义就在于可以使非关键工作在时差允许范围内放慢施工进度，将部分人、财、物转移到关键工作上去，以加快关键工作的进程；或者在时差允许范围内改变工作开始和结束时间，以达到均衡施工的目的。

关键线路宜用粗箭线、双箭线或彩色线标注，以突出其在网络计划中的重要位置。

5.3 双代号网络图的绘制

5.3.1 双代号网络图的绘图规则

(1)双代号网络图必须正确表达已定的逻辑关系。例如，已知网络图的逻辑关系见表5-2，若绘出5-18(a)所示的网络图就是错误的，因D的紧前工作没有A。此时，可引入虚工作用横向断路法或竖向断路法将D与A的联系断开，如图5-18(b)、(c)、(d)所示。

表5-2 逻辑关系

工作	A	B	C	D
紧前工作	—	—	A、B	B

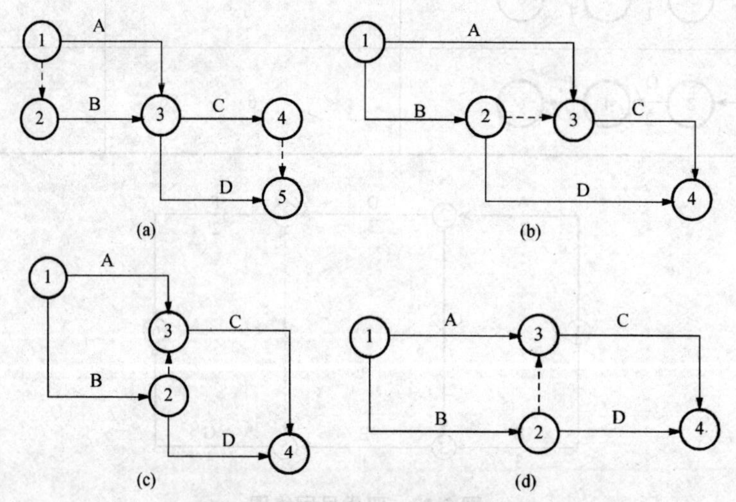

图5-18 按表5-2绘制的网络图

双代号网络图常用的逻辑关系模型见表5-3。

表5-3 网络图中各工作逻辑关系表示方法

序号	工作之间的逻辑关系	网络图中表示方法	说明
1	A、B两项工作按照依次施工方式进行	A B	B工作依赖着A工作，A工作约束着B工作的开始
2	A、B、C三项工作同时开始工作	A B C	A、B、C三项工作称为平行工作

续表

序号	工作之间的逻辑关系	网络图中表示方法	说明
3	A、B、C三项工作同时结束	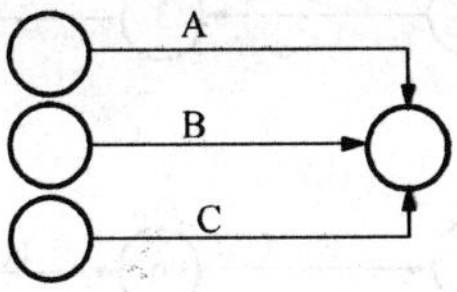 A B C	A、B、C三项工作称为平行工作
4	有A、B、C三项工作，只有在A完成后，B、C才能开始	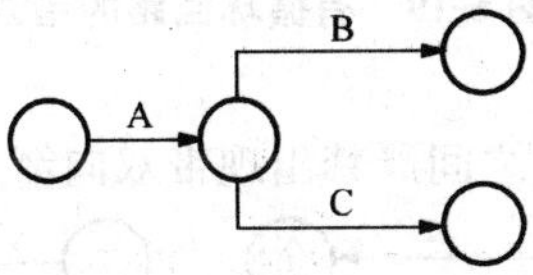 A B C	A工作制约着B、C工作的开始。B、C为平行工作
5	有A、B、C三项工作，C工作只有在A、B完成后，才能开始	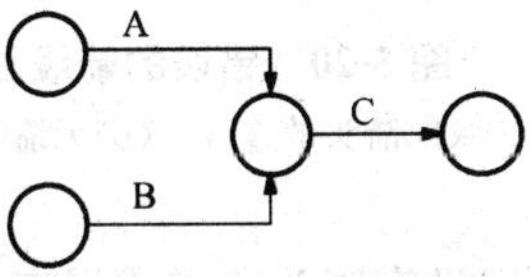 A C B	C工作依赖着A、B工作。A、B为平行工作
6	有A、B、C、D四项工作，只有当A、B完成后，C、D才能开始	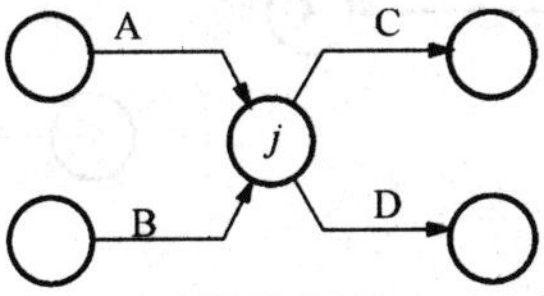 A C j B D	通过中间节点 j 正确地表达了A、B、C、D之间的关系
7	有A、B、C、D四项工作，A完成后C才能开始；A、B完成后D才开始	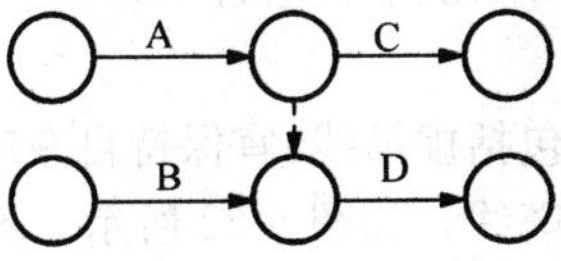 A C B D	D与A之间引入了逻辑连接（虚工作），只有这样才能正确表达它们之间的约束关系
8	有A、B、C、D、E五项工作，A、B完成后C才能开始；B、D完成后E才能开始	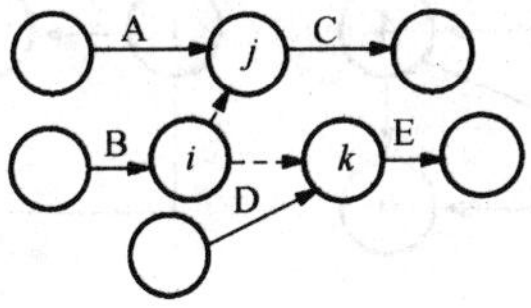 A j C B i k E D	虚工作 $i-j$ 反映出C工作受到B工作的约束，虚工作 $i-k$ 反映出E工作受到B工作的约束
9	有A、B、C、D、E五项工作，A、B、C完成后D才能开始；B、C完成后E才能开始	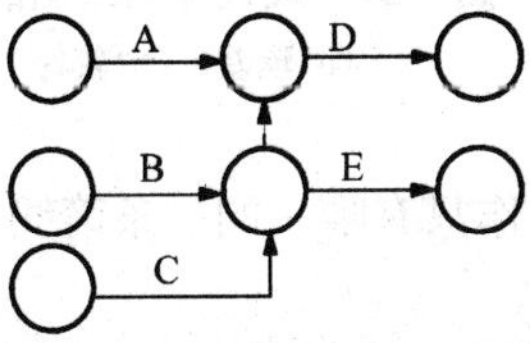 A D B E C	这是前面序号2、5情况通过虚工作连接起来，虚工作表示D工作受到B、C工作制约
10	A、B两项工作分三个施工段，流水施工	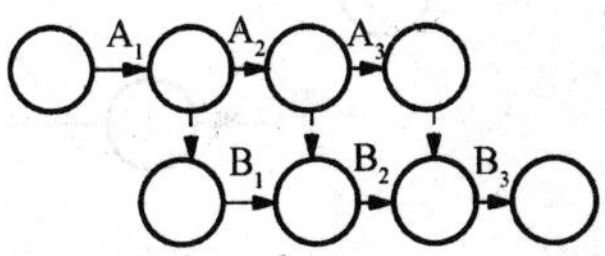 A_1 A_2 A_3 B_1 B_2 B_3	每个工种工程建立专业工作队，在每个施工段上进行流水作业，不同工种之间用逻辑搭接关系表示

(2)双代号网络图中，严禁出现循环回路。所谓循环回路，是指从一个节点出发，顺箭线方向又回到原出发点的循环线路。图 5-19 所示即出现了循环回路 2—3—4—5—6—7—2。

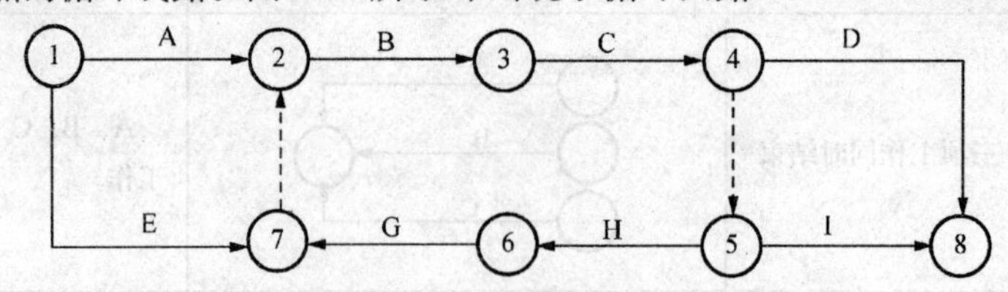

图 5-19　有循环回路的错误网络图

(3)双代号网络图中，在节点之间严禁出现带双向箭头和无箭头的连线，如图 5-20 所示。

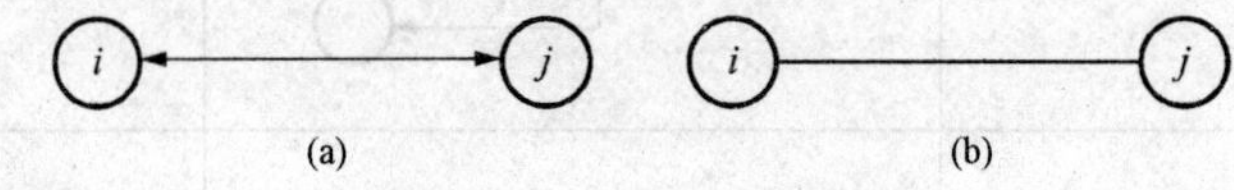

图 5-20　错误的箭线画法

(a)双向箭头的连线；(b)无箭头的连线

(4)双代号网络图中，严禁出现没有箭头节点或没有箭尾节点的箭线，如图 5-21 所示。

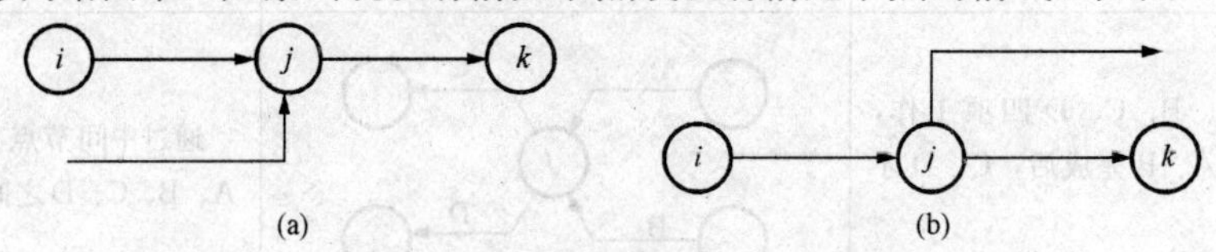

图 5-21　没有箭尾和箭头节点的箭线

(a)设有箭尾节点的连线；(b)设有箭头节点的连线

(5)双代号网络图中的箭线(包括虚箭线)宜保持自左向右的方向，不宜出现箭头指向左方的水平箭线和箭头偏向左方的斜向箭线，如图 5-22 所示。若遵循这一原则绘制网络图，就不会有循环回路出现。

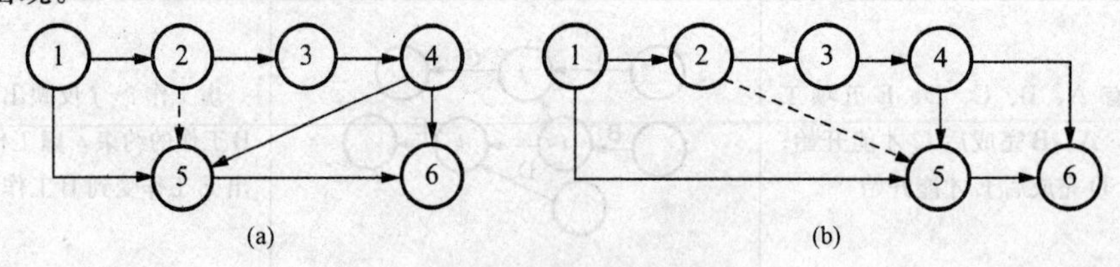

图 5-22　双代号网络图的表达

(a)较差；(b)较好

(6)双代号网络图中，一项工作只有唯一的一条箭线和相应的一对节点编号，严禁在箭线上引入或引出箭线，如图 5-23 所示。

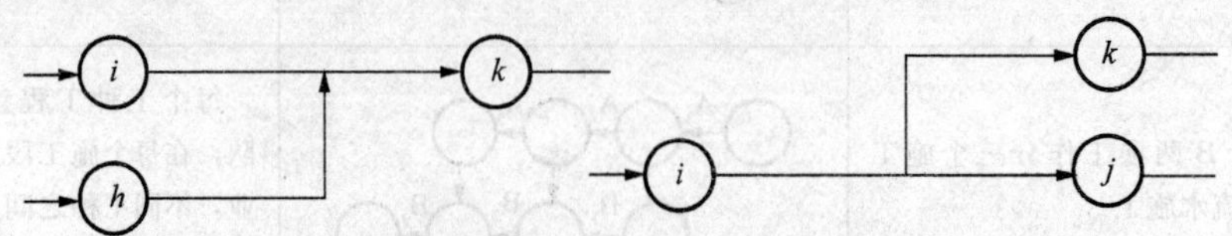

图 5-23　在箭线上引入和引出箭线的错误画法

(7)绘制网络图时，尽可能在构图时避免交叉。当交叉不可避免且交叉少时，应采用过桥法；当箭线交叉过多时，应使用指向法，如图 5-24 所示。采用指向法时应注意节点编号指向的大小关系，保持箭尾节点的编号小于箭头节点编号。为了避免出现箭尾节点的编号大于箭头节点的编号情况，指向法一般只在网络图已编号后才用。

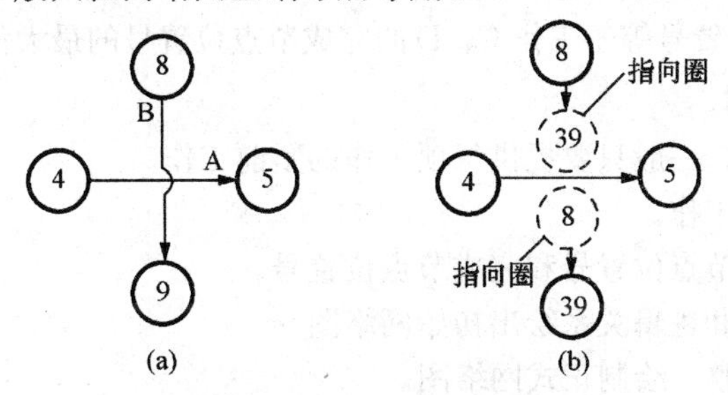

图 5-24 箭线交叉的表示方法

(a)过桥法；(b)指向法

(8)双代号网络图中只允许有一个起点节点(该节点编号最小没有内向箭线)；不是分期完成任务的网络图中，只允许有一个终点节点(该节点编号最大且没有外向箭线)；而其他所有节点均是中间节点(既有内向箭线又有外向箭线)。如图 5-25(a)所示是网络图中有 3 个起点节点①、②和⑤，有 3 个终点节点⑨、⑫、⑬的错误画法。应将①、②、⑤合并成一个起点节点，将⑨、⑫和⑬合并成一个终点节点，如图 5-25(b)所示。

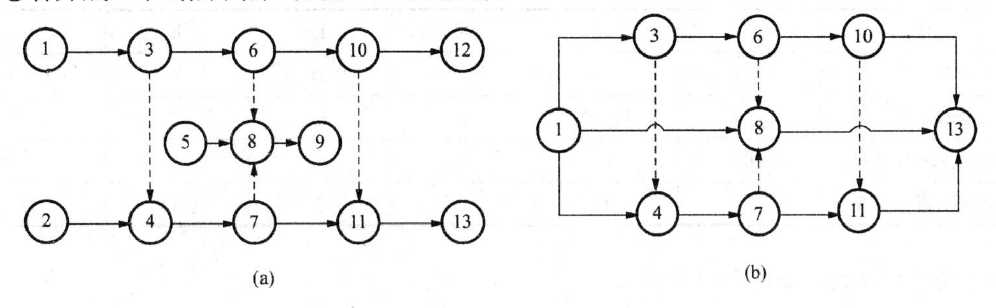

图 5-25 起点节点和终点节点的表达

(a)错误表达；(b)正确表达

5.3.2 双代号网络图的绘制方法

5.3.2.1 节点位置法

为了使所绘制网络图中不出现逆向箭线和竖向实线箭线，在绘制网络图之前，先确定各个节点的相对位置，再按节点位置号绘制网络图，如图 5-26 所示。

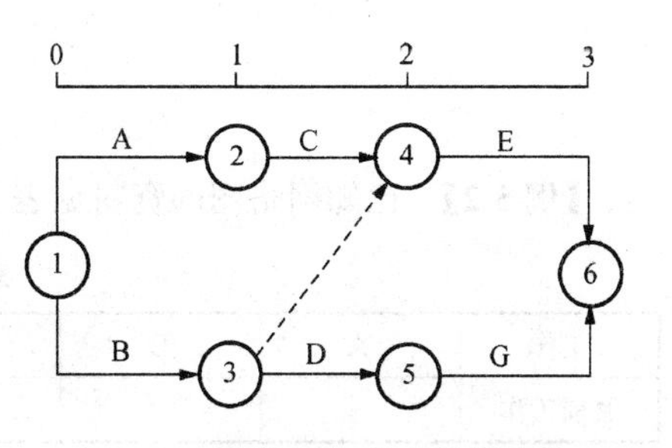

图 5-26 网络图与节点位置坐标

下面以图 5-26 为例，说明节点位置号(即节点位置坐标)的确定原则。

(1)无紧前工作的开始节点位置号为零。如工作 A、B 的开始节点位置号为 0。

(2)有紧前工作的开始节点位置号等于其紧前工作的开始节点位置号的最大值加 1。如 E 紧前工作 B、C

的开始节点位置号分别为0、1，则其节点位置号为1+1=2。

(3)有紧后工作的完成节点位置号等于其紧后工作的开始节点位置号的最小值。如B紧后工作D、E的开始节点位置分别为1、2，则其节点位置号为1。

(4)无紧后工作的完成节点位置号等于有紧后工作的工作完成节点位置号的最大值加1。如工作E、G的完成节点位置号等于工作C、D的完成节点位置号的最大值加1，即2+1=3。

5.3.2.2　**绘图步骤**

(1)提供逻辑关系表，一般只要提供每项工作的紧前工作。

(2)确定各工作紧后工作。

(3)确定各工作开始节点位置号和完成节点位置号。

(4)根据节点位置号和逻辑关系绘出初始网络图。

(5)检查、修改、调整，绘制正式网络图。

【例5-1】 已知网络图的资料见表5-4，试绘制双代号网络图。

表5-4　网络图资料表

工作	A	B	C	D	E	G
紧前工作	—	—	—	B	B	C、D

解：(1)列出关系表，确定出紧后工作和节点位置号，见表5-5。

表5-5　关系表

工作	A	B	C	D	E	G
紧前工作				B	B	C、D
紧后工作		D、E	G	G		
开始节点的位置号	0	0	0	1	1	2
完成节点的位置号	1	1	2	2	3	3

(2)绘出网络图，如图5-27所示。

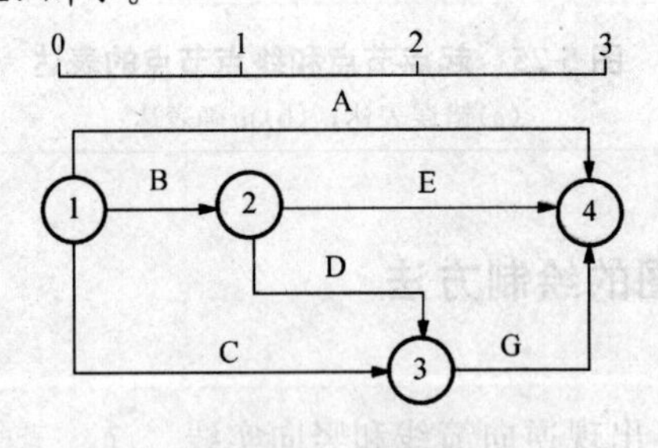

图5-27　网络图

【例5-2】 已知网络图的资料见表5-6，试绘制双代号网络图。

表5-6　网络图资料表

工作	A	B	C	D	E	G	H
紧前工作	—	—	—	—	A、B	B、C、D	C、D

解：(1)用矩阵图确定紧后工作。其方法是先绘出以各项工作为纵横坐标的矩阵图；再在横

坐标方向上，根据网络资料表，是紧前工作者标注1；然后查看纵坐标方向，凡标注有1者，即为该工作的紧后工作，如图5-28所示。

(2)列出关系表，确定出节点位置号，见表5-7。

表5-7　关系表

工作	A	B	C	D	E	G	H
紧前工作					A、B	B、C、D	C、D
紧后工作	E	E、G	C、H	G、H			
开始节点位置号	0	0	0	0	1	1	1
完成节点位置号	1	1	1	1	2	2	2

(3)绘制初始网络图。根据表5-7给定的逻辑关系及节点位置号，绘制出初始网络图，如图5-29所示。

	A	B	C	D	E	G	H
A							
B							
C							
D							
E	/	/					
G		/	/	/			
H			/	/			

图5-28　矩阵图

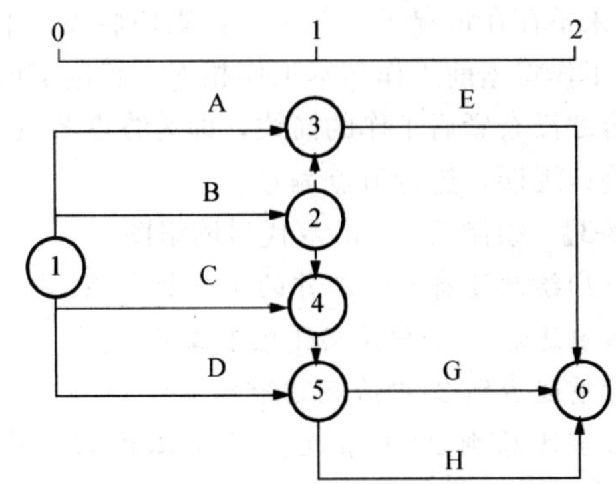

图5-29　初始网络图

(4)制作正式网络图。检查、修改并进行结构调整，最后绘出正式网络图，如图5-30所示。

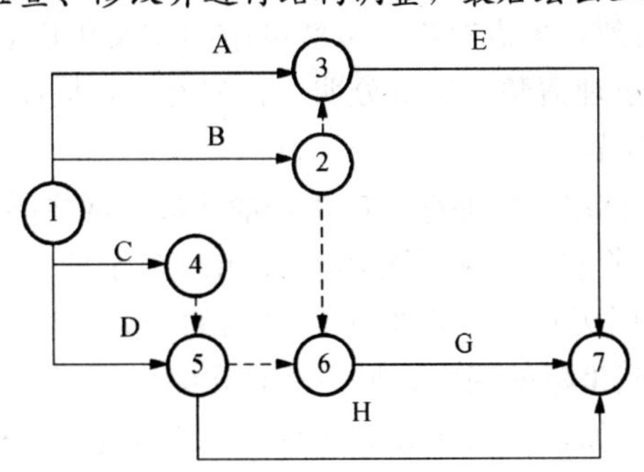

图5-30　正式网络图

5.3.2.3　逻辑草稿法

先根据网络图的逻辑关系，绘制出网络图草图，再结合绘图规则进行布局调整，最后形成正式网络图。当已知每一项工作的紧前工作时，可按下述步骤绘制代号网络图：

(1)绘制没有紧前工作的工作，使它们具有相同的箭尾节点，即起点节点。

(2)依次绘制其他各项工作。这些工作的绘制条件是将其所有紧前工作都已经绘制出来。绘制原则如下：

1)当所绘制的工作只有一个紧前工作时，则将该工作的箭线直接画在其紧前工作的完成节点之后即可。

2)当所绘制的工作有多个紧前工作时，应按以下4种情况分别考虑：

①如果在其紧前工作中存在一项只作为本工作紧前工作的工作(即在紧前工作栏目中，该紧前工作只出现一次)，则应将本工作箭线直接画在该紧前工作完成节点之后，然后用虚箭线分别将其他紧前工作的完成节点与本工作的开始节点相连，以表达它们之间的逻辑关系。

②如果在其紧前工作中存在多项作为本工作紧前工作的工作，应先将这些紧前工作箭线的箭头节点合并，再从合并后的节点开始绘出本工作，最后用虚箭线将其他紧前工作的完成节点与本工作的开始节点相连，以表达它们之间的逻辑关系。

③如果不存在情况①、②，应判断本工作的所有紧前工作是否都同时作为其他工作的紧前工作(即紧前工作栏目中，这几项紧前工作是否均同时出现若干次)。如果这样，应先将它们完成节点合并后，再从合并后的节点开始画出本工作箭线。

④如果不存在情况①、②、③，则应将本工作箭线单独画在其紧前工作箭线之后的中部，然后用虚工作将紧前工作与本工作相连，表达逻辑关系。

(3)合并没有紧后工作的箭线，即为终点节点。

(4)确认无误，进行节点编号。

【例5-3】 绘制表5-6的双代号网络图。

解：(1)绘制没有紧前工作的工作箭线A、B、C、D。

(2)按前述原则2)中情况①绘制工作E。

(3)按前述原则2)中情况③绘制工作H。

(4)按前述原则2)中情况④绘制工作G，并将工作E、G、H合并，如图5-31所示。

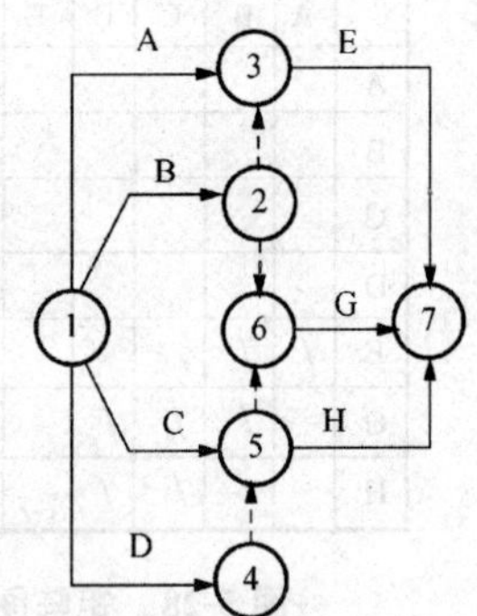

图5-31　双代号网络图绘图

5.3.3　绘制双代号网络图注意事项

(1)网络图布局要条理清楚，重点突出。虽然网络图主要用以表达各工作之间的逻辑关系，但为了使用方便，其布局应条理清楚、层次分明、行列有序，同时还应突出重点，尽量把关键工作和关键线路布置在中心位置。

(2)正确应用虚箭线进行网络图的断路。应用虚箭线进行网络图断路，是正确表达工作之间逻辑关系的关键。如图5-32所示，某双代号网络图出现多余联系可采用以下两种方法进行断路：一种是横向用虚箭线切断无逻辑关系的工作之间的联系，称为横向断路法，如图5-33所示，这种方法主要用于无时间坐标的网络；另一种是在纵向用虚箭线切断无逻辑关系的工作之间的联系，称为纵向断路法，如图5-34所示，这种方法主要用于有时间坐标的网络图中。

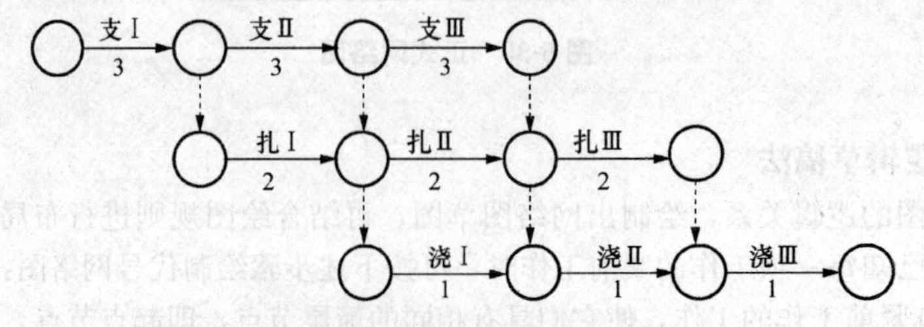

图5-32　某多余联系代号网络

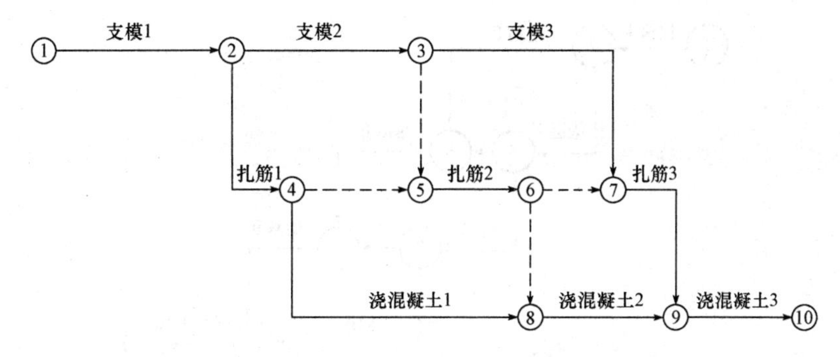

图 5-33　横向断路法示意

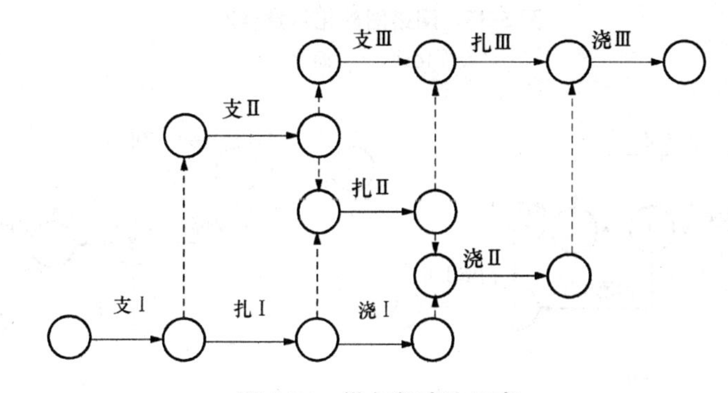

图 5-34　纵向断路法示意

(3)力求减少不必要的箭线和节点。双代号网络图中，应在满足规则和两个节点一根箭线代表一项工作的原则基础上，力求减少不必要的箭线和节点，使网络图图画简洁，减少时间参数的计算量。如图 5-35(a)所示，该图在施工顺序、流水关系及逻辑关系上均是合理的，但它过于烦琐。如果将不必要的节点箭线去掉，网络图则更加明快、简单，同时并不改变原有的逻辑关系，如图 5-35(b)所示。

(4)网络图的分解。当网络图中的工作任务较多时，可以把它分成几个小块来绘制。分界点一般选择在箭线和节点较少的位置，或按施工部位分块。分界点要用重复编号，即前一块的最后一节点编号与后一块的第一个节点编号相同。如图 5-36 所示为一民用建筑基础工程和主体工程的分解。

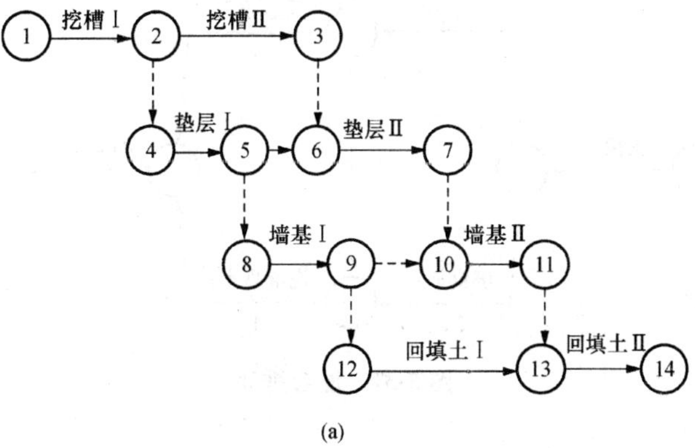

图 5-35　网络图简化示意

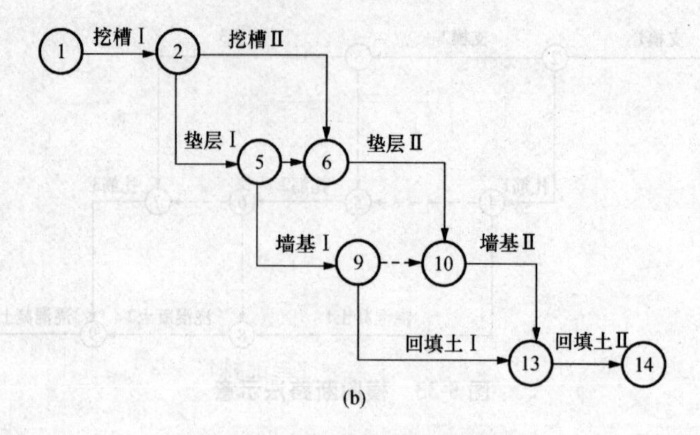

图 5-35　网络图简化示意(续)

(a)简化前；(b)简化后

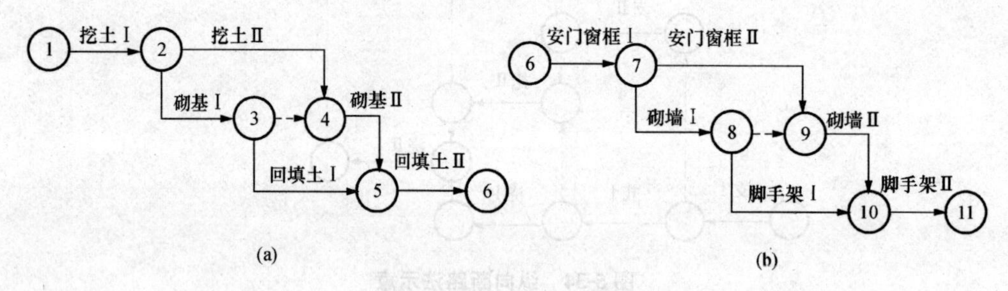

图 5-36　网络图的分解

5.3.4 网络图的拼图

5.3.4.1　网络图的排列

网络图采用正确的排列方式，逻辑关系准确清晰、形象直观，便于计算与调整。网络图主要排列方式有如下几种。

1. 混合排列

对于简单的网络图，可根据施工顺序和逻辑关系将各施工过程对称排列，如图 5-37 所示。其特点是构图美观、形象、大方。

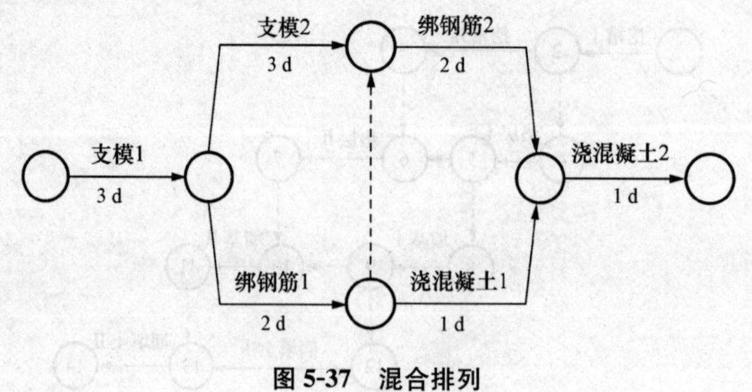

图 5-37　混合排列

2. 按施工过程排列

根据施工顺序把各施工过程按垂直方向排列，施工段按水平方向排列，如图 5-38 所示。其特点是相同工种在同一水平线上，突出不同工种的工作情况。

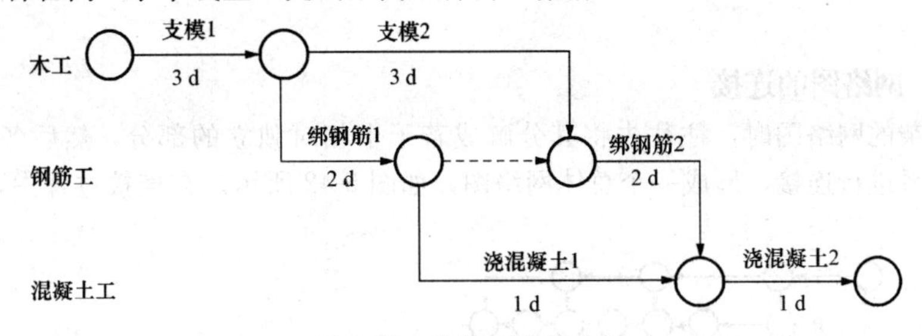

图 5-38 按施工过程排列

3. 按施工段排列

同一施工段上的有关施工过程按水平方向排列，施工段按垂直方向排列，如图 5-39 所示。其特点是同一施工段的工作在同一水平线上，反映出分段施工的特征，突出工作面的利用情况。

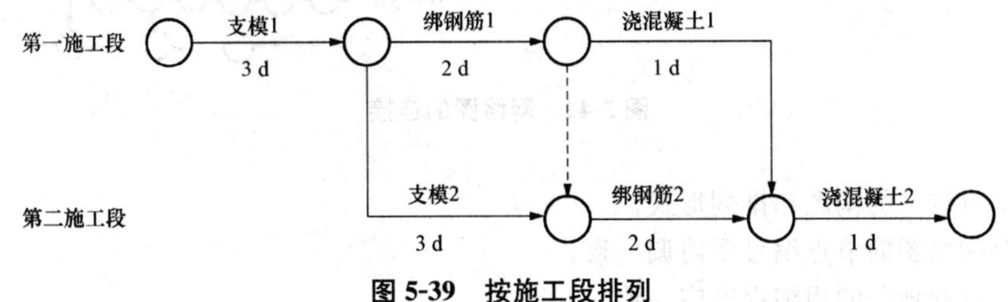

图 5-39 按施工段排列

5.3.4.2 **网络图的工作合并**

为了简化网络图，可将较详细的相对独立的局部网络图变为较概括的少箭线的网络图。

网络图工作合并的基本方法是：保留局部网络图中与外部工作相联系的节点，合并后箭线所表达的工作持续时间为合并前该部分网络图中相应最长线路段的工作时间之和，如图 5-40 和图 5-41 所示。

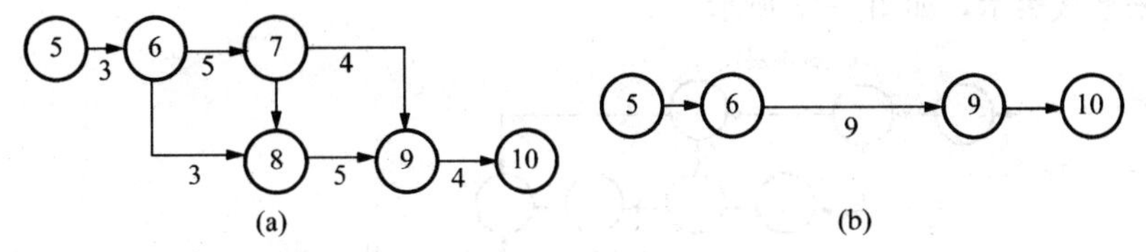

图 5-40 网络图的合并(一)

(a)合并前；(b)合并后

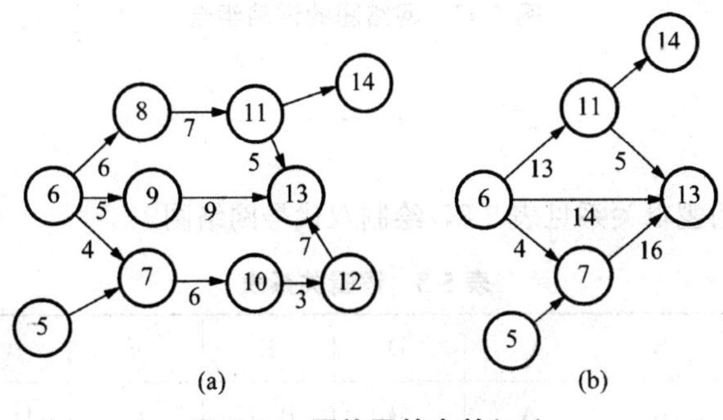

图 5-41 网络图的合并(二)

(a)合并前；(b)合并后

网络图的合并主要适用于群体工作施工控制网络图和施工单位的季度、年度控制网络图的编制。

5.3.4.3 网络图的连接

绘制较复杂的网络图时，往往先将其分解成若干个相对独立的部分，然后各自分头绘制，最后按逻辑关系进行连接，形成一个总体网络图，如图 5-42 所示。在连接过程中，应注意以下几点。

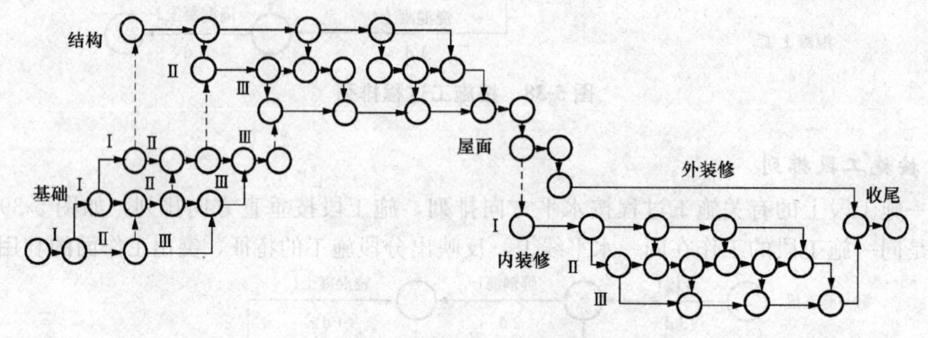

图 5-42 网络图的连接

(1)必须有统一的构图和排列形式。

(2)整个网络图的节点编号要协调一致。

(3)施工过程划分的粗细程度应一致。

(4)各分部工程之间应预留连接节点。

5.3.4.4 网络图的详略组合

在网络图的绘制中，为了简化网络图图画，更是为了突出网络计划的重点，常常采取“局部详细，整体简略”绘制的方式，称为详略组合。例如，编制有标准层的多高层住宅或公寓写字楼等工程施工网络计划，可以先将施工工艺和工程量与其他楼层均相同的标准网络图绘出，其他则简略为一根箭线表示，如图 5-43 所示。

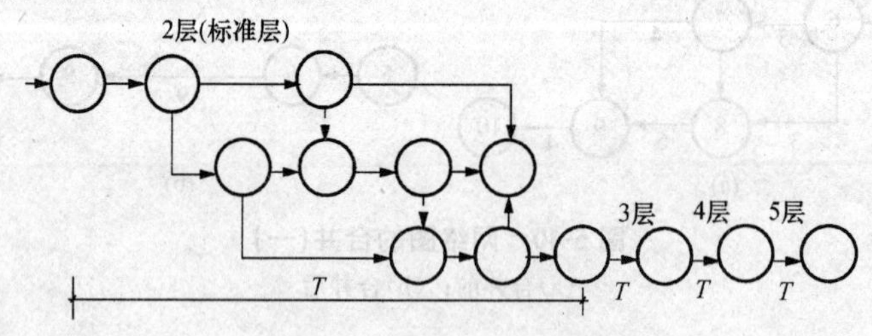

图 5-43 网络图的详略组合

5.3.5 练习

(1)已知各工作间的逻辑关系见表 5-8，绘制双代号网络图。

表 5-8 逻辑关系表

工作	A	B	C	D	E	F	G	H	I
紧前工作	—	A	A	B	B、C	C	D、E	E、F	H、G

(2)已知各工作间的逻辑关系见表 5-9，绘制双代号网络图。

表 5-9　逻辑关系表

工作	紧前工作	紧后工作	工作	紧前工作	紧后工作
A	—	B、E、F	F	A	G
B	A	C	G	F	C、H
C	B、G	D、I	H	G	I
D	C、E		I	C、H	
E	A	D、J	J	E	

5.4　双代号网络计划时间参数的计算

根据工程对象各项工作的逻辑关系和绘图规则绘制网络是一种定性的过程，只有进行时间参数的计算这样一个定量的过程，才能使网络计划具有实际应用价值。计算网络计划时间参数的目的主要有 3 个：第一，确定关键线路和关键工作，便于施工中抓住重点，向关键线路要时间；第二，明确非关键工作及其在施工中时间上有多大的机动性，便于挖掘潜力，统筹全局，部署资源；第三，确定总工期，做到工程进度心中有数。

5.4.1　网络计划时间参数的概念及符号

5.4.1.1　工作持续时间

工作持续时间是指一项工作从开始到完成的时间，用 D 表示。其主要计算方法有以下 3 种：

(1)参照以往实践经验估算。

(2)经过试验推算。

(3)有标准可查，按定额计算。

5.4.1.2　工期

工期是指完成一项任务所需要的时间，一般有以下 3 种工期：

(1)计算工期。计算工期是指根据时间参数计算所得到的工期，用 T_c 表示。

(2)要求工期。要求工期是指任务委托人提出的指令性工期，用 T_r 表示。

(3)计划工期。计划工期是指根据要求工期和计划工期所确定的作为实施目标的工期，用 T_p 表示。当规定了要求工期时，$T_p \leqslant T_r$；当未规定要求工期时，$T_p = T_c$。

5.4.1.3　网络计划中工作的时间参数

网络计划中的时间参数有 6 个，即最早开始时间、最早完成时间、最迟完成时间、最迟开始时间、总时差和自由时差。

1. 最早开始时间和最早完成时间

最早开始时间指各紧前工作全部完成后，本工作有可能开始的最早时刻。工作的最早开始时间用 ES 表示。

最早完成时间是指各紧前工作全部完成后，本工作有可能完成的最早时刻。工作的最早完成时间用 EF 表示。

这类时间参数的实质是提出紧后工作与紧前工作的关系，即紧后工作若提前开始，也不能提前到其紧前工作未完成之前。就整个网络图而言，受到起点节点的控制。因此，其计算程序为：自起点节点开始，顺着箭线方向，用累加的方法计算终点节点。

2. 最迟完成时间和最迟开始时间

最迟完成时间是指在不影响整个任务按期完成的前提下，工作必须完成的最迟时刻。工作的最迟完成时间用 LF 表示。

最迟开始时间是指在不影响整个任务按期完成的前提下，工作必须开始的最迟时刻。工作的最迟开始时间用 LS 表示。

这类时间参数的实质是提出紧前工作与紧后工作的关系，即紧前工作要推迟开始，不能影响其紧后工作的按期完成。就整个网络图而言，受到终点节点(即计算工期)的控制。因此，其计算程序为：自终点节点开始，逆着箭线方向用累减的方法计算到起点节点。

3. 总时差和自由时差

总时差是指在不影响总工期的前提下，本工作可以利用的机动时间。工作的总时差用 TF 表示。

自由时差是指在不影响其紧后工作最早开始时间的前提下，本工作可以利用的机动时间。工作的自由时差用 FF 表示。

5.4.1.4 网络计划中节点的时间参数及其计算程序

1. 节点最早时间

双代号网络计划中，以该节点为开始节点的各项工作的最早开始时间，称为节点最早时间。节点 i 的最早时间用 ET_i 表示。其计算程序为：自起点节点开始，顺着箭线方向用累加的方法计算到终点节点。

2. 节点最迟时间

双代号网络计划中，以该节点为结束节点的各项工作的最迟开始时间，称为节点最迟时间。节点 i 的最迟时间用 LT_i 表示。其计算程序为：自终点节点开始，逆着箭线方向用累减的方法计算到起点节点。

5.4.1.5 常用符号

设有线路ⓗ—ⓘ—ⓙ—ⓚ，则：

D_{i-j}——工作 $i-j$ 的持续时间；

D_{h-i}——工作 $i-j$ 的紧前工作 $h-i$ 的持续时间；

D_{j-k}——工作 $i-j$ 紧后工作 $j-k$ 的持续时间；

ES_{i-j}——工作 $i-j$ 的最早开始时间；

EF_{i-j}——工作 $i-j$ 的最早完成时间；

LF_{i-j}——在总工期已经确定的情况下，$i-j$ 的最迟完成时间；

LS_{i-j}——在总工期已经确定的情况下，$i-j$ 的最迟开始时间；

ET_i——节点 i 的最早时间；

LT_i——节点 i 的最迟时间；

TF_{i-j}——工作 $i-j$ 的总时差；

FF_{i-j}——工作 $i-j$ 的自由时差。

5.4.2 双代号网络计划时间参数的计算

双代号网络计划时间参数的计算方法通常有工作计算法、节点计算法、图上计算法和表上计算法 4 种。

5.4.2.1 工作计算法

按工作计算法计算时间参数应在确定了各项工作的持续时间之后进行。虚工作也必须视同工作进行计算，其持续时间为零。时间参数的计算结果应标注在箭线之上，如图 5-44 所示。

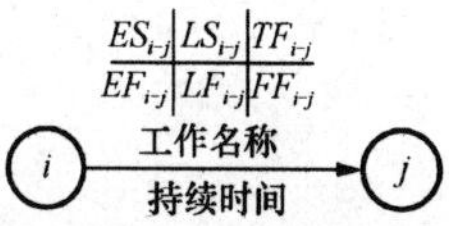

ES_{i-j} | LS_{i-j} | TF_{i-j}
EF_{i-j} | LF_{i-j} | FF_{i-j}
工作名称
持续时间

图 5-44　按工作计算法的标注内容

下面以某双代号网络计划(图 5-45)为例，说明其计算步骤。

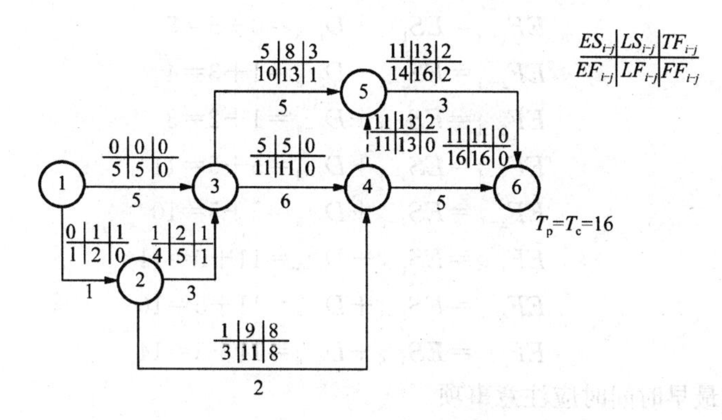

图 5-45　某双代号网络图的计算

1. 计算工作的最早开始时间和最早完成时间

(1)计算工作的最早开始时间 ES_{i-j}。计算工作最早开始时间参数时，一般有以下 3 种情况。

1)当工作以任务的起点节点为开始节点时，其最早开始时间为零(或规定时间)，即

$$ES_{i-j}=0 \tag{5-1}$$

2)当工作只有一项紧前工作时，该工作的最早开始时间应为其紧前工作的最早完成时间，即

$$ES_{i-j}=EF_{h-i}=ES_{h-i}+D_{h-i} \tag{5-2}$$

各项工作的最早完成时间等于其最早开始时间加上工作持续时间，即

$$EF_{i-j}=ES_{i-j}+D_{i-j} \tag{5-3}$$

3)当工作有多个紧前工作时，该工作的最早开始时间应为其所有紧前工作的最早完成时间最大值，即

$$ES_{i-j}=\max\{EF_{h-i}\}=\max\{ES_{h-i}+D_{h-i}\} \tag{5-4}$$

图 5-45 所示任务中，各工作的最早开始时间计算如下：

$$ES_{1-2}=ES_{1-3}=0$$

$$ES_{2-3}=ES_{1-2}+D_{1-2}=0+1=1$$

$$ES_{2-4}=ES_{2-3}=1$$

$$ES_{3-4}=\max\begin{Bmatrix}ES_{1-3}+D_{1-3}\\ES_{2-3}+D_{2-3}\end{Bmatrix}=\max\begin{Bmatrix}0+5\\1+3\end{Bmatrix}=5$$

$$ES_{3-5}=ES_{3-4}=5$$

$$ES_{4-5}=\max\begin{Bmatrix}ES_{2-4}+D_{2-4}\\ES_{3-4}+D_{3-4}\end{Bmatrix}=\max\begin{Bmatrix}1+2\\5+6\end{Bmatrix}=11$$

$$ES_{4-6}=ES_{4-5}=11$$

$$ES_{5-6}=\max\begin{Bmatrix}ES_{3-5}+D_{3-5}\\ES_{4-5}+D_{4-5}\end{Bmatrix}=\max\begin{Bmatrix}5+5\\11+0\end{Bmatrix}=11$$

(2)计算工作的最早完成时间 EF_{i-j}。图 5-45 所示任务中，各工作的最早完成时间计算如下：

$$EF_{1-2}=ES_{1-2}+D_{1-2}=0+1=1$$
$$EF_{1-3}=ES_{1-3}+D_{1-3}=0+5=5$$
$$EF_{2-3}=ES_{2-3}+D_{2-3}=1+3=4$$
$$EF_{2-4}=ES_{2-4}+D_{2-4}=1+2=3$$
$$EF_{3-4}=ES_{3-4}+D_{3-4}=5+6=11$$
$$EF_{3-5}=ES_{3-5}+D_{3-5}=5+5=10$$
$$EF_{4-5}=ES_{4-5}+D_{4-5}=11+0=11$$
$$EF_{4-6}=ES_{4-6}+D_{4-6}=11+5=16$$
$$EF_{5-6}=ES_{5-6}+D_{5-6}=11+3=14$$

(3)计算工作的最早时间时应注意事项。

1)计算程序，即从任务的起点节点开始顺着箭线方向，按节点次序逐项工作计算。

2)要弄清该工作的紧前工作是哪几项，以便准确计算。

3)同一节点的所有外向工作最早开始时间相同。

(4)确定网络计划工期。当网络计划规定了要求工期时，网络计划的计划工期应小于或等于要求工期，即

$$T_p \leqslant T_r \tag{5-5}$$

当网络计划未规定要求工期时，网络计划的计划工期应等于计算工期，即以网络计划的终点节点为完成节点的各个工作的最早完成时间的最大值，如网络计划的终点节点的编号为 n，则计算工期 T_c 为

$$T_p=T_c=\max\{EF_{i-n}\} \tag{5-6}$$

图 5-45 所示任务中，网络计划的计算工期为

$$T_c=\max\begin{Bmatrix}EF_{4-6}\\EF_{5-6}\end{Bmatrix}=\max\begin{Bmatrix}16\\14\end{Bmatrix}=16$$

2. 计算各工作的最迟完成时间和最迟开始时间

各工作的最迟开始时间等于其最迟完成时间减去工作持续时间，即

$$LS_{i-j}=LF_{i-j}-D_{i-j} \tag{5-7}$$

(1)计算工作的最迟完成时间 LF_{i-j}。计算工作最迟完成时间参数时，一般有以下三种情况：

1)当工作的完成节点为任务的终点时，其最迟完成时间为网络计划的计划工期，即

$$LF_{i-n}=T_p \tag{5-8}$$

2)当工作只有一项紧后工作时，该工作的最迟完成时间应为其紧后工作的最迟开始时间，即

$$LF_{i-j}=LS_{j-k}=LF_{j-k}-D_{j-k} \tag{5-9}$$

3)当工作有多项紧后工作时，该工作的最迟完成时间应为其多项紧后工作最迟开始时间的最小值，即

$$LF_{i-j}=\min\{LS_{j-k}\}=\min\{LF_{j-k}-D_{j-k}\} \tag{5-10}$$

图 5-45 所示任务中，各工作的最迟完成时间计算如下：

$$LF_{4-6}=T_c=16$$

$$LF_{5-6}=LF_{4-6}=16$$

$$LF_{3-5}=LF_{5-6}-D_{5-6}=16-3=13$$

$$LF_{4-5}=LF_{3-5}=13$$

$$LF_{2-4}=\max\begin{Bmatrix}LF_{4-5}-D_{4-5}\\LF_{4-6}-D_{4-6}\end{Bmatrix}=\min\begin{Bmatrix}13-0\\16-5\end{Bmatrix}=11$$

$$LF_{3-4}=LF_{2-4}=11$$

$$LF_{1-3}=\min\begin{Bmatrix}LF_{3-4}-D_{3-4}\\LF_{3-5}-D_{3-5}\end{Bmatrix}=\min\begin{Bmatrix}11-6\\13-5\end{Bmatrix}=5$$

$$LF_{2-3}=LF_{1-3}=5$$

$$LF_{1-2}=\min\begin{Bmatrix}LF_{3-4}-D_{3-4}\\LF_{3-5}-D_{3-5}\end{Bmatrix}=\min\begin{Bmatrix}5-3\\11-2\end{Bmatrix}=2$$

(2)计算工作的最迟开始时间 LS_{i-j}。上述任务中各工作的最迟开始时间计算如下：

$$LS_{4-6}=LF_{4-6}-D_{4-6}=16-5=11$$

$$LS_{5-6}=LF_{5-6}-D_{5-6}=16-3=13$$

$$LS_{3-5}=LF_{3-5}-D_{3-5}=13-5=8$$

$$LS_{4-5}=LF_{4-5}-D_{4-5}=13-0=13$$

$$LS_{2-4}=LF_{2-4}-D_{2-4}=11-2=9$$

$$LS_{3-4}=LF_{3-4}-D_{3-4}=11-6=5$$

$$LS_{1-3}=LF_{1-3}-D_{1-3}=5-5=0$$

$$LS_{2-3}=LF_{2-3}-D_{2-3}=5-3=2$$

$$LS_{1-2}=LF_{1-2}-D_{1-2}=5-1=4$$

(3)计算工作的最迟时间应注意事项如下：

1)计算程序，即从任务的终点节点开始逆着箭线方向按节点次序逐项工作计算。

2)要弄清楚该工作紧后工作有哪几项，以便正确计算。

3)同一节点的所有内向工作最迟完成时间相同。

3. 计算各工作的总时差 TF_{i-j}

在不影响总工期的前提下，一项工作可以利用的时间范围是从该工作最早开始时间到最迟完成时间，即工作从最早开始时间或最迟开始时间开始，均不会影响工期。而工作实际需要的持续时间是 D_{i-j}，扣去 D_{i-j}后，余下的一段时间就是工作可以利用的机动时间，即为总时差。

总时差等于最迟开始时间减去最早开始时间，或最迟完成时间减去最早完成时间，即：

$$TF_{i-j}=LS_{i-j}-ES_{i-j} \tag{5-11}$$

或

$$TF_{i-j}=LF_{i-j}-EF_{i-j} \tag{5-12}$$

图 5-45 所示任务中，各工作的总时差计算如下：

$$TF_{1-2}=LS_{1-2}-ES_{1-2}=1-0=1$$

$$TF_{1-3}=LS_{1-3}-ES_{1-3}=0-0=0$$

$$TF_{2-3}=LS_{2-3}-ES_{2-3}=2-1=1$$

$$TF_{2-4}=LS_{2-4}-ES_{2-4}=9-1=8$$

$$TF_{3-4}=LS_{3-4}-ES_{3-4}=5-5=0$$
$$TF_{3-5}=LS_{3-5}-ES_{3-5}=8-5=3$$
$$TF_{4-5}=LS_{4-5}-ES_{4-5}=13-11=2$$
$$TF_{4-6}=LS_{4-6}-ES_{4-6}=11-11=0$$
$$TF_{5-6}=LS_{5-6}-ES_{5-6}=13-11=2$$

通过计算不难看出总时差有如下特性：

(1)凡是总时差为最小的工作就是关键工作；由关键工作连接构成的线路为关键线路；关键线路上各工作时间之和即为总工期。

图 5-45 所示任务中，工作 1—3、3—4、4—6 为关键工作，线路①—③—④—⑥为关键线路。

(2)当网络计划的计划工期等于计算工期时，凡总时差大于零的工作为非关键工作，凡是具有非关键工作的线路即为非关键线路。非关键线路相交时的相关节点把非关键线路划分成若干个非关键线路段，各段有各段的总时差，相互没有关系。

(3)总时差的使用具有双重性，它既可以被该工作使用，同时又被某非关键线路所共有。当某项工作使用了全部或部分总时差时，则将引起通过该工作的线路上所有工作总时差重新分配。

例如，图 5-45 所示的非关键线路③—⑤—⑥中，$TF_{3-5}=3$ d，$TF_{5-6}=2$ d，如果工作 3－5 使用了 3 d 机动时间，则工作 5—6 就没有总时差可利用；反之，若工作 5—6 使用了 2 d 机动时间，则工作 3—5 就只有 1 d 时差可以利用了。

总时差计算简图如图 5-46 所示。

4. 计算各工作的自由时差

在不影响其紧后工作最早开始时间的前提下，一项工作可以利用的时间范围是从该工作最早完成时间至其紧后工作最早开始时间。

自由时差计算简图如图 5-47 所示。

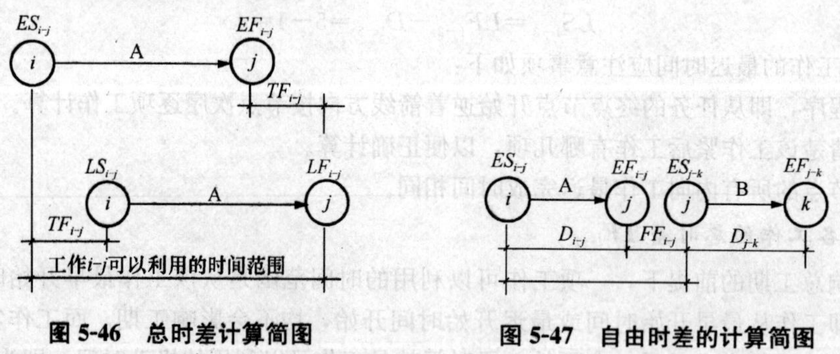

图 5-46 总时差计算简图 **图 5-47 自由时差的计算简图**

(1)当一项工作有紧后工作时，该工作的自由时差等于其紧后工作的最早开始时间减本工作最早完成时间，即

$$FF_{i-j}=ES_{j-k}-EF_{i-j} \tag{5-13}$$

或
$$FF_{i-j}=ES_{j-k}-ES_{i-j}-D_{i-j} \tag{5-14}$$

(2)以任务的终点节点($j=n$)为结束节点的工作，其自由时差应按网络计划的计划工期 T_p(或计算工期 T_c)确定，即

$$FF_{i-n}=T_p-EF_{i-n} \tag{5-15}$$

或
$$FF_{i-n}=T_p-ES_{i-n}-D_{i-n} \tag{5-16}$$

图 5-45 任务中，各工作的自由时差计算如下：

$$FF_{1-2}=ES_{2-3}-ES_{1-2}-D_{1-2}=1-0-1=0$$
$$FF_{1-3}=ES_{3-4}-ES_{1-3}-D_{1-3}=5-0-5=0$$
$$FF_{2-3}=ES_{3-4}-ES_{2-3}-D_{2-3}=5-1-3=1$$
$$FF_{2-4}=ES_{4-5}-ES_{2-4}-D_{2-4}=11-1-2=8$$
$$FF_{3-4}=ES_{4-5}-ES_{3-4}-D_{3-4}=11-5-6=0$$
$$FF_{3-5}=ES_{5-6}-ES_{3-5}-D_{3-5}=11-5-5=1$$
$$FF_{4-5}=ES_{5-6}-ES_{4-5}-D_{4-5}=11-11-0=0$$
$$FF_{4-6}=T_{p}-ES_{4-6}-D_{4-6}=16-11-5=0$$
$$FF_{5-6}=T_{p}-ES_{5-6}-D_{5-6}=16-11-3=2$$

(3)通过计算不难看出，自由时差有如下特性：

1)自由时差为某非关键工作独立使用的机动时间，利用自由时差，不会影响其紧后工作的最早开始时间。图 5-45 所示任务中，工作 3—5 有 1 d 自由时差，如果使用了 1 d 机动时间，也不影响紧后工作 5—6 的最早开始时间。

2)非关键工作的自由时差必小于或等于其总时差。

5.4.2.2　节点计算法

按节点计算法计算时间参数，其计算结果应标注在节点之上，如图 5-48 所示。

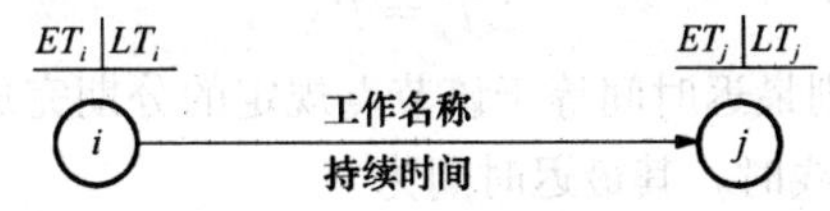

图 5-48　按节点计算法的标注内容

下面以图 5-49 为例，说明其计算步骤。

1. 计算各节点最早时间

节点的最早时间是以该节点为开始节点的工作的最早开始时间，其计算有以下三种情况：

(1)起点节点 i 如未规定最早时间，其值应等于零，即

$$ET_{i}=0(i=1) \tag{5-17}$$

(2)当节点 j 只有一条内向箭线时，最早时间应为

$$ET_{j}=ET_{i}+D_{i-j} \tag{5-18}$$

(3)当节点 j 有多条内向箭线时，其最早时间应为

$$ET_{j}=\max\{ET_{i}+D_{i-j}\} \tag{5-19}$$

终点节点 n 的最早时间即为网络计划的计算工期，即

$$T_{c}=ET_{n} \tag{5-20}$$

如图 5-49 所示的网络计划中，各节点最早时间计算如下：

$$ET_{1}=0$$
$$ET_{2}=ET_{1}+D_{1-2}$$
$$ET_{3}=\max\begin{Bmatrix}ET_{2}+D_{2-3}\\ET_{1}+D_{1-3}\end{Bmatrix}=\max\begin{Bmatrix}6+0\\0+3\end{Bmatrix}=6$$
$$ET_{4}=ET_{2}+D_{2-4}=6+3=9$$

$$ET_5=\max\begin{Bmatrix}ET_4+D_{4-5}\\ET_3+D_{3-5}\end{Bmatrix}=\max\begin{Bmatrix}9+0\\6+5\end{Bmatrix}=11$$

$$ET_6=\max\begin{Bmatrix}ET_1+D_{1-6}\\ET_4+D_{4-6}\\ET_5+D_{5-6}\end{Bmatrix}=\max\begin{Bmatrix}0+15\\9+4\\11+3\end{Bmatrix}=15$$

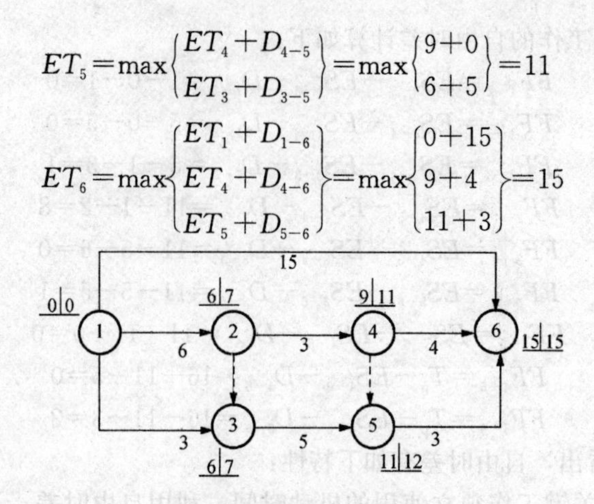

图 5-49　网络计划计算

2. 计算各节点最迟时间

节点最迟时间是以该节点为完成节点的工作的最迟完成时间，其计算有以下两种情况：

(1)终点节点的最迟时间应等于网络计划的计划工期，即

$$LT_n=T_p \tag{5-21}$$

(2)若分期完成的节点，则最迟时间等于该节点规定的分期完成的时间。

当节点 i 只有一个外向箭线时，其最迟时间为

$$LT_i=LT_j-D_{i-j} \tag{5-22}$$

当节点 i 有多余外向箭线时，其最迟时间为

$$LT_i=\min\{LT_j-D_{i-j}\} \tag{5-23}$$

如图 5-49 所示的网络计划中，各节点的最迟时间计算如下：

$$LT_6=T_p=T_c=ET_6=15$$

$$LT_5=LT_6-D_{5-6}=15-3=12$$

$$LT_4=\min\begin{Bmatrix}LT_6-D_{4-6}\\LT_5-D_{4-5}\end{Bmatrix}=\min\begin{Bmatrix}15-4\\12-0\end{Bmatrix}=11$$

$$LT_3=LT_5-D_{3-5}=12-5=7$$

$$LT_2=\min\begin{Bmatrix}LT_4-D_{2-4}\\LT_3-D_{2-3}\end{Bmatrix}=\min\begin{Bmatrix}11-3\\7-0\end{Bmatrix}=7$$

$$LT_1=\min\begin{Bmatrix}LT_6-D_{1-6}\\LT_2-D_{1-2}\\LT_3-D_{1-3}\end{Bmatrix}=\min\begin{Bmatrix}15-15\\7-6\\7-3\end{Bmatrix}=0$$

3. 根据节点时间参数计算工作时间参数

(1)工作最早开始时间等于该工作开始节点的最早时间：

$$ES_{i-j}=ET_i \tag{5-24}$$

(2)工作最早完成时间等于该工作开始节点的最早时间加上持续时间：

$$EF_{i-j}=ET_i+D_{i-j} \tag{5-25}$$

(3)工作最迟完成时间等于该工作完成节点的最迟时间：

$$LF_{i-j}=LT_j \tag{5-26}$$

(4)工作最迟开始时间等于该工作完成节点的最迟时间减去持续时间：

$$LS_{i-j}=LT_j-D_{i-j} \tag{5-27}$$

(5)工作总时差等于该工作完成节点的最迟时间减去该工作开始节点的最早时间再减去持续时间：

$$TF_{i-j}=LT_j-ET_i-D_{i-j} \tag{5-28}$$

(6)工作自由时差等于该工作完成节点的最早时间减去该工作开始节点的最早时间再减去持续时间。

$$FF_{i-j}=ET_j-ET_i-D_{i-j} \tag{5-29}$$

图 5-49 所示网络计划中，根据节点时间参数计算工作的 6 个时间参数如下：

(1)工作最早开始时间：

$$ES_{1-6}=ES_{1-2}=ES_{1-3}=ET_1=0$$
$$ES_{2-4}=ET_2=6$$
$$ES_{3-5}=ET_3=6$$
$$ES_{4-6}=ET_4=9$$
$$ES_{5-6}=ET_5=11$$

(2)工作最早完成时间：

$$EF_{1-6}=ET_1+D_{1-6}=0+15=15$$
$$EF_{1-2}=ET_1+D_{1-2}=0+6=6$$
$$EF_{1-3}=ET_1+D_{1-3}=0+3=3$$
$$EF_{2-4}=ET_2+D_{2-4}=6+3=9$$
$$EF_{3-5}=ET_3+D_{3-5}=6+5=11$$
$$EF_{4-6}=ET_4+D_{4-6}=9+4=13$$
$$EF_{5-6}=ET_5+D_{5-6}=11+3=14$$

(3)工作最迟完成时间：

$$LF_{1-6}=LT_6=15$$
$$LF_{1-2}=LT_2=7$$
$$LF_{1-3}=LT_3=7$$
$$LF_{2-4}=LT_4=11$$
$$LF_{3-5}=LT_5=12$$
$$LF_{4-6}=LT_6=15$$
$$LF_{5-6}=LT_6=15$$

(4)工作最迟开始时间：

$$LS_{1-6}=LT_6-D_{1-6}=15-15=0$$
$$LS_{1-2}=LT_2-D_{1-2}=7-6=1$$
$$LS_{1-3}=LT_3-D_{1-3}=7-3=4$$
$$LS_{2-4}=LT_4-D_{2-4}=11-3=8$$
$$LS_{3-5}=LT_5-D_{3-5}=12-5=7$$
$$LS_{4-6}=LT_6-D_{4-6}=15-4=11$$
$$LS_{5-6}=LT_6-D_{5-6}=15-3=12$$

(5)总时差：

$$TF_{1-6}=LT_6-ET_1-D_{1-6}=15-0-15=0$$

$$TF_{1-2}=LT_2-ET_1-D_{1-2}=7-0-6=1$$

$$TF_{1-3}=LT_3-ET_1-D_{1-3}=7-0-3=4$$

$$TF_{2-4}=LT_4-ET_2-D_{2-4}=11-6-3=2$$

$$TF_{3-5}=LT_5-ET_3-D_{3-5}=12-6-5=1$$

$$TF_{4-6}=LT_6-ET_4-D_{4-6}=15-9-4=2$$

$$TF_{5-6}=LT_6-ET_5-D_{5-6}=15-11-3=1$$

(6)自由时差：

$$FF_{1-6}=ET_6-ET_1-D_{1-6}=15-0-15=0$$

$$FF_{1-2}=ET_2-ET_1-D_{1-2}=6-0-6=0$$

$$FF_{1-3}=ET_3-ET_1-D_{1-3}=6-0-3=3$$

$$FF_{2-4}=ET_4-ET_2-D_{2-4}=9-6-3=0$$

$$FF_{3-5}=ET_5-ET_3-D_{3-5}=11-6-5=0$$

$$FF_{4-6}=ET_6-ET_4-D_{4-6}=15-9-4=2$$

$$FF_{5-6}=ET_6-ET_5-D_{5-6}=15-11-3=1$$

5.4.2.3 图上计算法

图上计算法是根据工作计算法或节点计算法的时间参数计算公式，在图上直接计算的一种较直观、简便的方法，计算顺序为：$ES_{i-j}\rightarrow EF_{i-j}\rightarrow LF_{i-j}\rightarrow LS_{i-j}\rightarrow TF_{i-j}\rightarrow FF_{i-j}$。

1. 计算工作的最早开始时间和最早完成时间

以网络图的起点节点为开始节点的工作，其最早开始时间一般记为 0，如图 5-50 所示的工作 1—2 和工作 1—3。

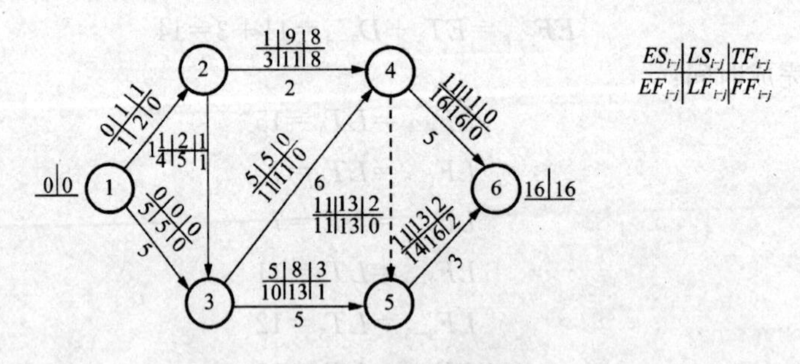

图 5-50　图上计算法

其余工作的最早开始时间可采用“沿线累加，逢圈取大”的计算方法求得，即从网络图的起点节点开始，沿每一条线路将各工作的作业时间累加起来，在每一个圆圈（节点）处取到达该圆圈的各条线路累计时间的最大值，就是以该节点为开始节点的各工作的最早开始时间。

工作的最早完成时间等于该工作最早开始时间与本工作持续时间之和。

将计算结果标注在箭线上方各工作图例对应的位置上，如图 5-50 所示。

2. 计算工作的最迟完成时间和最迟开始时间

以网络图的终点节点为完成节点的工作，其最迟完成时间就等于计划工期，如图 5-51 中所示的工作 4—6 和工作 5—6。

其余工作的最迟完成时间可采用“逆线累减，逢圈取小”的计算方法求得，即从网络图的终点节点逆着每条线路将计算工期减去各工作的持续时间，在每一个圆圈处取后续线路累减时间的最小值，就是以该节点为完成节点的各工作的最迟完成时间。

工作的最迟开始时间等于该工作最迟完成时间与本工作持续时间之差。

将计算结果标注在箭线上方各工作图例对应的位置上，如图 5-50 所示。

3. 计算工作的总时差

工作的总时差可采用“迟早相减，所得之差”的计算方法求得，即工作的总时差等于该工作的最迟开始时间减去工作的最早开始时间，或者等于该工作的最迟完成时间减去工作的最早完成时间。将计算结果标注在箭线上方各工作图例对应的位置上，如图 5-50 所示。

4. 计算工作的自由时差

工作的自由时差等于紧后工作的最早开始时间减去本工作的最早完成时间，可在图上相应位置直接相减得到，并将计算结果标注在箭线上方各工作图例对应的位置上，如图 5-50 所示。

5. 计算节点最早时间

网络图中起点节点的最早时间一般记为 0，如图 5-51 所示的①节点。其余节点的最早时间也可采用“沿线累加，逢圈取大”的计算方法求得。将计算结果标注在相应节点图例对应的位置上，如图 5-51 所示。

6. 计算节点最迟时间

终点节点的最迟时间等于计划工期。当网络计划有规定工期时，其最迟时间就等于规定工期；当没有规定工期时，其最迟时间就等于终点节点的最早时间。其余节点的最迟时间也可采用“逆线累减，逢圈取小”的计算方法求得。将计算结果标注在相应节点图例对应的位置上，如图 5-51 所示。

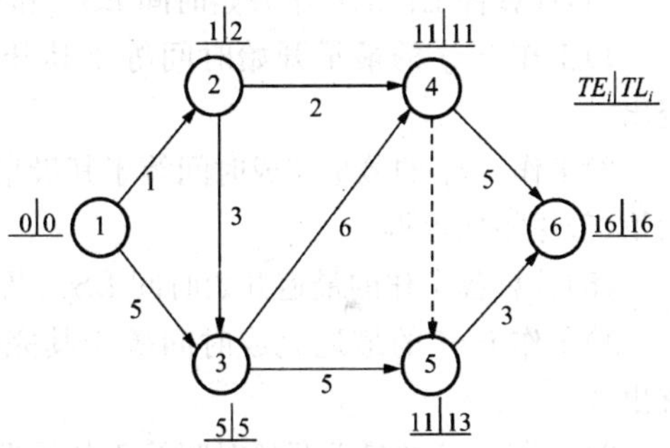

图 5-51　图上计算法

5.4.2.4　表上计算法

为了网络图的清晰和计算数据的条理化，依据工作计算法和节点计算法所建立的关系式，可采用表格进行时间参数的计算。表上计算法的格式见表 5-10。

表 5-10　网络计划时间参数表

节点	TE_i	TL_i	工作	D_{i-j}	ES_{i-j}	EF_{i-j}	LS_{i-j}	LF_{i-j}	TF_{i-j}	FF_{i-j}
(1)	(2)	(3)	(4)	(5)	(6)	(7)	(8)	(9)	(10)	(11)
①	0	0	1—2 1—3	1 5	0 0	1 5	1 0	2 5	1 0	0 0
②	1	2	2—3 2—4	3 2	1 1	4 3	2 9	5 11	1 8	1 8
③	5	5	3—4 3—5	6 5	5 5	11 10	5 8	11 13	0 3	0 1
④	11	11	4—5 4—6	0 5	11 11	11 16	13 11	13 16	2 0	0 0

续表

节点	TE_i	TL_i	工作	D_{i-j}	ES_{i-j}	EF_{i-j}	LS_{i-j}	LF_{i-j}	TF_{i-j}	FF_{i-j}
⑤	11	13	5—6	3	11	14	13	16	2	2
⑥	16	16		16						

现仍以图 5-50 为例，介绍表上计算法的计算步骤。

(1)将节点编号、工作代号及工作持续时间填入表格第(1)、(4)、(5)栏内。

(2)自上而下计算各节点的最早时间 TE_i，填入第(2)栏内。

1)起点节点的最早时间为零。

2)根据各节点的内向箭线个数及工作持续时间计算其余节点的最早时间。

$$TE_j = \max\{TE_i + D_{i-j}\} \tag{5-30}$$

(3)自下而上计算各个节点的最迟时间 TL_i，填入第(3)栏内。

1)设终点节点的最迟时间等于其最早时间，即 $TL_n = TE_n$。

2)根据各节点的外向箭线个数及工作持续时间计算其余节点的最迟时间：

$$TL_i = \min\{TL_i - D_{i-j}\} \tag{5-31}$$

(4)计算各工作的最早开始时间 ES_{i-j} 和最早完成时间 EF_{i-j}，分别填入第(6)、(7)栏内。

1)工作 $i-j$ 的最早开始时间等于其开始节点的最早时间，可以从第(2)栏相应的节点中查出。

2)工作 $i-j$ 的最早完成时间等于其最早开始时间加上工作持续时间，可将第(6)栏与本工作的第(5)栏相加求得。

(5)计算各工作的最迟开始时间 LS_{i-j} 及最迟完成时间 LF_{i-j}，分别填入第(8)、(9)栏内。

1)工作 $i-j$ 的最迟完成时间等于其完成节点的最迟时间，可以从第(3)栏相应的节点中查出。

2)工作 $i-j$ 的最迟开始时间等于其最迟完成时间减去工作持续时间，可将第(9)栏与该行第(5)栏相减求得。

(6)计算各工作的总时差 TF_{i-j}，填入第(10)栏内。工作 $i-j$ 的总时差等于其最迟开始时间减去最早开始时间，可用第(8)栏减去第(6)栏求得。

(7)计算各工作的自由时差 FF_{i-j}，填入第(11)栏内。工作 $i-j$ 的自由时差等于其紧后工作的最早开始时间减去本工作的最早完成时间，可用紧后工作的第(6)栏减去本工作的第(7)栏求得。

5.4.2.5 关键工作和关键线路的确定

1. 关键工作

在网络计划中，总时差为最小的工作为关键工作；当计划工期等于计算工期时，总时差为零的工作为关键工作。

当进行节点时间参数计算时，凡满足下列 3 个条件的工作必为关键工作：

$$\left.\begin{aligned} LT_i - ET_i &= T_p - T_c \\ LT_j - ET_j &= T_p - T_c \\ LT_j - ET_i - D_{i-j} &= T_p - T_c \end{aligned}\right\} \tag{5-32}$$

如图 5-51 所示，工作 1—3、3—4、4—6 即为关键工作。

2. 关键节点

在网络计划中，如果节点最迟时间与最早时间的差值最小，则该节点就是关键节点。当网络计划的计划工期等于计算工期时，凡是最早时间等于最迟时间的节点就是关键节点。如图 5-51 中，节点①、③、④、⑥为关键节点。

在网络计划中，当计划工期等于计算工期时，关键节点具有如下特性：

(1)关键工作两端的节点必为关键节点，但两关键节点之间的工作不一定是关键工作。

(2)以关键节点为完成节点的工作总时差和自由时差相等。

(3)当关键节点间有多项工作且工作间的非关键节点无其他内向箭线和外向箭线时，则该线路上各项工作的总时差相等，除了以关键节点为完成节点的工作自由时差等于总时差外，其他工作的自由时差均为零。

(4)当关键节点间有多项工作且工作间的非关键节点存在外向箭线或内向箭线时，该线路上各项工作的总时差不一定相等，若多项工作间的非关键节点只有外向箭线而无其他内向箭线，则除了以关键节点为完成节点的工作自由时差等于总时差外，其他工作的自由时差为零。

3. 关键线路的确定方法

(1)利用关键工作判断。网络计划中，自始至终全部由关键工作(必要时经过一些虚工作)组成或线路上总的工作持续时间最长的线路应为关键线路。

如图 5-52 所示，线路①—④—⑨为关键线路。

(2)用关键节点判断。由关键节点的特性可知，在网络计划中，关键节点必然处在关键线路上。

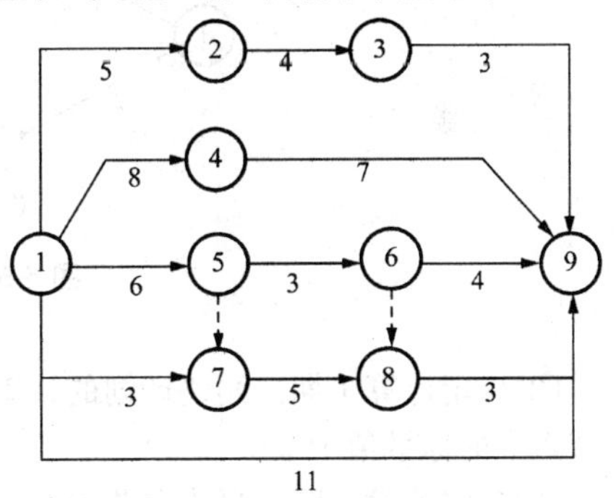

图 5-52　双代号网络图

(3)用网络破圈判断。从网络计划的起点到终点顺着箭线方向对每个节点进行考察，凡遇到节点有两个以上的内向箭线时，都可以按线路工作时间长短，采取留长去短而破圈，从而得到关键线路。如图 5-53 所示，通过考察节点③、⑤、⑥、⑦、⑨、⑪、⑫，去掉每个节点内向箭线所在线路工作时间之和较短的工作，余下的工作即为关键工作，如图 5-53 所示。

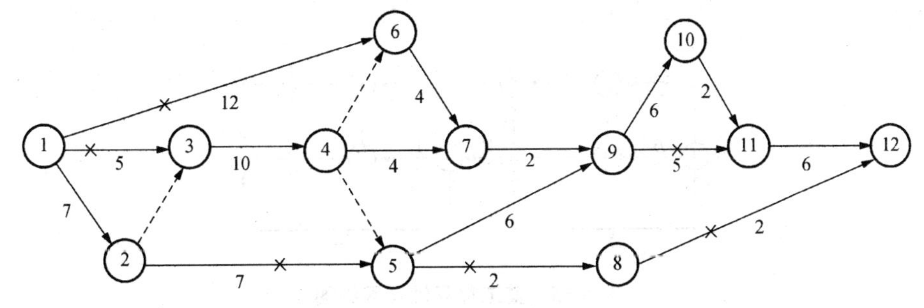

图 5-53　网络破圈法

(4)利用标号法判断。标号法是一种快速寻求网络计划计算工期和关键线路的方法。它利用节点计算法的基本原理，对网络计划中的每个节点进行标号，然后利用标号值确定网络计划的计算工期和关键线路。

下面以图 5-54 所示网络计划为例，说明用标号法确定计算工期和关键线路的步骤。

(1)确定节点标号值(a，b_j)。网络计划起点节点的标号值为零。本例中，节点①的标号值为零，即 $b_1=0$。

其他节点的标号值等于以该节点为完成节点的各项工作的开始节点标号值加其持续时间所得之和的最大值，即：

$$b_j=\max\{b_i+D_{i-j}\} \tag{5-33}$$

式中 D_{i-j}——工作 $i-j$ 的持续时间；

b_j——工作 $i-j$ 的完成节点 j 的标号值；

b_i——工作 $i-j$ 的开始节点 i 的标号值。

节点的标号宜用双标号法，即用源节点(得出标号值的节点)号 a 作为第一标号，用标号值 b_j 作为第二标号。

本例中各节点标号值，如图 5-54 所示。

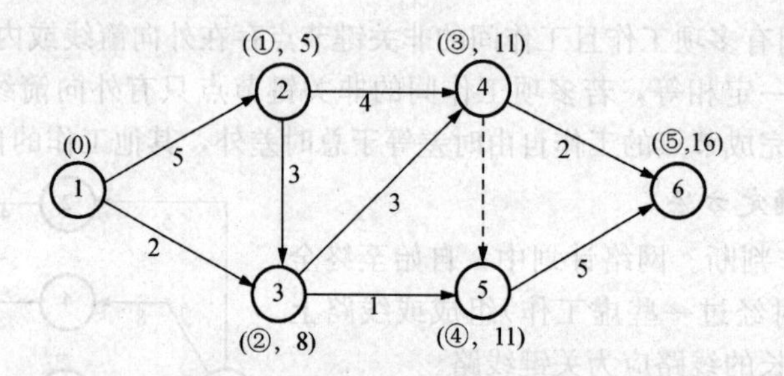

图 5-54 标号法确定关键线路

(2)确定计算工期。网络计划的计算工期就是终点节点的标号值。本例中，其计算工期为终点节点⑥的标号值 16。

(3)确定关键线路。自终点节点开始，逆着箭线跟踪源节点即可确定。本例中，从终点节点⑥开始跟踪源节点，分别为⑤、④、③、②、①，即得关键线路①—②—③—④—⑤—⑥。

5.4.3 案例分析

(1)某建筑工程合同工期为 25 个月，其双代号网络计划如图 5-55 所示。该计划已经过监理工程师批准。

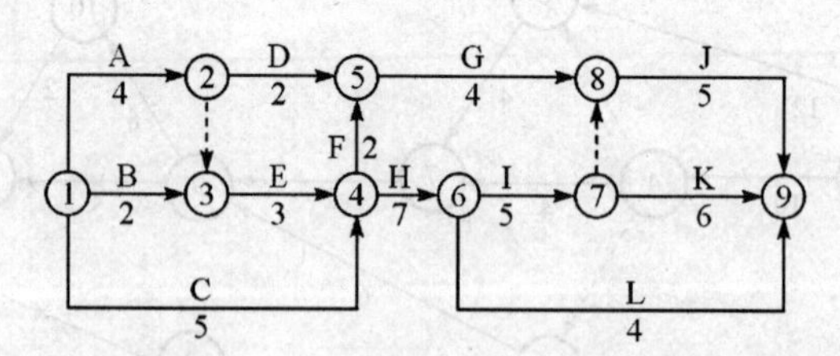

图 5-55 某工程双代号网络图

问题：

1)该网络计划的计算工期是多少？为保证工期按期完成，哪些施工应作为重点控制对象？为什么？

2)当该计划执行 7 个月后，检查发现，施工过程 C 和施工过程 D 已完成，而施工过程 E 将拖后 2 个月。此时施工过程 E 的实际进度是否影响总工期？为什么？

3)不可抗力发生风险承担的原则是什么？

4)如果施工过程E的施工进度拖后2个月是由于20年一遇的大雨造成的，那么承包单位可否向建设单位索赔工期和费用？为什么？

解析：

1)用标号法确定关键线路和工期。

①计算工期：25个月(图5-56)。

②为确保工期，A、E、H、I、K施工过程应作为重点控制对象。

③由于A、E、H、I、K五项工作无机动时间，并且是关键工作，所以，应重点控制，以便确保工程工期。

2)E拖后2个月，影响总工期2个月。因为E工作为关键工作，总时差为0。

3)不可抗拒风险承担责任的原则：

①工程本身的损害由业主承担。

②人员伤亡由其所在单位负责，并承担相应费用。

③施工单位的机械设备损坏及停工损失，由施工单位承担。

④工程所需清理、修复费用，由建设单位承担。

⑤延误的工期相应顺延。

4)可以索赔工期2个月，不可索赔费用。20年一遇大雨是由于自然条件的影响，这是有经验的工程师无法预料的。因此，只可索赔工期，不可索赔费用。

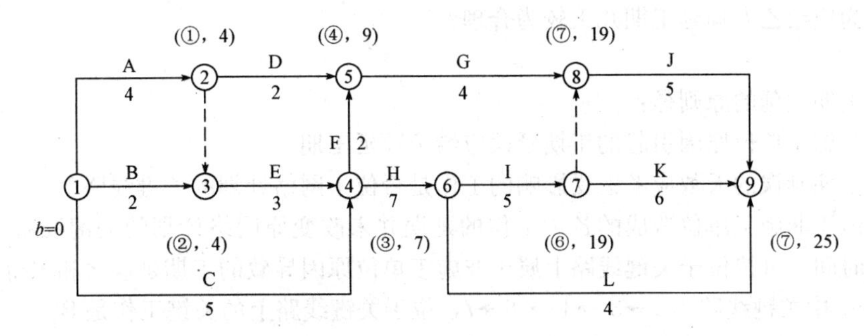

图5-56　标号法某工程双代号网络图时间参数

(2)某建筑公司承担了某院校教学楼土建工程的施工任务。施工过程中由于甲方和乙方以及不可抗拒的原因，致使施工网络计划中各项工作的持续时间受到影响，从而使网络计划工期由计划工期(合同工期)84 d变为实际工期95 d，如图5-57及表5-11所示。甲方和乙方由此发生争议，乙方要求甲方顺延工期22 d，甲方只同意顺延工期11天。

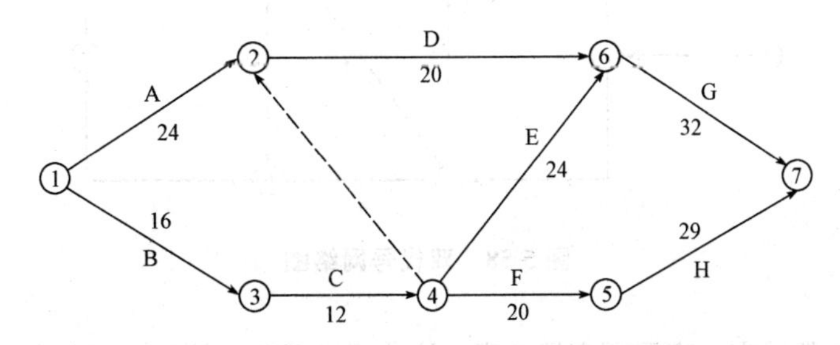

图5-57　某土建工程双代号网络计划

表 5-11 影响工作时间表 d

工作代号	建设单位原因	施工单位原因	不可抗力原因
A	0	0	2
B	3	1	0
C	2	−1	0
D	2	2	0
E	0	−2	2
F	3	0	3
G	0	0	2
H	3	4	0
合计	13	4	9

问题：

1)处理工期顺延的原则是什么？

2)你认为应给乙方顺延工期几天较为合理？

解析：

1)处理工期顺延的原则是：

①由于非施工单位原因引起的工期延误应给予顺延工期。

②确定工期延误的天数应考虑受影响的工作是否位于网络计划的关键线路上。

③如果由于非施工单位造成的各项工作的延误并未改变原网络计划的关键线路，则应认可的工期顺延时间，可按位于关键线路上属于非施工单位原因导致的工期延误之和求得。

2)图 5-57 中关键线路为 1→3 →4 → 6→7，位于关键线路上的关键工作是 B、C、E、G，所以应给予施工单位顺延工期为：3(B)+2(C)+2(E)+2(G)=9(d)。

5.4.4 练习

(1)某双代号网络图如图 5-58 所示，试计算各工作的时间参数。

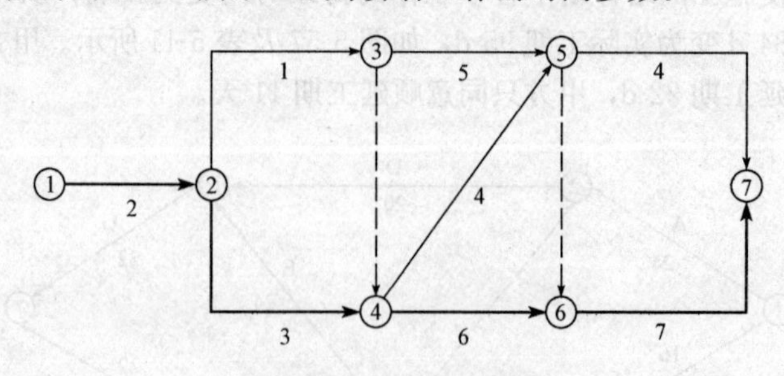

图 5-58 双代号网络图

(2)某公司中标某城市一高层写字楼工程，该公司进场后，给整个工程各工序进行划分，并明确了各工序之间的逻辑关系见表 5-12，试绘制该工程的施工进度计划网络图，并确定关键线路及总工期。

表 5-12 工作逻辑关系与持续时间表

工作	紧前工作	持续时间/月	工作	紧前工作	持续时间/月
A	—	3	H	G、E	2
B	—	4	I	H	4
C	A	3	J	F	5
D	C	3	K	D、F	6
E	A	3	L	K、J	4
F	E	4	M	F、J	6
G	B	3			

(3)某综合楼工程基础采用预应力混凝土管桩＋桩承台＋地梁，地上 6 层框架结构。在进行装饰装修时，编制了施工进度网络计划，如图 5-59 所示，该进度计划经项目总监理工程师审核批准后组织实施。

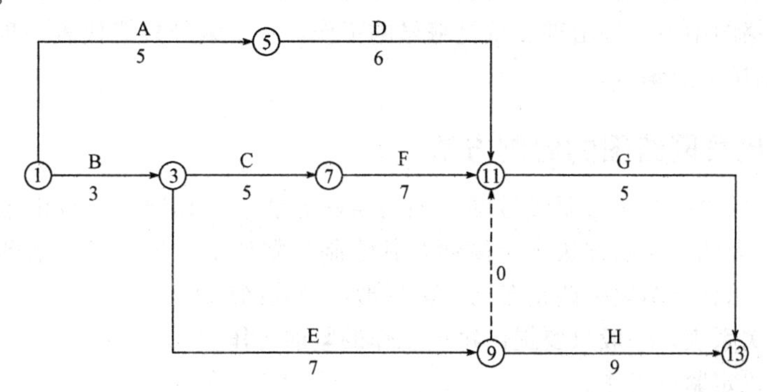

图 5-59 装饰装修进度计划网络图

在施工过程中，工作 E 原计划 7 d，由于建设单位要求设计变更改变了主要材料规格和材质，经总监理工程师批准，E 工作计划改为 10 d 完成，其他工作与时间执行网络计划。

问题：

1)指出本装饰装修工程网络计划的关键线路及关键工作，并计算计划工期。

2)指出本装饰装修工程实际关键线路及关键工作，并计算实际工期。

3)指出本装饰装修工程实际施工时，哪项工作可以利用的时间最长且对总工期没有影响？

5.5 单代号网络图

5.5.1 单代号网络图的组成

单代号网络计划的基本符号也是箭线、节点和节点编号，如图 5-2 所示。

5.5.1.1 箭线

在单代号网络图中，箭线表示紧邻工作之间的逻辑关系。箭线应画成水平直线、折线或斜线。箭线水平投影的方向自左向右，表达工作的进行方向。

5.5.1.2　**节点**

单代号网络图中每一个节点表示一项工作，宜用圆圈或矩形表示。节点所表示的工作名称、持续时间和工作代号等应标注在节点内。

5.5.1.3　**节点编号**

单代号网络图的节点编号与双代号网络图一样。

5.5.2　单代号网络图的绘制规则

(1)单代号网络必须正确表述已定的逻辑关系。

(2)单代号网络图中，严禁出现循环回路。

(3)单代号网络图中，严禁出现双向箭头或无箭头的连线。

(4)单代号网络图中，严禁出现没有箭尾节点的箭线和没有箭头节点的箭线。

(5)绘制网络图时，箭线不宜交叉，当交叉不可避免时，可采用过桥法和指向法绘制。

(6)单代号网络图中只应有一个起点节点和一个终点节点，当网络图中有多项起点节点或多项终点节点时，应在网络图的两端分别设置一个虚拟的起点节点和终点节点。

(7)单代号网络图中不允许出现有重复编号的工作，一个编号只能代表一项工作，而且箭头节点编号要大于箭尾节点编号。

5.5.3　单代号网络图的绘制方法

单代号网络图的绘制方法与双代号网络图的绘制方法基本相同，而且由于单代号网络图逻辑关系容易表达，因此，绘制方法更为简便，其绘制步骤如下。先根据网络图的逻辑关系绘制出网络图草图，再结合绘图规则调整布局，最后形成正式网络图。

(1)提供逻辑关系表，一般只要提供每项工作的紧前工作。

(2)用矩阵图确定紧后工作。

(3)绘制没有紧后工作的工作，当网络图中有多项起点节点时，应在网络图的前端设置一项虚拟的起点节点。

(4)依次绘制其他各项工作一直到终点节点。当网络图中有多项终点节点时，应在网络图的末端设置一项虚拟的终点节点。

(5)检查、修改并进行结构调整，最后绘出正式网络图。

【例5-4】　已知网络图的资料见表5-13，试绘制单代号网络图。

表5-13　工作持续时间与紧前工作

工作代号	A	B	C	D	E	F
持续时间	4	5	6	6	2	5
紧前工作	—	A	A	B、C	C	D

绘制的单代号网络图，如图5-60所示。

5.5.4　单代号网络计划时间参数的计算

常用符号。设有线路ⓗ—ⓘ—ⓙ，则：

ES_i——工作 i 的最早开始时间；

EF_i——节点 i 的最早完成时间；

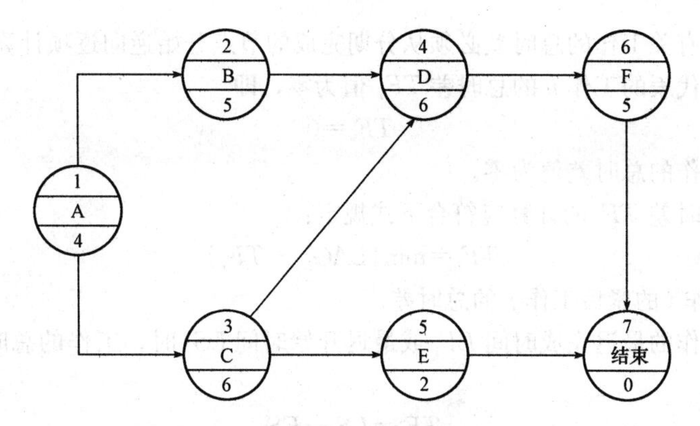

图 5-60　单代号网络图

LF_i——在总工期已经确定的情况下，工作 i 的最迟完成时间；

LS_i——在总工期已经确定的情况下，工作 i 的最迟开始时间；

TF_i——工作 i 的总时差；

FF_i——工作 i 的自由时差；

D_i——工作 i 的持续时间；

D_h——工作 i 的紧前工作 h 的持续时间；

D_j——工作 i 的紧后工作 j 的持续时间。

(1)工作最早开始时间的计算应符合下列规定：

1)工作 i 的最早开始时间 ES_i 应从网络图的起点节点开始，顺着箭线方向依次逐个计算。

2)起点节点的最早开始时间 ES_i 如无规定时，其值等于零，即

$$ES_1=0 \tag{5-34}$$

3)其他工作的最早开始时间 ES_i 应为

$$ES_i=\max\{ES_h+D_h\} \tag{5-35}$$

式中　ES_h——工作 i 的紧前工作 h 的最早开始时间；

D_h——工作 i 的紧前工作 h 的持续时间。

(2)工作 i 的最早完成时间 EF_i 的计算应符合下式规定：

$$EF_i=ES_i+D_i \tag{5-36}$$

(3)网络计划计算工期 T_c 的计算应符合下式规定：

$$T_c=EF_n \tag{5-37}$$

式中　EF_n——终点节点 n 的最早完成时间。

(4)网络计划的计划工期 T_p 应按下列情况分别确定：

1)当已规定了要求工期 T_r 时：

$$T_p\leqslant T_r \tag{5-38}$$

2)当未规定要求工期时：

$$T_p=T_c \tag{5-39}$$

(5)相邻两项工作 i 和 j 之间的时间间隔 $LAG_{i,j}$ 的计算应符合下式规定：

$$LAG_{i,j}=ES_j-EF_i \tag{5-40}$$

式中　ES_j——工作 j 的最早开始时间。

(6)工作总时差的计算应符合下列规定：

1)工作 i 的总时差 TF_i 应从网络图的终点节点开始，逆着箭线方向依次逐项计算。当部分

工作分期完成时，有关工作的总时差必须从分期完成的节点开始逆向逐项计算。

2)终点节点所代表的工作 n 的总时差 TF_n 值为零，即

$$TF_n=0 \tag{5-41}$$

分期完成的工作的总时差值为零。

其他工作的总时差 TF_i 的计算应符合下式规定：

$$TF_i=\min\{LAG_{i,j}+TF_j\} \tag{5-42}$$

式中　TF_j——工作 i 的紧后工作 j 的总时差。

当已知各项工作的最迟完成时间 LF_i 或最迟开始时间 LS_i 时，工作的总时差 TF_i 计算也应符合下列规定：

$$TF_i=LS_i-ES_i \tag{5-43}$$

或

$$TF_i=LF_i-EF_i \tag{5-44}$$

(7)工作 i 的自由时差 FF_i 的计算应符合下列规定：

$$FF_i=\min\{LAG_{i,j}\} \tag{5-45}$$

或

$$FF_i=\min\{ES_j-EF_i\} \tag{5-46}$$

或符合下式规定：

$$FF_i=\min\{ES_j-ES_i-D_i\} \tag{5-47}$$

(8)工作最迟完成时间的计算应符合下列规定：

1)工作 i 的最迟完成时间 LF_i 应从网络图的终点节点开始，逆着箭线方向依次逐项计算。当部分工作分期完成时，有关工作的最迟完成时间应从分期完成的节点开始逆向逐项计算。

2)终点节点所代表的工作 n 的最迟完成时间 LF_n 应按网络计划的计划工期 T_p 确定，即

$$LF_n=T_p \tag{5-48}$$

分期完成那项工作的最迟完成时间应等于分期完成的时刻。

3)其他工作 i 的最迟完成时间 LF_i 应为

$$LF_i=\min\{LF_j-D_j\} \tag{5-49}$$

式中　LF_j——工作 i 的紧后工作 j 的最迟完成时间；

D_j——工作 i 的紧后工作 j 的持续时间。

(9)工作 i 的最迟开始时间 LS_i 的计算应符合下列规定：

$$LS_i=LF_i-D_i \tag{5-50}$$

【例 5-5】　试计算如图 5-61 所示单代号网络计划的时间参数。

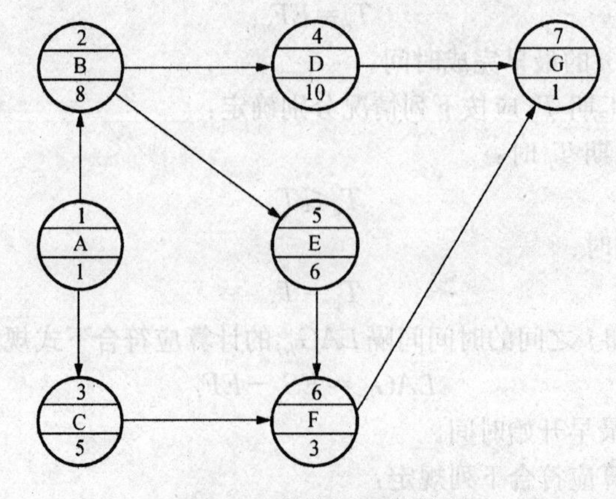

图 5-61　单代号网络计划

解：计算结果如图5-62所示。其计算方法如下：

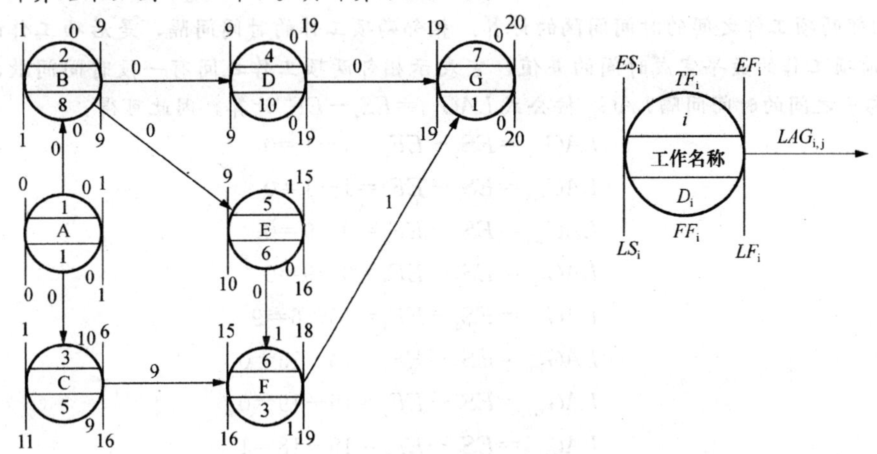

图5-62 单代号网络计划的时间参数计算结果

(1)工作最早开始时间的计算。工作的最早开始时间从网络图的起点节点开始，顺着箭线方向自左至右，依次逐个计算。因起点节点的最早开始时间未作出规定，故

$$ES_1=0$$

其后续工作的最早开始时间是其各紧前工作的最早开始时间与其持续时间之和，并取其最大值，其计算公式为

$$ES_i=\max\{ES_h+D_h\}$$

由此可得：

$$ES_2=ES_1+D_1=0+1=1$$
$$ES_3=ES_1+D_1=0+1=1$$
$$ES_4=ES_2+D_2=1+8=9$$
$$ES_5=ES_2+D_2=1+8=9$$
$$ES_6=\max\{ES_3+D_3，ES_5+D_5\}=\max\{1+5，9+6\}=15$$
$$ES_7=\max\{ES_4+D_4，ES_6+D_6\}=\max\{9+10，15+3\}=19$$

(2)工作最早完成时间的计算。每项工作的最早完成时间是该工作的最早开始时间与其持续时间之和，其计算公式为

$$EF_i=ES_i+D_i$$

因此可得：

$$EF_1=ES_1+D_1=0+1=1$$
$$EF_2=ES_2+D_2=1+8=9$$
$$EF_3=ES_3+D_3=1+5=6$$
$$EF_4=ES_4+D_4=9+10=19$$
$$EF_5=ES_5+D_5=9+6=15$$
$$EF_6=ES_6+D_6=15+3=18$$
$$EF_7=ES_7+D_7=19+1=20$$

(3)网络计划的计算工期。网络计划的计算工期 T_c 按公式 $T_c=EF_n$ 计算。由此可得：

$$T_c=EF_7=20$$

(4)网络计划的计划工期的确定。由于本计划没有要求工期，故 $T_p=T_c=20$。

(5)相邻两项工作之间的时间间隔的计算。相邻两项工作的时间间隔，是后项工作的最早开始时间与前项工作的最早完成时间的差值，它表示相邻两项工作之间有一段时间间歇，相邻两项工作 i 与 j 之间的时间间隔 $LAG_{i,j}$ 按公式 $LAG_{i,j}=ES_j-EF_i$ 计算，因此可得：

$$LAG_{1,2}=ES_2-EF_1=1-1=0$$
$$LAG_{1,3}=ES_3-EF_1=1-1=0$$
$$LAG_{2,4}=ES_4-EF_2=9-9=0$$
$$LAG_{2,5}=ES_5-EF_2=9-9=0$$
$$LAG_{3,6}=ES_6-EF_3=15-6=9$$
$$LAG_{5,6}=ES_6-EF_5=15-15=0$$
$$LAG_{4,7}=ES_7-EF_4=19-19=0$$
$$LAG_{6,7}=ES_7-EF_6=19-18=1$$

(6)工作总时差的计算。每项工作的总时差，是该项工作在不影响计划工期的前提下所具有的机动时间。它的计算应从网络图的终点节点开始，逆着箭线方向依次计算。终点节点所代表的工作的总时差 TF_n 值，由于本例没有给出规定工期，故应为零，即

$$TF_n=0$$

故

$$TF_7=0$$

其他工作的总时差 TF_i 可按公式 $TF_i=\min\{LAG_{i,j}+TF_j\}$ 计算。

当已知各项工作的最迟完成时间 LF_i 或最迟开始时间 LS_i 时，工作的总时差 TF_i 也可按公式 $TF_i=LS_i-ES_i$ 或公式 $TF_i=LF_i-EF_i$ 计算，计算的结果是：

$$TF_6=LAG_{6,7}+TF_7=1+0=1$$
$$TF_5=LAG_{5,6}+TF_6=0+1=1$$
$$TF_4=LAG_{4,7}+TF_7=0+0=0$$
$$TF_3=LAG_{3,6}+TF_6=9+1=10$$
$$TF_2=\min\{LAG_{2,4}+TF_4，LAG_{2,5}+TF_5\}=\min\{0+0，0+1\}=0$$
$$TF_1=\min\{LAG_{1,2}+TF_2，LAG_{1,3}+TF_3\}=\min\{0+0，0+10\}=0$$

(7)工作自由时差的计算。工作 i 的自由时差 FF_i 由公式 $FF_i=\min\{LAG_{i,j}\}$ 可算得

$$FF_7=0$$
$$FF_6=LAG_{6,7}=1$$
$$FF_5=LAG_{5,6}=0$$
$$FF_4=LAG_{4,7}=0$$
$$FF_3=LAG_{3,6}=9$$
$$FF_2=\min\{LAG_{2,4}，LAG_{2,5}\}=\min\{0，0\}=0$$
$$FF_1=\min\{LAG_{1,2}，LAG_{1,3}\}=\min\{0，0\}=0$$

(8)工作最迟完成时间的计算。工作 i 的最迟完成时间 LF_i 应从网络图的终点节点开始，逆着箭线方向依次逐项计算。终点节点 n 所代表的工作的最迟完成时间 LF_n，应按公式 $LF_n=T_p$ 计算；其他工作 i 的最迟完成时间 LF_i 按公式 $LF_i=\min\{LF_j-D_j\}$ 计算得

$$LF_6=LF_7-D_7=20-1=19$$
$$LF_5=LF_6-D_6=19-3=16$$
$$LF_4=LF_7-D_7=20-1=19$$

$LF_3 = LF_6 - D_6 = 19 - 3 = 16$

$LF_2 = \min\{LF_4 - D_4, LF_5 - D_5\} = \min\{19 - 10, 16 - 6\} = 9$

$LF_1 = \min\{LF_2 - D_2, LF_3 - D_3\} = \min\{9 - 8, 16 - 5\} = 1$

(9)工作最迟开始时间的计算。工作 i 的最迟开始时间 LS_i 按公式 $LS_i = LF_i - D_i$ 进行计算，因此可得

$$LS_7 = LF_7 - D_7 = 20 - 1 = 19$$
$$LS_6 = LF_6 - D_6 = 19 - 3 = 16$$
$$LS_5 = LF_5 - D_5 = 16 - 6 = 10$$
$$LS_4 = LF_4 - D_4 = 19 - 10 = 9$$
$$LS_3 = LF_3 - D_3 = 16 - 5 = 11$$
$$LS_2 = LF_2 - D_2 = 9 - 8 = 1$$
$$LS_1 = LF_1 - D_1 = 1 - 1 = 0$$

5.5.5 关键工作和关键线路的确定

5.5.5.1 关键工作的确定

网络计划中机动时间最少的工作称为关键工作。因此，网络计划中工作总时间差最小的工作也就是关键工作。当计划工期等于计算工期时，总时差应研究更多措施以缩短计算工期；当计划工期大于计算工期时，关键工作的总时差为正值，说明计划已留有余地，进度控制主动了。

5.5.5.2 关键线路的确定

网络计划中自始至终全由关键工作组成的线路称为关键线路。在肯定型网络计划中是指线路上工作总持续时间最长的线路。关键线路在网络图中宜用粗线、双线或彩色线标注。

单代号网络计划中，将相邻两项关键工作之间的间隔时间为零的关键工作连接起来而形成的自起点节点到终点节点的通路就是关键线路。因此，【例 5-5】中的关键线路是①—②—④—⑦。

5.5.6 单代号网络图与双代号网络图的比较

(1)单代号网络图绘制方便，不必增加虚工作，在这一点上弥补了双代号网络图的不足。

(2)单代号网络图具有便于说明、容易被非专业人员所理解和易于修改的优点。这对于推广应用统筹法编制工程进度计划，进行全面科学管理是有益的。

(3)双代号网络图表示工程进度比用单代号网络图更为形象，特别是在应用带时间坐标网络图中。

(4)双代号网络图在应用电子计算机进行计算和优化过程中更加简便，这是因为双代号网络图中用两个代号代表一项工作，可直接反映其紧前或紧后工作的关系。而单代号网络图就必须按工作逐个列出其紧前、紧后工作关系，这在计算机中需占用更多的存储单元。

由于单代号网络图和双代号网络图有上述各自的优缺点，故两种表示法在不同情况下，其表现的繁简程度是不同的。有些情况下，应用单代号表示法较为简单；有些情况下，使用双代号表示法则更为清楚。因此，单代号网络图和双代号网络图是两种互为补充、各具特色的表现方法。

5.5.7 练习

(1)试按图 5-60 单代号网络图，计算出各工作的时间参数。

(2)根据表 5-14 所示，绘制该工程的单代号网络图，并确定关键线路及总工期。

表 5-14 工作逻辑关系与持续时间表

工作	紧前工作	持续时间/月	工作	紧前工作	持续时间/月
A	—	3	F	C、D	5
B	—	5	G	C、D、E	4
C	A、B	3	H	D、E	3
D	B	5	I	F	4
E	B	4	J	F、G、H	5

5.6 双代号时标网络计划

5.6.1 双代号时标网络计划的概念

双代号时标网络计划是以时间坐标为尺度绘制的网络计划，它具有横道计划图的直观性，工作间不仅逻辑关系明确，而且时间关系也一目了然。采用时标网络计划为施工管理进度的调整与控制以及进行资源优化提供了便利。时标网络计划适用于编制工作项目较少、工艺过程较简单的施工计划。对于大型复杂的工程，可先编制总的施工网络计划，然后根据工程的性质、所需网络计划的详细程度，每隔一段时间对下段时间应施工的工程区段绘制详细的时标网络计划。

5.6.2 双代号时标网络计划的特点

图 5-63 所示为一项双代号时标网络计划，其特点如下：

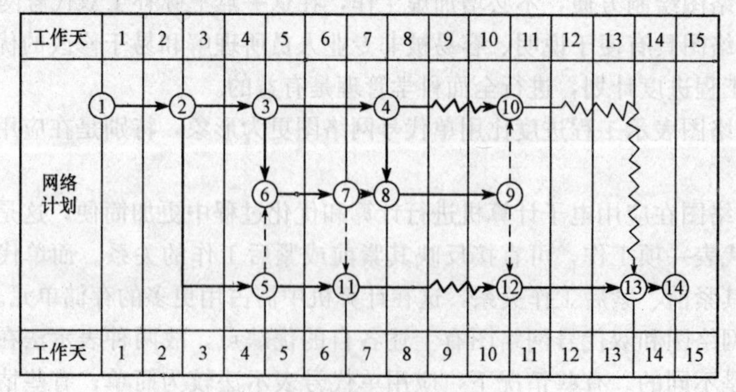

图 5-63 时标网络计划

(1)时标网络计划中，箭线的长短与时间有关。

(2)可直接显示各工作的时间参数和关键线路，不必计算。

(3)由于受到时间坐标的限制，所以时标网络计划不会产生闭合回路。

(4)可以直接在时标网络图的下方绘出资源动态曲线，便于分析、平衡调度。

(5)由于箭线的长度和位置受时间坐标的限制，因而调整和修改不太方便。

5.6.3 时标网络计划的绘制要求

(1)双代号时标网络计划必须以水平时间坐标为尺度表示工作时间。时标的时间单位应根据需要在编制网络计划之前确定，可为时、天、周、月或季。

(2)时标网络计划应以实箭线表示工作，以虚箭线表示虚工作，以波形线表示工作的自由时差。

(3)时标网络计划中所有符号在时间坐标上的水平投影位置，都必须与其时间参数相对应。节点中心必须对准相应的时标位置。虚工作必须以垂直方向的虚箭线表示，有自由时差加波形线表示。

5.6.4 时标网络计划的绘制方法

时标网络计划一般按工作的最早开始时间绘制。其绘制方法有间接绘制法和直接绘制法。

5.6.4.1 间接绘制法

间接绘制法是先计算网络计划的时间参数，再根据时间参数在时间坐标上进行绘制的方法。其绘制步骤和方法如下：

(1)先绘制双代号网络图，计算时间参数，确定关键工作及关键线路。

(2)根据需要确定时间单位并绘制时标横轴。

(3)根据工作最早开始时间或节点的最早时间确定各节点的位置。

(4)依次在各节点间绘制箭线及时差。绘制时宜先画关键工作、关键线路，再画非关键工作。如箭线长度不足以达到工作的完成节点时，用波形线补足，箭头画在波形线与节点连接处。

【例 5-6】 试将如图 5-64 所示双代号网络计划绘制成时标网络计划。

解： 计算网络计划的时间参数，如图 5-64 所示。

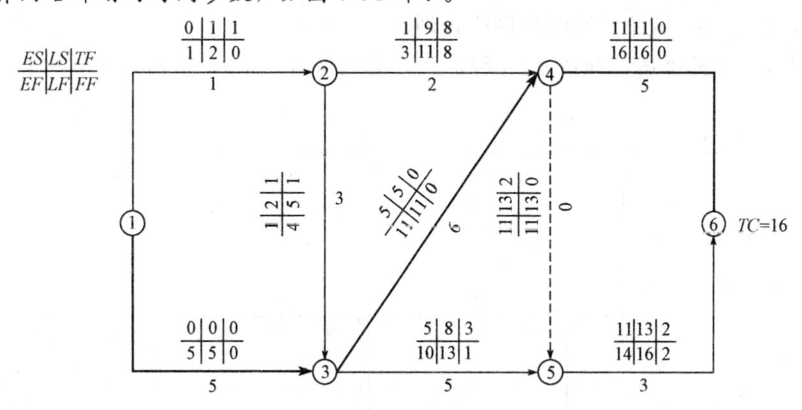

图 5-64 双代号网络计划及时间参数

建立时间坐标体系，根据时标网络计划的时间参数，由起点节点依次将各节点定位于时间坐标的纵轴上，并绘出各节点的箭线及时差，如图 5-65 所示。

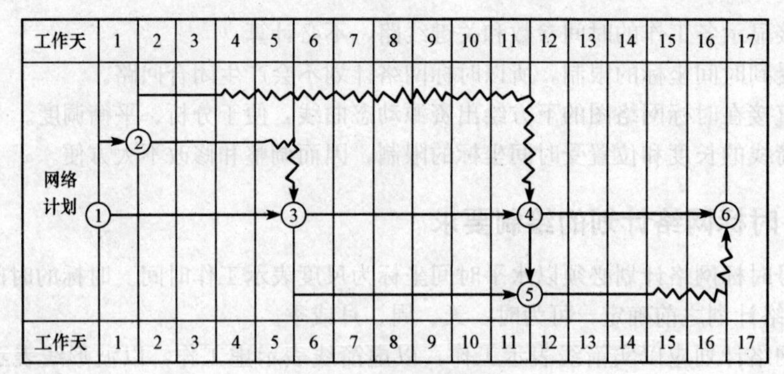

图 5-65　时标网络计划

5.6.4.2　直接绘制法

直接绘制法是不计算网络计划时间参数，直接在时间坐标上进行绘制的方法。其绘制步骤和方法可归纳为如下绘图口诀："时间长短坐标限，曲直斜平利相连；箭线到齐画节点，画完节点补波线；零线尽量拉垂直，否则安排有缺陷。"

(1)时间长短坐标限。时间长短坐标限指箭线的长度代表着具体的施工时间，受到时间坐标的制约。

(2)曲直斜平利相连。曲直斜平利相连指箭线的表达方式可以是直线、折线、斜线等，但布图应合理，直观清晰。

(3)箭线到齐画节点。箭线到齐画节点是指工作的开始节点必须在该工作的全部紧前工作都画出后，定位在这些紧前工作最晚完成的时间刻度上。

(4)画完节点补波线。画完节点补波线是指某些工作的箭线长度不足以达到其完成节点时，用波形线补足。

(5)零线尽量拉垂直。零线尽量拉垂直指虚工作持续时间为零，应尽可能让其为垂直线。

(6)否则安排有缺陷。否则安排有缺陷指若出现虚工作占据时间的情况，其原因是工作面停歇或施工作业队组工作不连续。

【例 5-7】　某工程有 A、B、C 三个施工过程，分 3 段施工，各施工过程的流水节拍为：t_A＝3 d，t_B＝1 d，t_C＝2 d。试绘制其时标网络计划。

解：绘制双代号网络图，如图 5-66 所示。其关键线路为①→②→③→⑧→⑨→⑩，工期为 12 d。

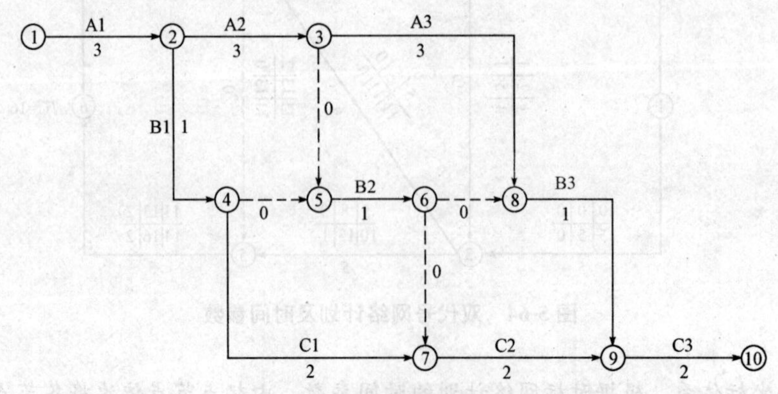

图 5-66　双代号网络计划

(1)绘制时标表，将起点节点①节点定位于起始刻度线上，按工作持续时间做出①节点的外向箭线及箭头节点②节点。

(2)由②节点按工作持续时间绘制其外向箭线及箭头节点③节点和④节点。

(3)由③节点绘制③→⑦箭线，由③、④节点分别绘制③→⑤和④→⑤两项虚工作，其共同的结束节点为⑤节点。④→⑤工作间的箭线绘制成波形线。

(4)由⑤节点绘制⑤→⑥箭线，由⑥节点绘制⑥→⑧箭线，其中⑧节点定位于③→⑧与⑥→⑧工作最迟完成的箭线箭头处。

(5)按上述方法，依次确定其余节点及箭线，得到图5-67所示的该工程的时标网络计划图。

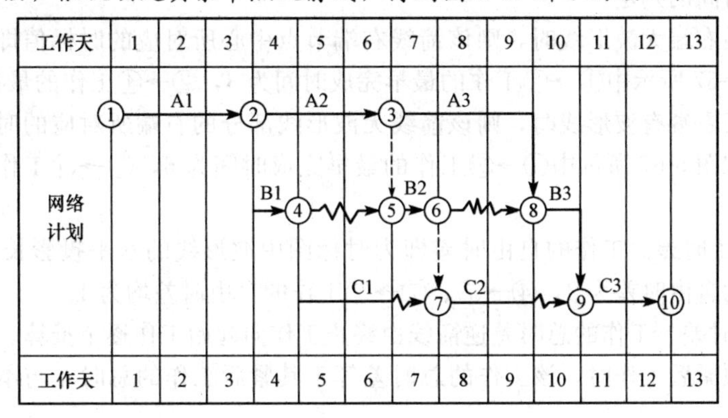

图 5-67　某工程的时标网络计划

5.6.5　双代号时标网络计划的绘制步骤

时标网络计划宜按最早时间编制。编制时标网络计划之前应先按已确定的时间单位绘出时标计划表，时标可标注在时标计划表的顶部或底部，时标的长度单位必须注明，必要时可在顶部时标之上或底部时标之下加注日历的对应时间。

时标计划表中部的刻度线宜为细线。为使图面清楚，此线可以不画或少画。编制时标网络计划应先绘制无时标网络计划草图，然后按以下两种方法之一进行。

(1)先计算网络计划的时间参数，再根据时间参数按草图在时标计划表上进行绘制。

(2)不计算网络计划时间参数，直接按草图在时标计划表上绘制。用先计算后绘制的方法时，应先将所有节点按其最早时间定位在时标计划表上，再用规定线型绘出工作及其自由时差，形成时标网络计划图。不经计算直接按草图绘制时标网络计划，应按下列方法逐步进行：

1)将起点节点定位在时标计划表的起始刻度线上。

2)按工作持续时间在时标计划表上绘制起点节点的外向箭线。

3)除起点节点以外的其他节点必须在其所有内向箭线绘出以后定位在这些内向箭线最早完成时间最迟的箭线末端。其他内向箭线长度不足以到达该节点时，用波形线补足。

4)用上述方法自左至右依次确定其他节点位置，直至终点节点定位绘完。

5.6.6　时标网络计划关键线路与时间参数的判定

5.6.6.1　关键线路的判定

在时标图中，自起点节点至终点节点的所有线路中，未出现波形线的线路，即为关键线路。关键线路应用双线、粗线等加以明确标注。

5.6.6.2　**时间参数的确定**

(1)工期的确定。时标网络计划的计算工期，应视其终点节点与起点节点所在位置的时标值之差来确定。

(2)工作最早开始时间和完成时间。

1)工作最早开始时间。工作箭线左端节点中心所对应的时标值即为该工作的最早开始时间。如图 5-67 所示中①→②工作的最早开始时间为 0，②→③、②→④工作的最早开始时间为 3，依次类推。

2)最早完成时间的判定。

①当工作箭线右端无波形线时，则该箭线右端节点中心所对应的时标值即为该工作的最早完成时间。如图 5-67 所示中①→②工作的最早完成时间为 3，②→④工作的最早完成时间为 4。

②当工作箭线右端有波形线时，则该箭线无波形线部分的右端所对应的时标值为该工作的最早完成时间。如图 5-67 所示中④→⑦工作的最早完成时间为 6，⑦→⑨工作的最早完成时间为 9。

(3)工作的自由时差。工作的自由时差即为时标图中波形线的水平投影长度。如图 5-67 所示，④→⑤工作的自由时差为 2，④→⑦、⑦→⑨工作的自由时差均为 1。

(4)工作的总时差。工作的总时差逆箭线由终止工作向起始工作逐个推算。

1)当只有一项紧后工作时，该工作的总时差等于其紧后工作的总时差与本工作的自由时差之和。

2)当有多项紧后工作时，该工作的总时差等于其所有紧后工作总时差的最小值与本工作自由时差之和。如图 5-67 中⑨→⑩工作的总时差为 0，⑦→⑨工作的总时差为 1，④→⑦工作的总时差为 2。

(5)工作最迟开始和完成时间。工作的最迟开始和完成时间可由最早时间推算。如图 5-67 所示，②→④工作的最迟开始时间为 3＋2＝5，其最迟完成时间为 4＋2＝6；④→⑧工作的最迟开始时间为 4＋2＝6，其最迟完成时间为 6＋2＝8。

5.6.6.3　**练习**

(1)按工作最早开始时间绘制图 5-58 的双代号时标网络图，并计算时间参数。

(2)某分部工程双代号时标网络计划如图 5-68 所示，该计划所提供的正确信息有(　　)。

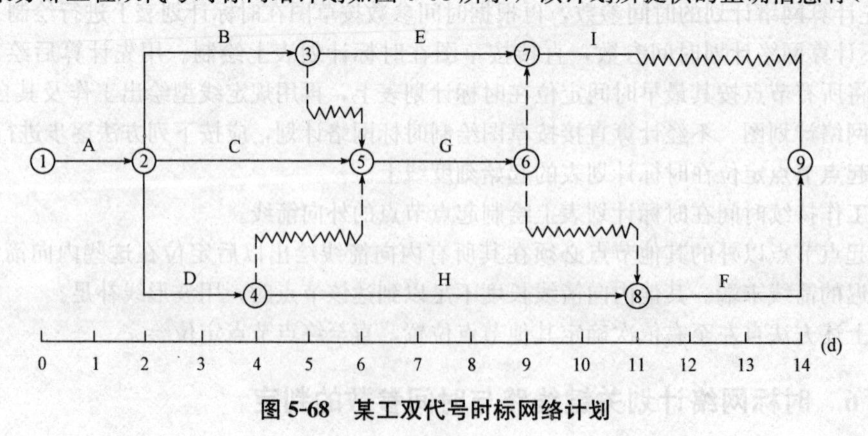

图 5-68　某工双代号时标网络计划

A. 工作 B 的总时差为 3 d
B. 工作 C 的总时差为 2 d

C. 工作D为关键工作

D. 工作E的总时差为3 d

E. 工作G的自由时差为2 d

(3)某工程双代号时标网络计划如图5-69所示。如果A、D、G三项工作共用一台施工机械，则在不影响总工期的前提下，该施工机械在施工现场的最小闲置时间是(　　)。

A. 1周

B. 2周

C. 3周

D. 4周

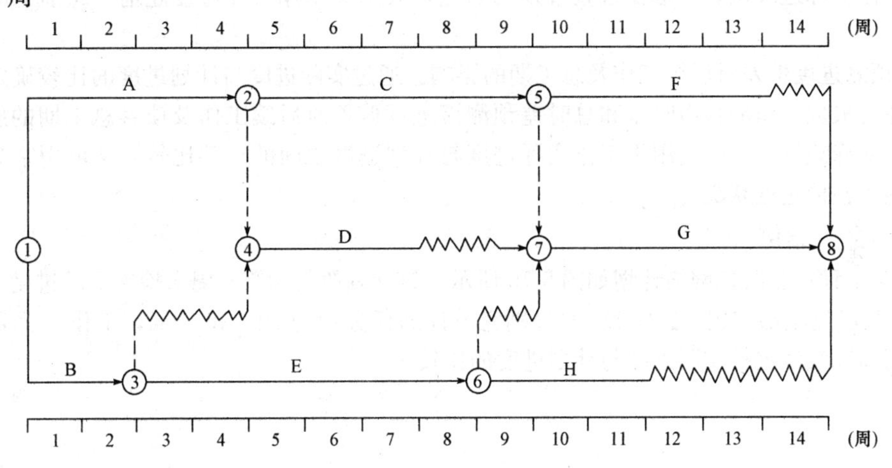

图5-69　某工程双代号时标网络计划

5.6.7　实际进度前锋线

5.6.7.1　前锋线的概念

前锋线是指在原时标网络计划上，从检查时刻的时标点出发，用点画线依此将各项工作实际进展位置点连接而成的折线。通过实际进度前锋线与原进度计划中各工作箭线交点的位置来判断工作实际进度与计划进度的偏差，进而判定该偏差对后续工作及总工期影响程度的一种方法。

5.6.7.2　采用前锋线比较法的步骤

采用前锋线比较法进行实际进度与计划进度的比较，其步骤如下：

(1)绘制时标网络计划图。工程项目实际进度前锋线是在时标网络计划图上标示，为清楚起见，可在时标网络计划图的上方和下方各设一时间坐标。

(2)绘制实际进度前锋线。一般从时标网络计划图上方时间坐标的检查日期开始绘制，依次连接相邻工作的实际进展位置点，最后与时标网络计划图下方坐标的检查日期相连接。工作实际进展位置点的标定方法有以下两种：

1)按该工作已完任务量比例进行标定。假设工程项目中各项工作均为匀速进展，根据实际进度检查时刻该工作已完任务量占其计划完成总任务量的比例，在工作箭线上从左至右按相同的比例标定其实际进展位置点。

2)按还需作业时间进行标定。当某些工作的持续时间难以按实物工程量来计算而只能凭经验估算时，可以先估算出检查时刻到该工作全部完成还需作业的时间，然后在该工作箭线上从右向左逆向标定其实际进展位置点。

(3)进行实际进度与计划进度的比较。前锋线可以直观地反映出检查日期有关工作实际进度与计划进度之间的关系。对某项工作来说，其实际进度与计划进度之间的关系可能存在以下三种情况：

1)工作实际进展位置点落在检查日期的左侧，表明该工作实际进度拖后，拖后的时间为二者之差。

2)工作实际进展位置点与检查日期重合，表明该工作实际进度与计划进度一致。

3)工作实际进展位置点落在检查日期的右侧，表明该工作实际进度超前，超前的时间为二者之差。

(4)预测进度偏差对后续工作及总工期的影响。通过实际进度与计划进度的比较确定进度偏差后，还可根据工作的自由时差和总时差预测该进度偏差对后续工作及项目总工期的影响。由此可见，前锋线比较法既适用于工作实际进度与计划进度之间的局部比较，又可用来分析和预测工程项目整体进度状况。

5.6.7.3 **案例**

(1)某工程项目时标网络计划如图 5-70 所示。该计划执行到第 6 周末检查实际进度时，发现工作 A、B 已经全部完成，工作 D、E 分别完成计划任务量的 20%和 50%，工作 C 尚需 3 周完成，试用前锋线法进行实际进度与计划进度的比较。

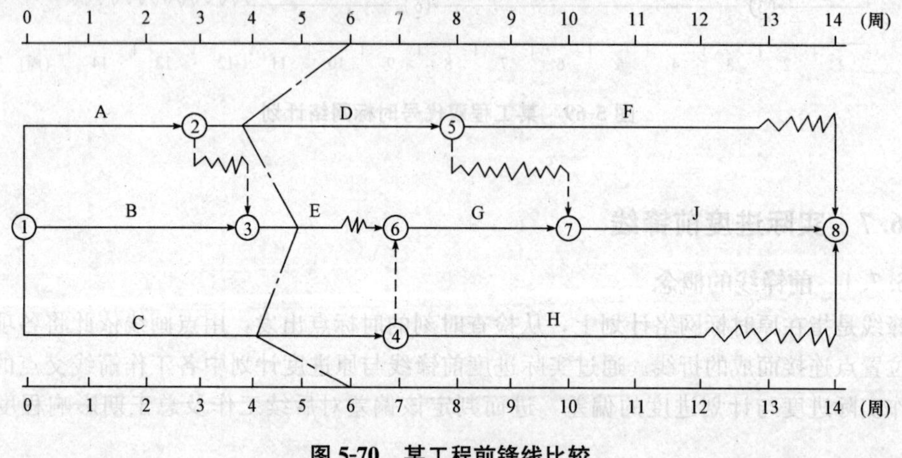

图 5-70 某工程前锋线比较

解析：根据第 6 周末实际进度的检查结果绘制前锋线，如图 5-70 中的点画线所示。通过比较可以看出：

1)工作 D 实际进度拖后 2 周，其总时差为 1 周，故影响总工期(2−1)=1 周；其自由时差为 0，将使其后续工作 F 的最早开始时间推迟(2−0)=2 周。

2)工作 E 实际进度拖后 1 周，其总时差和自由时差都为 1 周，故对总工期和后续工作均无影响。

3)工作 C 实际进度拖后 2 周，其为关键工作，无总时差和自由时差，故影响总工期(2−0)=2 周；将使其后续工作 G、H、J 的最早开始时间推迟(2−0)=2 周。

(2)某工程项目双代号时标网络计划如图 5-71 所示。该计划执行到第 40 天下班时刻检查时，其实际进度如图 5-71 中前锋线所示。试分析目前实际进度对后续工作和总工期的影响。

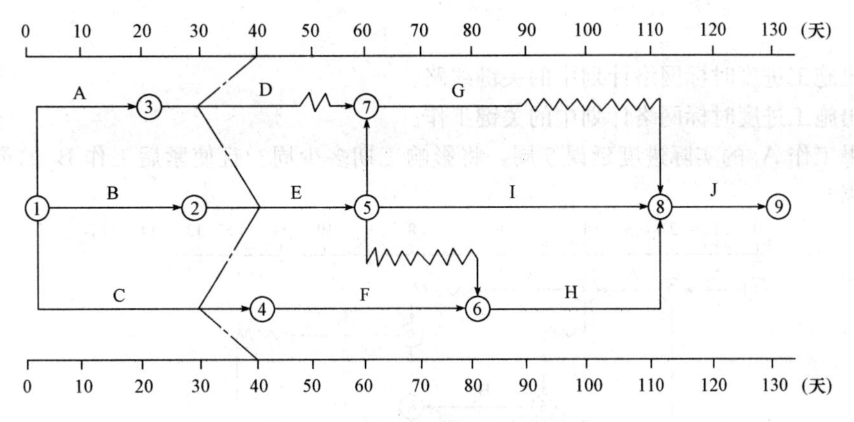

图 5-71　某工程实际进度前锋线

解析：从图中可以看出：

1)工作 D 实际进度拖后 10 d，其总时差为 30 d，故不影响总工期；其自由时差为 10 d，也不影响其后续工作。

2)工作 E 实际进度正常，故对总工期和后续工作均无影响。

3)工作 C 实际进度拖后 10 d，由于其为关键工作，无总时差和自由时差，故影响总工期 10 d；将使其后续工作 F、H、J 的最早开始时间推迟 10 d。

5.6.7.4　**练习**

(1)某工程双代号时标网络计划执行到第 3 周末和第 7 周末时，检查其实际进度前锋线如图 5-72 所示，检查结果表明(　　)。

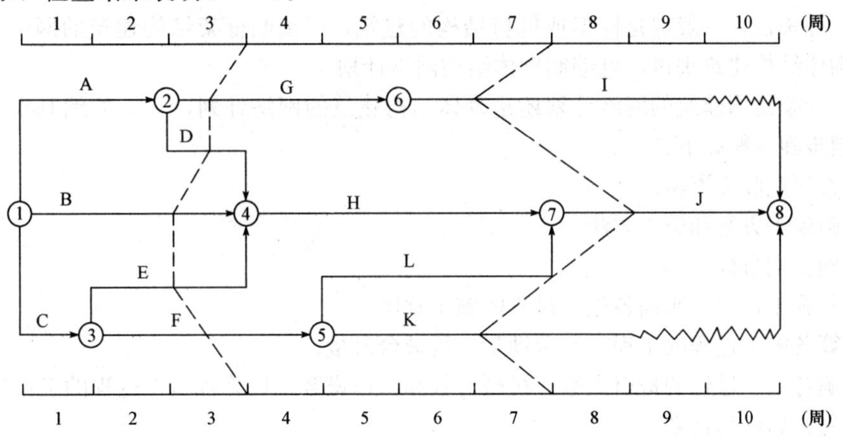

图 5-72　某工程的双代号时标网络计划

A. 第 3 周末检查时工作 B 拖后 1 周，使总工期延长 1 周

B. 第 3 周末检查时工作 F 拖后 0. 5 周，但不影响总工期

C. 第 7 周末检查时工作 I 拖后 1 周，但不影响总工期

D. 第 7 周末检查时工作 J 拖后 1 周，使总工期延长 1 周

E. 第 7 周末检查时工作 K 提前 1 周，总工期预计提前 3 周

(2)某施工企业与业主签订了某工程施工合同，合同工期为 14 周。经监理工程师审核批准的施工进度计划如图 5-73 所示。

问题：

1)指出施工进度时标网络计划中的关键线路。

2)指出施工进度时标网络计划中的关键工作。

3)如果工作 A_3 的实际进度延误 5 周，将影响工期多少周？且使紧后工作 B_3 的最早开始时间推迟几周？

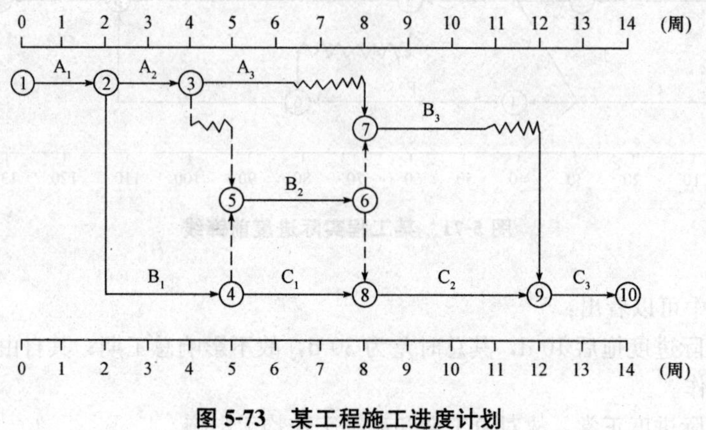

图 5-73　某工程施工进度计划

5.7　网络计划应用

网络计划在实际工程的具体应用中，由于工程类型不同，网络计划的体系也不同，对于大、中型建设工程来讲，一般都是框架或框剪结构的建筑，可编制框架结构建筑的网络计划，而对于小型的砌体结构建筑来讲，可编制砌体结构网络计划。

无论是框架结构建筑的网络计划还是砌体结构建筑的网络计划，它们的编制步骤都是一样的。其编制步骤一般如下：

(1)调查研究收集资料。

(2)明确施工方案和施工方法。

(3)明确工期目标。

(4)划分施工过程，明确各施工过程的施工顺序。

(5)计算各施工过程的工程量、劳动量、机械台班量。

(6)明确各施工过程的班组人数、机械台数和工作班数，计算各施工过程的工作持续时间。

(7)绘制初始网络计划。

(8)计算各项时间参数，确定关键线路、工期。

(9)检查初始网络计划的工期是否满足工期目标，资源是否均衡，成本是否较低。

(10)进行优化调整。

(11)绘制正式网络计划。

(12)上报审批。

下面主要介绍框架结构建筑的网络计划。

【工程背景】

某 5 层教学楼，框架结构，建筑面积为 2 500 m^2，平面形状为一字形，钢筋混凝土条形基础。主体为现浇框架结构，围护墙为空心砖砌筑。室内底层地面为缸砖，标准层地面为水泥砂，内墙、顶棚为中级抹灰，面层为106涂料，外墙镶贴面砖。屋面用柔性防水。

本工程的基础、主体均分为3段施工，屋面不分段，内装修每层为一段，外装修自上而下一次完成，其劳动量见表5-15，该工程的网络计划如图5-74所示。

表5-15　劳动量一览表

序号	分部分项名称	劳动量		工作持续天数	每天工作班数	每班工人数
		单位	数量			
一	基础工程					
1	基础挖土	工日	300	15	1	20
2	基础垫层	工日	45	3	1	15
3	基础现浇混凝土	工日	567	18	1	30
4	基础墙(素混凝土)	工日	90	6	1	15
5	基础及地坪回填土	工日	120	6	1	20
6	塔式起重机安装	工日	36	3	1	12
二	主体工程(5层)					
1	柱筋	工日	178	4.5×5	1	8
2	柱、梁、板模板(含梯)	工日	2 085	21×5	1	20
3	柱混凝土	工日	445	3×5	1.5	20
4	梁板筋(含梯)	工日	450	7.5×5	1	12
5	梁板混凝土(含梯)	工日	1 125	3×5	3	20
6	拆模	工日	671	10.5×5	1	12
7	砌墙	工日	2 596	25.5×5	1	20
8	搭脚手架	工日	360	36	1	10
三	屋面工程					
1	屋面找平	工日	24	3	1	8
2	屋面防水	工日	105	7	1	15
3	屋面保温	工日	240	12	1	20
4	屋面保护层	工日	36	3	1	12
5	塔式起重机拆除	工日	24	3	1	8
四	装饰装修工程					
1	外墙面砖	工日	450	15	1	30
2	安装门窗扇	工日	60	5	1	12
3	顶棚粉刷	工日	300	10	1	30
4	内墙粉刷	工日	600	20	2	30

续表

序号	分部分项名称	劳动量		工作持续天数	每天工作班数	每班工人数
		单位	数量			
5	楼地面	工日	450	15	1	30
6	涂料	工日	50	5	1	10
7	楼梯、扶手	工日	75	7.5	1	10
8	水电安装	工日	150	15	1	10
9	拆除脚手架	工日	24	3	1	8
10	安装物料提升机	工日	27	3	1	9
11	拆除物料提升机	工日	27	3	1	9
五	竣工验收					
1	零星扫尾整改	工日	24	4	1	6
2	竣工验收	工日		1		

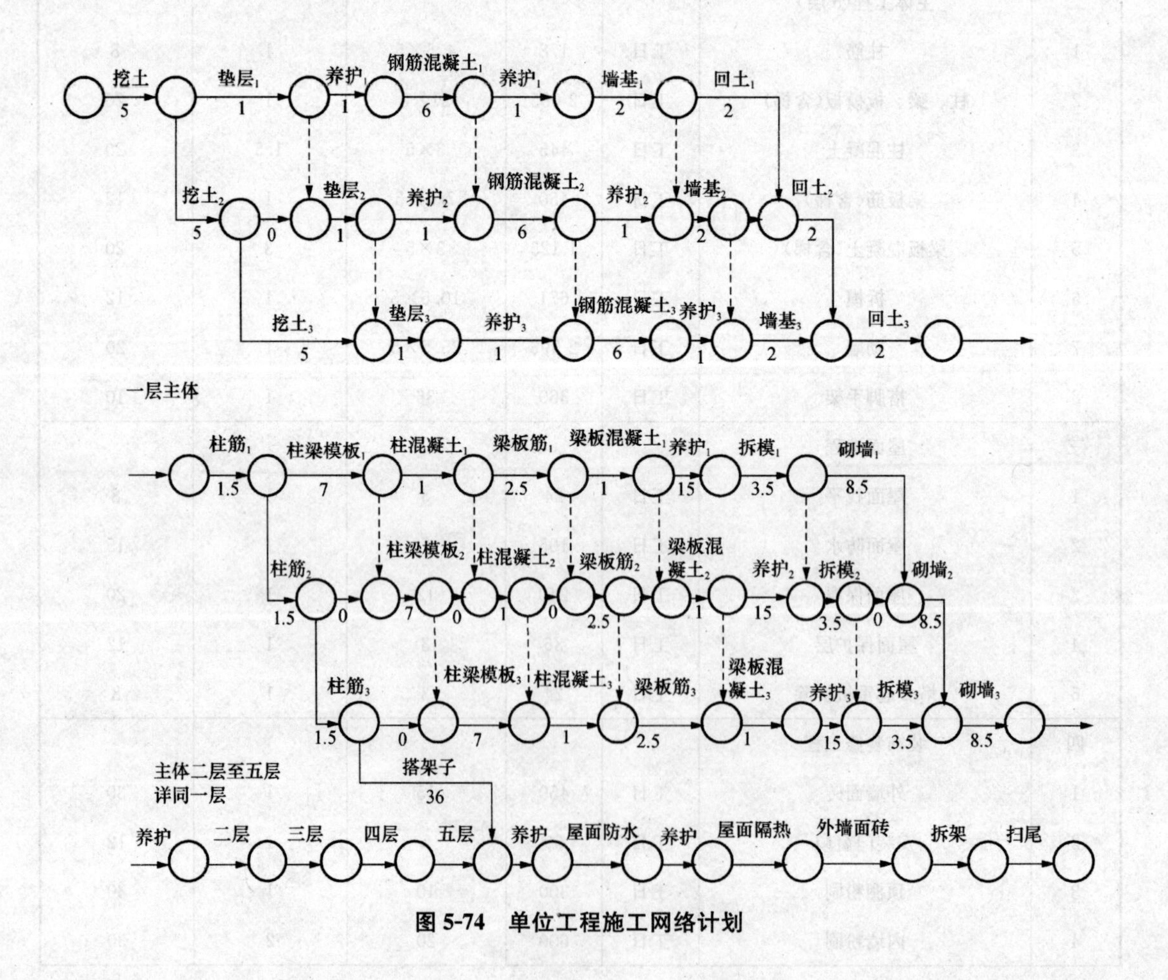

图 5-74 单位工程施工网络计划

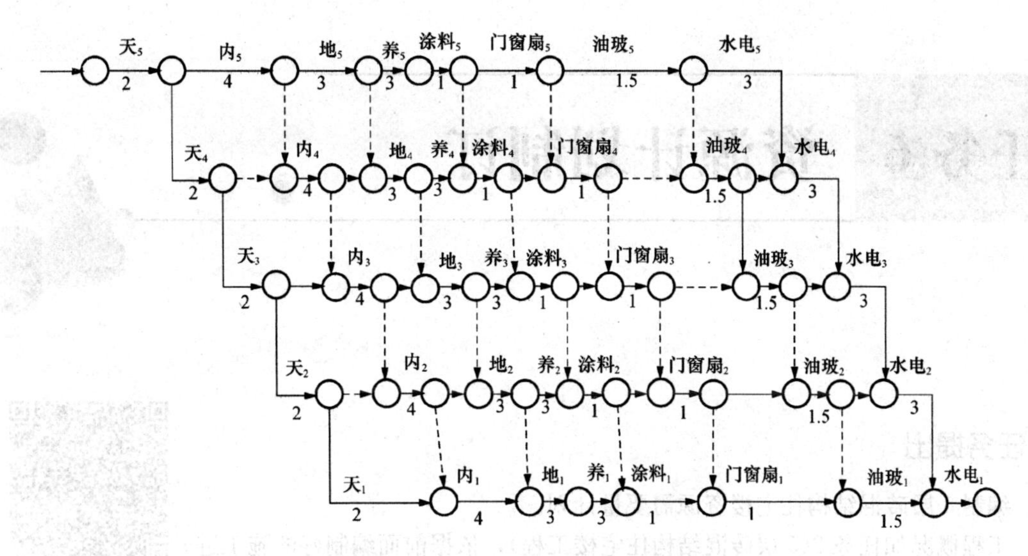

图 5-74　单位工程施工网络计划(续)

任务拓展

工程概况如任务 4(某 4 层教学楼工程)，依据表 4-9 所示的劳动量(时间定额查阅相关建筑与装饰工程计价定额)，编制 4 层框架结构教学楼施工进度网络计划。

任务6 资源计划制订

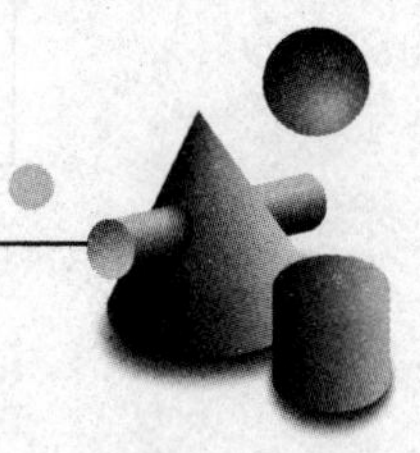

▶ 任务提出

资源计划制订

编制5层砖混结构住宅楼资源需要量计划。

工程概况如任务2(5层砖混结构住宅楼工程)，依据前面编制好的施工进度计划，编制各项资源需用量计划。

▶ 所需知识

6.1 基础知识

单位工程施工进度计划编制完成后，即可着手编制各项资源需用量计划。这些计划是施工组织设计的组成部分，是做好各种资源的供应、调度、平衡、落实的依据。资源计划制订一般包括项目管理班子配备，劳动力，施工机械、机具，主要测量食品和检测仪器设备，主要材料、主要构配件和工程运输计划等需要量计划。

6.1.1 项目管理班子配备

项目管理班子的配备应全面贯彻执行项目法施工模式，组建“标准化项目部”。实行“企业—项目部—劳务作业层”项目管理模式，实施责任目标管理。

项目管理由企业保障层、项目管理层、施工作业层三层组成的项目管理架构，在企业管理层成立“项目委员会”，由企业总经理任总指挥长，企业工程管理部、技术质量部、成本管理部、采购中心、物资管理部、安全环境部、账务资金部、人力资源部等各职能部门及专家顾问组构成项目企业保障层。

企业一般针对所承接工程的特点，委派具有相关工程经验的项目经理和工程技术管理人员组成工程总承包项目部，全权代表施工企业履行企业与建设单位所签订的施工合同。

工程总承包项目部设置项目经理、项目总工程师、项目副经理等组成项目管理层；下设技术部、深化设计部、工程部(土建、安装)、质量部、安全部、合约部、物资部、财务部、综合办公室等项目各职能部门。项目部在企业总部的管理和服务下，充分发挥企业整体优势和专业化施工保障，按照企业成熟的项目管理模式，全面推行科学化、标准化、程序化、制度化管理，切实履行施工企业对建设单位的承诺。

在项目经理部设置过程中，企业充分考虑了所承担施工任务的范围和目标要求，在项目部各职能部门设置和人员配备方面，都给予了高度重视，做到部门设置齐全、人员配置合理，在技术部中应设置土建、水、电、暖、风安装及钢结构、幕墙等各专业技术员，能及时解决施工中遇到的图纸、变更、洽商等问题，从而确保工程的顺利进行。项目部为实现工程管理目标的实现应提供强有力的保障作用，为搞好工程管理奠定了坚实的基础。

项目部管理机构人员岗位的配置情况，见表 6-1。

表 6-1　某项目管理机构人员配置表

项目主要负责人及部门		分类管理人员	配备人数
企业保障人员	项目主管	公司项目主管	*
	技术主管	公司技术主管	*
	质量主管	公司技术主管	*
	安全主管	公司技术主管	*
项目管理层人员	项目经理	项目全面管理	*
	项目副经理	现场生产管理	*
	项目总工	技术、质量管理	*
项目各职能部门	工程部	施工员、机械员	*
	技术部	技术员	*
	质量部	质量员、资料员	*
	物资部	材料员	
	安全环境部	安全员	*
	商务合约部	造价员、成本员	*
	财务部	财务员(会计、出纳)	*
	综合管理部	劳务员、行政管理员	*
	* * 部	* * *	*
合计		* * 人	

6.1.2　劳动力需要量计划

劳务作业层，一般由施工企业选用有多年合作且具备丰富的相关工程施工经验的劳务作业队伍，在项目部实行统一指挥、协调、管理和监督。专业分包企业按照分包合同的约定对总承包企业负责。

劳务层划分为三大类：

第一类为专业化强的技术工种，其中包括机械操作工、机械维修工、维修电工、焊工、起重工等，应具有参与过类似工程的施工的丰富经验，持有相应之上岗操作证的人员，平均技术等级为 4.5 级。

第二类为普通技术工种，包括木工、钢筋工、混凝土工、瓦工、粉刷工、水电工等，平均技术等级为 4.0 级，以施工过类似工程的施工人员为主组建。

第三类为非技术工种，此类人员的来源应为长期与施工总承包单位合作的成建制施工劳务队伍，进场人员具有一定的素质。

劳务作业层劳动力需要量计划是项目部根据施工预算、劳动定额和施工进度计划编制的，主要反映工程施工所需各种技工、普工人数，用于控制劳动力平衡和调配，并以不影响施工为最基本原则。

其编制方法是：将施工进度计划表上每天施工项目所需工人按工种分别统计，得出每天所需工种及其人数，再按时间进度要求汇总。劳动力需要量计划的表格形式见表 6-2。

表 6-2　劳动力需要量计划表

序号	工种	所需总人数	分阶段计划投入劳动力/(人·d^{-1})				退场时间
			基础施工	主体施工	屋面施工	装饰装修施工	

6.1.3　施工机械、机具需要量计划

施工机械、机具需要量计划是根据施工方案、施工方法及施工进度计划编制的，主要反映施工所需的各种机械和器具的名称、规格、型号、数量及使用时间，可作为落实机具来源、组织机具进场的依据，其计划表格形式见表 6-3。

表 6-3　施工机械、机具需要量计划表

序号	设备名称	规格型号	数量	国别产地	制造年份	功率/kW	生产能力	施 工部 位	备注

6.1.4　主要测量仪器和检测仪器设备需要量计划

主要测量仪器和检测仪器设备需要量计划是根据施工图、施工方案及施工进度计划要求编制的，主要反映施工中各分部分项工程在施工中需要进行测量、定位、放线所需要准备的测量仪器，以及对工程材料、工程质量进行取样、检测所需要准备的检测仪器设备的需用量及供应日期。

主要测量仪器和检测仪器设备，其计划表格形式见表 6-4。

表 6-4　主要测量仪器和检测仪器设备需要量计划表

序号	仪器名称	规格、型号	数量	单位	产地	生产日期	用途	使用起止时间

6.1.5　主要材料需要量计划

工程包括形成工程实体的材料和施工措施所采用的周转材料。工程实体材料如钢筋、混凝土、砌块、砂浆、防水材料、保温材料、油漆涂料等；周转材料如钢管、扣件、模板、对拉螺杆、安全网、脚手板等。

主要材料需要量计划是根据施工预算、材料消耗定额和施工进度计划编制的，主要反映施工中各种主要材料的需要量，作为备料、供料和确定仓库、堆场面积及运输量的依据。编制时应提出材料的名称、规格、数量和使用时间等要求，其计划表格形式见表 6-5。

表 6-5　主要材料需要量计划表

序号	材料名称	规格	数量	单位	产地	用途	使用起止时间	备注

6.1.6 主要构件需要量计划

主要构件需要量计划是根据施工图、施工方案及施工进度计划要求编制的，主要反映施工中各种主要构件的需用量及供应日期，作为落实加工单位及按所需规格数量和使用时间组织构件加工和进场的依据。一般按钢构件、木构件、钢筋混凝土构件等不同种类分别编制，提出构件名称、规格、数量及使用时间等，其计划表格形式见表 6-6。

表 6-6 主要构件需要量计划表

序号	构件、加工半成品名称	图号和型号	规格尺寸/mm	单位	数量	使用起止时间	备注

6.1.7 工程运输计划

如果由施工单位组织材料和构件运输，则应编制相应的运输计划，以便组织运输力量和保证资源按时进场。工程运输计划以施工进度计划及上述各种资源需要量计划为编制依据，其所反映的内容见表 6-7。

表 6-7 主要材料需要量计划表

序号	运输项目	单位	数量	货源	运距/km	运输量/(t·km)	所需运输工具			使用起止时间
							名称	吨位	台班	

6.2 工程案例——编制资源计划

工程概况：如任务 2 工程案例——某学院实训大楼工程

主要施工资源的配备及投入情况如下。

围绕本工程施工部署安排及施工总进度控制计划，我公司将配备足够施工资源，以满足本工程施工需要，确保本工程目标计划圆满实现。具体资源的配备及投入计划将从现场管理班子、主要劳动力、主要工程材料、主要周转材料、主要施工机械(具)、现代化办公设备及现场临时设施等多方面展开。

1. 项目部管理人员的投入计划

项目部管理人员的投入计划见表 6-8。

表 6-8 项目部管理人员投入计划表

层次	岗位名称	人员姓名	职称	岗位证书
项目决策层	项目经理	×××	工程师	一级注册建造师
	项目副经理	×××	工程师	二级注册建造师
	项目技术负责人	×××	高级工程师	工程师证

续表

层次	岗位名称	人员姓名	职称	岗位证书
项目管理层	技术部	×××	工程师	技术员
	工程部	×××	助工	测量员
			工程师	施工员
	质量部	×××	助工	机械员
		×××	工程师	质量员
	安全部	×××	助工	资料员
	物资部	×××	助工	安全员
	合约部	×××	助工	材料员
		×××	经济师	造价员
	财务部	×××	助经	成本员
		×××	会计师	会计
	综合部	×××	×××	出纳
		×××	行政师	行政管理
	××部	×××	助工	劳务员
		×××	×××	×××

2. 劳动力需求计划

劳动力需求计划见表 6-9。

表 6-9　劳动力需求计划表

序号	工种	所需总人数	分阶段计划投入劳动力/(人·d^{-1})			退场时间
			基础施工	主体施工	装饰装修施工	
1	木工	50	50	50	15	二次结构结束
2	钢筋工	35	35	25	10	二次结构结束
3	混凝土工	15	15	15	15	二次结构结束
4	瓦工	20		20	10	竣工验收前
5	抹灰工	20	10		20	竣工验收前
6	油漆工	25			25	交付前
8	架子工	15	6	15	10	装饰装修结束
9	防水工	15	10		15	装饰装修结束
10	普工或其他	8	4	8	5	随进度需要

3. 主要施工机械机具需求计划

(1)土建工程主要施工机械需求计划见表 6-10。

表 6-10　土建施工主要施工机械机具需求计划表

序号	设备名称	型号规格	数量	国别产地	制造年份	额定功率/kW	生产能力	用于施工部位
1	反铲挖掘机	WY100	1 台	上海	2014		良好	基础土方

续表

序号	设备名称	型号规格	数量	国别产地	制造年份	额定功率/kW	生产能力	用于施工部位
2	自卸汽车	DFS3251GL	5台	十堰	2015		良好	基础土方
3	潜水泵	QY－25	4台	上海	214	2.2	良好	基础施工
4	塔 吊	QZT40	2台	长沙	2016	26	良好	结构施工
5	物料提升机	JJK－1	1台	山东	2015	7.5	良好	结构、装修
6	蛙式夯土机	HW－32	2台	常州	2014	1.5	良好	基础回填
7	振动夯土机	HZD250	4台	常州	2014	4.0	良好	基础回填
8	干粉砂浆机	NJYF－1	3台	上海	2016	2.0	良好	结构、装修
9	钢筋弯曲机	WJ－40	2台	长葛	2016	3.0	良好	结构施工
10	钢筋切断机	QT40	2台	长葛	2014	7.0	良好	结构施工
11	钢筋调直机	GT4－14	2台	长葛	2015	4.0	良好	结构施工
12	电渣压力焊机	BX6－180	2台	洛阳	2014	45 kVA	良好	结构施工
13	直螺纹套丝机	HGS－40	2台	洛阳	2016	4.0	良好	结构施工
14	木工圆锯机	MJ104	4台	沈阳	2016	3.0	良好	结构施工
15	木工平刨	MJB2－80/1	2台	沈阳	2016	3.0	良好	结构施工
16	平板振动器	ZB11	2台	无锡	2016	1.1	良好	结构施工
17	插入式振动器	ZX－50	6台	无锡	2016	1.1	良好	结构施工
18	插入式振动器	ZX－35	2台	无锡	2016	0.8	良好	结构施工
19	交流电焊机	BX3－120－1	4台	上海	2014	22.8	良好	结构、装修
20	砂轮切割机	QJ40－1	1台	上海	2016	1.1	良好	结构、装修
21	机动翻斗车		2辆	南京	2014		良好	结构、装修
22	手推车		20辆	南京	2014		良好	结构、装修
23	氧气乙炔设备		2套	南京	2016		良好	结构、装修

(2)安装工程主要施工机械需求计划见表6-11。

表6-11　安装施工主要施工机械机具需求计划表

序号	设备名称	型号规格	数量	国别产地	制造年份	额定功率/kW	生产能力	用于施工部位
1	电动套丝机	QT＋B1/2"～4	1台	贵阳	2012	2.5	良好	安装工程
2	电动套丝机	QT＋B1/2"～3	1台	贵阳	2012	2.5	良好	安装工程
3	电动试压泵	0－4 MPa	3台	上海	2010	1	良好	安装工程
4	电动液压弯管机	WC－27－108	2台	上海	2010	2	良好	安装工程
5	砂轮切割机	ϕ400 mm	4台	上海	2009	2.5	良好	安装工程
6	交流焊机	BX－400	1台	徐州	2009	30	良好	安装工程
7	交流焊机	BX－300	2台	徐州	2010	22.8	良好	安装工程
8	电动开孔机	ϕ20	1台	上海	2010	1.5	良好	安装工程
9	冲击电锤	25B	2台	长沙	2011	1.5	良好	安装工程
10	电　钻	8－32 mm	2台	上海	2010	1.2	良好	安装工程
11	氧气乙炔设备		1套	南京	2012		良好	安装工程

(3)试验和检测仪器设备投入计划见表6-12。

表6-12 试验和检测仪器设备投入计划表

序号	仪器设备名称	型号规格	数量	国别产地	制造年份	用途
1	全站仪	AGA510N	1台	苏州	2014	定位放线
2	经纬仪	J2－2	1台	苏州	2015	定位放线
3	激光扫平仪	SJ2－3	2台	苏州	2014	标高引测
4	水准仪	DSZ2	2台	苏州	2013	标高引测
5	激光铅垂仪	JZY－20	1台	苏州	2015	轴线竖向引测
6	钢卷尺	50 m	2把	南京	2016	距离丈量
7	钢卷尺	5 m	20把	南京	2016	距离丈量
8	线坠	2 kg	2个	南京	2016	垂直吊线
9	地磅	60 t	1台	南京	2015	质量计量
10	质检工具		2套	南京	2016	质量检查
11	坍落度筒		2只	南京	2016	坍落度检测
12	混凝土试模	15×15×15	8组	南京	2015	试块制作
13	混凝土试模	抗渗	2组	南京	2015	试块制作
14	砂浆试模	7.07×7.07×7.07	4组	南京	2015	试块制作
15	接地电阻测量仪	ZC－8	1台	徐州	2016	电阻测量
16	万用电表	DT－830	2台	南京	2015	电压电流测量
17	绝缘电阻表	ZC25－4(1 000 V)	2台	徐州	2015	电阻值测量

4. 主要材料的投入计划

(1)主要工程实体材料的投入计划见表6-13。

表6-13 主要材料投入计划

序号	材料名称	单位	数量	分阶段供应量		
				基础施工	主体施工	装饰装修施工
1	钢材	t	1 566	600	960	6
2	水泥	t	515	20	220	275
3	木材	m^3	66	15	35	10
4	混凝土	m^3	11 255	5 213	5 242	800
5	砌块	m^3	2 338	17	2 321	

(2)主要工程周转材料进退场计划见表6-14。

表6-14 主要周转材料进退场计划

序号	材料名称	单位	数量	分阶段用量			退场时间
				地下室	主体	装饰	
1	钢管	t	260	150	260	120	随进度

续表

序号	材料名称	单位	数量	分阶段用量			退场时间
				地下室	主体	装饰	
2	扣件	万只	10	4	10	2	随进度
3	胶合板	100 m^2	100	100	60	10	随进度
4	板、方木材	m^3	66	66	50	20	随进度
5	安全网	m^2	4 200	720	4 200	4 200	随进度
6	脚手板	张	1 200	150	800	1 200	随进度

5. 临时施工用房的投入计划

临时施工用房的投入计划见表 6-15。

表 6-15　临时施工用房投入计划

序号	名称	面积/m^2	用途
1	甲方、监理办公室	80(4 间)	甲方 1 间，监理 3 间
2	项目部办公室	180(9 间)	土建 3 间，装饰、幕墙、安装各 2 间
3	职工宿舍(食堂、淋浴、厕所)	640(32 间)	施工人员生活、起居
4	会议室(民工学校)	60(3 间)	共用
5	门卫	12(1 间)	进出工地值班管理
6	工具间	60(3 间)	施工工具、机具存放
7	配电房、电工间	40(2 间)	总配电间
8	标准养护室	20(1 间)	混凝土试块、砂浆试块养护
9	钢筋堆场	72	钢筋原材、半成品堆放
10	钢筋加工场	90	钢筋加工
11	木工棚	144	模板、木方加工
12	干拌砂浆罐区	40	砂浆搅拌生产
13	材料仓库	20	扎丝、钢钉、油漆等材料堆放保管
14	安装加工区	40	安装材料、半成品堆放及加工
	合计	1 498 m^2	

任务拓展

工程概况如任务 4(某 4 层教学楼工程)，依据表 4-9 编制好的施工进度计划，编制各项资源需用量计划。

任务7 设计施工现场平面布置图

▶任务提出

设计施工现场
平面布置图

设计5层砖混结构住宅楼施工现场平面布置图。

工程概况如任务2(5层砖混结构住宅楼工程)，设计施工现场平面布置图。

▶所需知识

单位工程施工平面布置图是施工组织设计的重要内容，也是现场文明施工、节约土地、降低施工费用的先决条件。施工平面布置图设计就是结合工程特点和现场条件，按照一定的设计原则，对施工机械、施工道路、材料构件堆场、临时设施和水电管线等进行平面规划和布置，并绘制成施工平面布置图。

7.1 施工现场平面布置图设计的内容

单位工程施工平面布置图的绘制比例一般为1∶100～1∶500。一般在图上应标明以下内容：

(1)建筑总平面上已建和拟建的地上、地下的一切建筑物、构筑物以及其他设施(道路和各种管线等)的位置和尺寸。

(2)垂直运输机械如塔式起重机、施工电梯、混凝土泵车、吊车等的布置位置、行驶路线，机械的规格型号、最大与最小起重量、起吊高度、回转半径，与建筑物之间的距离、安装高度等。

(3)临时设施围墙、现场出入口(大门)、门卫室、临时道路、临时用水管网、临时用电管网、洗车台、沉淀池、施工标牌等。临时道路与场外交通之间的联系。

(4)项目部办公区：办公室、会议室、停车场、旗台、管理人员宿舍、食堂、卫生间、淋浴间、洗衣房、活动室、农民工学校等。

(5)职工生活区：职工宿舍、食堂、开水房、小卖部、卫生间、淋浴间、洗衣房、活动室、阅览室、晾衣区等。

(6)生产区的各种生产设施：干拌砂浆罐及搅拌场地，各种原材料、半成品、构件堆放场地，钢筋加工棚、木工加工棚、标准养护室、机修间、工具房、材料仓库、变电站、加压泵房、周转材料堆放场地等。

(7)测量轴线及定位线标志，测量放线桩及永久水准点位置、地形等高线和土方取、弃场地。

(8)施工现场周围的环境。如施工现场临近的机关单位、道路和河流等情况。

(9)一切安全和消防设施的位置，如消防通道、消火栓位置及其他消防设施。

(10)图例、比例、方向及风向标记，如指北针、风向频率玫瑰图等。

7.2 设计的依据、原则与步骤

7.2.1 单位工程施工平面布置图的设计依据

在进行施工平面布置图设计前，首先认真研究施工方案，并对施工现场做深入细致地调查研究，然后对施工平面布置图设计所需要的原始资料认真收集、周密分析，使设计与施工现场的实际情况相符，从而使其确实起到指导施工现场空间布置的作用。单位工程施工平面布置图设计所依据的主要资料如下。

7.2.1.1 **设计和施工所依据的有关原始资料**

(1)自然条件资料：如气象、地形、水文及工程地质资料。主要用于确定临时设施的位置，布置施工排水系统，确定易燃、易爆及妨碍人体健康设施的位置，安排冬、雨期施工期间所需设施的地点。

(2)技术经济条件资料：如交通运输、水源、电源、物质资源、生活和生产基地情况等。这些技术经济资料，对布置水电管线、道路、仓库位置及其他临时设施等具有十分重要的作用。

7.2.1.2 **建筑结构设计资料**

(1)建筑总平面图：图上包括一切地上、地下拟建和已建的房屋和构筑物，据此可以正确确定临时房屋和其他设施位置，以及布置工地交通运输道路和排水等临时设施。

(2)地上和地下管线位置：在设计平面图时，应根据工地实际情况，对一切已有和拟建的地下、地上管道，考虑是利用还是提前拆除或迁移，并需注意不得在拟建的管道位置上修建临时建筑物或构筑物。

(3)建筑区域的竖向设计和土方调配图：建筑区域的竖向设计和土方调配图是布置水电管线，安排土方的挖填、取土或弃土地点的依据。

(4)建筑物的结施图、建施图，以了解建筑物平面尺寸、基础型式及埋深、主体结构型式、主要构件的大小及最大重量、建筑物高度等，以确定垂直运输机械的位置、规格型号(起重量、起重高度、回转半径)、附墙装置等。

7.2.1.3 **施工技术资料**

(1)单位工程施工进度计划：从中详细了解各个施工阶段的划分情况，以便分阶段进行施工现场平面布置。

(2)单位工程施工方案：据此确定起重机械的行走路线，其他施工机械的位置，吊装方案与构件预制、堆场的布置等，以便进行施工现场的总体规划。

(3)各种材料、构件、半成品、周转材料等需要量计划：用以确定材料仓库、堆场和加工棚的面积、尺寸和位置。

7.2.2 单位工程施工平面布置图的设计步骤

单位工程施工平面布置图设计的一般步骤如图 7-1 所示。

7.2.3 单位工程施工平面布置图的设计原则

单位工程施工平面布置图设计应遵循以下原则：

(1)在保证施工顺利进行的前提下，现场平面布置力求紧凑，尽可能少占施工用地。少占用

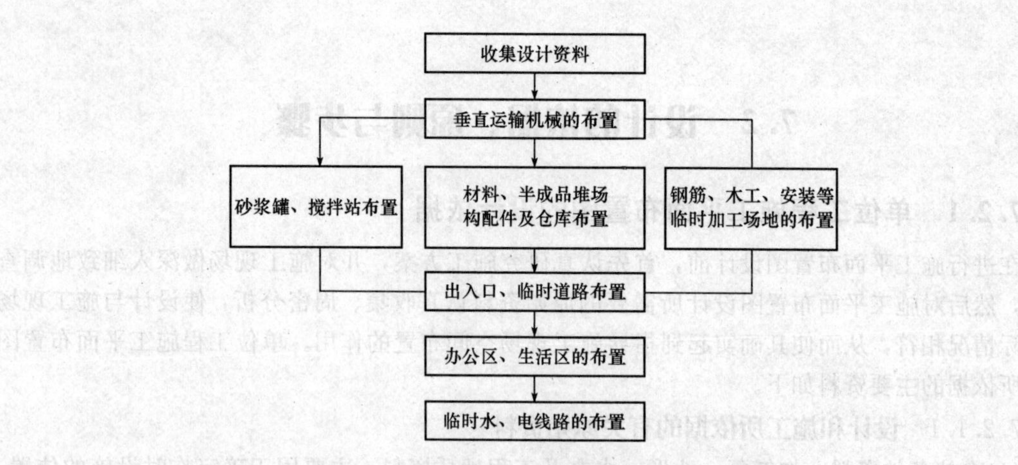

图 7-1　单位工程施工平面布置图的设计步骤

地除可以解决城市施工用地紧张的难题外，还可以减少场内运输距离和缩短管线长度，既有利于现场施工管理，又节省施工成材。通常可采用一些技术措施减少施工用地，如合理计算各种材料的储备量，某些预制构件采用平卧叠浇方案，尽量采用商品混凝土、干粉砂浆或湿拌砂浆施工，装配式结构构件根据进度计划安排采用随运随吊方案，临时办公用房可采用多层装配式活动板房或集装箱式活动板房等。

(2)在满足施工要求的条件下，尽量减少临时设施。合理安排生产流程，减少施工用的管线，尽可能地利用原有的建筑物或构筑物，降低临时设施的费用。

(3)最大限度地缩短场内运输距离，减少场内二次搬运。各种材料和构配件堆场、仓库位置、各类加工厂和各种机具的位置尽量应靠近使用地点，从而减少或避免二次搬运。

(4)各种临时设施的布置，应有利于施工管理和工人的生产和生活。如办公用房应靠近施工现场，福利设施应与施工区分开，设在施工现场附近的安静处，避免人流交叉。

(5)平面布置要符合劳动保护、环境保护、施工安全和消防的要求。木工棚、石油沥青卷材仓库应远离生活区，现浇石灰池、沥青锅应布置在生活区的下风处，主要消防设施、易燃易爆物品场所旁应有必要的警示标志。

单位工程施工平面布置图设计时，除考虑上述基本原则外，还必须结合施工方法、施工进度，设计几个施工平面布置方案，通过对施工用地面积、临时道路和管线长度、临时设施面积和费用等技术经济指标进行比较，择优选择。

7.3　垂直运输机械位置的确定

垂直运输机械的位置直接影响着仓库、搅拌站、材料堆场、半成品堆场、预制构件堆放位置以及场内临时道路、临时用水及临时用电管网的布置等。因此，垂直运输机械的布置是施工平面布置的核心，必须首先考虑。

由于各种起重机械的性能不同，其机械布置的位置也不同。总体来讲，起重机械的布置主要根据建筑物的平面形状和大小、施工段划分情况、材料来向、运输道路和吊装工艺等确定机械位置及机械性能。

常用的起重机械有塔式起重机(固定式、有轨式)、施工电梯、物料提升机、自行式起重机(轮胎式起重机、履带式起重机、汽车式起重机)、汽车泵、地泵等。

7.3.1 塔式起重机的布置

7.3.1.1 固定式塔式起重机

固定式塔式起重机的布置，主要根据机械性能、建筑物的形状和尺寸、施工段划分、起重高度、材料和构件重量、运输道路等情况而定。

布置的原则是：使用方便、安全，便于组织流水作业，便于楼层和地面运输，充分发挥起重机械的能力，并使其运距最短。

在具体布置时，应考虑以下几个方面：

(1)建筑物各部位的高度相同时，应布置在施工段的分界线附近；建筑物各部位的高度不相同或平面较复杂时，应布置在高低跨分界处或拐角处；当建筑物为点式高层建筑时，固定式塔式起重机应布置在建筑物中部或转角处。

(2)塔式起重机的装设位置应具有相应的装设条件，如具有可靠地基础并有良好的排水措施，塔身与建筑物结构有可靠地拉结与水平运输通道条件。

塔式起重机的安装位置一般宜设置在建筑物的外侧，也可以根据需要设置在建筑物内部，穿越建筑物楼层；对于超高层建筑可以在核心筒安装内爬式塔式起重机或在核心筒外侧安装自升式塔式起重机。

固定式塔式起重机基础设置：

(1)当地基土承载力能满足塔式起重机基础设计要求时，可采用天然地基。

(2)当地基土承载力不能满足塔式起重机基础设计要求时，可采用桩基础。

(3)当塔式起重机设置在拟建建筑物内部时，可利用建筑物工程桩、基础底板与塔式起重机基础相结合设置，需注意塔身穿越底板、地下室顶板时的防水措施。

(4)对于轻型塔式起重机，也可以采用预制装配式基础。

7.3.1.2 有轨式塔式起重机

有轨式塔式起重机是集起重、垂直提升、水平运输三种功能于一身的起重机械设备。一般按建筑物的长度方向布置，其位置尺寸取决于建筑物的平面尺寸和形状、构件重量、起重机的性能及四周的施工场地条件等。通常轨道的布置方式有单侧布置、双侧或环形布置、跨内单行布置和跨内环形布置 4 种方案，如图 7-2 所示。

1. 单侧布置

当建筑物宽度较小、构件质量不大、选择起重力矩在 50 kN·m 以下的塔式起重机时，可采用单侧布置形式，如图 7-2(a)所示。其优点是轨道长度较短，不仅可节省工程投资，而且有较宽敞的场地堆放构件和材料。当采用单侧布置时，其起重半径 R 应满足下式要求：

$$R \geqslant B+A \tag{7-1}$$

式中 R——塔式起重机的最大幅度(m)；

B——建筑物平面的最大宽度(m)；

A——建筑物外墙皮至塔轨中心线的距离(无外脚手架时)。

当设置有外脚手架时，①无阳台时，A＝脚手架距外墙距离＋脚手架宽度＋脚手架外侧至轨道中心线距离；②当有阳台时，A＝阳台宽度＋脚手架距外墙距离＋脚手架宽度＋脚手架外侧至塔式起重机轨道中心线距离。

2. 双侧或环形布置

当建筑物宽度较大、构件质量较大时，应采用双侧布置或环形布置起重机，如图 7-2(b)所

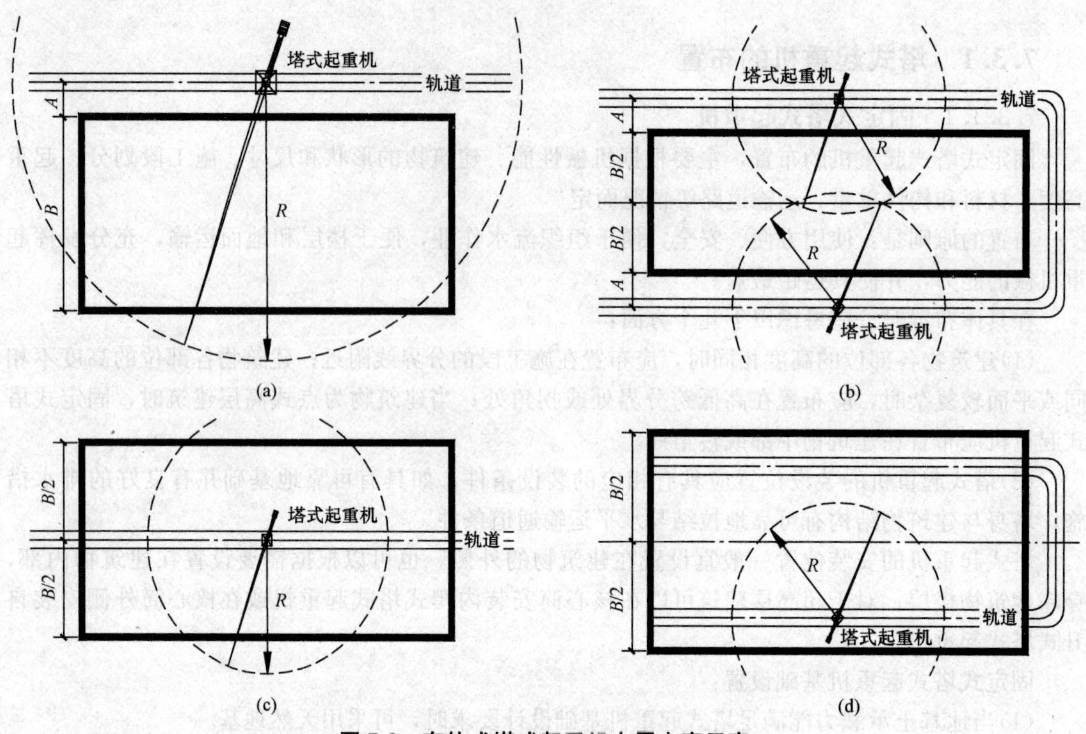

图 7-2　有轨式塔式起重机布置方案示意

示。此时，其起重半径 R 应满足下式要求：

$$R \geqslant \frac{B}{2}+A \tag{7-2}$$

3. 跨内单行布置

由于建筑物周围场地比较狭窄，不能在建筑物的外侧布置轨道，或由于建筑物较宽、构件质量较大时，采用跨内单行布置塔式起重机才能满足技术要求，如图 7-2(c)所示。此时，最大起重半径 R 应满足下式要求：

$$R \geqslant \frac{B}{2} \tag{7-3}$$

4. 跨内环形布置

当建筑物较宽、构件质量较大，采用跨内单行布置塔式起重机已不能满足构件吊装要求，且又不可能在建筑物周围布置时，可选用跨内环形布置，如图 7-2(d)所示。

可以看出，无论采取何种布置方式，有轨式起重机在布置时应满足以下 3 个基本要求：

(1)回转半径足够大，力争将构件和材料运送到建筑物的任何部位，尽量避免出现死角。

(2)争取布置成最大的服务范围、最短的塔轨长度，以降低工程费用。

(3)做好轨道路基四周的排水工作。

7.3.1.3　塔式起重机布置注意事项

1. 复核塔式起重机工作参数

塔式起重机的位置和型号确定之后，应对工作幅度(R)、起重高度(H)、起重量(Q)和起重力矩(M)等工作参数进行复核，看其是否能够满足建筑物吊装技术要求。

(1)工作幅度。起重机工作幅度又称回转半径或工作半径，是从塔式起重机回转中心线至吊钩中心线的水平距离，包括最大幅度和最小幅度两个参数。

对于小车变幅塔式起重机，其最大幅度是指小车在臂架端头时，自塔式起重机回转中心线至吊钩中心线的水平距离；而当小车处于臂根端点时，自塔式起重机回转中心线至吊钩中心线的水平距离为最小幅度。小车变幅臂架塔式起重机的最小幅度一般为2.5～4 m。

对于采用俯仰变幅臂架的塔式起重机，最大幅度是指当动臂处于接近水平或与水平夹角为15°时，从塔式起重机回转中心线至吊钩中心线的水平距离；当动臂仰成63°～65°角(个别可仰至85°角)时的幅度，则为最小幅度。俯仰变幅塔式起重机的最小幅度 L_{min} 相当于0.3～0.5L_0(L_0 为最大幅度)，当变幅速度为15～20 m/min时，取为0.5L_0；变幅速度为5～8 m/min时，取为0.3L_0。

建筑施工选择塔式起重机时，首先应考察该塔式起重机的最大幅度是否能满足施工需要。在确定塔式起重机的服务范围时，最好将建筑物的平面尺寸全部包括在塔式起重机的服务范围之内，以保证各种预制构件与建筑材料可以直接吊运到建筑物的设计部位。如果无法避免出现死角，则不允许在死角上出现吊装最重、最高的构件，同时要求死角越小越好。在确定吊装方案时，对于出现的死角，应提出具体的技术措施和安全措施，以保证死角部位的顺利吊装。

1)对于有轨式塔式起重机应具备的最大幅度，根据其布置方案，可按式(7-1)、式(7-2)和式(7-3)确定。

2)对于固定式塔式起重机应具备的最大幅度，可按图7-3计算：

$$R=\sqrt{\left(\frac{A}{2}\right)^2+(B+s)^2} \tag{7-4}$$

式中 R——塔式起重机的最大幅度(m)；

A——塔式起重机施工面计算长度(m)；

B——建筑物平面的最大宽度(m)；

s——塔式起重机中心距离建筑物外墙皮的距离(一般取4.5～6.0 m)。

(2)起重高度。起重机的起重高度必须满足所吊构件吊装高度要求(图7-4)，即

$$H\geqslant h_1+h_2+h_3+h_4 \tag{7-5}$$

式中 H——起重机的起升高度(m)，从停机面算起到吊钩支撑表面；

h_1——吊装构件支座表面高度(m)，从停机面算起；

h_2——吊装间隙(m)，视具体情况而定，但不小于0.3 m；

h_3——绑扎点至构件吊起后底面的距离(m)；

h_4——索具高度(m)，自绑扎点到吊钩支撑表面，视具体情况而定。

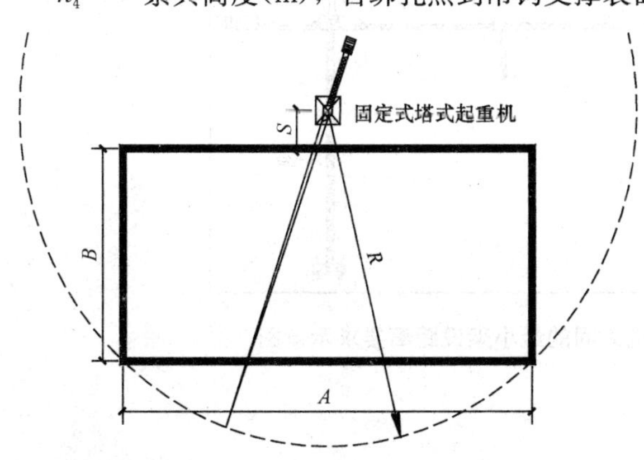

图7-3 固定式塔式起重机布置及幅度计算简图

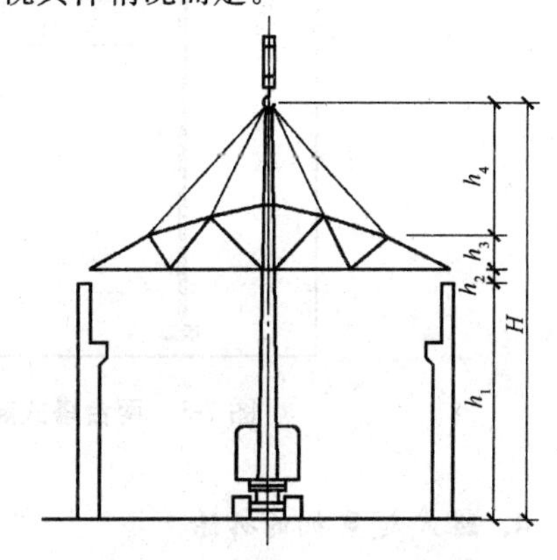

图7-4 起重高度计算简图

(3)起重量。起重机的起重量包括起吊的重物、吊索、吊具及容器的质量等。即

$$Q \geqslant Q_1 + Q_2 \tag{7-6}$$

式中 Q——起重机的起重量(kN)；

Q_1——构件的质量(kN)；

Q_2——吊具、索具的质量(kN)。

起重机的起重量有最大幅度时的起重量和最大起重量两个参数。起重量因幅度的改变而改变，因此，每台起重机都有自身的起重量与起重幅度的对应表(工作曲线表)。最大起重量的吊点必须在幅度较小的位置。

在进行塔式起重机选型时，必须依据拟建高层建筑的构造特点，构件、部件类型及重量，施工方法等，作出合理的选择，务求做到既能充分满足施工需要，又可取得最大经济效益。

(4)起重力矩。起重机的起重力矩要大于或等于吊装的构件或材料时所产生的最大力矩 M_{max}，其计算公式为

$$M \geqslant M_{max} = \max[(Q_i + q) \times R_i] \tag{7-7}$$

式中 M——起重机力矩(kN·m)；

Q_i——吊装的构件或材料的质量(kN)；

R_i——吊装的构件或材料的安装位置至塔式起重机回转中心的距离(m)；

q——吊具、索具的重量吊具(kN)。

2. 绘制塔式起重机的服务范围

以塔基为中心点，以塔式起重机最大工作幅度为半径画圆，该圆所包围的部分即为塔式起重机的服务范围，如图 7-3 所示。

3. 多台塔式起重机的布置

当采用 2 台或多台塔式起重机在同一施工现场交叉作业时，应编制专项方案，并应采取防碰撞的安全措施。任意两台塔式起重机之间的最小架设距离应符合下列规定(图 7-5)：

(1)低位塔式起重机的起重臂端部与另一台塔式起重机的塔身之间的距离不得小于 2 m；

(2)高位塔式起重机的最低位置的部件(吊钩升至最高点或平衡重的最低部位)与低位塔式起重机中处于最高位置部件之间的垂直距离不得小于 2 m。

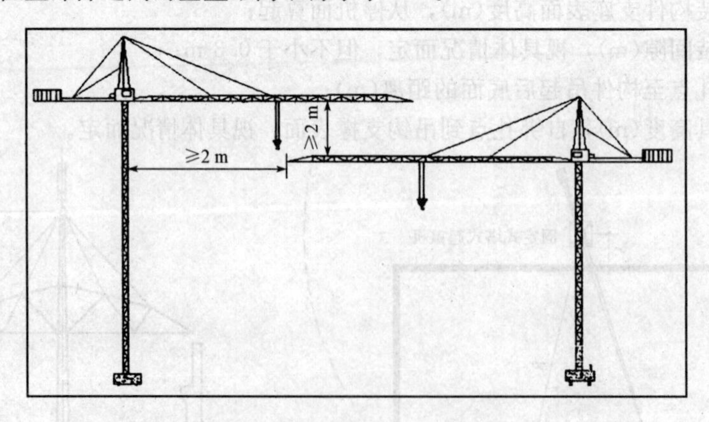

图 7-5　两台塔式起重机之间的最小架设距离要求示意图

4. 塔式起重机的拆除

在编制塔式起重机安装专项方案的同时应编制拆除方案。

在布置塔式起重机时，应考虑塔式起重机安装拆卸的场地；塔式起重机位置应有较大的空间，可以容纳安装、拆除塔式起重机所用汽车起重机的工作需要。

7.3.2 自行式起重机

自行式起重机一般常分为履带式、轮胎式和汽车式起重机三种。

这类起重机一般不作垂直提升运输和水平运输之用，专作构件装卸和起吊各种构件之用，既适用于装配式单层工业厂房主体结构的吊装，也可用于混合结构大梁及楼板等较重构件的吊装。

其吊装的开行路线及停机位置，主要取决于建筑物的平面形状、构件质量、吊装高度、回转半径和吊装方法等，尽量使起重机在工作幅度内能将建筑材料和构件运送到操作地点，避免出现死角。

7.3.3 外用施工电梯

外用施工电梯又称人货两用电梯，是一种安装在建筑外部，施工期间用于运送施工人员及建筑材料的垂直提升机械。外用施工电梯是高层建筑施工中不可缺少的重要设备之一。在施工时应根据建筑类型、建筑面积、运输量、工期及电梯价格、供货条件等选择外用电梯，其布置的位置应方便人员上下和物料集散，便于安装附墙装置，并且由电梯口至各施工处的平均距离应较短等。

7.3.4 龙门架及井架物料提升机

龙门架及井架物料提升机主要用于建筑物的二次结构和装饰装修阶段施工，用于建筑材料的垂直运输。其布置主要根据机械性能、建筑物的形状和尺寸、施工段划分、起重高度、材料和构件质量、运输道路等情况而定。其布置的原则是：使用方便、安全，便于组织流水作业，便于楼层和地面运输，充分发挥起重机械的能力，并使其运距最短。在具体布置时，应考虑以下几个方面：

(1)建筑物各部位的高度相同时，应布置在施工段的分界线附近；建筑物各部位的高度不相同或平面较复杂时，应布置在高低跨分界处或拐角处；当建筑物为点式高层建筑时，固定式塔式起重机应布置在建筑物中部或转角处。

(2)采用龙门架及井架物料提升机时，其位置以布置在窗间墙处为宜，以减小墙体留槎和拆除后的墙体修补工作。

(3)龙门架及井架物料提升机的数量，要根据施工进度、垂直提升构件和材料的数量、台班工作效率等因素计算确定，其服务范围一般为 50～60 m。

(4)龙门架及井架物料提升机所用的卷扬机位置不能离物料提升机太近，一般应大于或等于建筑物的高度，以便使操作员能够比较容易地看到整个升降过程。

(5)龙门架及井架物料提升机应立在外脚手架之外，并有 5～6 m 的距离为宜。

7.3.5 混凝土输送泵

混凝土输送泵是利用压力将混凝土沿管道连续输送的机械，能一次完成水平运输和垂直运输。其由泵体和输送管组成。混凝土输送泵分为汽车泵和拖式混凝土泵，简称拖泵(也称地泵)。

汽车泵是将泵体装在汽车底盘上，再装备可伸缩或曲折的布料杆，就组成泵车。按其臂架高度可分为短臂架(13～28 m)、长臂架(31～47 m)、超长臂架(51～62 m)。汽车泵通常用于地下结构、多层建筑和高层建筑地上8层以下混凝土施工。

拖式混凝土泵通常用于地面8层以上混凝土施工，配以布料杆或布料机还可有效地进行布料和浇筑，在高层建筑施工中已得到广泛应用。选择拖式混凝土泵通常要考虑泵车输送到工作面的水平距离、垂直距离及管道阻力损失，以选择泵车的最大输送压力(MPa)、额定功率(kW)和最大理论排量(m^3/h)。

选择混凝土泵时，应根据工程结构特点、施工组织设计要求、泵的主要参数及技术经济比较进行选择。

在使用中，混凝土泵设置处应场地平整坚实，具有重车行走条件；道路畅通，供料方便，距离浇筑地点近，便于配管；停放位置有排水设施，供水供电方便，便于清洗；在混凝土泵作用范围内不得有障碍物、高压电线等，同时有防范高空坠物措施。

7.4 临时设施的布置

临时设施分为生产区生产性临时设施(如钢筋加工棚、木工棚、配电房、工具间、材料仓库、维修间、材料及构件堆场等)、项目部办公区(如办公室、会议室、农民工学校、食堂、浴室、卫生间等)和职工生活区生活性临时设施(如职工宿舍、食堂、小卖部、浴室、开水房、卫生间、文娱室等))三大类。

临时设施的布置原则是使用方便、有利施工、合并搭建、安全防火。一般应按以下方法布置：

(1)生产性临时设施(钢筋加工棚、木工棚、配电房、工具间、材料仓库、维修间、材料及构件堆场等)的位置宜布置在拟建建筑物四周、基坑边坡安全距离以外的地方，及地下土方回填完成后，材料、构件的堆放场地可以向在建建筑物靠近布置，并布置在垂直运输机械的回转半径范围之内，避免并减少场内二次倒运。

(2)项目部办公区应靠近施工现场，并宜设在工地入口处；条件许可的情况下可与职工生活区分开设置。

(3)职工生活区应布置在相对安全、安静的上风向一侧，减少施工对工人休息的影响。职工生活区食堂应设置隔油池，卫生间应设置化粪池，生活废水必须经处理后方可排入城市污水管网。

(4)工地实行封闭式管理，设置硬质围挡进行封闭，合理设置出入口与外部道路连接，出入口处应设置大门和门卫室，进行出入管理。

(5)出入口处应设置洗车台和二级沉淀池，污水经沉淀处理后方可排入城市污水管网。

7.4.1 搅拌站的设置

目前，混凝土已经实现工厂化生产，以商品混凝土的形式应用于施工。砂浆分为干粉砂浆和湿拌砂浆，也已实现工厂化生产。当工地选用干粉砂浆时，应在现场设置干粉砂浆罐，并布置临时用水，为防止停水，可在干粉砂浆罐旁边设置蓄水池。

干粉砂浆搅拌站的位置要根据房屋类型、现场施工条件、起重运输机械和运输道路的位置等来确定。搅拌站应尽量靠近使用地点或在起重机的服务范围以内，使水平运输距离最短，并考虑到运输和装卸料的方便。

7.4.2 加工场、材料及周转工具堆场、仓库的布置

加工场、材料及周转工具堆场、仓库的布置，应根据施工现场的条件、工期、施工方法、

施工阶段、运输道路、垂直运输机械和搅拌站的位置及材料储备量综合考虑。

1. 加工场

施工现场加工作业棚主要包括各种加工棚、料具仓库等，如钢筋加工棚、木工加工棚、安装加工棚等。其结构形式根据使用期限长短和建设地区经济条件而定，一般使用期限较短者，宜使用简易结构，如钢管架＋双层防护棚；使用期限较长者，宜采用可装拆式活动板房或砖木、砖石结构。

考虑原材料堆放、加工后的半成品堆放及垂直运输。加工棚宜布置在拟建建筑物垂直运输机械的回转半径范围之内，避免并减少场内二次倒运。加工作业棚的面积大小参考表 7-1。

表 7-1　现场作业棚面积计算指标

序号	名称	面积	堆场占地面积	序号	名称	面积
1	钢筋作业棚	3 m²/人	棚的 3～4 倍	6	搅拌棚	10～18 m²/台
2	焊工房	20～40 m²/台		7	电工房	15 m²
3	木工作业棚	2 m²/人	棚的 3～4 倍	8	油漆工房	15 m²
4	电锯房	40～80 m²		9	机修工房	20 m²
5	卷扬机棚	6～12 m²/台		10	养护室	15～20 m²

2. 堆场和库房

堆场和库房的面积(m²)可按下式计算：

$$F=\frac{q}{P} \tag{7-8}$$

式中　F——堆场或仓库面积(包括通道面积)；

P——每平方米堆场或仓库面积上可存放的材料数量，见表 7-2；

q——材料储备量，可按下式计算：

$$q=\frac{nQ}{T} \tag{7-9}$$

式中　n——储备天数；

Q——计划期内的材料需要量；

T——需用该材料的施工天数，大于 n。

表 7-2　仓库及堆场面积计算用参数表

序号	材料名称	单位	储备天数 n/d	每平方米储备量 P	堆置高度/m	仓库类型	备注
1	水泥	t	20～40	1.4	1.5	库房	
2	石、砂	m³	10～30	1.2	1.5	露天	
3	石、砂	m³	10～30	2.4	3.0	露天	
4	石膏	t	10～20	1.2～1.7	2.0	棚	
5	砖	千块	10～30	0.5～0.7	1.5	露天	
6	卷材	卷	20～30	0.8	1.2	库房	
7	钢管 ϕ200	t	30～50	0.5～0.7	1.2	露天	
8	钢筋成品	t	3～7	0.36～0.72		露天	

续表

序号	材料名称	单位	储备天数 n/d	每平方米储备量 P	堆置高度/m	仓库类型	备注
9	钢筋骨架	t	3～7	0.28～0.36		露天	
10	钢筋混凝土板	m^3	3～7	0.14～0.24	2.0	露天或棚	
11	钢模板	m^3	3～7	10～20	1.8	露天	
12	钢筋混凝土梁	m^3	3～7	0.3	1～1.5	露天	
13	钢筋混凝土柱	m^3	3～7	1.2	1.2～1.5	露天	
14	大型砌块	m^3	3～7	0.9	1.5	露天	
15	轻质混凝土	m^3	3～7	1.1	2.0	露天	

根据起重机械的类型，搅拌站、加工场地、材料及周转工具堆场、仓库的布置有以下几种：

(1)当起重机的位置确定后，再确定搅拌站、加工场、材料及周转工具堆场、仓库的位置。材料、构件的堆放应在固定式起重机械的服务范围内，避免产生二次搬运。

(2)当采用固定式垂直运输机械时，首层、基础和地下室所用的材料，宜沿建筑物四周布置，并距坑、槽边的距离不小于0.5 m，以免造成坑(槽)土壁的塌方事故；2层以上的材料、构件，应布置在垂直运输机械的附近。

(3)当多种材料和构件同时布置时，对大量的、质量大的和先期使用的材料，应尽可能靠近使用地点或起重机械附近布置；而少量的、质量小的和后期使用的材料，可布置得稍远一些。砂浆搅拌机，应尽量靠近垂直运输机械。

(4)当采用自行有轨式起重机械时，材料和构件堆场位置及搅拌站的出料口位置，应布置在自行有轨式起重机械的有效服务范围内。

(5)当采用自行无轨式起重机械时，材料和构件堆场位置及搅拌站的位置，应沿着起重机的开行路线布置，同时堆放区距起重机开行路线不小于1.5 m，且其所在的位置应在起重臂的最大起重半径范围内。

(6)采用干粉砂浆时，砂浆罐及砂浆搅拌机应就近建筑物及垂直运输机械布置。

(7)预制构件的堆放位置要考虑到其吊装顺序，力求做到送来即吊，避免二次搬运。

(8)按不同施工阶段使用不同材料的特点，在同一位置上可先后布置不同的材料。如砖混结构基础施工阶段，建筑物周围可堆放毛石，而在主体结构施工阶段，在建筑物周围可堆放标准砖。

3. 办公区、生活区用房

办公区、生活区临时用房一般宜采用岩棉夹芯彩钢板活动板房，或集装箱式彩钢板活动板房，或砖石结构，应满足一定防火要求。

办公区、生活区临时用房面积参考定额，见表7-3。

表7-3　临时宿舍、文化福利、行政管理房屋面积定额

序号	办公区、生活区临时用房名称	面积定额参考/($m^2 \cdot 人^{-1}$)
1	办公室	3.5
2	单层宿舍(双层床)	2.6～2.8
3	食堂兼礼堂	0.9
4	医务室	0.06(≥30)

续表

序号	办公区、生活区临时用房名称	面积定额参考/(m^2・人$^{-1}$)
5	浴室	0.10
6	文娱室	0.10
7	门卫室	6～8

4. 围挡

施工现场应实行封闭式管理，施工围挡设计应遵循以下规定：

(1)围挡宜选用彩钢板、砌体等硬质材料搭设，禁止采用彩条布、竹笆、安全网等易变质材料，应做到坚固、平稳、整洁、美观。

(2)围挡的高度。

市区主要路段、闹市区：　$h \geqslant 2.5$ m；

市区一般路段：　$h \geqslant 2.0$ m；

市郊或靠近市郊：　$h \geqslant 1.8$ m。

(3)围挡的设置必须沿着工地四周连续设置，不能留有缺口。

(4)彩钢板围挡应符合下列规定：

1)围挡高度不宜超过 2.5 m；

2)当围挡高度超过 1.5 m 时，宜设置斜撑，斜撑与地面的夹角宜为 45°；

3)立柱的间距不宜大于 3.6 m；

(5)砌体围挡不应采用空斗墙砌筑方式。墙厚度大于 200 mm 时，应在两端设置壁柱，柱距小于 5.0 m，壁柱尺寸不宜小于 370 mm×490 mm，墙柱间设置拉结钢筋 Φ6@200，伸入两侧墙长度≥1.0 m。

(6)墙体长度大于 30 m 时，宜设置变形缝，变形缝两侧应设置端柱。

5. 标牌

施工现场大门门头及大门两侧应设置企业标识和安全宣传标语。

施工现场大门口一侧应设置整齐明显的“八牌二图”，“八牌”包括工程概况牌、组织机构牌(管理人员名单及监督电话)、安全生产牌、消防保卫牌、文明施工牌、文明施工承诺牌、建设工地扬尘污染防治公示牌、农民工权益保障牌；“二图”包括施工平面布置图、安全警示图。

施工现场临时道路路口应设置导向牌。进入施工现场生产区的醒目处应设置：重大危险源公示牌、现场事故应急救援公示牌。

施工现场显著位置宜设置宣传栏、读报栏和黑板报等宣传园地。

现场各种加工棚应悬挂安全操作规程、安全警示标志和安全宣传标语；进入在建建筑物的安全通道、外脚手架应在醒目处悬挂安全警示标志(警告标志、禁止标志、指示标志、指令标志)和安全宣传标语等。

7.5 临时道路的布置

现场主要运输的临时道路应尽可能利用永久性道路，或预先修建好规划的永久性道路的路基，在土建工程结束之前再铺筑路面。

现场主要临时运输道路的布置应按照材料和构件运输的需要，沿着堆场和仓库进行布置并与场外社会道路衔接，保证行驶畅通，并有足够的转弯半径。临时运输路线最好围绕建筑物布置成环形道路，不能形成环形道路时，应在路端头设置车辆掉头场地。临时道路布置应满足消防要求，靠近建筑物、木工加工厂等易发生火灾的地方。临时道路的主干道路和一般道路的最小宽度不得低于表7-4中的规定。

表7-4　施工现场临时道路最小宽度

序号	车辆类型及要求	道路宽度/m
1	汽车单行道	≥3.0(消防车道≥4.0)
2	汽车双行道	≥6.0
3	平板拖车单行道	≥4.0
4	平板拖车双行道	≥8.0

主干道要满足混凝土罐车、汽车泵、钢筋运输车、构件运输车辆等重车行走的需要，路面应采用混凝土进行硬化处理，路基应采用毛石、碎石、卵石等集料进行碾压处理。一般路面可以采用级配砾石路面或碎石或炉渣路面，路基应进行碾压处理。

道路两侧一般应结合地形设置排水沟，沟深不得小于0.4 m，底宽不小于0.3 m。在布置道路时应尽量避开地下管道，以免管线施工时使道路中断。

7.6　临时供水、供电设施的布置

7.6.1　临时用水的布置

现场临时供水包括生产、生活和消防等，通常施工现场临时用水应尽量利用工程的永久性供水系统，以减少临时供水费用。因此，在做施工现场准备工作时，应先修建永久性给水系统的干线，至少把干线修至施工工地入口处。若施工对象为高层建筑，必要时可增加高压泵以保证施工对水压的要求。

(1)施工用临时给水管一般由建设单位的干管或自行设置的干管接到用水地点，布置时力求管网的总长度最短。管线不应布置在将要修建的建筑物或室外管沟处，以免这些项目施工时因切断水源而影响施工用水。管径的大小和水龙头的数量，应根据工程规模大小和实际需要经计算确定。管道最好铺设于地下，防止机械在其上行走时将其压坏。施工水网的布置形式有环形、枝形和混合式三种。

(2)供水管网应按防火要求布置室外消火栓，消火栓应沿道路设置，距路边不应大于2 m，距建筑物外墙应不小于5 m，也不得大于25 m，消火栓的间距不得超过120 m，工地消火栓应设有明显的标志，且周围2 m以内不准堆放建筑材料和其他物品，室外消火栓管径不得小于100 mm。

(3)为保持干燥环境中施工，提高生产效率，缩短施工工期，应及时排除地面水和地下水，修通永久性下水道，并结合施工现场的地形情况，在建筑物的周围设置排泄地面水和地下水的沟渠。

(4)为防止用水的意外中断，可在建筑物附近设置简易蓄水池，储备一定数量的生产用水和消防用水。

7.6.2　施工用电的布置

随着机械化程度的不断提高，施工中的用电量也在不断增加。因此，施工用电的布置关系到工程质量和施工安全，必须根据需要，符合规范和总体规划，正确计算用电量，并合理选择电源。

(1)为了维修方便，施工现场一般应采用架空配电线路。架空配电线路与施工建筑物的水平距离不小于 10 m，与地面距离不小于 5 m，跨越建筑物或临时设施时，垂直距离不小于 2.5 m。

(2)现场供电线路应尽量架设在道路的一侧，以便线路维修；架设的线路尽量保持水平，以避免电杆和电线受力不均；在低压线路中，电杆的间距一般为 25～40 m；分支线及引入线均应由电杆处接出，不得在两杆之间接线。

(3)单位工程的施工用电，应在全工地性施工总平面图中进行布置。一般情况下，计算出施工期间的用电总量，提供给建设单位解决，不另设变压器。独立的单位工程施工时，应当根据计算出的施工总用电量，选择适宜的变压器，其位置应远离交通要道口处，布置在施工现场边缘高压线接入处，距地面大于 30 cm，在四周 2 m 外用高于 1.7 m 钢丝网围绕，以避免发生危险。

施工平面布置图是对施工现场科学合理的布局，是保证单位工程工期、质量、安全和降低成本的重要手段。施工平面布置图不但要设计好，而且应管理好，忽视任何一方面，都会造成施工现场混乱，使工期、质量、安全受到严重影响。因此，加强施工现场管理对合理使用场地，保证现场运输道路、给水、排水、电路的通畅，建立连续均衡的施工顺序，都有很重要的意义。要做到严格按施工平面布置图布置施工道路，水电管网、机具、堆场和临时设施；道路、水电应有专人管理维护；各施工阶段和施工过程中应做到工完料尽、场清；施工平面布置图必须随着施工的进展及时调整补充，以适应变化情况。

必须指出，建筑施工是一个复杂多变、动态的生产过程，各种施工机械、材料、构件等，随着工程的进展而逐渐进场，又随着工程的进展而不断消耗、变动，因此，工地上的实际布置情况会随时改变，如基础施工、主体施工、装饰施工等各阶段在施工平面布置图上是经常变化的；同时，不同的施工对象，施工平面布置图布置也不尽相同。但是对整个施工期间使用的一些主要道路、垂直运输机械、临时供水供电线路和临时房屋等，则不要轻易变动，以节省费用。例如，工程施工如果采用商品混凝土，混凝土的制备可以在场外进行，这样现场的平面布置就显得简单多了；对于大型建筑工程，施工期限较长或建设地点较为狭小的工程，要按不同的施工阶段分别设计几张施工平面布置图，以便更有效地知道不同施工阶段的平面布置；对于较小的建筑物，一般按主要施工阶段的要求来布置施工平面布置图即可。设计施工平面布置图时，还应广泛征求各专业施工单位的意见，充分协商，以达到最佳布置。

7.7　施工现场平面布置图案例

某市检察院办案和专业技术用房建设项目工程，总建筑面积为 15 982 m^2，其中，地上建筑面积为 10 010 m^2；地下建筑面积为 5 972 m^2。建筑地上 5 层，地下 1 层，建筑高度为 21.78 m。主要功能是人防地下室，办案和专业技术用房。

工程基础设计为柱下独立基础加防水筏板基础，地下室结构为框架-剪力墙结构，地上为框架结构，混凝土最高强度等级为 C35，最大抗渗等级为 P6，结构钢筋采用 HPB300、HRB335 及 HRB400 三种。

该工程施工平面布置图分为两个阶段，地下施工阶段和地上施工阶段。地下施工阶段主要为土建地基与基础工程施工、安装管线预留预埋和防雷接地施工服务，地上施工阶段主要为主体结构、屋面工程、装饰装修工程、保温节能施工、管线预留预埋和安装施工服务。各阶段施工平面布置图如图 7-6 和图 7-7 所示。

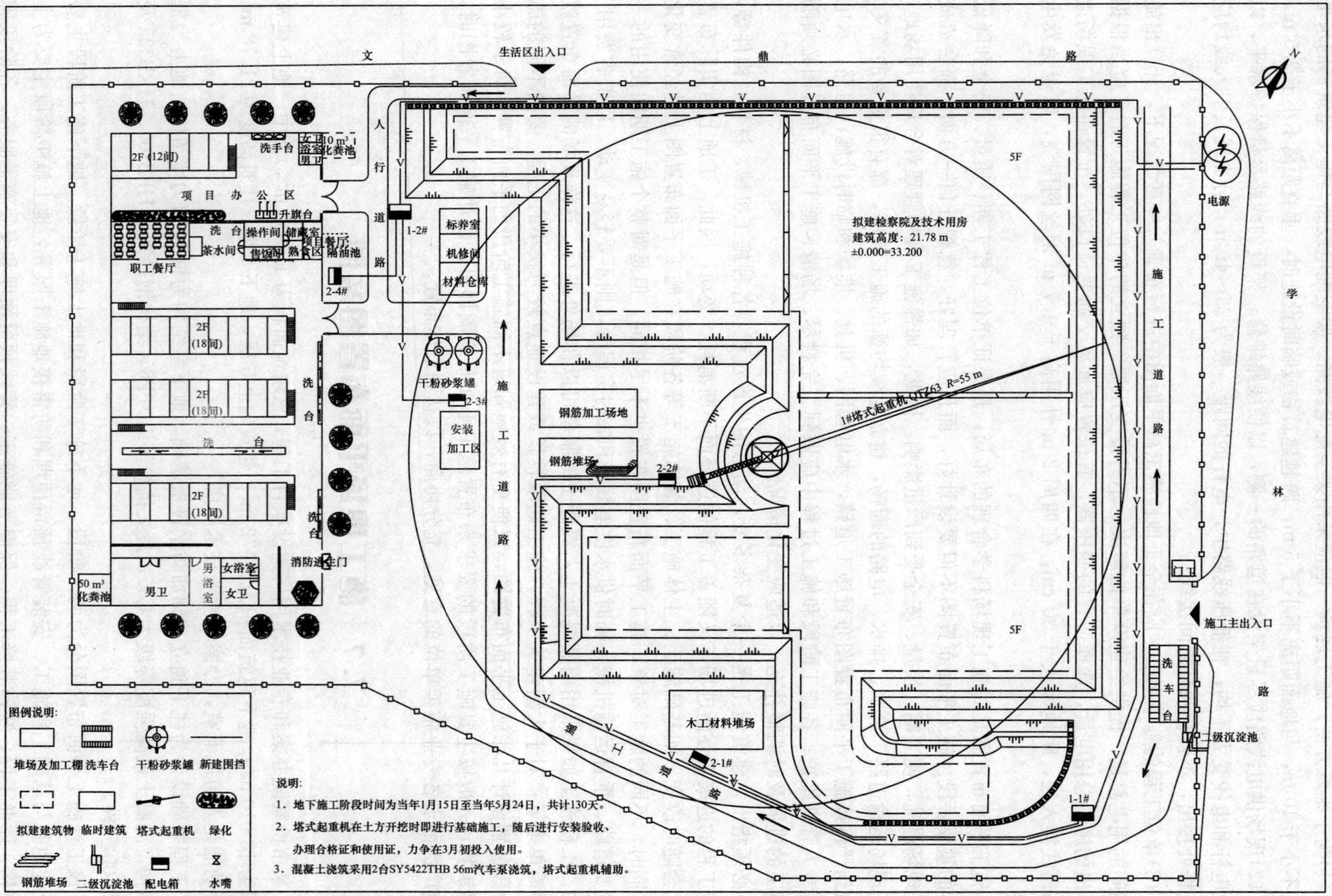
文
鼎
路
生活区出入口
学
林
路
施工主出入口
电源
5F
5F
拟建检察院及技术用房
建筑高度：21.78 m
±0.000=33.200
1#塔式起重机 QTZ63 R=55 m
施
工
道
路
人
行
道
路
1-1#
1-2#
2-1#
2-2#
2-3#
2-4#
标养室
机修间
材料仓库
干粉砂浆罐
安装
加工区
钢筋加工场地
钢筋堆场
木工材料堆场
洗车台
二级沉淀池
2F (12间)
2F (18间)
2F (18间)
2F (18间)
洗手台
女卫
浴室
男卫
10 m³
化粪池
项 目 办 公 区
升旗台
洗台
操作间
储藏室
售饭间
茶水间
职工餐厅
项目餐厅
熟食区
隔油池
洗台
洗台
消防通道门
50 m³
化粪池
男卫
男浴室
女浴室
女卫
图例说明：
堆场及加工棚
洗车台
干粉砂浆罐
新建围挡
拟建建筑物
临时建筑
塔式起重机
绿化
钢筋堆场
二级沉淀池
配电箱
水嘴
说明：
1. 地下施工阶段时间为当年1月15日至当年5月24日，共计130天。
2. 塔式起重机在土方开挖时即进行基础施工，随后进行安装验收、办理合格证和使用证，力争在3月初投入使用。
3. 混凝土浇筑采用2台SY5422THB 56m汽车泵浇筑，塔式起重机辅助。

图 7-6 地下施工阶段施工平面布置图

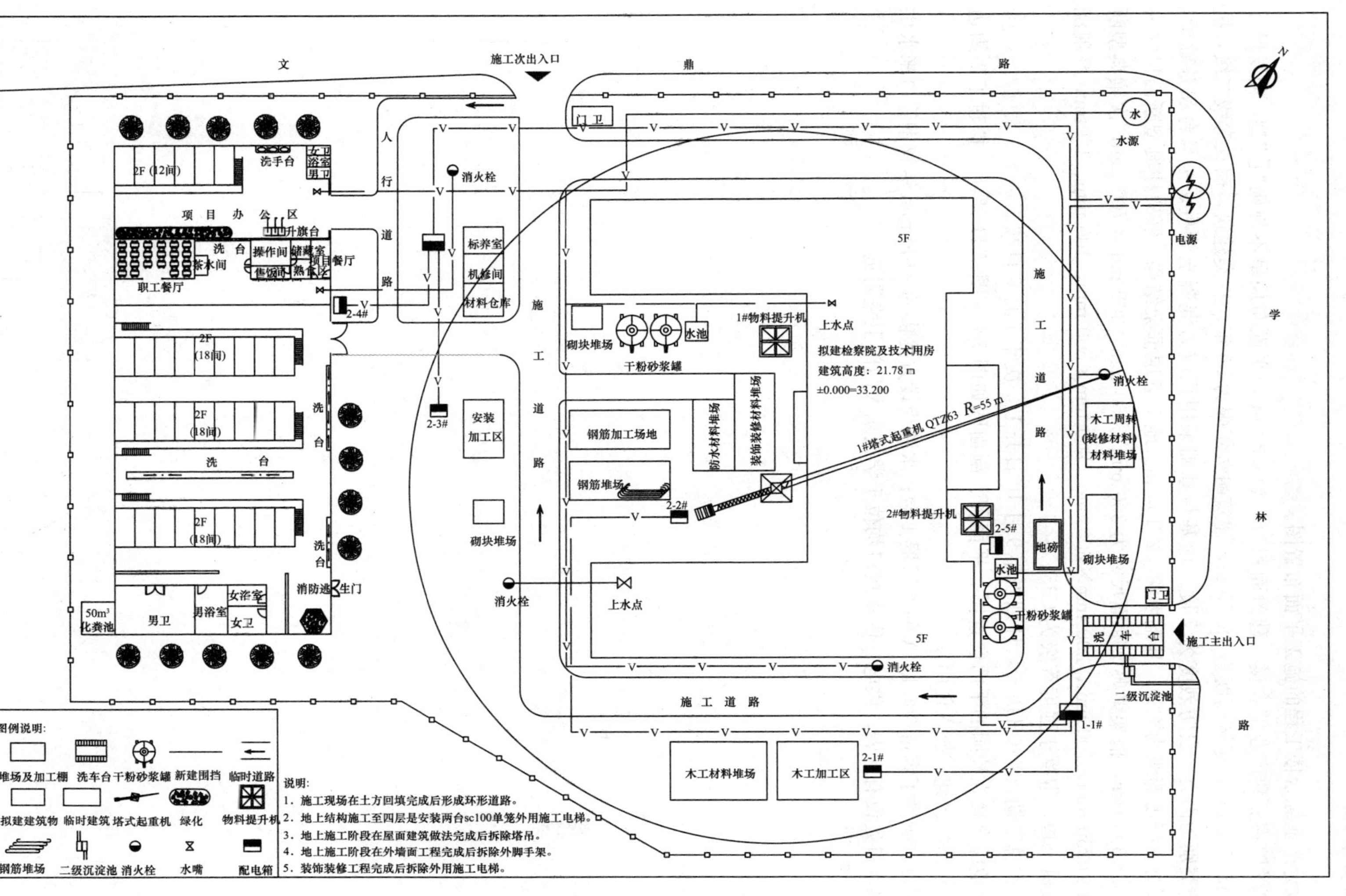

图 7-7　地上施工阶段施工平面布置图

任务拓展

设计产业综合楼工程的施工平面布置图。

某学院拟新建产业综合楼，建筑面积为 7 443.32 m^2，平面布局呈不规则“[”型，轴线尺寸为 49 m×54.3 m，建筑高度为 18.55 m，建筑耐久年限为 50 年，三类建筑，耐火等级二级，抗震设防类别为丙类、设防烈度为 7 度。地基与基础采用预应力混凝土管桩、桩承台和基础梁，基础混凝土强度等级为 C30，基础埋深－2.100 m。地上五层框架结构，框架柱典型断面尺寸为 600 mm×600 mm，框架梁典型断面尺寸为 300 mm×650 mm、300 mm×700 mm，次梁典型断面尺寸为 250 mm×700 mm、200 mm×600 mm、200 mm×500 mm，100 mm、120 mm 厚现浇钢筋混凝土板，混凝土强度等级为 C35。

工程总工期：300 日历天，计划当年 9 月 10 日开工，次年 7 月 6 日竣工。

产业综合楼在校园的平面位置图、平面图、剖面图如图 7-8～图 7-11 所示。拟建工程周边建筑、道路均已建成投入使用。

建设方所供了容量 300 kVA 的变压器 1 台；水源为设方提供的 ϕ100 mm 镀锌钢管自来水供水，供水口处设有水表；供电、供水接口均位于学校东大门门卫室附近。

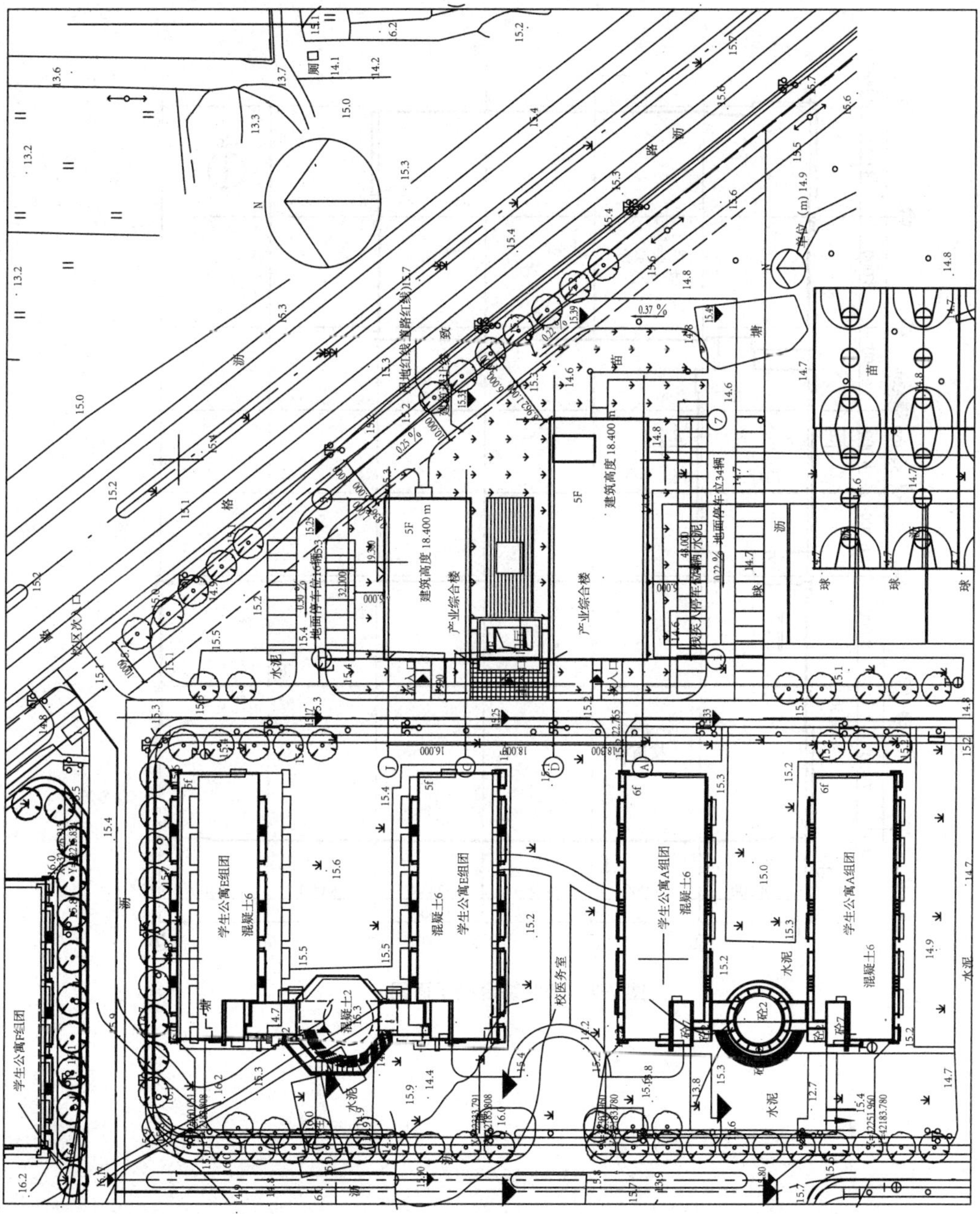

图 7-8 产业综合楼在校园的平面位置图

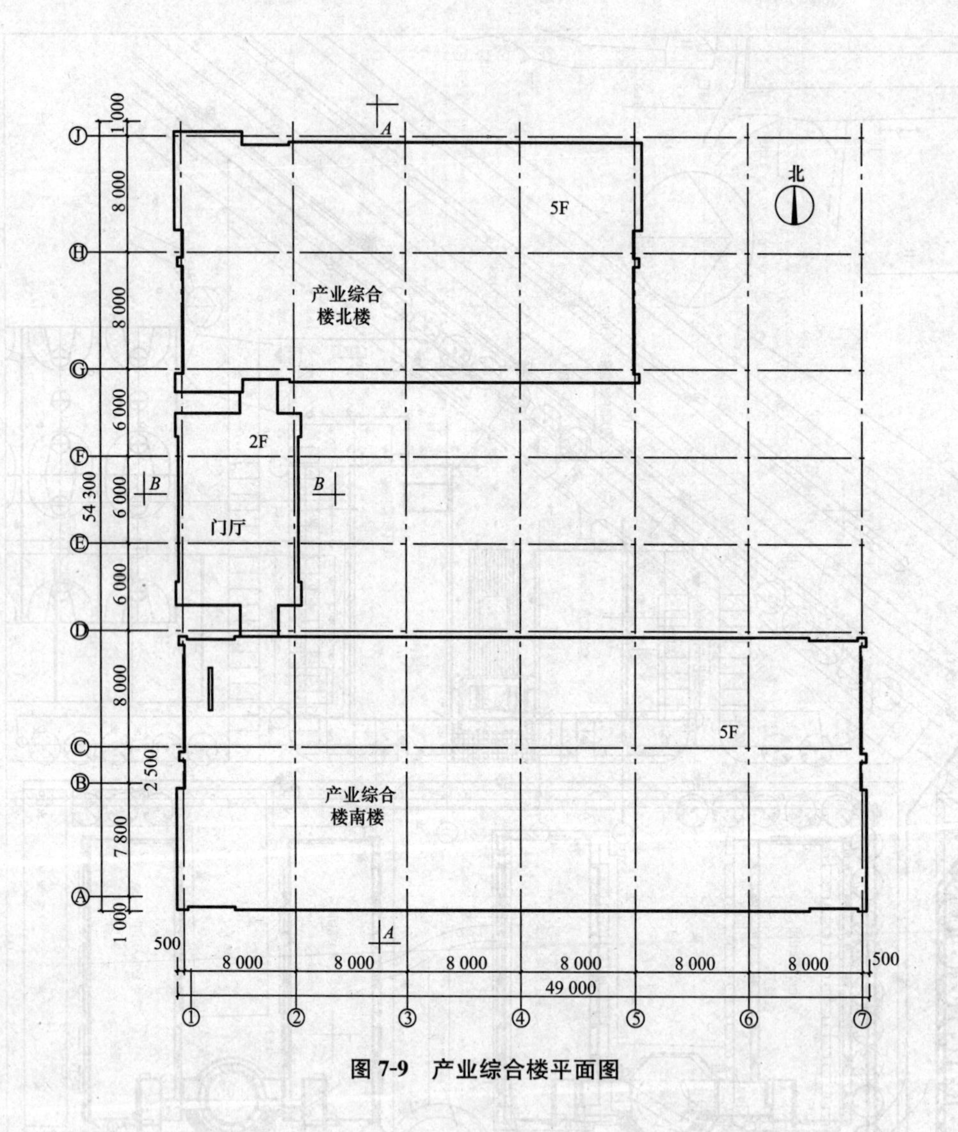

图 7-9　产业综合楼平面图

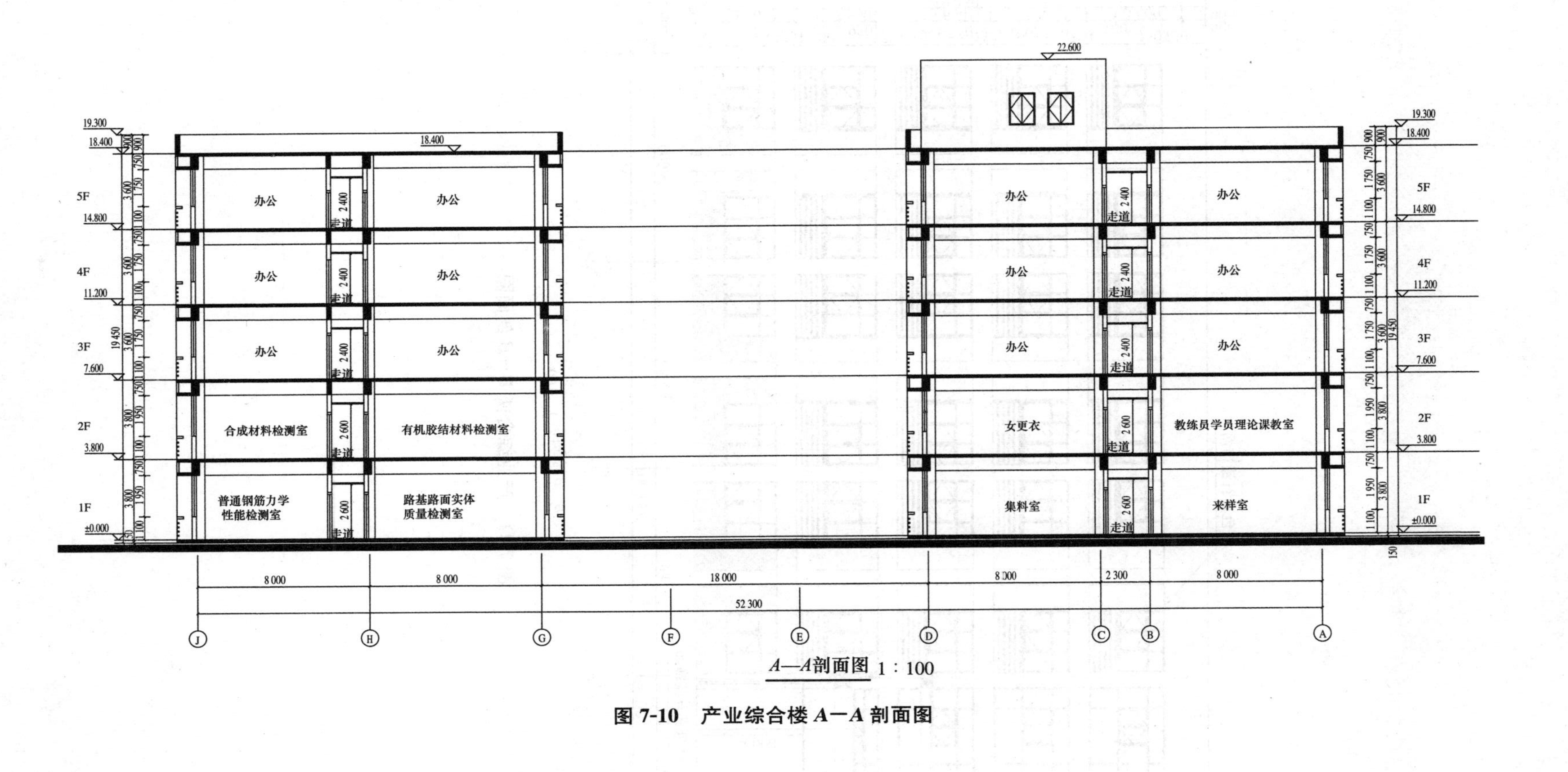

图 7-10 产业综合楼 A—A 剖面图

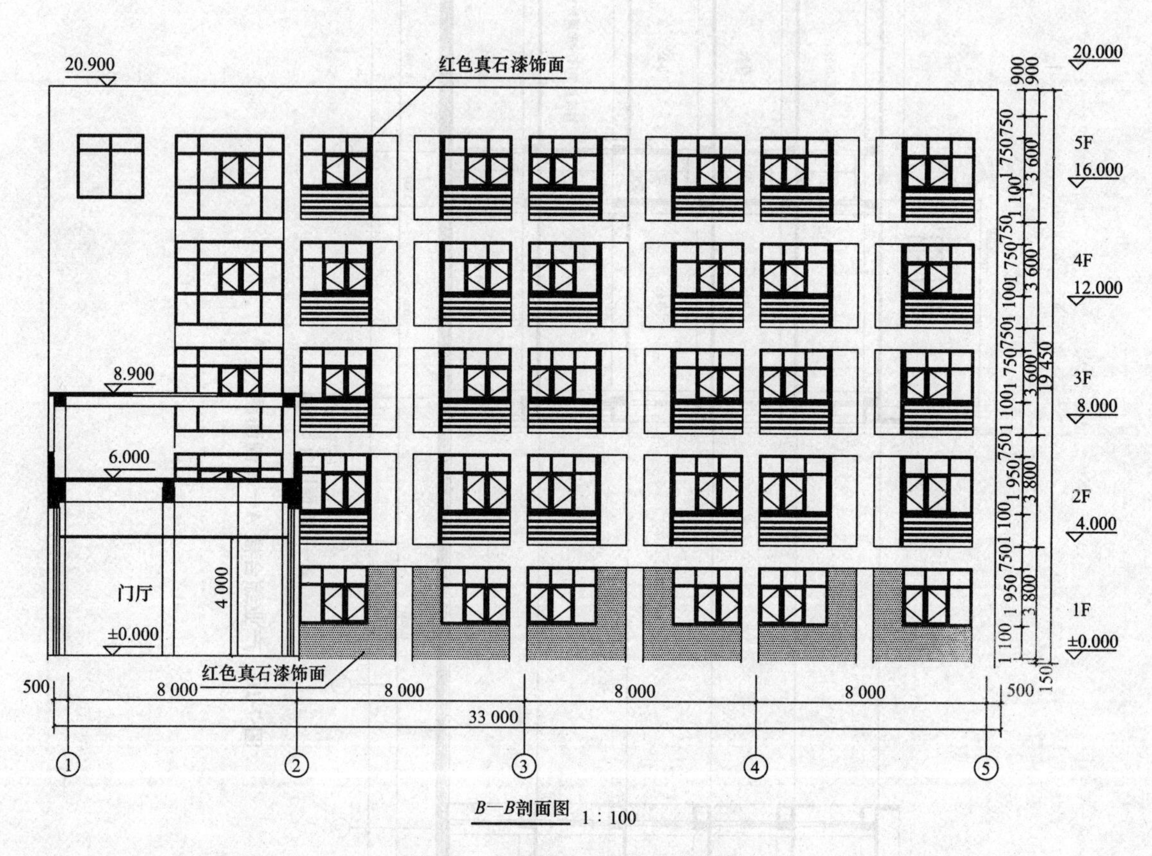

B—B剖面图 1∶100

图 7-11　产业综合楼 B—B 剖面图

模块三　建筑群施工组织总设计

任务8　编制群体工程施工总体部署

▶任务提出

编制群体工程施工总体部署

编制学院新校区施工总体部署。

依据以下工程概况，编制学院新校区施工总体部署。本工程为某学院新校区群体建筑，工程建设计划分两期，一期工程总占地面积为138 122 m^2。

1. 工程整体布局

整个学院布局规划呈长方形状，四面临马路，设有北门和南门两大门。

本工程基本上以南北中轴线对称布置，根据使用性质不同，分为行政管理区、教学区、居住区及配套建筑和体育训练场四大部分。东面是体育训练场，西面是居住区。中部教学区南北向布置，由校园内的规划道路分为3个部分：教学部分处在校园内靠北，设有1～3号教学楼、电教馆、办公楼和大会堂等；学院辅助建筑处在院内中间，设有图书馆、体育馆等；学院配套建筑处在学院内靠南，设有1～4号学生宿舍、食堂、校医院、汽车库、变电所、浴室和锅炉房等。室外管线包括污水、雨水、暖沟和道路等。

工程场地开阔，适合所有单位工程全面展开施工。

2. 工程建设特点

一期工程结构较简单，砖混结构与框架结构各占一半，层数少，有3幢5～6层单体建筑，其余为1～2层建筑。但工期急，合同要求在当年度8月底竣工的工号有2个，其余均在次年5月底竣工，质量要求高。

3. 工程特征

学院一期工程包括7个项目，总建筑面积为21 354 m^2，建筑特征见表8-1。室外管线设计特征见表8-2。

表8-1　学院一期工程建筑特征

序号	工程名称	建筑面积/m^2	结构形式	层数地上/地下	檐高/m	建筑特征		
						基础	主体	装修
1	1号教学楼	5 359.5	框架	5、2、3/0	13.2～21	基础埋深−3.500 m，C25钢筋混凝土带形基础	现浇C25钢筋混凝土柱、梁、板结构，加气混凝土块、空心砖作填充墙	水磨石、局部锦砖地面，内墙喷涂料、局部面砖，外墙为进口涂料、局部玻璃面砖，顶棚吊顶、喷涂

续表

序号	工程名称	建筑面积/m^2	结构形式	层数地上/地下	檐高/m	建筑特征		
						基础	主体	装修
2	2号教学楼	5 359.5	框架	5、2、3/0	14.6～21	同上	同上	面砖、水磨石楼面，内墙喷涂料、贴面砖，外墙进口涂料，局部面砖，石膏板吊顶、喷涂料
3	学生宿舍	6 146	砖混	6/1	10.3～19.6		砖墙、构造柱，预应力混凝土空心楼板，有少量混凝土梁、板、柱	水磨石、锦砖地面，内墙抹灰喷白，外墙涂喷料，顶棚喷涂料、局部吊顶
4	食堂	2 675	混合	2/1	7.2～11.2	基础埋深－3.000 m，钢筋混凝土基础和带形砖基础	厨房为全现浇梁、板、柱，附楼为砖墙、现浇梁、预制板	水磨石、局部锦砖地面，内墙喷涂料，外墙喷进口涂料、贴锦砖
5	浴室	914	砖混	2/0（附属）	7.8	基础埋深－3.550 m，钢筋混凝土带形基础和砖砌带形基础	砖墙，现浇钢筋混凝土楼板	水磨石、锦砖地面(加防水层)，内墙瓷砖和涂料，外墙为水刷石
6	锅炉房	817	混合	1/0	8.84	基础埋深－2.950 m，钢筋混凝土带形基础和砖砌带形基础	C30钢筋混凝土现浇柱，预制薄腹梁，砖砌围护结构，40 m高砖砌烟囱带内衬	水泥砂浆、细石混凝土地面，内墙和顶棚喷大白浆，外墙为水刷石
7	变电室	83	砖混	1/0	6.65	基础埋深－2.700 m，C10混凝土垫层，带形砖基础	砖墙，现浇钢筋混凝土梁板	水泥砂浆地面，内墙喷涂料，外墙喷涂料、少量水刷石，顶棚刮腻子、喷涂料

表 8-2　室外管线设计特征

序号	工程名称	设计特征
1	污水	埋置深度－3.730～－1.000 m，混凝土管径 D＝200～400 mm，承插式接头，下设混凝土垫层
2	雨水	埋置深度－1.870～－1.00 m，混凝土管径 D＝200～400 mm，承插式接头，下设混凝土垫层
3	暖沟	埋深－2.050～－1.850 m，暖沟断面为140～1 400 mm(净空尺寸)，MU2.5砖，M5水泥砂浆砌筑
4	室外道路	沥青混凝土路面

4. 施工条件

(1)施工场地原系农田，场地较开阔，可供施工使用的场地为 40 000 m^2，场地自然标高较设计标高(±0.000)低 800～1 000 mm，需进行大面积回填和平整场地。土质为粉质黏土。

(2)场内东北角有供建设单位使用而兴建的两幢半永久性平房，西侧有旧房尚未拆除，直接影响 2 号教学楼的施工。因此，建设单位应做好拆、搬迁工作，以保证施工的顺利进行。

(3)场内已有两个深井水源和 200 kVA 变压器一台，目前水泵已安装完毕，为满足施工需要，需安装加压罐。据初步计算，施工用电量超过 500 kVA，因此，变压器容量还需增大，需建设单位提前做好增容工作。场内还需埋设水电管网及电缆。

(4)一期工程 7 个项目的施工图已供应齐全，可以满足施工要求。市政给排水设施已接至红线边，可满足院内给水排水施工需要。

(5)建设单位在进行前期准备工作过程中，已完成了一期工程正式围墙的修建，并在场内东西向预留了一条道路，可作为施工准备期施工材料进出场道路。

(6)施工现场内的树木，施工中应尽量保护，确系影响施工需砍伐时，需事先征得建设单位的同意。

▶ 所需知识

施工组织总设计是以一个建设项目或民用建筑群为对象编制的，是建设项目或建筑群施工的全局性战略部署，是施工企业规划和部署整个施工活动的技术经济文件，也是单位工程施工组织设计编制的主要依据之一。

8.1 工程概况

施工组织总设计中的工程概况，是对建设项目或建筑群所作的总说明、总分析。一般包括建设项目概况、建设地区特征、施工条件及其他内容。有时为了补充文字介绍的不足，还可附有建设项目设计总平面图，主要建筑的平面示意图、立面示意图、剖面示意图及辅助表格。

8.1.1 建设项目概况

建设项目概况主要包括工程项目与工程性质；建设地点和建设规模；生产流程及工艺特点；概算总投资；开、竣工时间及分期分批施工项目和期限；主要项目工程量；主要建筑特点、结构类型等。

8.1.2 建设地区特征

建设地区特征主要包括地质、水文、气象等情况；地上、地下障碍物和建设场区周围情况；交通运输条件；供电、供水、排水与排污条件；劳动力和生活设施情况，地方建筑企业情况等。

8.1.3 施工条件及其他内容

施工条件主要应反映施工企业的生产能力、技术装备、管理水平、市场竞争和完成指标的情况，以及主要设备、材料和特殊物资供应情况。

其他方面，包括法规条件，如施工噪声、渣土运输与堆放限制、交通管制、消防要求、环境保护与建设公害防治等方面的法律法规；有关建设项目的决议和协议等。

8.2 施工总体部署

施工总体部署是建设项目施工程序及施工展开方式的总体设想，是施工组织总设计的中心环节。其内容主要包括施工任务的组织分工及程序安排、主要项目的施工方案、主要工种工程的施工方法、施工准备工作规划等。

8.2.1 施工任务的组织分工及程序安排

一个建设项目或建筑群是由若干幢建筑物和构筑物组成的。为了科学地规划控制，应对施工任务进行组织分工及程序安排。

在明确施工项目管理体制的条件下，划分参与建设的各施工单位的施工任务，明确总包与分包单位的关系，建立施工现场统一的组织领导机构及职能部门，确定综合的和专业化的施工组织，明确各施工单位之间的分工与协作关系，划分施工阶段，确定各施工单位分期分批的主导施工项目和穿插施工项目，对施工任务作出程序安排。

在安排施工程序时，应注意以下几点：

(1)一般应先场外设施后场内设施，先地下工程后地上工程，先主体项目后附属项目，先土建施工后设备安装。

(2)要考虑季节影响。一般大规模土方开挖和深基础施工应避开雨期；冬期施工以安排室内作业和结构安装为宜，寒冷地区入冬前应做好围护结构。

(3)对于在生产或使用上有重大意义、工程规模较大、施工难度较大、施工工期较长的单位工程以及需要先配套使用或可供施工期间使用的项目，应尽量先安排施工。

(4)对于工业建设项目，应考虑各生产系统分期投产的要求。在安排一个生产系统主要工程项目时，同时应安排其配套项目的施工。

(5)对于大、中型民用建设项目，一般也应分期分批建设。例如，安排居民小区施工程序时，除考虑住宅外，还应考虑幼儿园、学校、商店和其他生活和公共设施的建设，以便交付使用后能及早发挥经济效益、社会效益和环境保护效益。

8.2.2 主要项目的施工方案

在施工组织总设计中，对主要项目施工方案的考虑只是提出原则性的意见，如深基坑支护采用哪种施工方案，混凝土运输采用何种方案，现浇混凝土结构是采用大模板、滑模还是爬模成套施工工艺等。具体的施工方案可在编制单位工程组织设计时确定。

8.2.3 主要工种工程的施工方法

对于一些关键工种工程或本单位未曾施工的工种工程，应详细拟订施工方法并组织论证。在确定主要工种工程的施工方法时，应结合建设项目的特点和本企业的施工习惯，尽可能采用工业化、机械化的施工方法。

8.2.4 施工准备工作计划

施工准备工作计划包括施工准备计划和技术准备计划，主要有：提出“三通一平”分期施工的规模、期限和任务分工；及时做好土地征用、居民搬迁和障碍物的拆除工作；组织图纸会审；做好现场测量控制网；对新材料、新结构、新技术组织测试和试验；安排重要建筑机械设备的申请和进场等。

8.3 施工总体部署编制案例

8.3.1 某工程概况

本工程为某市行政中心的新建工程，属群体工程。

8.3.1.1 工程概况

各单位工程的设计概况见表8-3。

表8-3 各建筑物工程概况表

序号	单位工程名称	建筑面积/m^2	层数	结构概况	备注
1	综合楼	23 780.9	9	主体结构采用框架结构，筏板基础，填空墙采用烧结多孔砖和普通砖	1号楼设地下室
2	办公楼	2 659	4		
3	办公楼	2 734.6	4		
4	办公楼	3 806.7	4		
5	办公楼	3 980	4		

1号楼设一层地下室，内设人防及变配电房、锅炉房、冷冻机房、水泵房和停车场等，1号楼一层设大型汽车库和自行车库，2～9层为各办公用房、会议用房、计算机房、档案馆库房等，屋顶设冷却塔。2～5号楼办公及会议用房。1号楼3部设楼梯，并设6台电梯，2～5号楼每幢设2部楼梯。

8.3.1.2 工程地质情况

由地质勘察报告提供的建设场地的持力层为黏质粉土，持力层承载力 f_k=160 kPa，基底无地下水。

8.3.1.3 水电等情况

从建设单位指定位置接入水源，管径 *DN*100 mm，并做水表井；施工现场地面硬化，并形成一定坡度。雨水、废水有组织排至沉淀池；根据施工现场的实际情况来布置施工临时用电的线路走向、配电箱的位置及照明灯具的位置。本工程临时用电按设计安装1台干式节能型变压器400 kW，并引入本施工现场的红线内，在红线内设总配电箱，施工现场内配电方式采用TN－S系统。

8.3.1.4 承包合同的有关条款

(1)总工期。2012年2月份开工，2013年5月竣工，总工期为455日历天。

(2)奖罚。以实际交用时间为竣工时间，按单位建筑面积计算，按合同工期每提前一天奖工程造价的万分之一，每拖后一天相应罚款。

(3)拆迁要求。影响各幢楼施工的障碍物必须在工程施工之前全部动迁完毕，如果拆迁不能按期完成，则工期相应顺延。

8.3.2 施工部署

8.3.2.1 施工任务的分工与安排

本工程单位工程较多，用工量较大，拟调入项目组的两个施工队承包施工。1 号楼从 −6.000 m 标高开始到 ±0.000 结构按其后浇带划分为 2 个施工段，2～5 号楼以幢号各划分为一个施工段进行流水施工。当基础工程完成后，2～5 号楼各划分为一个施工段进行流水施工，而 1 号楼按其伸缩缝划分为 3 个施工段进行内部流水施工。

8.3.2.2 主要工程项目的施工方案

(1)施工测量。按设计图纸上坐标控制点进行场区建筑方格网测设，并对建筑方格网轴线交点的角度及轴线距离进行测定。建筑平面控制桩及轴线控制桩距基础外边线较远，在基础开挖时不易被破坏，故在开挖基础时不需引桩。基础开挖撒线宽度不应超过 15 cm。

由于几幢楼同时开工，为防止交叉干扰，采用激光经纬仪天顶内控法进行竖向投测。工程结构施工时设标高传递点分别向上进行传递，以保证在各流水段施工层上附近有 3 个标高点，进行互相校核。

(2)土方工程。采用大型机械及人工配合，开挖选用反铲挖掘机 W－100 两台及自卸汽车。开挖时，采用 1∶0.75 自然放坡。机械大开挖挖除表面 1.5 m 深杂土后，由人工挖带基。本工程房心土方回填采用 2∶8 灰土。回填土采用蛙式打夯机夯实，每层至少夯实 3 遍，并做到一夯压半夯，夯夯相连，行行相连，纵横交叉，并加强对边缘部位的夯实。

(3)钢筋工程。钢筋进场应备有出厂质量证明，物资人员应对其外观、材质证明进行检查，核对无误后方可入库。用前应按施工规范要求进行抽样试验及见证取样，合格后方可使用。钢筋在现场的堆放应符合现场平面图的要求，并保证通风良好。钢筋下侧应用木方架起，高出地面。底板钢筋连接采用闪光对焊；局部辅搭接焊；其他部位的钢筋连接均采用绑扎搭接连接；暗柱钢筋采用电渣压力焊。

(4)模板工程。该工程柱用 18 mm 厚九合板，梁用 25 mm 厚木板，板用 12 mm 厚竹胶板，模板按照截面尺寸定形制作，安装时，纵向龙骨间距不大于 400 mm，柱子设置柱箍连接，用钢管加扣件进行固定。

(5)混凝土工程。该工程所有现浇混凝土全部由现场混凝土搅拌站供应，采用 HBT600 型混凝土泵输送至浇筑部位。

(6)防水工程。该工程屋面设计为非上人屋面，防水层采用 3 mm 厚改性沥青柔性防水卷材(Ⅲ型)防水层 2 层。卷材铺贴采用满铺法施工，纵、横向搭接宽度不小于 100 mm，上、下层卷材接头位置要错开，并采用热熔铺贴法。

(7)脚手架工程。根据本工程特点，采用全高搭设双排扣件式钢管外脚手架。内脚手架采用碗扣式满堂红支架，脚手架拉结利用剪力墙上的穿墙螺栓孔，用一根焊有穿墙螺栓的脚手管与墙体拉结。在脚手架外立杆内侧满挂密目网封闭，首层设水平兜网，每隔 4 层设水平兜网，并设随层网。作业层必须满铺脚手板，操作面外侧设两道护身栏杆和一道挡脚板。

8.3.2.3 施工准备工作

(1)技术准备工作。项目总工组织各专业技术人员认真学习设计图纸，领会设计意图，做好图纸会审；根据《质量手册》和《程序文件》要求，针对本工程特点进行质量策划，编制工程质量计划，制订特殊工序、关键工序、重点工序质量控制措施；依据施工组织设计，编制分部、分项工程施工技术措施，做好技术交底，指导工程施工；做模板设计图，进行模板加工；认真做好工程测量方案的编制，做好测量仪器的校验工作，认真做好原有控制桩的交接核验工作；编制施工预算，提出主要材料用量计划。

(2)劳动力及物质、设备准备工作。组织施工力量，做好施工队伍的编制及其分工，做好进场三级教育和操作培训；落实各组室人员，制订相应的管理制度；根据预算提出材料供应计划，编制施工使用计划，落实主要材料，并根据施工进度控制计划安排，制订主要材料、半成品及设备进场时间计划；组织施工机械进场、安装、调试，做好开工前准备工作。

(3)施工现场及管理准备工作。做施工总平面布置(土建、水、电)并报有关部门审批。按现场平面布置要求，做好施工场地围挡和施工三类用房的施工，做好水、电、消防器材的布置和安装；按要求做好场区施工道路的路面硬化工作；完成合同签约，组织有关人员熟悉合同内容，按合同条款要求组织实施。

任务拓展

依据以下工程概况，编制施工部署。

工程概况

1. 工程概况

本工程建筑特征见表 8-4。

表 8-4　工程建筑特征

序号	工程类别	建筑面积/m^2	结构类型	层数	幢数	建筑物编号	备注
1	住宅	4 050	框架结构	6	2	1、3	
2	住宅	4 135	框架结构	6	3	2、4、7	有地下室
3	住宅	2 700	框架结构	6	1	5	
4	住宅	3 200	框架结构	6	1	6	
5	住宅	13 650	框架-剪力墙	24	3	8、9、10	有地下室
6	住宅	7 000	框架结构	14	3	11、12、13	有地下室
7	住宅	8 370	框架结构	18	3	14、15、16	有地下室
8	青年公寓	4 050	框架结构	6	2	17	有地下室
9	小学	2 400	框架结构	3	1	18	
10	幼儿园	1 000	框架结构	2	1	19	
11	商业	5 000	框架结构	5	1	20	
12	物业	1 000	框架结构	2	1	21	
13	配电	200	砌体结构	1	1	22	

2. 地下室及地质情况

地下室的建筑物，其基地标高为：框架结构－4.500 m，框架-剪力墙结构－7.500 m，无地下水。

3. 水电等情况

场地下设污水管和排雨水管，上水管自北侧路接来，各楼设高位水箱，变电室位于建设区域南端，采用电线杆架线供电，沿小区道路通向各建筑物。

4. 承包合同有关条款

(1)总工期：2016 年 5 月开工，至 2019 年 5 月全部竣工。

(2)分期交付要求：2018 年 7 月 1 日交付第一期工程(1/2/3/4/5/6/18/19/20/21/22 号楼)，其余二期工程 2019 年 5 月底全部完工。

(3)拆迁要求：影响各楼宇施工的障碍物在工程施工前已全部拆迁完毕。

任务9 编制群体工程施工总进度计划

▶ 任务提出

编制学院新校区施工总进度计划。

依据任务8(某新校区)工程概况，编制学院新校区施工总进度计划。

编制群体工程施工总进度计划

▶ 所需知识

9.1 施工总进度计划

施工总进度计划是以建设项目为对象，根据规定的工期和施工条件，在建设项目施工部署的基础上，对各施工项目作业所作的时间安排，是控制施工工期及各单位工程施工期限和相互搭接关系的依据。因此，必须充分考虑施工项目的规模、内容、方案和内外关系等因素。

9.1.1 施工总进度计划的编制原则

(1)系统规划，突出重点。在安排施工进度计划时，要全面考虑，分清主次，抓住重点。所谓重点工程，是指那些对工程施工进展和效益影响大的工程子项。这些项目具有工程量大，施工工期长，工艺、结构复杂，质量要求高等特点。

(2)流水组织，均衡施工。流水施工方法是现代大工业生产的组织方式。由于流水施工方法能使建筑工程施工活动有节奏、连续地进行，均衡地消耗各类物资资源，因而能产生较好的技术经济效果。

(3)分期实施，尽早动用。对于大型工程施工项目应根据一次规划、分期实施的原则，集中力量分期分批施工，以便尽早投入使用，尽快发挥投资效益。为保证每一动用单元能形成完整的使用功能和生产能力，应合理划分这些动用单元的界限，确定交付使用时必须是全部配套项目。

(4)综合平衡，协调配合。大型工程施工除了主体结构工程外，工艺设备安装和装饰工程施工也是制约工期的主要因素。当主体结构工程施工达到计划部位时，应及时安排工艺设备安装和装饰工程的搭接、交叉，使之成为平行作业。同时，还需做好水、电、气、通风和道路等外部协作条件和资金供应能力、施工力量配备、物资供应能力的综合平衡工作，使它们与施工项目控制性总目标协调一致。

9.1.2 施工总进度计划的内容

编制施工总进度计划，一般包括划分工程项目、计算各主要项目的实物工程量、确定各单位工程的施工期限、确定各单位工程开、竣工时间和相互搭接关系以及编制施工总进度计划表。

9.1.3 划分工程项目与计算工程量

9.1.3.1 划分工程项目

建设项目施工总进度计划主要反映各单项工程或单位工程的总体内容，通常按照工程量、分期分批投产顺序或交付使用顺序划分主要施工项目。为突出工作重点，施工项目的确定不宜太细，一些附属项目、配套设施和临时设施可适当合并列出。

当一个建设项目内容较多、工艺复杂时，为了合理组织施工、缩短工作时间，常常将单项工程或若干个单位工程组成一个施工区段，各施工区段间互相搭接、互不干扰，各施工区段内组织有节奏的流水施工。工业建设项目一般以交工系统作为一个施工区段，民用建筑按地域范围和现场道路的界线来划分施工区段。

9.1.3.2 计算工程量

在划分施工项目或施工区段的基础上，计算各单位工程的主要实物工程量。其目的是为了选择各单位工程的流水施工方法、估算各项目的完成时间、计算资源需要量。因此，工程量计算内容不必太细。

工程量计算可根据初步设计(或扩大初步设计)图纸和定额手册或有关资料进行。常用的定额、资料有以下几种：

(1)万元、十万元投资工程量，劳动力及材料消耗扩大指标。在这种定额中，规定了某一种结构类型建筑，每万元或10万元投资中劳动力、主要材料等消耗数量。

(2)概算指标和扩大结构定额。这两种定额都是在预算定额基础上的进一步扩大。概算指标是以建筑物每100 m^3 体积为单位；扩大结构定额则以每100 m^2 建筑面积为单位。

(3)标准设计或已建成的类似建筑物资料。在缺乏上述定额的情况下，可采用标准设计或已建成的类似建筑物实际所消耗的劳动力及材料加以类推，按比例估算。这种消耗指标都是各单位多年积累的经验数字，实际工作中常采用这种方法。

除房屋外，还必须计算主要的全工地性工程的工程量。如场地平整、现场道路和地下管线的长度等，这些可以根据建筑总平面图来计算。

将按上述方法计算出的工程量填入工程施工项目一览表中，见表9-1。

表9-1 工程施工项目一览表

工程分类	工程项目名称	结构类型	建筑面积/1 000 m^2	幢数/个	投资概算/万元	主要实物工程量								
						场地平整/1 000 m^2	土方工程/1 000 m^3	铁路铺设/km	…	砌体工程/1 000 m^3	钢筋混凝土工程/1 000 m^3	…	装饰工程/1 000 m^2	…
全工地性工程														
主体项目														
辅助项目														
临时建筑														

9.1.4 确定各单位工程的施工期限

影响单位工程施工期限的因素很多，主要有建筑类型、结构特征和工程规模、施工方法、施工技术和施工管理水平、劳动力和材料供应情况以及施工现场的地形、地质条件等。因此，各单位工程的工期应根据现场具体条件，综合考虑上述影响因素并参考有关工期定额或指标后予以确定。单位工程施工期限必须满足合同工期要求。

9.1.5 确定各单位工程开竣工时间和相互搭接关系

在确定了各主要单位工程的施工期限之后，就可以进一步安排各单位工程的搭接施工时间。在解决这一问题时，一方面要根据施工部署中的控制工期及施工条件来确定；另一方面也要尽量使主要工种的工人基本上连续、均衡地施工。在具体安排时应着重考虑以下几点：

(1)根据使用要求和施工可能，结合物资供应情况及施工准备条件，分期分批地安排施工，明确每个施工阶段的主要单位工程及其开、竣工时间。同一时期的开工项目不应过多，以免人力、物力分散。

(2)对于工业项目施工以主厂房设施的施工时间为主线，穿插其他配套项目的施工时间。

(3)对于具有相同结构特征的单位工程或主要工种工程应安排流水施工。

(4)确定一些附属工程，如办公楼、宿舍、附属建筑或辅助车间等作为调节项目，以调节主要施工项目的施工进度。

(5)充分估计设计出图时间和材料、构件、设备的到货情况，使每个施工项目的施工准备、土建施工、设备安装和试车运转互相配合，能合理衔接。

(6)努力做到均衡施工，不但使劳动力、物资消耗均衡，同时使土建、安装、试生产在时间和数量上也均衡合理。

9.1.6 编制施工总进度计划

9.1.6.1 施工总进度计划的编制

根据前面确定的施工项目内容，期限，开、竣工时间及搭接关系，可采用横道图或网络图的形式来编制施工总进度计划。首先根据各施工项目的工期与搭接时间，编制初步进度计划；其次按照流水施工与综合平衡的要求调控进度计划；最后绘制施工总进度计划和主要分部工程施工进度计划。

横道图表示的施工总进度计划见表 9-2，表中栏目可根据项目规模和要求作适当调整。

表 9-2 施工总进度计划

序号	单位工程名称	建筑面积/m^2	结构形式	工作量/万元	工作天数	施工进度计划															
						20××年												20××年			
						一季度			二季度			三季度			四季度			一季度			…
						1	2	3	4	5	6	7	8	9	10	11	12	1	2	3	…

9.1.6.2 施工总进度计划的调整与修正

施工总进度计划安排好后，把同一时期各单项工程的工作量加在一起，用一定比例画在总进度计划的底部，即可得出建设项目的资源曲线。根据资源曲线可以大致判断各个时期的工程量完成情况。如果在所画曲线上存在较大的低谷和高峰，则需调整个别单位工程的施工速度和开、竣工时间，以便消除低谷和高峰，使各个时期的工程量尽量达到均衡。资源曲线按不同类型编制，可反映不同时期的资金、劳动力、机械设备和材料构件的需要量。

在编制了各个单位工程的控制性施工进度计划后，有时还需对施工总进度计划作必要的修正和调整。另外，在控制性施工进度计划的贯彻执行过程中，也应随着施工的进展变化及时作必要的调整。

有些建设项目的施工总进度计划是跨几个年度的，此时还需要根据国家每年的基本建设投资情况调整施工总进度计划。

9.2 资源需要量计划

各项资源需要量计划是做好劳动力及物资的供应、平衡、调度、落实的依据，其内容一般包括以下几个方面。

9.2.1 综合劳动力需要量计划

首先根据施工总进度计划，套用概算定额或经验资料计算出所需劳动力，然后汇总劳动力需要量计划(表 9-3)，同时提出解决劳动力不足的有关措施，如加强技术培训和调度安排等。

表 9-3 劳动力需要量计划

序号	工程名称	施工高峰需用人数	20××年				20××年				现有人数	多余(+)或不足(一)
			一季度	二季度	三季度	四季度	一季度	二季度	三季度	四季度		

注：1. 工种名称除生产工人外，应包括附属辅助用工(如机修、运输、构件加工、材料保管等)以及服务和管理用工。
2. 表下应附分季度的劳动力动态变化曲线。

9.2.2 材料、构件及预制加工品需要量计划

9.2.2.1 主要材料、构件和预制加工品需要量计划

根据工程量汇总表和总进度计划，参照概算定额或经验资料，计算主要材料、构件和预制加工品需要量计划，见表 9-4。

表 9-4 主要材料、构件和预制加工品需要量计划

序号	主要材料、构件和预制加工品名称	规格	单位	需要量				需要量计划					
				正式工程	大型临时设施	施工措施	合计	20××年				20××年	
								一季度	二季度	三季度	四季度	一季度	…

9.2.2.2 主要材料、构件和预制加工品运输量计划

根据当地运输条件和参考资料，选用运输机具并计算其运输量，汇总并编制主要材料、构件和预制加工品的运输量计划，见表 9-5。

表 9-5 主要材料、构件和预制加工品运输量计划

序号	主要材料、构件和预制加工品名称	单位	数量	折合吨数/t	运距			运输量/(t·km)	分类运输量/(t·km)			备注
					装货点	卸货点	距离/km		公路	铁路	航运	
注：材料、构件和预制加工品所需运输总量应另加入8%～10%的不可预见系数。												

9.2.3 主要施工机具、设备需要量计划

根据施工部署、施工总进度计划及主要材料、构件和预制加工品运输量计划，汇总并编制主要机具、设备需要量计划，见表 9-6。

表 9-6 主要机具、设备需要量计划

序号	机具设备名称	规格型号	电动机功率/kW	数量				购置价值/元	使用时间	备注
				单位	需用	现有	不足			

注：机具设备名称可按土石方机械、钢筋混凝土机械、起重设备、金属加工设备、运输设备、木工加工设备、动力设备、测试设备和脚手工具等类分别填列。

9.2.4 大型临时设施建设计划

本着尽量利用已有或拟建工程为施工服务的原则，根据施工部署、资源需要量计划以及临时设施参考指数，确定临时设施的建设计划，见表 9-7。

表 9-7 大型临时设施建设计划

序号	项目名称	需用量		利用现有建筑	利用拟建永久工程	新建	单价/(元·m^{-2})	造价/元	占地/m^2	修建时间	备注
		单位	数量								

注：项目名称栏包括一切属于大型临时设施的生产、生活用房，临时道路，临时供水、供电和供热系统等。

9.3 施工总进度计划编制案例

工程概况如任务 8.3 某市行政中心的新建工程。

9.3.1 施工总进度计划

建筑物的三大工序——基础、结构、装修所需工期统计结果见表 9-8，各主要工序安排总进度计划见表 9-9。

表 9-8 主要建筑物三大工序所需工期表

工序	基础结构	主体结构	内外装修
4 层框架/月	1	3	2
9 层框架/月	4(地下室+2 月)	6	5

表 9-9 施工总进度计划表

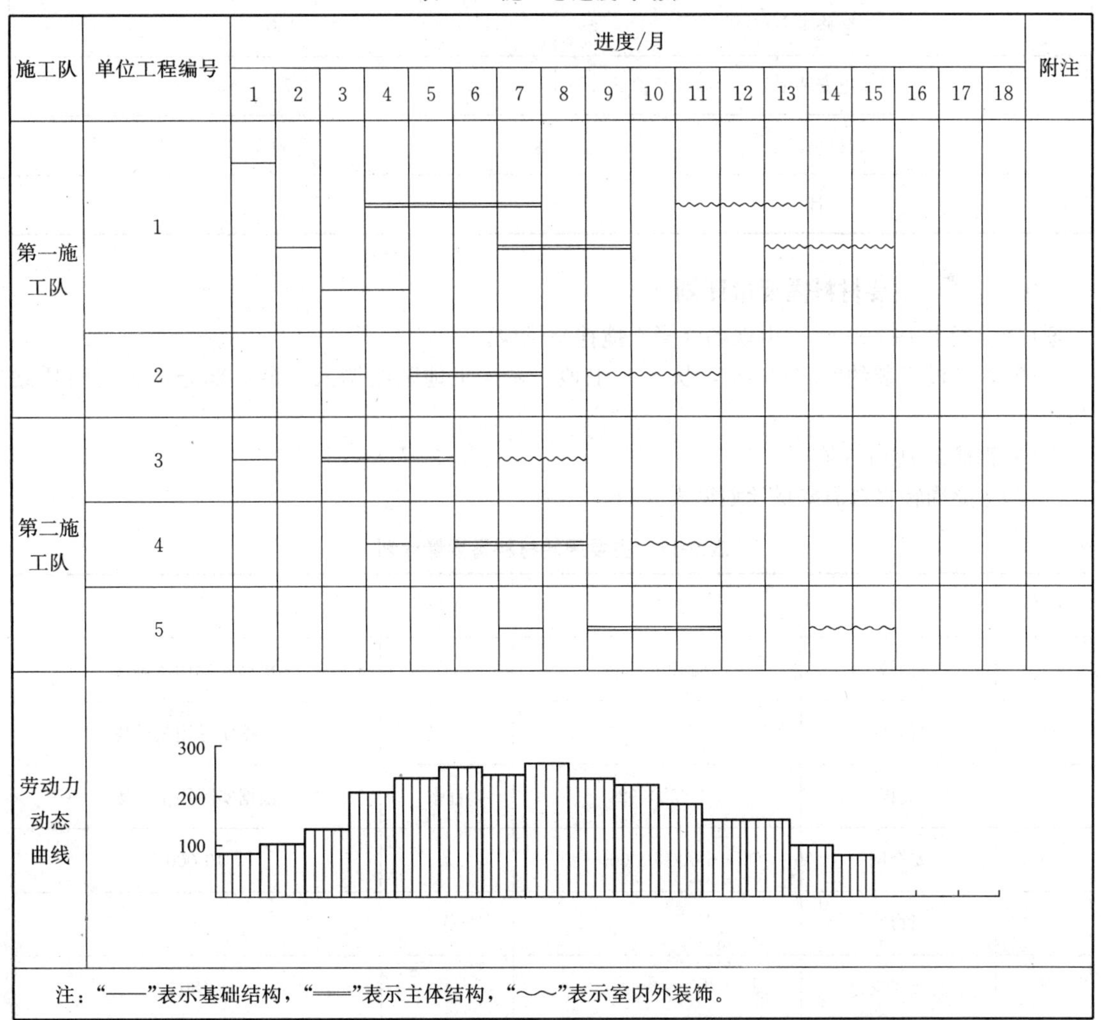

注：“——”表示基础结构，“══”表示主体结构，“～～”表示室内外装饰。

9.3.2　各种资源需要量计划

9.3.2.1　劳动力配备计划

劳动力配备计划见表9-10。

表9-10　各工种高峰期劳动力安排

工种	人数/人
机械挖土	25(配合)
泥工、混凝土工、普工	140
木工	185
钢筋工	80
架子工	25
装修工	150
水电安装工	75
机械操作工	30
合计	710

9.3.2.2　主要材料需要量计划

(1)混凝土19 800 m^3，由现场混凝土搅拌站供应。

(2)木模板安装约45 000 m^2，从××工地、××工地陆续调入，余缺部分从公司租赁站租用。

(3)钢筋2 510 t左右。

(4)主要周转材料需要量计划见表9-11。

表9-11　主要周转材料需要量计划

序号	名称	规格/mm	单位	数量
1	钢管	ϕ48×3.5	t	根据实际用量调拨
2	扣件		万只	根据实际用量调拨
3	夹板	1 820×920	百张	根据实际用量调拨
4	安全网	6 000×3 000	条	19 000
5	竹片		张	16 000
6	门架式支撑		t	180

9.3.2.3 主要机械设备需要量计划

主要机械设备需要量计划见表 9-12。

表 9-12 施工机械配备计划

机械名称	功率	数量	目前在何地	计划进场与退场时间
HBT－60 混凝土泵	55 kW	1	工地仓库	2012 年 2 月底/10 月底
QTZ60 塔式起重机	29 kW	2	工地仓库	2012 年 2 月底/10 月底
JJK－1 A 卷扬机	7.5 kW	6	工地仓库	2012 年 2 月底/竣工
UTW－200 灰浆机	3 kW	4	工地仓库	2012 年 2 月底/竣工
GQ40 钢筋切断机	3 kW	2	工地仓库	2012 年 2 月底/10 月底
GJT－40 钢筋弯曲机	3 kW	2	工地仓库	2012 年 2 月底/10 月底
JZY350 混凝土搅拌机	8.05 kW	2	工地仓库	2012 年 2 月底/竣工
Z×50 插入式振动器	1.1 kW	20	工地仓库	2012 年 2 月底/竣工
ZB11 平板振动器	1.1 kW	4	××工地	2012 年 2 月底/竣工
MB1 043 木工平刨机	3 kW	6	工地	2012 年 2 月底/竣工
BX6－160 电焊机	9.5 kVA	6	工地	2012 年 2 月底/竣工
WNI－100 对焊机	100 kVA	2	工地	2012 年 2 月底/竣工
LDI－32 A 电渣压力焊	32 kVA	2	工地	2012 年 2 月底/竣工
电动机总功率	269.6 kW			
电焊机总容量	321 kVA			

任务拓展

依据表 8-4 的相关工程概况，编制施工总进度计划和各项资源需要量计划。

任务10 编制群体工程施工总平面布置图

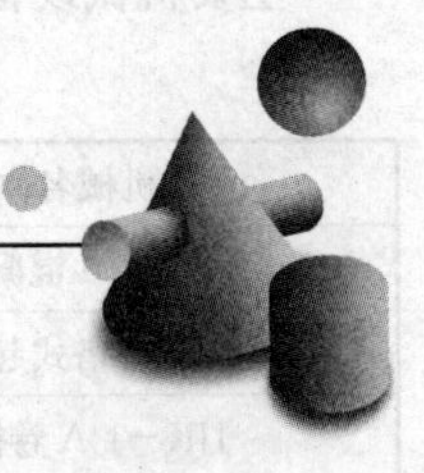

▶任务提出

编制群体工程施工总平面布置图

编制学院新校区施工总平面布置图。

依据任务8(某新校区)工程概况，编制学院新校区施工总平面布置图。

▶所需知识

10.1 施工总平面图

施工总平面图是指整个工程建设项目施工现场的平面布置图，是全工地施工部署在空间上的反映，也是实现文明施工、节约土地、减少临时设施费用的先决条件。

10.1.1 施工总平面图的设计依据

(1)场址位置图、区域规划图、场区地形图、场区测量报告、场区总平面图、场区竖向布置图及厂区主要地下设施布置图等。

(2)工程建设项目总工期、分期建设情况与要求。

(3)施工部署和主要单位工程施工方案。

(4)工程建设项目施工总进度计划。

(5)主要材料、半成品、构件和设备的供应计划及现场储备周期；主要材料、半成品、构件和设备的供货与运输方式。

(6)各类临时建设设施的项目、数量和外廓尺寸等。

10.1.2 施工总平面图的设计原则

(1)尽量减少用地面积，便于施工管理。

(2)尽量降低运输费用，保证运输方便，减少二次搬运。因此，要合理地布置仓库、附属企业和运输道路，使仓库和附属企业尽量靠近使用中心，并且要正确选择运输方式。

(3)尽量降低临时设施的修建费用。为此，要充分利用各种永久性建筑物为施工服务。对需要拆除的原有建筑物也应酌情加以利用或暂缓拆除。此外，要注意尽量缩短各种临时管线长度。

(4)要满足防火和生产安全方面的要求。

(5)要便于工人生产与生活，正确合理地布置生活福利方面的临时设施。

10.1.3　施工总平面图的内容

(1)一切地上、地下的已有和拟建的建筑物、构筑物及其他设施的平面位置和尺寸。

(2)永久性与半永久性测量用的坐标点、水准点、高程点和沉降观测点等。

(3)一切临时设施，包括施工用地范围，施工用道路、铁路，各类加工厂，各种建筑材料、半成品、构件的仓库和主要堆场，取土和弃土的位置，行政管理用房和文化生活设施，临时供排水与排水系统、供电系统及各种管线布置等。

10.1.4　施工总平面图的设计步骤

施工总平面图设计时，应从研究主要材料、构件和设备等进入现场的运输方式入手，先布置场外运输道路和场内仓库、加工厂，然后布置场内临时道路，最后布置其他临时设施，包括水电管网等设施。

10.1.4.1　运输线路确定

(1)当场外运输主要采用铁路运输方式时，要考虑铁路的转弯半径和坡度的限制，确定引入位置和线路布置方案。对拟建永久性铁路的大型工业企业，一般可提前修建永久性铁路专用线。铁路专用线宜由工地的一侧或两侧引入；若大型工地划分成若干个施工区域时，也可考虑将铁路引入工地中部的方案。

(2)当场外运输主要采用公路运输方式时，由于汽车线路可以灵活布置，因此，应先布置场内仓库和加工厂，然后布置场内临时道路，并与场外主干公路连接。

(3)当场外运输主要采用水路运输方式时，应充分运用原有码头的吞吐能力。如需增设码头，卸货码头不应少于两个，码头宽度应大于2.5 m，并可在码头附近布置主要仓库和加工厂。

10.1.4.2　仓库和堆场布置

1. 仓库的类型

工地仓库是储存物资的临时设施，其类型有转运仓库、中心仓库、现场仓库和加工厂仓库几种。转运仓库是货物转载地点(如火车站、码头、专用卸货场)的仓库；中心仓库是专供储存整个建筑工地所需材料、构件等的仓库，一般设在现场附近或施工区域中心；现场仓库按其储存材料的性质和重要程度，可采用露天堆场、半封闭式或封闭式3种形式。

2. 仓库与堆场的布置原则

(1)在布置仓库与堆场时，应尽量利用永久性仓库。

(2)仓库与材料堆场应接近使用地点。

(3)仓库应位于平坦、宽敞、交通方便的地方。

(4)应符合技术和安全方面的规定。

当有铁路时，应沿铁路布置周转仓库和中心仓库；一般材料仓库应邻近公路和施工区域布置；钢筋、木材仓库应布置在其加工厂附近；水泥库和砂石堆场应布置在搅拌站附近；油料、氧气、电石库等应布置在边远、人少的地点；易燃的材料库要设在拟建工程的下风方向；车库和机械站应布置在现场入口处；工业建设项目的设备仓库或堆料场应尽量放在拟建车间附近。

10.1.4.3　混凝土搅拌站和各类加工厂布置

混凝土搅拌站和各类加工厂的布置，应以方便使用、安全防火、运输费用最少、相对集中为原则。在布置时应该注意以下几点：

(1)当运输条件较好时，混凝土搅拌站宜集中布置，否则以分散布置在使用地点或垂直运输设备附近为宜。若利用城市的商品混凝土，则只需考虑其供应能力和输送设备能否满足，工地可不考虑布置搅拌站。

(2)工地混凝土预制构件加工厂一般宜布置在工地边缘，铁路专用线转弯处的扁形地带或场外邻近处。

(3)钢筋加工厂宜布置在混凝土预制构件加工厂及主要施工对象附近。

(4)木材加工厂的原木、锯材堆场应靠近铁路、公路或水路沿线；锯木、板材加工车间和成品堆场应按工艺流程布置，一般应设在土建施工区域边缘的下风向位置。

(5)金属结构、锻工和机修等车间，生产联系比较密切，宜集中布置在一起。

(6)产生有害气体和污染环境的加工厂，如沥青熬制、石灰熟化和石棉加工等，应位于场地下风向。

10.1.4.4　**场内运输道路布置**

首先根据各仓库、加工厂及施工对象的相对位置，研究货物周转运输量的大小，区别出主要道路和次要道路，然后进行道路的规划。在规划中，应考虑车辆行驶安全、货物运输方便和道路修筑费用等问题。

(1)应尽量利用拟建的永久性道路，或提前修建，或先修建永久性路基，工程完工后再铺设路面。

(2)必须修建的临时道路，应把仓库、加工厂和施工地点连接起来。

(3)道路应有足够的宽度和转弯半径。连接仓库、加工厂等的主要道路一般应按双行环形路线布置，路面宽度不小于 6 m；次要道路则按单行支线布置，路面宽度不小于 3.5 m，路端设回车场地。

(4)临时道路的路面结构，应根据运输情况、运输工具和使用条件来确定。

(5)应尽量避免与铁路交叉。

10.1.4.5　**临时行政、生活福利设施布置**

工地所需的行政、生活福利设施，应尽量利用现有的或拟建的永久性房屋，数量不足时再临时修建。

(1)工地行政管理用房宜设在工地入口处或中心地区，现场办公室应靠近施工地点。

(2)工人住房一般在场外集中设置，距工地以 500～1 000 m 为宜。

(3)生活福利设施，如商店、小卖部和俱乐部等应设在工人较集中的地方或工人出入必经之处。

(4)食堂既可以布置在工地内部，也可以布置在工人村内，应视具体情况而定。

10.1.4.6　**临时水电管网布置**

临时水电管网布置时应注意以下几点：

(1)尽量利用已有的和提前修建的永久线路。

(2)临时水池、水塔应设在用水中心和地势较高处。给水管一般沿主干道路布置成环状管网，孤立点可设枝状管网。过冬的临时水管须埋在冰冻线以下或采取保温措施。

(3)消防站一般布置在工地的出入口附近，并沿道路设消火栓。消火栓间距不应大于 100 m，距路边不大于 2 m，距拟建房屋不大于 25 m 且不小于 5 m。

(4)临时总变电站应设在高压线进入工地处，临时自备发电设备应设置在现场中心或靠近主要用电区域。临时输电干线沿主干道路布置成环形线路，供电线路应避免与其他管道布置在路的同一侧。

10.1.5　施工总平面图的绘制步骤

10.1.5.1　**确定图幅大小和绘图比例**

图幅大小和绘图比例应根据场地大小及布置内容多少来确定，比例一般采用1∶1 000或1∶2 000。

10.1.5.2　**合理规划图面**

施工总平面图除了要反映现场的布置内容外，还要反映周围环境，如已有建筑物、场外道路等。因此绘图时，应合理规划图面，并应留出一定的空余图面绘制指北针、图例及编写文字说明等。

10.1.4.3　**绘制建筑总平面图的有关内容**

将现场测量的方格网，现场内外已建的房屋、构筑物、道路和拟建工程等，按正确的图样、比例绘制在图面上。

10.1.4.4　**绘制工地需要的临时设施**

根据布置要求及面积计算，将道路、仓库、材料堆场、加工厂和水电管网等临时设施绘制到图面上。对复杂工程，必要时可采用模型布置。

10.1.4.5　**形成施工总平面图**

在进行各项布置后，经分析比较、调整修改，形成施工总平面图，并作必要的文字说明，标上图例、比例、指北针。

10.2　大型临时设施计算

10.2.1　临时仓库和堆场计算

临时仓库和堆场的计算一般包括确定各种材料、设备的储存量；确定仓库和堆场的面积及外形尺寸；选择仓库的结构形式，确定材料、设备的装卸方法等。

10.2.1.1　**材料设备储备量确定**

对于经常或连续使用的材料，如砖、瓦、砂、石、水泥和钢材等可按储备期计算，计算式如下：

$$P=T_c\frac{Q_iK_i}{T} \tag{10-1}$$

式中　P——材料的储备量，m^3 或 t 等；

T_c——储备期定额(d)；

Q_i——材料、半成品等总的需要量；

T——有关项目的施工总工作日；

K_i——材料使用不均衡系数，见表10-1。

对于量少、不经常使用或储备期较长的材料，如耐火砖、石棉瓦、水泥管和电缆等，可按储备量计算(以年度需用量的百分比储备)。

对于某些混合仓库，如工具及劳保用品仓库、五金杂品仓库、化工油漆及危险品仓库、水暖电气材料仓库等，可按指数法计算(m^2/人或 m^2/万元等)。

对于当地供应的大量性材料(如砖、石和砂等)，在正常情况下为减少堆场面积，应适当减少储备天数。

表 10-1 计算仓库面积的有关系数

序号	材料及半成品	单位	储备天数 T_c	不均衡系数 K_i	每平方米储存定额 P	有效利用系数 K	仓库类别	备注
1	水泥	t	30～60	1.3～1.5	1.9～1.9	0.65	封闭式	堆高 10～12 袋
2	生石灰	t	30	1.4	1.7	0.7	棚	堆高 2 m
3	砂子(人工堆放)	m^3	15～30	1.4	1.5	0.7	露天	堆高 1～1.5 m
4	砂子(机械堆放)	m^3	15～30	1.4	2.5～3	0.8	露天	堆高 2.5～3 m
5	石子(人工堆放)	m^3	15～30	1.5	1.5	0.7	露天	堆高 1～1.5 m
6	石子(机械堆放)	m^3	15～30	1.5	2.5～3	0.8	露天	堆高 2.5～3 m
7	块石	m^3	15～30	1.5	10	0.7	露天	堆高 1.0 m
8	预制钢筋混凝土板	m^3	30～60	1.3	0.2～0.3	0.6	露天	堆高 4 块
9	柱	m^3	30～60	1.3	1.2	0.6	露天	堆高 1.2～1.5 m
10	钢筋(直筋)	t	30～60	1.4	2.5	0.6	露天	占全部钢筋的 80%，堆高 0.5 m
11	钢筋(盘筋)	t	30～60	1.4	0.9	0.6	封闭库或棚	占全部钢筋的 20%，堆高 1 m
12	钢筋成品	t	10～20	1.5	0.07～0.1	0.6	露天	
13	型钢	t	45	1.4	1.5	0.6	露天	堆高 0.5 m
14	金属结构	t	30	1.4	0.2～0.3	0.6	露天	
15	原木	m^3	30～60	1.4	1.3～15	0.6	露天	堆高 2 m
16	成材	m^3	30～45	1.4	0.7～0.8	0.5	露天	堆高 1 m
17	废木料	m^3	15～20	1.2	0.3～0.4	0.5	露天	废木料占锯木量的 10%～15%
18	门窗扇	扇	30	1.2	45	0.6	露天	堆高 2 m
19	门窗框	樘	30	1.2	20	0.6	露天	堆高 2 m
20	木屋架	樘	30	1.2	0.6	0.6	露天	
21	木模板	m^2	10～15	1.4	4～6	0.7	露天	
22	模板整理	m^2	10～15	1.2	1.5	0.65	露天	
23	砖	千块	15～30	1.2	0.7～0.8	0.6	露天	堆高 1.5～1.6 m
24	泡沫混凝土制作	m^3	30	1.2	1	0.7	露天	堆高 1 m

注：储备天数根据材料来源、供应季节和运输条件等确定。一般就地供应的材料取表中低值，外地供应采用铁路运输或水运者取高值。现场加工企业供应的成品、半成品的储备天数取低值，项目部独立核算加工企业供应者取高值。

10.2.1.2 各种仓库面积的确定

确定某一种建筑材料的仓库面积，与该种建筑材料需储备的天数、材料的需要量以及仓库每平方米能储存的定额等因素有关，而储备天数又与材料的供应情况、运输能力以及气候等条件有关。因此，应结合具体情况确定最经济的仓库面积。

确定仓库面积时，必须将有效面积和辅助面积同时加以考虑。有效面积是指材料本身占用的净面积，它是根据每平方米仓库面积的存放定额来确定的。辅助面积是指考虑仓库中的走道以及装卸作业所必需的面积。仓库总面积一般可按下式计算：

$$F=\frac{P}{qK} \tag{10-2}$$

式中 F——仓库总面积(m^2)；

P——仓库材料的储备量；

q——每平方米仓库面积能存放的材料、半成品和制品的数量；

K——仓库面积利用系数(考虑人行道和车道所占面积)，见表10-1。

仓库面积的计算还可以采取另一种简便的方法，即按指数计算法。计算式为

$$F=\varphi m \tag{10-3}$$

式中 φ——系数，见表10-2；

m——计算基础数(生产工人数或全年计划工作量等)，m^2/人或m^2/万元等，见表10-2。

在设计仓库时，除确定仓库总面积外，还要正确地确定仓库的长度和宽度。仓库的长度应满足装卸货物的需要，即要有一定长度的装卸前线。装卸前线一般可按下式计算：

$$L=nl+a(n+1) \tag{10-4}$$

式中 L——装卸前线长度(m)；

l——运输工具的长度(m)；

a——相邻两个运输工具的间距，火车运输时取1 m，汽车运输时端卸取1.5 m，侧卸取2.5 m；

n——同时卸货的运输工具数。

表10-2 按系数计算仓库面积

序号	名称	计算基础数/m	单位	系数/φ
1	仓库(综合)	按全员(工地)	m^2/人	0.7～0.8
2	水泥库	按当年水泥用量的40%～50%	m^2/t	0.7
3	其他仓库	按当年工作量	m^2/万元	2～3
4	五金杂品库	按年建筑安装工作量计算 按在建建筑面积计算	m^2/万元 m^2/100 m^2	0.2～0.3 0.5～1
5	土建工具库	按高峰年(季)平均人数	m^2/人	0.1～0.2
6	水暖器材库	按年在建建筑面积	m^2/100 m^2	0.2～0.4
7	电器器材库	按年在建建筑面积	m^2/100 m^2	0.3～0.5
8	化工油漆危险品库	按年建筑安装工作量	m^2/万元	0.1～0.15
9	三大工具库 (脚手、跳板和模板)	按在建建筑面积 按年建筑安装工作量	m^2/100 m^2 m^2/万元	1～2 0.5～1

10.2.2 临时建筑物计算

临时建筑物的计算一般包括：确定施工期间使用这些建筑物的人数；确定临时建筑物的修建项目及其建筑面积；选择临时建筑物的结构形式等。

10.2.2.1 **确定使用人数**

建筑工地上的人员分为职工和家属。职工包括生产人员、非生产人员和其他人员。

生产人员中有直接生产工人，即直接参加施工的建筑、安装工人；辅助生产工人，如机械维修、运输、仓库管理等方面的工人，一般占直接生产工人的30%～60%。

直接生产工人人数可按下式计算：

$$\text{年(季)平均在册直接生产工人}=\frac{\text{年(季)度总工作日}\times(1+\text{缺勤率})}{\text{年(季)度有效工作日}} \tag{10-5}$$

$$\begin{matrix}\text{年(季)度高峰}\\ \text{在册直接生产工人}\end{matrix}=\begin{matrix}\text{年(季)度平均}\\ \text{在册直接生产工人}\end{matrix}\times\text{年(季)度施工不均衡系数} \tag{10-6}$$

非生产人员包括行政管理人员、服务人员(如从事食堂、文化福利等工作的人员)等，一般按表10-3确定。

表10-3 非生产人员比例(占职工总数百分比) %

序号	建筑企业类别	非生产人员比例	其中		折算为占生产人员比例
			管理人员	服务人员	
1	中央、省属企业	16～18	9～11	6～8	19～22
2	市属企业	8～10	8～10	5～7	16.3～19
3	县、县级市企业	10～14	7～9	4～6	13.6～16.3

注：1. 工程分散、职工人数较多者取上限。
2. 新辟地区、当地服务网点尚未建立时应增加服务人员5%～10%。
3. 大城市、大工业区服务人员应减少2%～4%。

家属一般应通过典型调查统计后得出适当比例数，作为规划临时房屋的依据。如无现成资料，可按职工人数的10%～30%估算。

10.2.2.2 **确定临时建筑物面积**

临时建筑所需面积按下式计算：

$$S=NP \tag{10-7}$$

式中 S——建筑面积(m^2)；

N——人数；

P——建筑面积指标，见表10-4。

表10-4 行政、生活福利临时建筑面积参考指标 m^2/人

临时房屋名称	指标使用方法	参考面积
一、办公室	按干部人数	3～4
二、宿舍 单层通铺 双层床 单层床	按高峰年(季)平均职工人数 (扣除不在工地住宿人数)	2.5～3.5 2.5～3 2.0～2.5 3.5～4
三、家属宿舍		16～25 m^2/户
四、食堂	按高峰年平均职工人数	0.5～0.8
五、食堂兼礼堂	按高峰年平均职工人数	0.6～0.9

续表

临时房屋名称	指标使用方法	参考面积
六、其他合计	按高峰年平均职工人数	0.5～0.6
医务室	按高峰年平均职工人数	0.05～0.07
浴室	按高峰年平均职工人数	0.07～0.01
理发	按高峰年平均职工人数	0.01～0.03
浴室兼理发	按高峰年平均职工人数	0.08～0.1
俱乐部	按高峰年平均职工人数	0.1
小卖店	按高峰年平均职工人数	0.03
招待所	按高峰年平均职工人数	0.06
托儿所	按高峰年平均职工人数	0.03～0.06
子弟小学	按高峰年平均职工人数	0.06～0.08
其他公用	按高峰年平均职工人数	0.05～0.10
七、现场小型设备		
开水房	按高峰年平均职工人数	10～40
厕所	按高峰年平均职工人数	0.02～0.07
工人休息室		0.15

10.2.3 临时供水计算

建筑工地临时供水，包括生产用水(一般生产用水和施工机械用水)、生活用水(施工现场生活用水和生活区生活用水)和消防用水3部分。

建筑工地供水组织一般包括计算用水量，选择供水水源，选择临时供水系统的配置方案，设计临时供水管网，设计供水构筑物和机械设备。

10.2.3.1 供水量确定

1. 一般生产用水

一般生产用水指施工生产过程中的用水，如混凝土搅拌与养护、砌砖和楼地面等工程的用水。一般生产用水可按下式计算：

$$q_1=\frac{k_1\sum Q_1 N_1 k_2}{T_1 b\times 8\times 3\,600} \tag{10-8}$$

式中 q_1——生产用水量(L/s)；

Q_1——最大年度工程量；

N_1——施工用水定额；

k_1——未预见施工用水系数，取1.05～1.15；

T_1——年度有效工作日；

k_2——用水不均衡系数，工程施工用水取1.5，生产企业用水取1.25；

b——每日工作班数。

2. 施工机械用水

施工机械用水包括挖土机、起重机、打桩机、压路机、汽车、空气压缩机、各种焊机和凿岩机等机械设备在施工生产中的用水。施工机械用水可按下式计算：

$$q_2=\frac{k_1\sum Q_2\ N_2\ k_3}{8\times 3\ 600} \tag{10-9}$$

式中 q_2——机械施工用水量(L/s)；

Q_2——同一种机械台数(台)；

N_2——该种机械台班用水定额；

k_3——施工机械用水不均衡系数，一般施工机械、运输机械用水取2.00，动力设备用水取1.05～1.10。

3. 施工现场生活用水

施工现场生活用水可按下式计算：

$$q_3=\frac{P_1N_3k_4}{8\times 3\ 600\ b} \tag{10-10}$$

式中 q_3——施工现场生活用水量(L/s)；

P_1——施工现场高峰人数(人)；

N_3——施工现场生活用水定额，与当地气候、工种有关，工地全部生活用水取100～120 L/人·日；

k_4——施工现场生活用水不均衡系数，取1.30～1.50；

b——每日用水班数。

4. 生活区生活用水

生活区生活用水可由下式计算：

$$q_4=\frac{P_2N_4k_5}{24\times 3\ 600} \tag{10-11}$$

式中 q_4——生活区生活用水量(L/s)；

P_2——生活区居民人数；

N_4——生活区每人每日生活用水定额；

k_5——生活区每日用水不均衡系数，取2.00～2.50。

5. 消防用水

消防用水量(q_5)与建筑工地大小及居住人数有关，见表10-5。

表10-5 消防用水量 L/s

序号	用水名称		火灾同时发生次数	用水量
1	居民区	5 000人以内	1次	10
		10 000人以内	2次	10～15
		25 000人以内	2次	15～20
2	施工现场	现场面积小于0.25 km^2	1次	10～15
		现场面积每增加0.25 km^2	1次	5

6. 总用水量

总用水量Q由下列3种情况分别确定。

当$(q_1+q_2+q_3+q_4)\leqslant q_5$时：

$$Q=q_5+\frac{1}{2}(q_1+q_2+q_3+q_4) \tag{10-12}$$

当$(q_1+q_2+q_3+q_4)>q_5$时：

$$Q=q_1+q_2+q_3+q_4 \tag{10-13}$$

当工地面积小于0.05 km^2且$(q_1+q_2+q_3+q_4)<q_5$时：

$$Q=q_5 \tag{10-14}$$

10.2.3.2 **供水管管径计算**

总用水量确定后，即可按下式计算供水管管径：

$$D_i=\sqrt{\frac{4\ 000Q_i}{\pi v}} \tag{10-15}$$

式中 D_i——某管段供水管管径(mm)；

Q_i——某管段用水量(L/s)；

v——管网中水流速度(m/s)，一般取1.5～2.0。

当确定供水管网中各段供水管内的最大用水量(Q_i)及水流速度(v)后，也可通过查表的方式确定，参见有关手册。

10.2.4 临时供电计算

临时供电组织工作主要包括用电量计算、电源选择、变压器确定、供电线路布置和导线截面计算。

10.2.4.1 **用电量计算**

建筑工地临时用电包括施工用电和照明用电两个方面。

1. 施工用电

民用建筑工程的施工用电主要指土建用电；工业建筑工程的施工用电除土建用电外还包括设备安装和部分设备试运转用电(当永久性供电系统还未建成，需利用临时供电系统时)。施工用电量按下式计算：

$$P_c=(1.05\sim1.10)(k_1\sum P_1+k_2\sum P_2) \tag{10-16}$$

式中 P_c——施工用电量(kW)；

k_1——设备同时使用的系数，当用电设备(电动机)在10台以下时取0.7，10～30台时取0.6，30台以上时取0.50；

P_1——各种机械设备的用电量(以整个施工阶段内的最大负荷为准)(kW)；

k_2——电焊机同时使用系数，当电焊机数量10台以下时取0.6，10台以上时取0.5；

P_2——电焊机的用电量(kW)。

2. 照明用电

照明用电指施工现场和生活福利区的室内外照明和空调用电，用电量按下式计算：

$$P_0=1.10(k_3\sum P_3+k_4\sum P_4) \tag{10-17}$$

式中 P_0——照明用电量(kW)；

k_3——室内照明设备同时使用系数，一般取0.8；

P_3——室内照明用电量(kW)；

k_4——室外照明设备同时使用系数，一般取1.0；

P_4——室外照明用电量(kW)。

最大电力负荷量按施工用电量与照明用电量之和计算。当采用单班工作时，可不考虑照明用电。

10.2.4.2　**变压器功率计算**

变压器的功率可按下式计算：

$$P=\frac{K\sum P_{\max}}{\cos\varphi} \tag{10-18}$$

式中　P——变压器的功率(kVA)；

$\sum P_{\max}$——变压器服务范围内的最大计算负荷(kW)；

$\cos\varphi$——功率因数，一般采用 0.75；

K——功率损失系数，可取 1.05。

根据计算所得的容量以及高压电源电压和工地用电电压，可以从变压器产品目录中选用相近的变压器。通常要求变压器的额定容量 $P_{额}\geqslant P$。一般工地常用电源多为三相四线制，电压 380 V/220 V。

10.2.4.3　**导线截面选择**

选择导线截面时，先根据电流强度进行选择，保证导线能持续通过最大的负荷电流而其温度不超过规定值，再根据容许电压损失选择，最后对导线的机械强度进行校核。

1. 按电流强度选择导线截面

导线必须能承受负载电流长时间通过所引起的温度上升。

三相四线制线路上的电流可按下式计算：

$$I=\frac{P}{\sqrt{3}V\cos\varphi} \tag{10-19}$$

二线制线路可按下式计算：

$$I=\frac{P}{V\cos\varphi} \tag{10-20}$$

式中　$\cos\varphi$——功率因数，临时网络可取 0.7～0.75；

I——电流值(A)；

P——功率(W)；

V——电压(V)。

根据计算电流值及厂商提供的导线持续允许电流值选择导线的截面面积。

2. 按容许电压损失选择导线截面

导线上引起的电压降必须限制在一定限值(即容许电压损失)内，容许电压损失见表 10-6。

按容许电压损失选择配电导线的截面面积，可用下式计算：

$$S=\sum\frac{PL}{C\varepsilon} \tag{10-21}$$

式中　S——导线截面面积(mm^2)；

P——负荷电功率或线路输送的电功率(kW)；

L——送电线路的距离(m)；

ε——容许的电压降(%)；

C——导电系数，与导线材料、电压和配电方式有关。在三相四线制配电时，铜线为 77，铝线为 46.3；在二相三线制配电时，铜线为 34，铝线为 20.5。

表 10-6　供电线路容许电压降低的百分数　%

序号	线路	容许电压降 ε
1	输电线路	5～10
2	动力线路(不包括工厂内部线路)	5～6
3	照明线路(不包括工厂和住宅内部线路)	3～5
4	动力照明合用线路(不包括工厂和住宅内部线路)	4～6
5	户内动力线路	4～6
6	户内照明线路	1～3

3. 按机械强度选择

导线必须保证不因一般机械损伤而折断。在各种不同敷设方式下，导线须满足按机械强度所确定的最小截面，见表 10-7。

表 10-7　导线按机械强度所确定的最小截面

导线用途		导线最小截面/mm^2	
		铜线	铝线
照明装置用导线	户内用	0.5	2.5
	户外用	1.0	2.5
双芯软电线	用于吊灯	0.35	
	用于移动式生活用电装置	0.5	
多芯软电线及软电缆	用于移动式生产用电设备	1.0	
绝缘导线(固定架设在户内绝缘支持件上)	间距为 2 m 及以下	1.0	2.5
	间距为 6 m 及以下	2.5	4
	间距为 25 m 及以下	4	10
绝缘导线	穿在管内	1.0	2.5
	在槽板内	1.0	2.5
	户外沿墙敷设	2.5	4
	户外其他方式敷设	4	10

10.3　施工总平面布置图编制案例

工程概况如任务 8.3 某市行政中心的新建工程。

设计本工程施工总平面图时，主要考虑了以下原则：

(1)允许一部分正式工程充作临时工程使用。

(2)前后工序所需要的施工用地需重叠使用。

(3)合理安排施工程序，主要道路尽量利用永久性道路。

(4)施工区域内不建或少建临时住房，尽可能把空地用于施工。

按照上述原则，施工总平面图布置如图 10-1 所示。

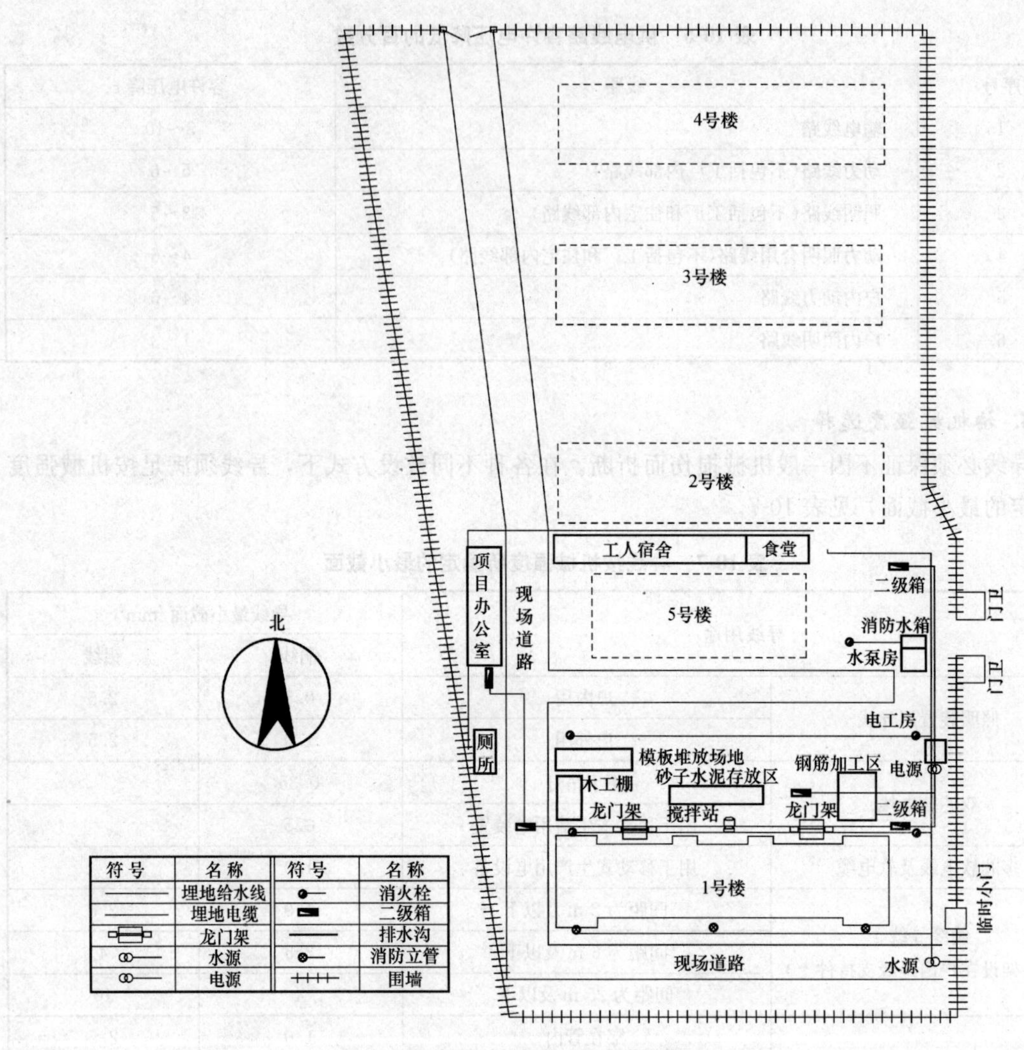

图 10-1　施工总平面图布置

1. 施工临时道路

施工临时道路为 C10 混凝土路面。

2. 施工现场临时用水

(1)本工程施工用水水源是城市供水管网。考虑本工程主要使用泵送混凝土，因此，施工用水主干管线为 *DN*100，支线为 *DN*50，分线为 *DN*25，采用镀锌钢管供给，水源由建设单位总管接入场地。

(2)施工用水量计算。

1)施工用水量。其计算式为：

$$q_1 = K_1 \cdot \sum Q_1 N_1 \cdot \frac{K_2}{3\ 600 \times 8}$$

$$=1.1 \times (300 \times 300 + 10 \times 300) \times \frac{1.5}{3\ 600 \times 8} = 5.33(\text{L/s})$$

式中　K_1——未预计的施工用水系数，取 1.1；

Q_1——日工程量，按每日混凝土养护量为 300 m^3、每日砂浆用量为 10 m^3 计算；

N_1——施工用水定额；

K_2——用水不均衡系数，取 1.5。

2)施工机械用水量。因施工机械用水量很小，不计算 q_2。

3)施工现场生活用水量。其计算式如下：

$$q_3 = P_1 N_2 K_2/(t \times 3\ 600) = 800 \times 80 \times 2/(6 \times 3\ 600) = 5.9(\mathrm{L/s})$$

式中 P_1——施工现场人员总数；

N_2——施工现场生活用水定额；

K_2——施工现场生活用水不均衡系数，取 2；

t——高峰用水时间，按 6 小时计算。

4)消防用水 q_4。根据规定现场面积在 0.25 km^2 以内者，消防用水定额按 10～15 L/s 考虑，现本工程场地占地总面积 3.78×10^4 m^2，按施工手册取 10 L/s。

(3)总用水量计算。按规定，$q_1+q_2+q_3>q_4$ 时，取大值。而 $q_1+q_2+q_3=11.2(\mathrm{L/s})>q_4=10$ L/s，故总用水量 $Q=11.2$ L/s。

(4)供水管径选择。供水管径按下式计算：

$$d=\sqrt{\frac{4Q}{\pi v \times 1\ 000}}=\sqrt{\frac{4 \times 11.2}{\pi \times 1.5 \times 1\ 000}}=0.096(\mathrm{m})$$

式中，v 为水流速度，选为 1.5 m/s。

所以，选用 ϕ100 mm 镀锌钢管作供水管，可满足供水需要。

3. 施工现场临时用电

(1)用电量计算。施工现场用电量计算式为

$$p=(1.05 \sim 1.10)\left(K_1 \frac{\sum P_1}{\cos\varphi}+K_2 \sum P_2+K_3 \sum P_3+K_4 \sum P_4\right)$$

式中 P_3、P_4——室外、室内照明用电量(kW)，按(P_1+P_2)的 10%计算；

K_1、K_2——需要系数，现 K_1 取 0.7，K_2 取 0.6；

p——供电设备总用电量(kVA)；

P_1——电动机额定功率(kW)，本工程主要施工机械的用电量总和为 269.6 kW；

P_2——电焊机额定用量(kVA)，本工程 P_2 值为 321 kW；

$\cos\varphi$——电动机平均功率因素，其值在 0.65～0.75，现取 0.75。

$$p=1.10 \times (0.7 \times 269.6/0.75+0.6 \times 321) \times 1.10=537.51(\mathrm{kVA})$$

(2)线路布置。最高用电容量为 537.51 kVA，由此推算出施工变压器选用 600 kVA 容量的一台，配电柜 3 台，计量柜 1 台。

4. 施工现场临时设施计划

临时设施在场地安排上做到施工区、办公区、生活区相对独立，以文明标准化工地的标准进行布置，创造一个安全、文明有序的施工场所。临时设施计划见表 10-8。

表 10-8 临时设施计划 m^2

临时设施名称	计划面积/m^2	结构形式
办公用房	612	2 层简易房
职工宿舍 A	1 444.32	1 层砖混房

续表

临时设施名称	计划面积/m^2	结构形式
职工宿舍 B	765	2 层砖混房
浴室 A	48.96	1 层砖混房
浴室 B	32.4	2 层简易房
厕所 A	38.88	
厕所 B	18.36	
食堂 A	269.28	1 层砖混
食堂 B	38.88	1 层砖混
钢筋加工棚	600	
木工加工棚	600	
机修车间	72	1 层砖混
仓储房	150	1 层砖混
门卫	24.3	2 层砖混

任务拓展

依据表 8-4 的相关工程概况，编制施工总平面布置图。

模块四　分部分项工程施工组织设计（专项施工方案）

任务 11　编制脚手架施工方案

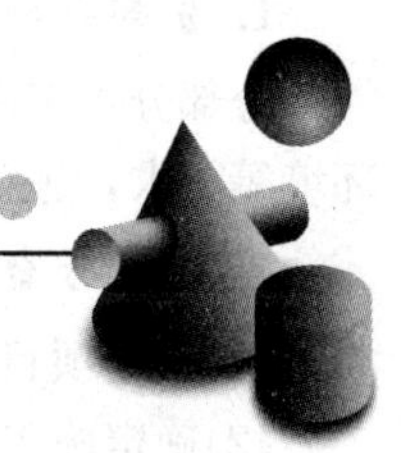

▶ 任务提出

编制脚手架施工方案

编制框剪结构脚手架施工方案。

工程概况如任务 2 工程案例——某学院实训大楼工程，以此为例编制脚手架施工方案。

▶ 所需知识

以技术复杂、施工难度大且规模较大的分部分项工程为编制对象，用来指导其施工过程各项活动的技术经济、组织、协调的具体化文件。一般由项目专业技术负责人编制，内容包括施工方案、各施工工序的进度计划及质量保证措施。它是直接指导专业工程现场施工和编制月、旬作业计划的依据。

对于一些大型工业厂房或公共建筑物，在编制单位工程施工组织设计之后，常需编制某些主要分部分项工程施工组织设计。如土建中复杂的地基基础工程、钢结构或预制构件的吊装工程、高级装修工程等。专项方案如基坑开挖及护坡工程施工方案，高层建筑大体积筏型基础施工方案，高层建筑预制桩基础工程施工方案，大体积防水混凝土工程冬期施工方案，超高层建筑结构工程模板及外挂脚手整体升降施工方案，高层建筑结构吊装工程施工方案，体育场馆大型钢结构安装工程施工方案……

11.1　专项施工方案的内容

专项施工方案是针对单位工程施工中的危险性较大的分部分项工程、专项工程、重点、难点和“四新”(新技术、新材料、新设备、新工艺)技术工程编制的施工方案。

专项施工方案如：土方、降水、护坡工程施工方案，防水工程施工方案，钢筋工程施工方案，模板工程施工方案，混凝土工程施工方案(大体积混凝土施工方案)，预应力工程施工方案，钢结构工程施工方案，脚手架及防护施工方案，屋面工程施工方案，二次结构施工方案，水电安装工程施工方案，装饰装修工程施工方案，塔式起重机基础施工方案，塔式起重机安装及拆除施工方案，施工电梯基础施工方案，施工电梯安装及拆除方案，临时用电施工方案，施工试验方案，施工测量方案，冬期施工方案，消防保卫预案，工程资料编制方案，工程质量控制方案，工程创优施工方案等。

专项施工方案的内容包括：分部分项工程或特殊过程概况、施工方案、施工方法、劳动力组织、材料及机械设备等供应计划、工期安排及保证措施、质量标准及保证措施、安全标准及保证措施、安全防护和保护环境措施等。

1. 分部分项工程及特殊过程概况

分部分项工程或特殊过程项目名称，建筑、结构等概况及设计要求，工期、质量、安全、环境等要求，施工条件和周围环境情况，项目难点和特点等。必要时应配以图表达。

2. 施工方案

(1)确定项目管理机构及人员组成。

(2)确定施工方法。

(3)确定施工工艺流程。

(4)选择施工机械。

(5)确定劳务队伍。

(6)确定施工物质的采购：建筑材料、预制加工品、施工机具、生产工艺设备等需用量、供应商。

(7)确定安全施工措施：包括安全防护、劳动保护、防火防爆、特殊工程安全、环境保护等措施。

3. 施工方法

根据施工工艺流程顺序，提出各环节的施工要点和注意事项。对易发生质量通病的项目、新技术、新工艺、新设备、新材料等应作重点说明，并绘制详细的施工图加以说明。对具有安全隐患的工序，应进行详细计算并绘制详细的施工图加以说明。

4. 劳动力组织

根据施工工艺要求，确定劳务队伍及不同工种的劳动力数量，并采用表的形式表示。

5. 材料及机械设备等供应计划

根据设计要求和施工工艺要求，提出工程所需的各种原材料、半成品、成品以及施工机械设备需用量计划。

6. 工期安排及保证措施

(1)工期安排：根据工艺流程顺序，在单位工程施工进度计划的基础上编制详细的专项施工进度计划，以横道图方式或网络图形式表示。

(2)保证措施：组织措施、技术措施、经济措施及合同措施等。

7. 质量标准及保证措施

(1)质量标准。

1)主控项目：包括抽检数量、检验方法。

2)一般项目：包括抽检数量、检验方法和合格标准。

(2)保证措施。

1)人的控制：以项目经历的管理目标和职责为中心，配备合适的管理人员；严格实行分包单位的资质审查；坚持作业人员持证上岗；加强对现场管理和作业人员的质量意识教育及技术培训；严格现场管理制度和生产纪律，规范人的作业技术和管理活动行为；加强激励和沟通活动等。

2)材料设备的控制：抓好原材料、成品、半成品、构配件的采购、材料检验、材料的存储和使用；建筑设备的选择采购、设备运输、设备检查验收、设备安装和设备调试等。

3)施工设备的控制：从施工需要和保证质量的要求出发，确定相应类型的性能参数；按照先进、经济合理、生产适用、性能可靠、使用安全的原则选择施工机械；施工过程中配备适合的操作人员并加强维护。

4)施工方法的控制：采取的技术方案、工艺流程、检测手段、施工程序安排等。

5)环境的控制：包括自然环境的控制、管理环境的控制和劳动作业环境的控制。

8. 安全防护和保护环境措施

针对项目特点、施工现场环境、施工方法、劳动组织、作业使用的机械、动力设备、变配电设施、架设工具以及各项安全防护设施等从技术上制定确保安全施工、保护环境，防止工伤事故和职业病危害的预防措施。

11.2 施工方案的编制依据

(1)与工程建设有关的现行法律、法规和文件。

(2)国家现行有关标准、规范、规程和技术经济指标。

(3)工程所在地区行政主管部门的批准文件，建设单位对施工的要求。

(4)工程施工合同或招标投标文件。

(5)工程设计文件。

(6)工程施工范围内的现场条件，工程地质及水文地质、气象等自然条件。

(7)与工程有关的资源供应情况。

11.3 专项施工方案的编制方法

1. 专项施工方案的编制方法

(1)收集专项工程施工方案编制相关的法律、法规、规范性文件、标准、规范及施工图纸(国标图集)、单位工程施工组织设计等。

(2)熟悉专项工程概况，进行专项工程特点和施工条件的调查研究，如单位工程的施工平面布置、对专项工程的施工要求、可以提供的技术保证条件等。

(3)计算专项工程主要工种工程的工程量。

(4)根据单位工程施工进度计划编制专项施工方案施工进度计划。

(5)确定专项施工方案的施工技术参数、施工工艺流程、施工方法及检查验收。

(6)确定专项施方案的材料计划、机械设备计划、劳动力计划等。

(7)确定专项施方案的施工质量保证措施。

(8)确定专项施方案的施工安全组织保障、技术措施、应急预案、监测监控等安全与文明施工保证措施。

(9)提供专项施方案的计算书及相关图纸。

2. 专项施工方案的编制、审批

(1)建筑工程实施施工总承包的，专项方案应当由施工总承包单位组织编制。专项工程施工方案应由施工单位技术部门组织相关专家评审，施工单位技术负责人批准。

(2)由专业承包单位施工的专项工程的施工方案，应由专业承包单位技术负责人或技术负责人授权的技术人员审批；有总承包单位时，应由总承包单位项目技术负责人核准备案。

(3)规模较大的专项工程的施工方案应按单位工程施工组织设计进行编制和审批。即由施工单位技术负责人或技术负责人授权的技术人员审批。

(4)项目实施过程中，发生工程设计有重大修改；有关法律、法规、规范和标准实施、修订和废止；主要施工方法有重大调整；施工环境有重大改变时，专项施工方案应及时进行修改或补充。

(5)专项方案如因设计、结构、外部环境等因素发生变化确需修改的，修改后的专项方案应当重新审核。

11.4 危险性较大的分部分项工程安全专项施工方案的内容和编制方法

1. 危险性较大的分部分项工程安全专项施工方案

为加强对房屋建筑和市政基础设施工程中危险性较大的分部分项工程安全管理，有效防范生产安全事故，依据《中华人民共和国建筑法》《中华人民共和国安全生产法》《建设工程安全生产管理条例》等法律法规，住房和城乡建设部制定了《危险性较大的分部分项工程安全管理规定》，自 2018 年 6 月 1 日起施行。

危险性较大的分部分项工程(以下简称“危大工程”)，是指房屋建筑和市政基础设施工程在施工过程中，容易导致人员群死群伤或者造成重大经济损失的分部分项工程。

施工单位应当在危险性较大的分部分项工程施工前组织工程技术人员编制专项施工方案。

住房和城乡建设部办公厅关于实施《危险性较大的分部分项工程安全管理规定》有关问题的通知(建办质〔2018〕31 号)，明确了房屋建筑和市政基础设施工程的在建筑安全生产活动及安全管理中危险性较大的分部分项工程、超过一定规模的危险性较大的分部分项工程的范围，详见”附件一、二。

附件一：危险性较大的分部分项工程范围

一、基坑工程

(一)开挖深度超过 3 m(含 3 m)的基坑(槽)的土方开挖、支护、降水工程。

(二)开挖深度虽未超过 3 m，但地质条件、周围环境和地下管线复杂，或影响毗邻建、构筑物安全的基坑(槽)的土方开挖、支护、降水工程。

二、模板工程及支撑体系

(一)各类工具式模板工程：包括滑模、爬模、飞模、隧道模等工程。

(二)混凝土模板支撑工程：搭设高度 5 m 及以上，或搭设跨度 10 m 及以上，或施工总荷载(荷载效应基本组合的设计值，以下简称设计值)10 kN/m^2 及以上，或集中线荷载(设计值)15 kN/m 及以上，或高度大于支撑水平投影宽度且相对独立无联系构件的混凝土模板支撑工程。

(三)承重支撑体系：用于钢结构安装等满堂支撑体系。

三、起重吊装及起重机械安装拆卸工程

(一)采用非常规起重设备、方法，且单件起吊重量在 10 kN 及以上的起重吊装工程。

(二)采用起重机械进行安装的工程。

(三)起重机械安装和拆卸工程。

四、脚手架工程

(一)搭设高度 24 m 及以上的落地式钢管脚手架工程(包括采光井、电梯井脚手架)。

(二)附着式升降脚手架工程。

(三)悬挑式脚手架工程。

(四)高处作业吊篮。

(五)卸料平台、操作平台工程。

(六)异型脚手架工程。

五、拆除工程

可能影响行人、交通、电力设施、通信设施或其他建、构筑物安全的拆除工程。

六、暗挖工程

采用矿山法、盾构法、顶管法施工的隧道、洞室工程。

七、其他

(一)建筑幕墙安装工程。

(二)钢结构、网架和索膜结构安装工程。

(三)人工挖孔桩工程。

(四)水下作业工程。

(五)装配式建筑混凝土预制构件安装工程。

(六)采用新技术、新工艺、新材料、新设备可能影响工程施工安全，尚无国家、行业及地方技术标准的分部分项工程。

附件二：超过一定规模的危险性较大的分部分项工程范围

一、深基坑工程

开挖深度超过 5 m(含 5 m)的基坑(槽)的土方开挖、支护、降水工程。

二、模板工程及支撑体系

(一)各类工具式模板工程：包括滑模、爬模、飞模、隧道模等工程。

(二)混凝土模板支撑工程：搭设高度 8 m 及以上，或搭设跨度 18 m 及以上，或施工总荷载(设计值)15 kN/m^2 及以上，或集中线荷载(设计值)20 kN/m 及以上。

(三)承重支撑体系：用于钢结构安装等满堂支撑体系，承受单点集中荷载 7 kN 及以上。

三、起重吊装及起重机械安装拆卸工程

(一)采用非常规起重设备、方法，且单件起吊重量在 100 kN 及以上的起重吊装工程。

(二)起重量 300 kN 及以上，或搭设总高度 200 m 及以上，或搭设基础标高在 200 m 及以上的起重机械安装和拆卸工程。

四、脚手架工程

(一)搭设高度 50 m 及以上的落地式钢管脚手架工程。

(二)提升高度在 150 m 及以上的附着式升降脚手架工程或附着式升降操作平台工程。

(三)分段架体搭设高度 20 m 及以上的悬挑式脚手架工程。

五、拆除工程

(一)码头、桥梁、高架、烟囱、水塔或拆除中容易引起有毒有害气(液)体或粉尘扩散、易燃易爆事故发生的特殊建、构筑物的拆除工程。

(二)文物保护建筑、优秀历史建筑或历史文化风貌区影响范围内的拆除工程。

六、暗挖工程

采用矿山法、盾构法、顶管法施工的隧道、洞室工程。

七、其他

(一)施工高度 50 m 及以上的建筑幕墙安装工程。

(二)跨度 36m 及以上的钢结构安装工程，或跨度 60 m 及以上的网架和索膜结构安装工程。

(三)开挖深度 16 m 及以上的人工挖孔桩工程。

(四)水下作业工程。

(五)重量 1 000 kN 及以上的大型结构整体顶升、平移、转体等施工工艺。

(六)采用新技术、新工艺、新材料、新设备可能影响工程施工安全，尚无国家、行业及地方技术标准的分部分项工程。

2. 危险性较大的分部分项工程专项施工方案的编制方法

(1)工程概况：危大工程概况和特点、施工平面布置、施工要求和技术保证条件。

(2)编制依据：相关法律、法规、规范性文件、标准、规范及施工图设计文件、施工组织设计等。

(3)施工计划：包括施工进度计划、材料与设备计划。

(4)施工工艺技术：技术参数、工艺流程、施工方法、操作要求、检查要求等。

(5)施工安全保证措施：组织保障措施、技术措施、监测监控措施等。

(6)施工管理及作业人员配备和分工：施工管理人员、专职安全生产管理人员、特种作业人员、其他作业人员等。

(7)验收要求：验收标准、验收程序、验收内容、验收人员等。

(8)应急处置措施。

(9)计算书及相关施工图纸。

3. 危险性较大的分部分项工程专项施工方案的编制方法

(1)施工单位应当在危大工程施工前组织工程技术人员编制专项施工方案。

实行施工总承包的，专项施工方案应当由施工总承包单位组织编制。危大工程实行分包的，专项施工方案可以由相关专业分包单位组织编制。

(2)专项施工方案应当由施工单位技术负责人审核签字、加盖单位公章，并由总监理工程师审查签字、加盖执业印章后方可实施。

危大工程实行分包并由分包单位编制专项施工方案的，专项施工方案应当由总承包单位技术负责人及分包单位技术负责人共同审核签字并加盖单位公章。

4. 超过一定规模的危险性较大的分部分项工程专项施工方案的编制方法

(1)对于超过一定规模的危大工程，施工单位应当组织召开专家论证会对专项施工方案进行论证。实行施工总承包的，由施工总承包单位组织召开专家论证会。专家论证前专项施工方案应当通过施工单位审核和总监理工程师审查。

专家应当从地方人民政府住房城乡建设主管部门建立的专家库中选取，符合专业要求且人数不得少于 5 名。与本工程有利害关系的人员不得以专家身份参加专家论证会。

(2)关于专家论证会参会人员。

超过一定规模的危大工程专项施工方案专家论证会的参会人员应当包括：

①专家；

②建设单位项目负责人；

③有关勘察、设计单位项目技术负责人及相关人员；

④总承包单位和分包单位技术负责人或授权委派的专业技术人员、项目负责人、项目技术负责人、专项施工方案编制人员、项目专职安全生产管理人员及相关人员；

⑤监理单位项目总监理工程师及专业监理工程师。

(3)关于专家论证内容。对于超过一定规模的危大工程专项施工方案，专家论证的主要内容应当包括：

①专项施工方案内容是否完整、可行；

②专项施工方案计算书和验算依据、施工图是否符合有关标准规范；

③专项施工方案是否满足现场实际情况，并能够确保施工安全。

(4)关于专项施工方案修改。超过一定规模的危大工程专项施工方案经专家论证后结论为"通过"的，施工单位可参考专家意见自行修改完善；结论为"修改后通过"的，专家意见要明确具体修改内容，施工单位应当按照专家意见进行修改，并履行有关审核和审查手续后方可实施，修改情况应及时告知专家。

(5)关于监测方案内容。进行第三方监测的危大工程监测方案的主要内容应当包括工程概况、监测依据、监测内容、监测方法、人员及设备、测点布置与保护、监测频次、预警标准及监测成果报送等。

(6)关于验收人员。危大工程验收人员应当包括：

①总承包单位和分包单位技术负责人或授权委派的专业技术人员、项目负责人、项目技术负责人、专项施工方案编制人员、项目专职安全生产管理人员及相关人员；

②监理单位项目总监理工程师及专业监理工程师；

③有关勘察、设计和监测单位项目技术负责人。

(7)关于专家条件。设区的市级以上地方人民政府住房城乡建设主管部门建立的专家库专家应当具备以下基本条件：

①诚实守信、作风正派、学术严谨；

②从事相关专业工作15年以上或具有丰富的专业经验；

③具有高级专业技术职称。

(8)关于专家库管理。设区的市级以上地方人民政府住房城乡建设主管部门应当加强对专家库专家的管理，定期向社会公布专家业绩，对于专家不认真履行论证职责、工作失职等行为，记入不良信用记录，情节严重的，取消专家资格。

11.5 工程案例——剪力墙结构脚手架施工方案

1. 工程概况

某住宅小区工程建筑面积约为55 000 m^2，其中住宅面积约为42 000 m^2，半地下室面积为2 540 m^2，商铺面积为10 500 m^2。共由4幢11层住宅房组成，其中A1、A2号楼1、2层为商铺，以上为住宅。本工程共分两期施工，第一期施工A1、B1号楼，第二期施工为A2、B2号楼及半地下室。本工程为二类高层，屋面防水等级为Ⅱ级。

(1)地下室设计。本工程地下室为普通独立地下室，底板为桩基板式基础，板厚10 cm，顶标高－1.750 m。垫层为C10，KZ、剪力墙、剪力墙柱混凝土强度统一为C30(内掺YF－3型多功能复合微膨胀剂)，抗渗等级为S6，地下室板墙厚为20 cm，钢筋采用HRB335。

(2)主体设计。地上由4幢建筑物组成，其中A1、A2号楼1、2层为商铺，以上为住宅，B1、B2号楼为住宅。抗震等级2级。混凝土强度为C30，垫层为C10。外墙采用200 mm厚混凝土空心砌块，内墙采用加气混凝土砌块。

2. 脚手架的总体设置

本工程由4幢11层住宅楼组成，其中A1、A2号楼檐口高度为32.6 m，B1、B2号楼檐口高度为31.7 m。1～6层采用落地式脚手架，6～11层采用悬挑脚手架。

3. 脚手架搭设的立杆间距、立杆纵距、步距、连墙件及构造要求

(1)立杆步距为1.8 m，立杆横距为0.8 m，立杆纵距为1.5 m，悬挑脚手架立杆纵距为1.5 m，横距为0.8 m，步距为1.8 m。

(2)连墙件采用刚性连墙件，竖向每2步布置；水平向每3个立杆跨度布置一道；转角处应相应加密。

(3)纵向水平杆应采用直角扣件固定在横向水平杆上(即传力方向为各荷载从纵向水平杆至横向水平杆)，并应等间距布置，间距不应大于400 mm。

(4)墙面与脚手架的净距为200 mm。底部需设置纵、横向扫地杆。扫地杆离底座的距离为150 mm。

(5)立杆接长除顶层顶步外，其余各层各步接头必须采用对接扣件连接。外立杆顶端高出女儿墙上口1 m，且还应高出檐口上口1.5 m，里立杆低于檐口50 cm。双立杆的高度不应小于3步且钢管长度不应小于6 m。

(6)剪刀撑与地面的倾角为50°，剪刀撑跨越立杆的最多根数为6根。剪刀撑斜杆应用旋转扣件固定在与之相交的横向水平杆的伸出端或立杆上，旋转扣件中心线至主节点的距离不宜大于150 mm。

(7)纵向水平杆采用搭接时，搭接长度不应小于1 m且应等距离设置3个旋转扣件固定，纵向水平杆的对接扣件应交错布置，两根相邻纵向水平杆的接头不宜设置在同步或同跨；不同步或不同跨两个相邻接头在水平方向错开的距离不应小于500 mm，各接头中心至最近主节点的距离不宜大于纵距的1/3。相邻杆件搭接、对接必须错开，同一平面上的接头不得超过50%。

(8)安全网应采用密目式安全网，必须有检验报告和合格证，且应将安全网固定在脚手架外立杆里侧，不宜将网围在各杆件的外侧，安全网应用不小于18号铅丝(双股)张挂严密。

(9)每个主节点必须设置一根横向水平杆，横杆两端各伸出立杆的净长度不小于10 cm且必须保持一致。脚手架外侧自第二步起必须设1.2 m高同材质的防护栏杆和30 cm高的踢脚杆。

(10)铺设脚手板应采用对接平铺，4个角应用直径不小于18号铅丝双股并联绑扎且不少于4点，要求绑扎牢固，交接处平整，无探头板，脚手板应完好无损，破损的要及时更换。落地脚手架地坪采用20 cm厚碎石找平，10 cm厚C20混凝土。

(11)悬挑架必须具有足够的承载力、刚度和稳定性，能承受施工过程中的各种荷载，荷载不得超过结构的允许强度，以确保安全。

4. 脚手架材质的有关要求

(1)钢管脚手架应选用外径为48 mm、壁厚为3.0 mm的A3钢管，表面应平整光滑，无锈蚀、裂纹、分层、压痕和划道，新钢管要有出厂合格证和质量检验报告。钢管脚手架搭设使用的扣件应符合《钢管脚手架扣件》(GB 15831—2006)的要求，有扣件生产许可证的，规格应与钢管匹配。安全网采用密目式尼龙立网，其必须有国家指定的监督检测部门批量验证和检验员检验合格证。

(2)竹脚手片不得有断裂、滑移现象。旧扣件使用前必须进行质量检测，出现滑丝的必须更换，有裂缝、变形的禁止使用。旧钢管使用前应进行检测，对严重锈蚀和变形的不得使用。底排立杆及扫地杆均漆红白相间色。

5. 搭设前的准备工作

(1)A1、A2号楼由于落地脚手架大部分搭设在商铺顶板上，在搭设前必须在顶板下搭设脚手架的相应位置搭设横距和纵距均为800 mm的满堂脚手架，确保顶板不裂缝。

(2)单位负责人应按本方案中有关脚手架的要求向架设和使用人员进行安全技术交底。

(3)钢管、扣件、脚手板等材质应进行检查验收，不合格产品不得在工程中使用。经检验合格后的配件应按品种、规格分类，不得与其他非合格品混在一起。

(4)脚手架底座底面标高宜高于自然地坪50 mm。清除搭设场地内杂物，平整搭设场地，并使排水畅通，场地无积水。如果搭设的是新钢管，则应有产品合格证，钢管表面应平直光滑，不应有裂缝、结疤、分层、错位、硬弯、毛刺、压痕和深的划道。如是旧钢管，则应先取样进行检查，锈蚀深度超过规定值的不得使用。

(5)进场材料必须经过验收，合格后方可进入施工现场。

(6)旧扣件使用前应进行质量检查，有裂缝、变形的严禁使用，出现滑丝的螺栓必须更换。

(7)竹脚手片要采用竹笆板。

6. 搭设

(1)脚手架落地脚手架的搭设顺序为：立杆→小横杆→大横杆→格栅→剪刀撑→栏杆→踢脚杆→脚手片。悬挑架搭设顺序为：槽钢安装→立杆→小横杆→大横杆→格栅→剪刀撑→栏杆→踢脚杆→脚手片。脚手架必须配合施工进度搭设，一次搭设高度不超过相邻连墙件以上2步。严禁将外径48 mm与51 mm的钢管混合使用。每搭设完一步脚手架，应校正步距、纵距、横距及立杆的垂直度。

(2)立杆。搭设立杆前，外架基础全部用混凝土硬化处理。立杆接长各层、各步接头时，必须采用对接扣件连接，立杆上的对接扣件应交错布置。两根相邻立杆的接头不应设置在同步内，同步内隔一根立杆的两个相隔接头在高度方向错开的距离为0.5 m，各接头中心至主节点的距离要小于步距的1/3。当搭至有连墙件的构造节点时，在搭设完该处的立杆、横向水平杆后，应立即设置连墙件。脚手架与墙体采用刚性拉结，按水平方向3个立杆跨度、垂直方向每2步布置，即采用二步三跨的办法实行拉结，拉结点在转角和顶部处要加密。脚手架外侧设置剪刀撑，剪刀撑与地面成50°，从端头起经6根立杆共5跨，自上而下、左右连接设置。剪刀撑与其他杆件采用搭接，搭接长度不小于1 m，且不少于3只扣件紧固。脚手架施工层与底层里立杆与建筑物之间必须进行封闭，其他每隔3步隔离一次。如果里立杆与墙体距离大于20 cm，则必须铺设站人片。

(3)脚手架外侧自第二步起设1.2 m高同材质的防护栏杆和30 cm高踢脚杆。脚手片层层满铺，并用18号铅丝双股绑扎不少于4点，要求绑扎牢固，交接处平整，无探头板。脚手架在第二步开始用合格的密目式安全网全封闭。外架在立杆与大横杆交点处设置小横杆，两端固定在立杆上，确保安全受力。脚手架搭设后由公司组织分段进行验收，每搭设3步，架子验收一次，验收合格并挂合格牌后方可使用。脚手架搭设人员必须是经过按现行国家相关标准考核合格的专业架子工。搭设人员必须戴好安全帽，系好安全带，穿防滑工作服，袖口、裤口要扎紧。作业层上的施工荷载应符合设计要求，不得超载，不得将模板支架、缆风绳、泵送混凝土和砂浆的输送管等固定在脚手架上，严禁悬挂起重设备。

(4)当有6级及6级以上大风和雾、雨、雪天气时，应停止脚手架搭设与拆除作业。雨、雪后上架作业应有防滑措施，并应扫除积雪。在脚手架使用期间，严禁拆除下列杆件：主节点处的纵、横向水平杆，纵、横向扫地杆、连接杆。不得在脚手架基础及邻近处进行挖掘作业。脚手架应采用接地、避雷措施。搭设时地面周围应设围栏和警戒标志，并派专人看守，严禁非操作人员入内。当脚手架施工操作层高出连墙件 2 步时，应采取临时稳定措施，直到上层连墙件搭设完后方可根据情况拆除。

(5)剪刀撑、横向斜撑搭设应随立杆、纵向和横向水平杆等同步搭设。

7. 通道

(1)通道应附着搭设在脚手架的外侧，不得悬挑，坡度为 1∶3，宽度为 1.2 m，转角处平台面积不小于 3 m^2，斜道立杆应单独设置，不得借用脚手架立杆，并应在垂直和水平方向每隔一步或纵距设一连接。

(2)斜道两侧及转角平台外围均应设 1.2 m 高防护栏杆和 30 cm 高踢脚杆，并用合格的密目式安全网封闭。斜道侧面及平台外侧应设置剪刀撑。斜道脚手板应采用横铺，每隔 20～30 cm 设一防滑条，防滑条宜采用 40 mm×60 mm 方木，并多道铅丝绑扎牢固。斜道和进出通道的栏杆、踢脚杆统一漆红白相间色。

8. 脚手板的铺设

(1)脚手板应满铺，离开墙面 15 cm。

(2)在拐角、斜道平台口处的脚手板，应与横向水平杆可靠连接，防止滑动。

9. 验收

(1)脚手架搭设后由公司组织分段验收(一般不超过 3 步架)，办理验收手续。验收表中应写明验收的部位，内容量化，验收人员履行签字手续，验收不合格的，应在整改完毕后重新填写验收表。脚手架验收合格并挂合格牌后方可使用。

(2)脚手架应进行定期和不定期检查，并按要求填写检查表，检查内容量化，履行检查签字手续，对检查出的问题应及时整改，项目部每半月至少检查一次。

10. 拆除脚手架要求

(1)拆除脚手架前的准备工作。全面检查脚手架的扣件连接、连墙杆、支撑体系等是否符合构造要求；由单位工程负责人进行拆除安全技术交底；清除脚手架上杂物及地面障碍物；在脚手架周围设置警戒区，派专人看守。

(2)脚手架拆除顺序。脚手片→栏杆→踢脚线→大横杆→小横杆→立杆。拆除作业必须由上而下逐层进行，严禁上下同时作业。连墙件必须随脚手架逐层拆除，严禁先将连墙件整层或数层拆除后再拆脚手架，分段拆除高差不应大于 2 步。当脚手架拆至下部最后一根长立杆的高度时，应先在适当位置搭设临时抛撑加固后，再拆除连墙件。如脚手架采取的是分段、分立面拆除时，对不拆除的脚手架两端设置连墙件和横向斜撑加固。

(3)拆除脚手架时严禁把各种构配件抛掷至地面。运至地面的构配件应按规定及时检查、整修与保养，并按品种、规格随时码堆存放。拆除现场必须设警戒区域，张挂醒目的警戒标志，警戒区域内禁止非工作人员通行和地面施工人员施工，并设专人负责警戒。所有高空作业人员应严格执行按高空作业规定，遵守安全纪律，严禁将各构件抛至地面。

11. 有关安全技术措施

(1)安全网应全封闭张挂。安全网与安全网搭接处用 18 号铅丝连接在一起，要求搭接严密，不得留有空隙。安全网应张挂在外立杆内侧，脚手片不得外露。高血压、心脏病、视力不良等患者及酒后人员严禁上架作业。施工人员必须戴好安全帽，工具要妥善放在工具袋内，在脚手架上不得打闹，严禁高空抛物。脚手架搭设人员必须进行培训考核，取得合格证后方可上岗。遇到6级以上大风及有雾、雨、雪和霜等天气时，不得在脚手架上操作。

(2)脚手架堆放重量应符合施工规范要求，脚手架上的施工荷载重规定为：结构施工阶段2 kN/m^2，装饰施工阶段2 kN/m^2。当天搭设完工后，应仔细检查岗位四周情况，如发现留有隐患的部位，应及时进行修复，确认无安全隐患时，方可撤离岗位。离墙大于200 mm处，操作层、首层及中间每隔2排做一道封闭，且应封闭严密；等于或小于200 mm时，底层、施工层、顶层应做好封闭。作业层端部脚手片探头长度应取130～150 mm，两块脚手片外伸长度之和不应大于300 mm，其两端均应与支撑杆可靠地固定，严防倾翻。脚手架横向水平杆的靠墙一端至墙装饰面的距离不宜大于100 mm。严禁将外径48 mm和51 mm的钢管混用。外露杆件(包括第一排钢管)全部刷黄色油漆两道，第一步内外立杆则应刷黑黄相间色标。木工支模严禁使用外架，应单独搭设支模架。脚手架应经有关部门专职人员检查验收合格后方可使用。

12. 有关连墙件、立杆等的验算

(1)连墙件验算。钢管规格为$\phi 48\times 3$ mm，搭设尺寸，立杆纵距$l_a=1.5$ m，立杆横距$l_b=1.05$ m，步距$h=1.8$ m，连墙件按每层3个立杆间距设置，脚手架有密目安全立网全封闭和脚手架敞开式两种情况，风荷载标准值：$w_K=0.7\mu_S\mu_Z w_0$。

查《建筑结构荷载规范》(GB 50009—2012)得：$\mu_Z=1.42$，$w_0=0.35$ kN/m^2。

$\mu_S=1.3\phi=0.143$，取挡风系数$\phi=0.01$，$w_K=0.049$。

取二步三纵距计算连墙件所受的轴向设计值：$N=1.4\times 0.049\times 2\times 1.8\times 3\times 1.5+5=6.11$ kN。

每道连墙件所受的轴向力$F=6.11/4=1.52$ kN。直角扣件的抗滑力为8 kN，能满足要求。

(2)立杆验算(一区楼檐口标高为81.6 m)。

不组合风荷载：取一榀立杆计算(每根立杆所受力如下)：

永久荷载：立杆自重：$(81.6+1.5)\times 38.4=3\ 191.04$(N)

横杆传至每根立杆的力：$1.5\times 14/2\times 38.4=403.2$(N)

纵杆传至每根立杆的力：$1.5\times 14\times 5/2\times 38.4=2\ 016$(N)

脚手板：$350\times 1.5\times 14/2=3\ 675$(N)

安全网：$1.5\times 1.8\times 14\times 5=189$(N)

扣件：$15\times 4\times 14=840$(N)

剪刀撑：$6\times 38.4\times 14/6=537.6$(N)

活荷载：$1.05\times 1.5\times 3\ 000/2=2\ 363$(N)

每根立杆的受力合计：

$N=(3\ 191.04+403.2+2\ 016+3\ 675+189+840+537.6)\times 1.2+1\ 181.5\times 1.4=14\ 676.308$(N)

查表得稳定系数$\phi=0.186$，立杆的截面面积$A=430$ mm^2，$\sigma=N/(\phi A)=183.50$ $N/mm^2<f=205$ N/mm^2，满足要求。

组合风荷载时：

风荷载标准值产生的弯矩$M_{w_k}=wl_a h^2/10$

立杆段由风荷载产生的弯矩

$M_w=0.85\times 1.4\ M_{w_k}=0.85\times 1.4\times 0.049\times 1.5\times 1.8\times 1.8/10=0.028$(KN·m)

$M_w/W=5.5$ N/mm^2，截面模量$W=5\ 080$ mm^3，$N/(\phi A)+M_w/W=183.50+5.5=189.0$ N/mm^2，满足要求。

主节点处扣件的抗滑验算：

每个扣件所受的力：$T=(1.5\times38.4/2+4\times1.5\times38.4/2+350\times1\times1.5/2)\times1.2+1.4\times1.05\times1.5\times3\ 000/2=3\ 795.3(\text{N})<8\ 000\ \text{N}$，满足要求。

纵杆验算：线荷载设计值 $q=1.2\times3\ 000\times1+350\times1\times1.4=4\ 090(\text{N/m})$

每根纵杆所受的线荷载 $q'=4\ 090/4=1\ 022.5(\text{N/m})$　$M=0.121q'L_{\text{a}}^2=278.38(\text{N}\cdot\text{m})$

$\sigma=M/W=278.38\times1\ 000/5\ 080=54.80\ \text{N/mm}^2<205\ \text{N/mm}^2$，满足要求。

横杆验算：

线荷载设计值 $q=1.2\times3\ 000\times1.5+350\times1.5\times1.4=6\ 135(\text{N/m})$

$\sigma=M/W=0.121\ ql_{\text{b}}^2/W=161.1(\text{N/mm}^2)<205\ \text{N/mm}^2$，满足要求。

13. 悬挑架计算

(1)搭设参数及荷载取值。钢管选用外径为 48 mm、壁厚为 3.0 mm 的钢管，槽钢采用 18b 号槽钢，该脚手架每次挑 9 步。

由于本脚手架满足《建筑施工扣件式钢管脚手架安全技术规范》(JGJ 130—2011)的构造尺寸与构造规定，故对于挑架只需计算承重构造承载力及连墙杆抗拉即可。

静荷载以每一立杆、每一步距为计算单元，荷载计算见表 11-1。

表 11-1　荷载计算

序号	构件名称	单位质量	计算书	荷载/N
1	立杆	38.4 N/m	38.4×1.8×2	138.24
2	小横杆、护栏杆等	38.4 N/m	38.4×1.5×6	345.6
3	小横杆	38.4 N/m	38.4×1.1×1	42.24
4	剪刀撑	38.4 N/m	38.4×0.8	30.72
5	扣件	15 N/只	15×8	120
6	脚手片	250 N/m²	250×1.1×1.5	412.5
7	连墙杆	38.4 N/m	38.4×0.5	19.2
8	安全网	5 N/m²	5×1.5×1.8	13.5
	合计			1122
注：脚手架随时清除积灰，故脚手片荷载取值为 250 N/m²。				

根据现场实际，第一排挑架为 9 步，顶排挑架需加一步架为 10 步挑架，计算取大值。9 步架全部自重：

$$q_1=10\times1\ 122=11\ 220(\text{N})=11.22\ \text{kN}$$

架面施工活荷载(按两步架装修施工荷载计算)：

$$q_2=2\times1.5\times0.8\times3=7.2(\text{kN})$$

(2)有关验算。根据上部图纸，挑板最长为 1.4 m(从柱边算起)，挑出的槽钢长度从第一个支点最长为 2.5 m。

1)悬挑构件槽钢验算(先采用 18b 号槽钢验算，质量 $q=0.23$ kN/m)。由于内外立杆受力相差不大，可取值内外立杆受力相同。即：

$$N_1=N_2=1.2\times0.5\times11.22+1.4\times0.5\times7.2=11.77(\text{kN})$$

$M_a=N_1\times a+N_2\times l=11.77\times1.65+11.77\times2.45=48.26(\text{kN}\cdot\text{m})$(其中 $a=1.65$，$l=2.45$)

槽钢自重产生的弯矩：$M=0.5\times q\times l\times l=0.5\times23\times2.5\times2.5=0.72(\text{kN}\cdot\text{m})$

18b 号槽钢强度验算：$W_x=152\ \text{cm}^3$，$I_x=1\ 370\ \text{cm}^4$。

$\sigma=M/W_x=(48.26+0.73)\times10^6/(152\times10^3)=332(\text{N/mm}^2)>f=205\ \text{N/mm}^2$(不满足)

取 25 b 号槽钢计算，$W_x=282\ \text{cm}^3$，$I_x=3\ 530\ \text{cm}^4$。

$\sigma=M/W_x=48.98\times10^6/(282\times10^3)=174(\text{N/mm}^2)<f=205\ \text{N/mm}^2$(满足)

挠度验算：

N_1、N_2 应取标准值，得：

$N_1=N_2=0.5\times(11.77+7.2)=9.49(\text{kN})$

将 $E=2.06\times10^5\ \text{N/mm}^2$，$I_x=3\ 530\ \text{cm}^4$ 代入，则

$r=N_2l^3/(3EI_x)+[N_1a^2(3l-a)/(6EI_x)]$(其中 $a=1.65$，$l=2.45$)

$=6.40+3.38=9.78(\text{mm})>1/400=6.25\ \text{mm}$(不满足)

验算可知 25c 不满足要求，要使挠度符合要求，槽钢的型号至少应在 28 号以上。此方法不可取采用拉钢丝绳的方法(采用 18b 槽钢)。取第一个支点临界力为 0 时计算，此时钢丝绳受力最大，设此时的钢丝绳受力为 F，第二个支点受力为 T，则

$$T=N_1+N_2+Q_1=11.77+11.77+0.23\times2.5=24.12(\text{kN})$$

采用 $\phi16$ mm(单股钢丝绳)，钢丝绳的破断力为 117.95 kN。

由 $\sin\theta=24.12/117.95=0.20$，可知 $\theta=11.8°$(与槽钢所成的角度)。

钢丝绳实际与槽钢所成的角度：$\theta'=\arctan3.2/2.5=52°>\theta=11.8°$，满足要求。

2)连墙杆验算。连墙杆按每层每 3 个立杆间距设置一个，验算同落地脚手架。满足要求。

3)锚固端、预埋件强度计算。预埋 2 个 $\phi20$ 吊钩，符合要求。

注意事项：

(1)挑架的第一个支点应在梁最外边往里 50 mm，力不能作用在挑板上，安装槽钢时，应在第一道支点位置加木楔，使槽钢与挑板脱开。

(2)钢丝绳应拉紧，确保受力。钢丝绳的对接采用花篮螺栓。第二个支点应用钢板固定牢固，确保槽钢不松动、变形。

任务 12　编制塔式起重机施工方案

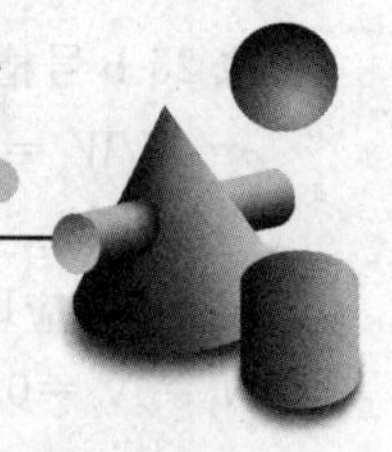

▶任务提出

编制塔式起重机施工方案

编制框-剪结构塔式起重机施工方案。

工程概况如任务 2 工程案例——某学院实训大楼工程，以此为例编制塔式起重机施工方案。

▶所需知识

工程实例——剪力墙结构塔式起重机施工方案

12.1　工程概况

某住宅小区工程建筑面积约为 55 000 m^2，其中住宅面积约为 42 000 m^2，半地下室面积约为 2 540 m^2，商铺面积约为 10 500 m^2。本工程共由 4 幢 11 层住宅房组成，其中 A1 号、A2 号楼 1、2 层为商铺，以上为住宅。本工程共分两期施工，第一期施工 A1 号、B1 号楼，第二期施工为 A2 号、B2 号楼及半地下室，本工程为二类高层，屋面防水等级Ⅱ级。

12.2　塔式起重机定位及基础施工

(1)根据现场实际情况，为满足施工需要和提高机械使用效率，决定安装 QTZ63 型自升塔式起重机 4 台。

(2)塔式起重机基础顶面要求用水泥砂浆抹平，用水准仪校水平，倾斜度和平整度误差不超过 1/500。

(3)塔式起重机与基础的连接采用在基础承台中预埋基础节的方式，其埋置深度不小于 800 mm。

12.3　场地准备及机械设备安装

(1)在塔基周围，如图 12-1 所示，清理出场地，要求平整，无障碍物。留出塔式起重机进出场地及吊车、汽车进出道路，路基必须压实、平整。

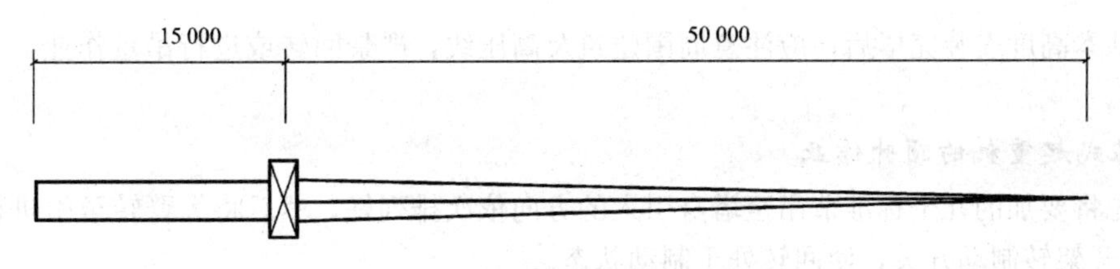

图 12-1　塔式起重机示意

(2)塔式起重机安装范围内上空所有临时施工电线拆除或改道。机械设备安装时采用 12 t 汽车起重机 1 辆，5 t 加长汽车 3 辆；拆除时采用 12 t、8 t 汽车起重机各 1 辆，5 t 加长汽车 3 辆。

12.4　安装及拆除顺序

(1)安装顺序。底架(用水准仪校平)→套架(内装基础节、标准节各一节，重 5 t)→回转机械(重 3.5 t)→驾驶室→塔顶→平衡臂(重 3 t)→平衡块(重 2 t，从后面往前数的第三块)→大臂(重 4 t，重心位置 17.5 m)→平衡块→爬升(标准节二节)→撑杆→调试→爬升(标准节四节)→验收合格→使用。

(2)拆除顺序。塔式起重机下降(降至最底部)→平衡块(留从后面往前数的第三块，重 2 t)→大臂→平衡块→平衡臂→塔顶→驾驶室→回转机构→套架→底架。

12.5　安装方法及调试标准

1. 安装要求

塔式起重机安装高度为 20 m，附墙 6 道，第一道附墙高为 27 m 处，其他附墙按每增加 15 m 设一道计算(具体附墙还应根据楼层来确定)，轴销必须插到底，并扣好开口销，基脚螺丝及塔身连接螺丝必须拧紧。附墙处电焊必须由专职电焊工焊接。垂直度误差必须控制在 2‰以内。

2. 安装步骤

(1)将基础节预埋在混凝土基础内，用水准仪校水平，安装套架，套架上有油缸的一面对准塔身上有踏步的一面，使套架上的爬爪搁在基础节最下面的一个踏步上，注意有踏步的一面应与建筑物垂直。

(2)安装回转机械，并用螺栓同塔身连接点固定。

(3)安装塔顶，塔顶倾斜的一面与大臂处于同一侧。

(4)安装驾驶室，安装平衡臂，装好，吊一块重 2 t 的平衡块，放在从平衡臂尾部往前数的第三个位置上。

(5)安装大臂及大臂拉杆。

(6)最后将所剩平衡块全部安装上，穿绕起升钢丝绳，张紧变幅钢丝绳。

3. 安装注意事项

(1)安装人员必须戴好安全帽，系好安全带，严禁酒后操作，非安装人员不得进入安装区域内。

(2)安装拆除时必须注意吊物的重心位置，必须按安装拆除顺序进行安装或拆除，钢丝绳要拴牢，卸扣要拧紧，作业工具要抓牢，摆放要平稳，防止跌落伤人，吊物上面或下面都不准站人。

(3)基本高度安装完毕后，应注意周围建筑及高压线，严禁回转或进行吊重作业，下班后用钢筋卡牢。

4. 塔式起重机的顶升作业

(1)先将要加的几个标准节吊至塔身引入的方向依次排列好，然后将大臂转至引进横梁的正上方，打开架转制动开关，使回转处于制动状态。

(2)调整好爬升架导轮与塔身之间的间隙，以3～5 mm为宜。

(3)放松电缆的长度，使之略大于总的爬升高度，用吊钩吊起一个标准节，放到引进横梁的小车上，移动小车上的位置(大约在大臂的25 m处)，使塔式起重机的上部重心落到顶升油缸上，然后卸下支座与塔身连接的8个高强度螺栓，并检查是否影响爬升。

(4)将顶升横梁挂在塔身的踏步上，开动液压系统，活塞杆全部伸出后，稍收缩活塞杆，使爬升架搁在塔身的踏步上，接着缩回全部活塞杆，重新使用顶升横梁挂置在塔身的上一级踏步上，再次伸出全部活塞杆，此时塔身上方刚好出现有装一节标准节的空间。拉动引进小车，标准节引到塔身的正上方，对准标准节的螺栓连接孔，缩回活塞杆至上、下标准节接触时，用高强度螺栓把上下标准节连接起来，调整油缸的伸缩长度，用高强度螺栓将上下支座与塔身连接起来。

以上为一次顶升加节过程，连续加节时，重复以上过程，在安装完3个标准节后，安装下部4根斜撑，并调整至均匀受力，这样塔式起重机才能吊重作业。

5. 顶升加节过程中的注意事项

(1)自顶升横梁挂在塔身的踏步上到油缸的活塞杆全部伸出，套架上的爬爪搁在踏步上这段过程中，必须认真观察套架相对顶升横梁和塔身的运动情况，有异常情况立即停止顶升。

(2)自准备加节，拆除下支座与塔身相连的高强度螺栓，至加节完毕，连接好下支座与塔身之间的高强度螺栓，在这一过程中严禁起重臂回转作业。连续加节，每加一个标准节后，用塔式起重机自身起吊下一个标准节之前，塔式起重机下支座与塔身之间的高强度螺栓应连接上，但可不拧紧。所加标准节有踏步的一面必须对准。

(3)塔式起重机加节完毕，应使套架上所有导轮压紧塔身主杆外表面，并检查塔身标准节之间各接头的高强度螺栓拧紧情况。

(4)在进行顶升作业过程中，必须有专人指挥，专人照管电源，专人操作爬升机构，专人紧固螺栓。非有关操作人员，不得登上爬升架的操作平台，更不能擅自启动泵阀开关和其他电气设备。

(5)顶升操作须在白天进行，若遇到特殊情况，需在夜间作业时，必须有充足的照明设备。只许在风速低于4级时进行顶升作业，如在顶升过程中突然遇到风力加大，必须停止顶升作业，紧固各连接螺栓，使上下塔身连接成一体。

(6)顶升前必须放松电缆，使电缆放松长度略大于总的爬升高度，并应做好电缆的坚固工作。

(7)在顶升过程中，应把回转机构紧紧刹住，严禁回转及其他作业，如发现故障，必须立即停车检查，未查明原因，未将故障排除，不得进行爬升动作。

6. 调试标准

必须按塔式起重机性能表中的要求进行重量限位及力矩限位，根部最大起重量为6 t，必须动作灵敏，试用3次，每次必须合格。连接好接地线，接地电阻不大于4Ω。

12.6　塔式起重机技术性能及维护保养

1. 技术性能

最大附着高度为 180 m，最大起重量为 6 t，最大幅度为 50 m，50 m 处最大起重量为 1.3 t。

2. 维护和保养

(1)机械的制动器应经常进行检查和调整制动瓦和制动轮的间隙，以保证制动的灵活可靠。其间隙在 0.5～1 mm，在摩擦面上不应有污物存在，遇有异物即用汽油洗净。

(2)减速箱、变速箱、啮合齿等部分的润滑应按照润滑指标进行添加或更换。

(3)要注意检查各部钢丝绳有无断股和松股现象，如超过有关规定，必须立即更换。经常检查各部位的连接情况，如有松动，应予拧紧，塔身连接螺栓应在塔身受压时检查松紧度，所有连接销轴必须带有带口箱，并需张开。

(4)安装、拆除和调整回转机械时，要注意保证回转机械和行程减速器的中心线与回转大齿圈的中心线平行，回转小齿轮与大齿圈的啮合面不小于 70%，啮合间隙要合适。

(5)在运输中尽量设法防止构件变形及碰撞损坏，必须定期检修和保养，经常检查结构连接螺栓、焊缝以及构件是否损坏、变形和松动。

12.7　塔式起重机拆除

(1)工地使用完毕后，确认不需用时，必须经项目经理、工程技术负责人及安全员签字同意，方准拆除。

(2)塔式起重机的塔身下降作业。

1)调整好爬升架导轮与塔身之间的间隙，以 3～5 mm 为宜，移动小车的位置(大约在大臂的 25 m 处)，使塔式起重机的上部重心落在顶升油缸上的铰点位置上，然后卸下支座与塔身连接的 8 个高强度螺栓，并检查爬爪是否影响塔式起重机的下降作业。

2)开动液压系统，在活塞杆全部伸出后，将顶升横梁挂在塔身的下一级踏步上，取下支座与塔身的连接螺栓，稍升活塞杆，使上下支座与塔身脱离，推出标准节至引进横梁顶端，接着缩回全部塞杆，使爬爪近搁在塔身的踏步上，再次伸出全部活塞杆，重新使顶升横梁挂在塔身的上一级踏步上，缩回全部活塞杆，使上下支座塔身连接，并插上高强度螺栓。

以上为一次塔身下降过程，连续下降塔身时，重复以上过程。拆除时必须按照先降后拆附墙的原则进行拆除，设专人到场安全监护，严禁操作场内人流通行。拆至基本高度时，用汽车起重机辅助拆除，必须按拆除顺序进行拆除。注意事项同顶升加节过程。

12.8　塔式起重机注意事项

(1)上岗前必须对上岗人员进行安全教育，必须戴好安全帽，系好安全带，严禁酒后操作，塔式起重机安装必须在施工前进行技术交底并做书面记录。塔式起重机的安排工作严禁在台风来临或雨天进行。严禁非专业人员上场操作，违者立即责令退出施工现场。

未经检验合格，塔式起重机司机不准上台操作，工地现场不得随意自升塔式起重机、拆除塔式起重机及其他附属设备。

(2)严禁违章指挥，严禁在超载和风力较大的情况下起吊，塔式起重机司机必须坚持“十不吊”原则。夜间施工必须有足够的照明，如不能满足要求，司机有权停止操作。塔式起重机应按规定避雷接地，以确保避雷安全。塔式起重机工作范围内的变压器、高压线等需采取安全可靠的围护措施。

12.9 塔式起重机的操作使用

(1)塔式起重机的操作人员必须经过训练，持证上岗，了解机械的构造和使用方法，必须熟知机械的保养和安全操作规程，非安装维护人员未经许可不得攀登塔式起重机。塔式起重机的正常工作气温为－20 ℃～40 ℃，风速低于6级。在夜间工作时，除塔式起重机本身备有照明外，施工现场应有充足的照明设备。在司机室内禁止存放润滑油、油棉纱及其他易燃易爆物品，冬季用电炉取暖时更要注意防火，原则上不许使用。塔式起重机必须定机、定人，专人负责，非机组人员不许进入司机室擅自进行操作。在处理电气故障时，须有维修人员2人以上。

(2)司机操作必须严格按“十不吊”原则执行：指挥信号不明或乱指挥不准吊；超负荷和斜拉不准吊；散装物装得太满或捆扎不牢不准吊；吊物上面有人不准吊；棱角物件无防护措施不准吊；6级以上强风不准吊；埋在地下的被吊物件情况不明不准吊；安全装置失灵不准吊；光线阴暗或雾天看不清吊物不准吊；距高压线过近或高压线下不准吊。

12.10 塔式起重机的沉降、垂直度测定及偏差校正

(1)塔式起重机基础沉降半月观测一次。垂直度在塔式起重机自由高度时每周测定一次，当架设附墙后，每月一次(在安装附墙时必测)。

(2)当塔式起重机出现沉降，垂直度偏差超过规定范围时，须进行偏差校正。在附墙未设之前，在最低节与塔式起重机基脚螺栓间加垫钢片校正，校正过程用高吨位千斤顶顶起塔身，顶塔身之前，塔身用大缆绳四面缆紧，在确保安全的前提下才能起顶塔身；当附墙安装后，则通过调节附墙杆长度、加设附墙的方法进行垂直度校正。

12.11 塔式起重机验收标准

(1)塔式起重机必须有限位和保险装置，并符合有关标准要求，即超高限位、变幅限位、力矩限位、升降限位、吊钩保险、断绳限位、绳筒保险和手制动保险。

(2)塔式起重机司机和指挥人员须经培训考试合格，领取操作证后，方能上岗操作。

12.12 塔式起重机基础计算书

根据塔式起重机生产厂家提供的数据，当塔式起重机安装自由高度为40 m时，其最不利荷载组合如下。

垂直荷载：$N=420$ kN

倾覆力矩：$M=1\ 940$ kN·m

桩径 $d=600$ mm，桩身截面面积 $A_p=\pi d^2/4=\pi r^2$，桩身周长 $U_p=\pi d$

(1)单桩承载力计算。本工程塔式起重机基础采用桩基础，桩采用预应力薄壁管桩，桩长约11 m，承台混凝土为C25，承台具体尺寸为：长×宽×高=4 500 mm×4 500 mm×1 000 mm，桩中心距为3.5 m。根据本工程的地质资料：

3层，厚度 $l_1=2.5$ m，$q_{s1k}=50$ kPa，抗拔系数 $\lambda_1=0.70$。

4－1层，厚度 $l_2=2$ m，$q_{s2k}=85$ Pa，抗拔系数 $\lambda_2=0.60$。

4－2层，厚度 $l_3=2$ m，承载力特征值 $f_{rk}=13.8$ MPa，抗拔系数 $\lambda_3=0.60$，桩侧阻力修正系数 $\zeta_s=0.0675$，桩端阻力修正系数 $\zeta_p=0.25$。

本桩以4－2层为桩端持力层，则嵌岩桩的单桩竖向承载力标准值为：

$$
\begin{aligned}
Q_{uk} &= U_p\sum q_{sik}l_i+U_p\zeta_s f_{rk}l_i+\zeta_p f_{rk}A_p \\
&=3.14\times0.6\times(50\times2.5+85\times2)+3.14\times0.6\times0.0675\times13800\times2+0.25\times13800\times \\
&\quad 3.14\times0.3^2 \\
&=5041(\text{kN})
\end{aligned}
$$

单桩竖向承载力特征值 $R_c=Q_{uk}/2=5041/2=2520.5(\text{kN})$

(2)承载力、抗倾覆验算。

承台自重：$G=25\times4.5\times4.5\times1=506(\text{kN})$

1)单桩抗压承载力验算(鉴于现场实际安装情形，故不考虑承台效应)。为确保塔式起重机安全，按一级建筑桩基考虑，取 $r_0=1.1$，则：

$$
\begin{aligned}
r_0F &=r_0(1.4N+1.2G)/4 \\
&=1.1\times(1.4\times420+1.2\times506)/4=329(\text{kN})<R
\end{aligned}
$$

根据力矩平衡：

$$
\begin{aligned}
r_0F_{max} &=1.1\times(1.4M+1.4N\times1.75+1.2G\times1.75)/(3.5\times2) \\
&=1.1\times(1.4\times1940+1.4\times420\times1.75+1.2\times506\times1.75)/(3.5\times2) \\
&=755(\text{kN})<1.2\times R=3024.6\ \text{kN}
\end{aligned}
$$

满足承载力要求。

2)单桩抗拔承载力计算。单桩抗拔承载力 F(取 R_t 与 N_u 中的较小值)。单桩竖向承载力标准值：

$$
\begin{aligned}
Q_{uk} &= U_p\sum \lambda_i q_{sik}l_i+U_p\lambda_i\zeta_s f_{rk}l_i \\
&=3.14\times0.6\times(0.7\times50\times2.5+0.6\times85\times2)+3.14\times0.6\times0.6\times0.0675\times13800\times2 \\
&=2463(\text{kN})
\end{aligned}
$$

$R_t=Q_{uk}/2+G_{桩}=2463/2+3.14\times0.3^2\times11\times25=1309(\text{kN})$

单桩竖向受拉承载力设计值混凝土灌注桩实配钢筋10ϕ14 mm，钢筋受拉强度设计值 $f_y=310\ \text{N/mm}^2$，则

单桩竖向受拉承载力容许值 $N_u=f_y\times A_s=310\times10\times3.14\times7^2=477(\text{kN})$

故：$F=N_u=477$ kN。

3)塔式起重机抗倾覆验算。塔式起重机在独立式非工作状态下对抗倾覆最不利，故取 $N=420$ kN，$M=1940$ kN·m。(最不利荷载组合)

以桩顶作为平衡点得：

$$
\begin{aligned}
&1.4\times N\times1.75+1.2\times2\times F\times3.5+1.2\times G\times1.75 \\
&=1.4\times420\times1.75+1.2\times2\times477\times3.5+1.2\times506\times1.75 \\
&=6098(\text{kN}\cdot\text{m})>1.4\times1940=2716(\text{kN}\cdot\text{m})
\end{aligned}
$$

满足抗倾覆要求。

(3)塔式起重机基础底板验算。根据现场实际情形，为确保安全，现就原塔式起重机基础方案进行适当调整：将原十字梁式基础改为整板基础。

1)抗弯承载力计算。根据生产厂家提供数据，当安装高度为 40 m 时，其最不利荷载组合为：垂直荷载 420 kN，倾覆力矩为 1 940 kN·m。

由力矩平衡得：$R'_B \times 3.5 = 1\ 940$，得 $R'_B = 554$ kN。

由塔式起重机垂直荷载所产生的每 2 根桩的支座反力的合力为：$R''_B = 420/2 = 210(\text{kN})$。

由塔式起重机基础自重所产生的每 2 根桩的支座反力的合力为：$R'''_B = 506/2 = 253(\text{kN})$。

塔式起重机基础截面弯矩：

$$M_{I-I} = (1.4R'_B + 1.2R''_B + 1.4R'''_B) \times (3.5 - 1.65)/2$$
$$= (1.4 \times 554 + 1.2 \times 210 + 1.4 \times 253) \times 0.925 = 1\ 278(\text{kN} \cdot \text{m})$$

截面配筋：查资料知，$\alpha_1 = 1.0$，$f_c = 11.9\ \text{N/mm}^2$，$f_y = 300\ \text{N/mm}^2$。

$$\alpha_s = M_{I-I}/(a_1 \times f_c \times b \times h_0^2) = 1\ 278 \times 10^6/(1.0 \times 11.9 \times 4\ 500 \times 965^2) = 0.025\ 6$$

$$\gamma_s = (1 + \sqrt{1 - 2\alpha_s})/2 = 0.987$$

$$A_s = M_{I-I}/(f_y \times h_0 \times \gamma_s) = 1\ 278 \times 10^6/(300 \times 965 \times 0.987) = 4\ 396(\text{mm}^2)$$

选配：Φ16@150，$A_s = 6\ 029\ \text{mm}^2$

2)基础抗冲切承载力计算。冲切锥体斜面如图 12-2 所示。

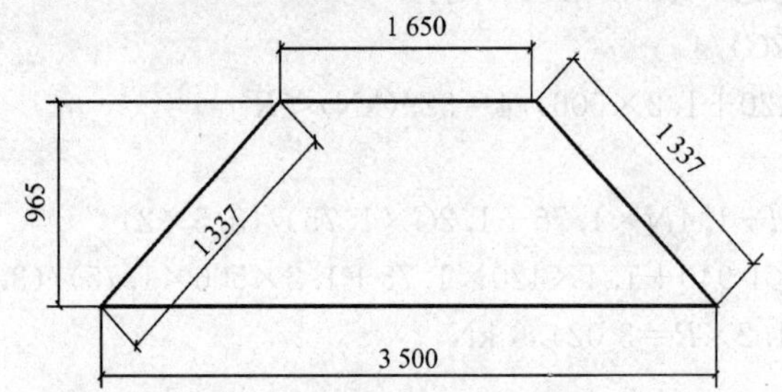

图 12-2 冲切锥体斜面

$$F_1 = F - \sum Q_i = 420 - 0 = 420(\text{kN})$$

$$\lambda = a_0/h_0 = 0.925/0.965 = 0.959$$

$$\alpha = 0.72/(\lambda + 0.2) = 0.72/(0.959 + 0.2) = 0.62$$

$$u_m = 4 \times (1\ 650 + 3\ 500)/2 = 10\ 300(\text{mm})$$

$$\alpha \times f_1 \times u_m \times h_0 = 0.62 \times 1.3 \times 10\ 300 \times 965 = 8\ 011(\text{kN}) > F_1$$

因此，该基础满足抗冲切要求。

附　录

附录 1　某单层门式刚架厂房施工组织设计

1. 工程概况

本钢结构建筑为单层门式刚架车间，采用单脊双坡、外置式天沟，女儿墙高度为 8.25 m，屋面做法为现场复合双层板系统(双板装至主檩条上部，外板为 470 型直立锁缝板，内板为 900 型压型瓦楞板，中间填充双层 50 mm 玻璃保温棉错缝铺设)，屋面满布采光、通风二合一成品顺坡气楼；墙面为横装式岩棉夹芯板。厂房周边有已建建筑。

2. 编制依据

本施工组织设计编制依据包括工程施工合同、工程设计图纸、图纸会审记录以及以下设计、施工、验收规范及规程：《钢结构工程施工质量验收规范》(GB 50205—2001)；《建筑施工安全检查标准》(JGJ 59—2011)；《钢结构高强度螺栓连接技术规程》(JGJ 82—2011)；《建筑施工起重吊装工程安全技术规范》(JGJ 276—2012)；《起重机械安全规程 第 1 部分：总则》(GB 6067.1—2010)；《建筑施工高处作业安全技术规范》(JGJ 80—2016)；《施工现场临时用电安全技术规范》(JGJ 46—2005)；《建筑机械使用安全技术规程》(JGJ 33—2012)。

3. 项目组织机构

项目部组织管理体系如附图 1-1 所示。

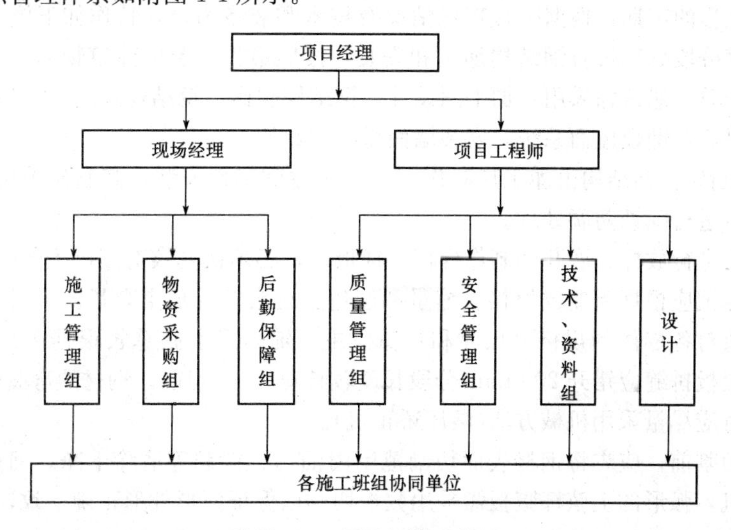

附图 1-1　项目部管理体系

4. 深化设计及钢构件加工

(1)深化图纸。

1)主要内容。

①对工程钢结构施工详图的设计。

②同时要与相关专业设计之间的配合。

③与相关人员配合解决设计相关问题。

④参与本工程设计联系、见面会。

2)设计内容。

①构件平、立面布置。构件平、立面布置如附图 1-2 所示。

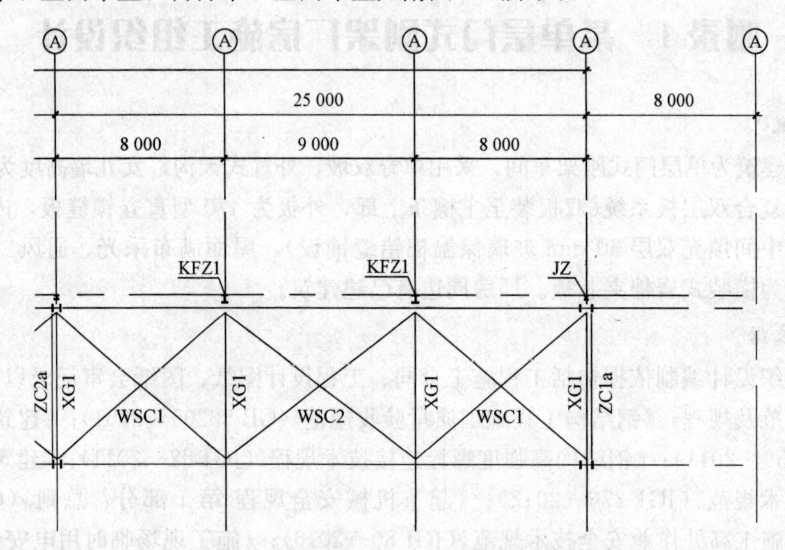

附图 1-2　构件平、立面布置局部示意

②设计软件和数据。计算机绘图软件为 AutoCAD、Xsteel。

为确保本工程的工期，根据工程现场情况及技术和装备力量，特作如下施工部署：按照建筑物的施工顺序分段分区进行钢结构加工和安装，按照最先安装的建筑物的构件最先加工，形成流水线。对于单个建筑物采用：加工图设计，钢结构制作，钢结构运输，然后进行结构吊装，钢架吊装完成以后，铺设屋面系统，安装墙面系统和收尾。

(2)钢构件制作。钢结构由加工厂制作完毕后运输到工地安装，其制作采用全自动生产线，并采用专用设备进行除锈防腐处理。

1)放样。在进行放样、展开和制作样杆、样板时，必须认真核对图纸上的每一尺寸。样杆、样板上的定位标记应根据需要放焊接收缩量和刨边、铣头等的加工余量。号料前应首先确认材质，同时还应核对各零件的规格、尺寸和数量。主、辅弧形上弦总长根据图纸结构分段制作，各段内的翼、腹板拼缝应错开 200 mm(分段长度较长时)。号料前，钢材的弯曲或者变形均应预先矫正，矫正时应尽量采用机械方法(液压矫正机)。

2)切割。切割前，应先将钢材表面切割范围内油污、铁锈等清除干净。钢材的切割原则上采用自动气割机，弧形的上弦杆腹板需采用数控切割以保证弧形外形正确一致，9 mm 以下的钢材也可采用剪切，但剪切面的硬化表层应该除去。型钢的切割可采用自动气割和锯割。

3)制孔。制孔原则上都采用钻孔的方法，划线后可在摇臂钻床或者数控钻床上进行。孔应为圆柱状，并应垂直于所在位置的钢料表面，倾斜度不得大于1/20，孔缘应匀整而无破裂或凹凸的痕迹，钻孔后的周边毛刺就清理干净。划线钻孔时，螺栓孔的孔心和孔周应打上预冲点，以防止钻孔时钻头滑移并便于检验(自动钻床钻孔和用钻模板钻孔时无此要求)。

4)组装。组装前应仔细核对零件的几何尺寸及各零、部件之间的连接关系。认真检查组装用零件的编号、材质、尺寸、数量、平直度、切割精度等是否与图纸及工艺要求相符。型钢如有弯曲、扭曲及翼板倾斜等变形，均应修正合格方可使用。装配划线工具(钢卷尺、直尺)事先必须经计量科检验合格，检验样板等在使用前也应与实物核对，做到正确无误。

5)焊接检查。缝外观检查；焊缝不得有任何裂纹、气孔等焊接缺陷；焊宽焊高度限制；焊缝表面应平整；无损检验(CT/UT)；工地焊缝无损检验应依照有关规范及图纸要求规定执行；CT应在焊道完全冷却至常温时进行。

电焊中发生缺陷时修补：电焊进行当中发现有缺陷时，或经判断可能发生缺陷时应立即终止电焊，应及时找出缺陷所在，以修补后继续进行。非破坏性检查后的修补：检查结果判定为不合格的缺陷，应铲除重焊，修补应制定方案并经甲方及现场监理人员同意后实施。修补后的焊缝应100％CT探伤。

6)钢构件表面处理。

①采用抛丸除锈，应完全除去黑皮、铁锈与其他外界异物，再经过吸尘机或压缩空气彻底清除灰尘与铁垢，钢铁表面应呈近似灰白色金属本色，达到Sa2.5级。

②高强度螺栓连接面部分应于喷砂完成后即以胶布粘贴。

③除锈完成后且经有关人员检验合格，应于4个小时内喷涂第一道底漆。

7)油漆。采用喷涂法配合手刷法施工。油漆前构件表面不得有异物，涂料不得超过使用时间，需要焊接部位、高强度螺栓连接面等不得油漆。钢材油漆表面如因滚压、切割、电焊或安装磨损，以致损坏或生锈时，必须用喷砂或电动工具清理后，再行补漆。

(3)主要构件制作工艺及成品检测和预拼装。

1)钢柱、钢梁加工程序。钢柱、钢梁加工流程如附图1-3所示。

2)H型构件的加工工艺及生产设备

①焊接“H”形钢构件采用在专用H型钢自动组装机上组装。

专用H型钢自动组装机上组装如附图1-4所示。

②“H”形构件焊接采用在专用H型钢生产线上进行，采用龙门式自动埋弧焊机在船形焊接位置焊接。

龙门式自动埋弧焊如附图1-5所示。

③焊接“H”形构件的矫正采用在H型钢翼缘矫正机上进行翼板角变形矫正，采用弯曲矫直机进行挠度变形的矫正。

④焊后消氢处理。

⑤焊接“H”形杆件的钻孔采用数控钻床进行出孔，根据三维数控钻床的加工范围，优先采用三维数控钻床制孔，对于截面超大的杆件，则采用数控龙门钻床进行钻孔。

⑥为保证“H”形杆件的冲砂涂装质量，由于本工程杆件数量非常之多，为保证涂装施工进度，必须采用专用涂装设备以流水作业方式进行涂装施工，本公司拟采用H型钢抛丸除锈机进行杆件的冲砂涂装，以保证涂装质量和涂装施工进度。

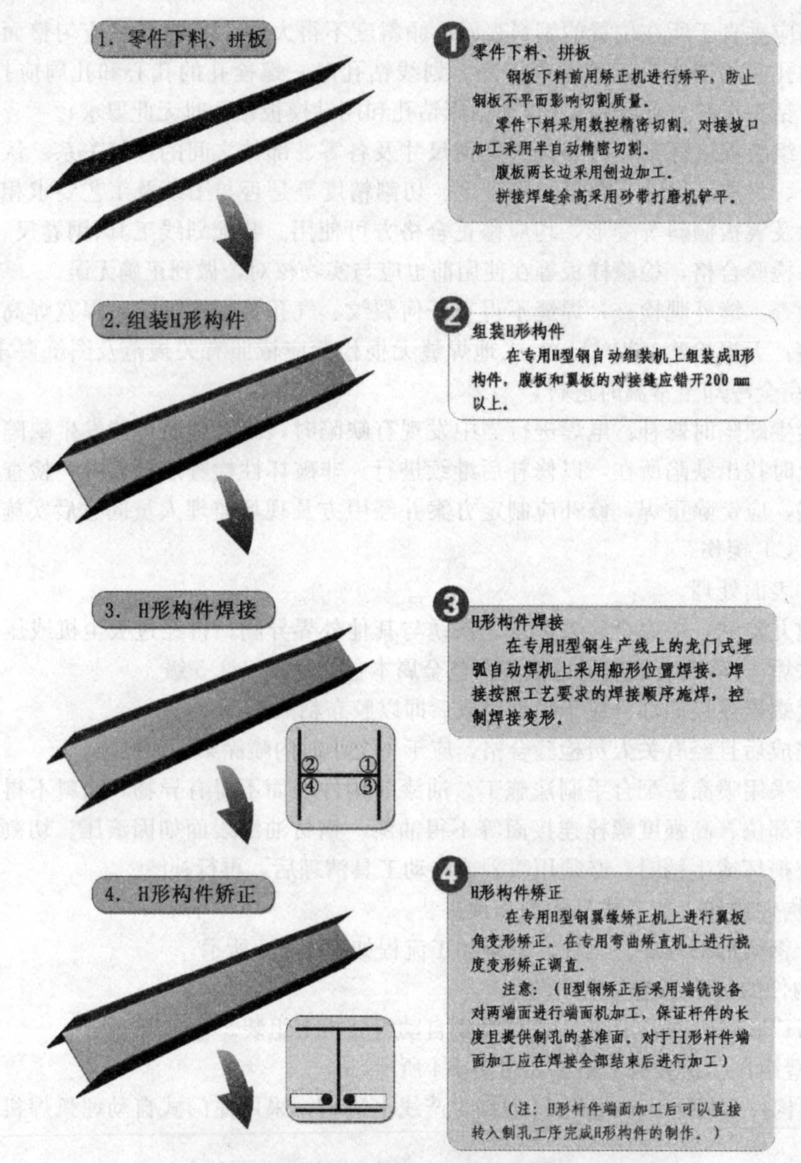

附图 1-3　钢梁、柱加工示意

附图 1-4　钢构件组立

附图 1-5　龙门式自动埋弧焊

3)构件安装前检验及预拼装。

①安装前检验。构件安装前检验主要包括构件数量检验、型号检验和外观检验。构件数量检验和型号检验主要根据加工图纸进行认真核对，并做现场构件数量检查和型号检查记录。外观检验是对构件的几何外观、焊缝质量、油漆质量等进行细致检查，并做好检查记录。对检查不符合要求的构件采取整改措施。

进场后在安装钢构件之前先对土建单位做好的基础进行复核，发现问题报告甲方和监理公司协调处理，质量合格则办理基础复核移交手续。每个建筑物应引设两个现场水准点，作为从基础施工到主体施工、从结构吊装到做地面施工全过程的标高控制点。同时现场所有轴线控制桩和水准点都要很好地进行保护，设置时要考虑设在施工时不易破坏的地方。

②钢结构预拼装。钢结构预拼装检查主要是为检验构件的几何尺寸是否符合标准，并通过抽样预拼装杜绝累计误差的超标。构件几何尺寸检验主要包括节点、杆件的支座偏差、小拼及中拼单元尺寸偏差、定位放线偏差、地面拼装后的尺寸偏差及吊装至设计位置后的尺寸偏差等。构件预拼装检验如附图 1-6 所示。

附图 1-6　构件预拼装检验

4)运输及保护措施。

①运输方案。由于加工点到项目所在地有 1 000 km，故全程高速来确保安装进度。小型构件应有序包装，防止油漆划伤，如附图 1-7 所示。

②钢构件运输注意事项。钢构件运输必须满足制作和现场安装的进度要求，设定详细的运输计划，严格执行；杆件按照安装顺序分单元进行，成套供货；发运柱子时柱子相对应的辅助

构件(包括柱间支撑、柱底垫块、连接板)必须跟随每根柱子同时配套出厂，待油漆干燥、零部件的标记书写正确后，方可进行打包运输，构件需堆放牢固稳妥，并加设必要的钢丝绳绑扎和倒链拉挂，防止物件滑动碰撞或跌落。如附图 1-8 所示。

附图 1-7　小型构件有序包装

附图 1-8　构件绑扎运输示意图

5. 现场施工方案

(1)现场施工机械。现场施工机械见附表 1-1。

附表 1-1　现场施工机械一览表

序号	机械种类	型号规格	单位	数量			
				合计	自有	租赁	新购
1	汽车式起重机	25 t	台	12	2	10	
2	液压升降机		台	8	2	6	
3	电焊机	BK500	台	12	12		
4	经纬仪	JS	台	4	4		
5	水准仪	S3	台	4	4		
6	扭矩扳手	(280－1 500)N·m	套	20	20		
7	供电箱		套	12	12		
8	插座箱		套	60	60		
9	软电缆	$3\times2.5\ m^2$	m	5 000	5 000		
10	氧气瓶		只	4	4		
11	乙炔瓶		只	4	4		
12	磨光机		台	10	10		
13	钢丝绳	$\phi16\times12$ m	根	18	18		
14	生命线用钢丝	$\phi6$	米	9 500	9 500		
15	卡环		个	130	130		
16	切割机		台	7	7		
17	手枪钻		台	25	25		
18	各类卷尺		把	35	35		
19	各类大小扳手		套	70	70		

(2)安装细则。该单体为单层门式钢架结构，柱、梁均为 H 型钢，屋面檩条为镀锌 Z 型钢，柱网布置最大为 25 m×7.8 m，车间用钢量较大，现场在吊装屋面钢梁时地面平整，拟在地面上拼接三段梁进行吊装，故采用两台 25 t 汽车起重机进行吊装钢梁。

在吊装时，待混凝土基础达到强度后开始吊装钢柱，吊装前将预埋螺栓重新进行复测。以相邻的四个轴线为基准跨，安装基准跨内主次构件后进行校正。吊装时沿柱距方向，分别向两端推进。屋架吊装完成后进行次结构的安装作业，如附图 1-9、附图 1-10 所示。

附图 1-9　抬吊檩条

附图 1-10　抬吊钢梁

本工程构件繁多，规格各异，为保证加工厂及现场二者之间的统一，必须准确地给每个构件进行编号，并按照一定的规则和顺序进行堆放和安装，才能保证钢结构构件安装有条不紊地进行。

(3)钢构件安装施工措施。

1)钢柱安装。

①吊装方法。钢柱起吊应选择有柱间支撑位置处，第一根钢柱起吊后应在其四个方向面拉设揽风绳确保单根构件的垂直稳定，考虑到混凝土楼面无法在地面打固定缆风绳脚钉，可采取四个面人力临时固定的方法进行，当起吊第二根钢柱后及时连接两根钢柱间的支撑件，待其稳固后安装工即可完成松绳操作，逐轴安装其他钢柱，每起吊一根钢柱需及时与前一根钢柱连接压杆，提高同一轴线内的整体稳定性。如附图 1-11 所示。

附图 1-11　现场钢柱吊装

②钢柱的校正。柱身的校正根据钢柱的实际长度、柱底的平整度、柱顶距柱底部的距离来决定基础标高的调整数值。吊装前先测量柱顶面到钢柱底板的距离，然后根据此距离确定钢柱柱脚垫板的放置厚度。钢柱的校正要做三个工作：柱基础标高调整，对准纵横十字线，柱身垂直校正。

纵、横十字线对准：同样可利用千斤顶进行平推钢柱，使钢柱的中心线对准基础面的十字轴线。如附图 1-12、附图 1-13 所示。

附图 1-12　确定钢柱垫板放置厚度

附图 1-13　钢柱矫正

2)钢屋面梁吊装。

①屋架吊装方法。本项目屋面梁吊装主要采用分段拼装整体吊装法进行，即将单跨内的多段梁构件在地面拼装成整体后在其四个受力面拉设钢丝绳用四点提拉的方式进行。

首榀屋架吊装就位后，先进行安装位置的复测，用临时螺栓进行固定，用缆风绳在屋架的上下弦进行加固，等第二榀屋架吊装好后，及时将两屋架之间的垂直支撑及屋面檩条等所有构件安装完成，并进行测量校正，合格后进行焊接，以此作为稳定体系，向后再安装屋架，如附图 1-14 所示。

②屋面梁及支撑系统的安装。安装第一榀屋架后，采用揽风绳进行固定，安装好第二榀屋架后，用揽风绳固定后，立即采用吊机进行屋架之间的支撑系统及檩条的安装，如附图 1-15 所示。

③钢屋架的校正。屋架的测量校正主要包括以下几方面的内容：轴线位置偏移的测量校正、跨中垂直度的测量校正、屋架挠度的测量校正等。

附图 1-14　屋架吊装

附图 1-15　支撑构件安装

3)屋面次结构的安装。

①檩条安装。为提高屋面次结构安装的灵活性及施工效率，次构件可利用汽车起重机吊成小件吊至屋面临时摆放，便于工人取材安装。

屋面拉条安装时在屋面 H 形檩条上铺设脚手板，脚手板与檩条采用钢筋固定，钢筋外面采用布条绑扎，以防止损坏油漆。安装应从屋面檐口开始进行安装，每一道拉条安装均应拉紧，同时安装后应随时进行测量调整，如附图 1-16 所示。

附图 1-16　拉条安装

②劳动力配置。施工人员是在现场施工过程中的操作人员，是工程质量、进度、安全、文明最直接的确保者。施工人员应该具有良好的质量意识、安全意识；同时具有较高的技术等级；具有相似工程施工经验。

根据施工现场的进度计划安排及要求，编制劳动力计划表。由相关部门统一组织专业施工人员进场。合理投入各个工种的劳动力，确保了劳动力配置更趋于科学、经济。同时提高施工人员的操作技术水平，严格控制质量，减少返工，提高工作效率。劳动力详细配置见附表 1-2。

附表 1-2　劳动力配置安排

工种类别	按工程施工阶段投入劳动力情况						
	钢构件进场	主钢构吊装	檩条附件安装	屋面系统安装	墙面系统安装	包角泛水	找补清理
起重工	8	12	12	4	8		
安装工	40	80	120	100	80	30	30
架子工				10	10	10	
油漆工	10	10	30	30	30	3	
电工	2	4	4	6	6	4	
电焊工	12	10	16				
小工					20	30	20

4)围护系统安装。

①屋面内板安装。屋面内板安装如附图 1-17 所示。

②屋面保温棉的安装。两层 50 mm 厚保温棉错缝搭接。

③安装屋面外板。安装屋面外板，如附图 1-18 所示。

附图 1-17　屋面内板的安装

附图 1-18　安装屋面外板

④本项目的屋面板采用 0.6 mm 的 360°直立锁缝板，该板现场进行压制且质量较大，施工过程中易出现折弯变形，因此，必须采用担架护送就位，采用吊车提升担架，屋面板放在担架上，同时在担架上设置牵引绳，安装人员通过牵引绳使担架降落到既定位置，并和檩条临时固定，在安装时由施工人员精确就位，搭接安装。所有屋面施工人员必须把安全带系到生命线上，如附图 1-19 所示。

附图 1-19　屋面板吊装就位

⑤安装屋面板时，根据安装施工顺序和装配方法施工，如果施工中遇到需要更改时，应该及时通知业主、监理和设计，获得批准认可后方可进行调整施工。当天施工完毕后，及时清扫屋顶，并用吸铁石将铁屑、散落自攻钉去除，以防生锈。

5)墙面板系统安装。

①墙板。每批次墙板制作完成，均应有原材料质量证明书和出厂合格证书。原材料质量证明书应包括彩钢板生产厂家的产品质量证明书。出厂合格证书应包括墙板质量检验结果、供货清单、生产日期等。该工程采用岩棉夹芯板，如附图 1-20 所示。

附图 1-20　岩棉夹芯板

②墙板配件。墙板配件部分主要为墙面配件，有转角板、分隔装饰条、防水 PU 填充物、门窗洞口包边件。

③连接件。本工程墙面钢板所采用的连接件有自攻螺钉，外露自攻螺钉的颜色应与彩钢板外颜色相同，泛水板安装采用开口式铆钉连接，并在上面涂抹密封胶，企口处贴丁基胶泥。

④安装放线。墙面板安装前的放线工作对后期安装质量起保证作用，须有效控制，不可忽视。

安装放线前应先对墙面檩条等进行测量，主要为整个墙面的平整度和墙面檩条的直线度进行检查，对达不到安装精度要求的部分进行修改。对施工偏差作出记录，并针对偏差提出相应的安装对策措施，详见附图 1-21，横檩条安装好后，根据深化图纸安装竖檩条，如附图 1-22 所示。

附图 1-21　放线调整

附图 1-22　竖骨架的安装

⑤墙面外板的施工。根据排板设计确定排板起始线的位置。施工中，先在墙面檩条上标定出起点，即沿高度方向在每根墙面竖檩条上标出排板起始点，各个点的连线应与建筑物的纵轴线相垂直，而后安装 7～8 张板检查两端平整度，以保证板的平整度。

撕去已安装好后的岩棉板保护膜，如附图 1-23 所示。

附图 1-23　撕去已安装好后的岩棉板保护膜

(4)夏季、雨期施工措施。

1)夏季施工技术措施。

①夏季施工，注意防暑降温和劳动时间的安排，避开高温时段的作业，以免人员中暑。配置防暑药品，增设降温设备，做好防暑预防工作，建立应急预案，对中暑人员进行降温救治。

②注意食物卫生，对蚊蝇传播病菌做好防范措施，严防食物中毒事件。

③对各种电源设备严格观察，防止高温起火的情况发生。

④对各种施工机械进行定期检查，防止在高温季节出现故障。

2)雨期施工技术措施。

①施工期间内必须有专人收听天气预报，暴风雨天气，工地内的电线、生活设施等均应做好防风、防雨、防漏电等措施。组织专业队伍，及时巡视现场，发现问题及时通报或采取防护措施。

②对施工现场应根据地形对场地排水系统进行疏送，以保证水流畅通，不积水，并要防止四邻地区地面水倒流进入场内。

③施工现场主要运输道路路基碾压坚实，并作好路拱。道路要作好排水沟，保证雨后通行不陷。

④施工现场机电设备的电闸箱要采取防雨、防潮等措施，并安装接地保护装置。

⑤施工现场的原材料及半成品如门、窗等以及怕雨淋的材料要采取防雨措施，可放入棚内或屋内，要垫高存放并要通风良好。

⑥对现场临时设施，如办公室、仓库等进行全面检查，对危险设施或建筑物应进行全面翻修加固或拆除。

⑦对消防器材要做好防雨、防晒措施，对化学品、油类、易燃品应设专人保管。

6. 钢结构质量保证措施(略)

7. 现场施工进度要求(略)

8. 安全、文明施工及环境保护的措施(略)

9. 进度计划表、施工平面布置图

厂房施工进度计划表，见附表 1-3。施工平面布置图，如附图 1-24 所示。

附表 1-3　厂房施工进度计划

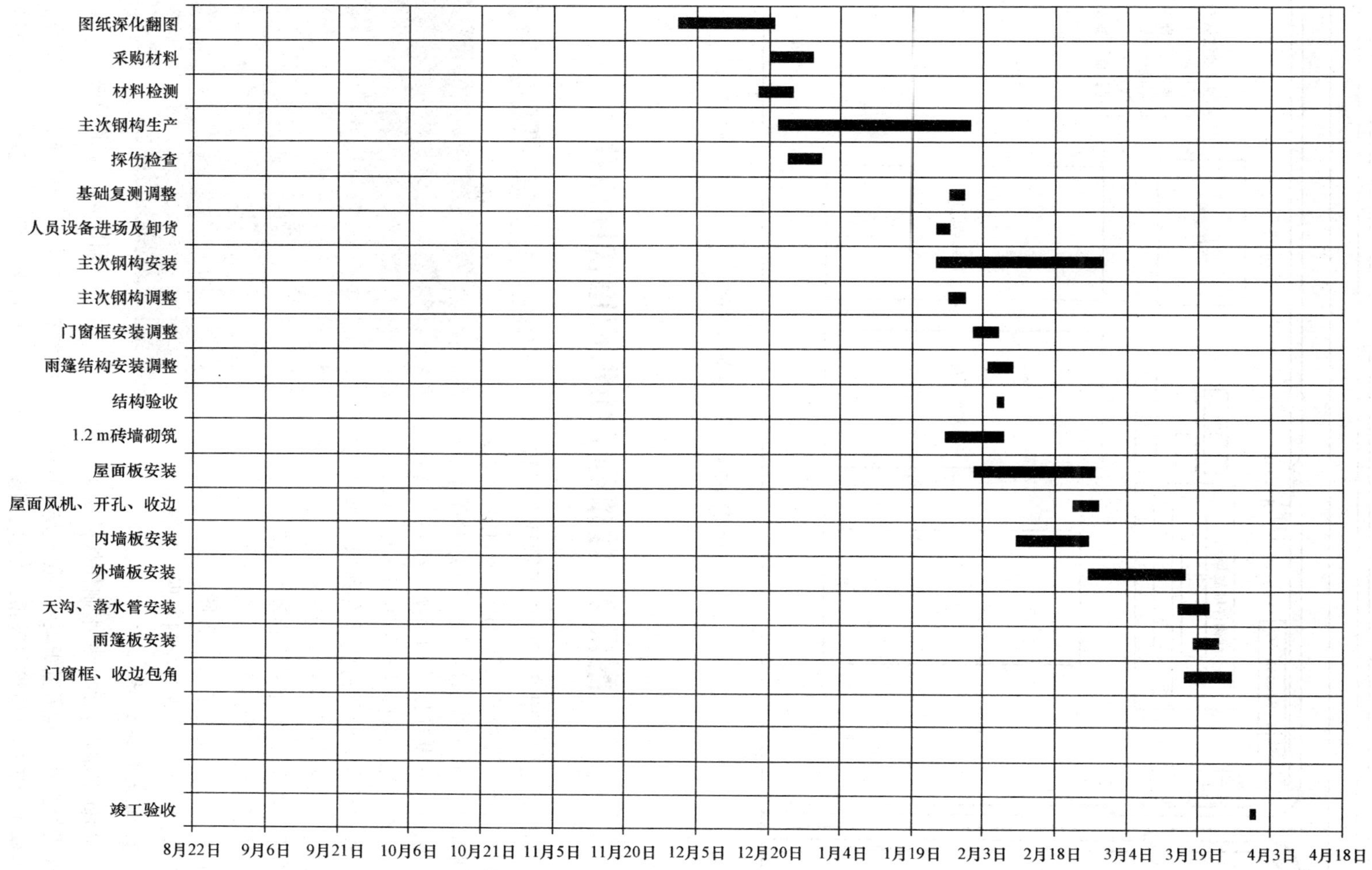

图纸深化翻图
采购材料
材料检测
主次钢构生产
探伤检查
基础复测调整
人员设备进场及卸货
主次钢构安装
主次钢构调整
门窗框安装调整
雨篷结构安装调整
结构验收
1.2 m砖墙砌筑
屋面板安装
屋面风机、开孔、收边
内墙板安装
外墙板安装
天沟、落水管安装
雨篷板安装
门窗框、收边包角
竣工验收

8月22日　9月6日　9月21日　10月6日　10月21日　11月5日　11月20日　12月5日　12月20日　1月4日　1月19日　2月3日　2月18日　3月4日　3月19日　4月3日　4月18日

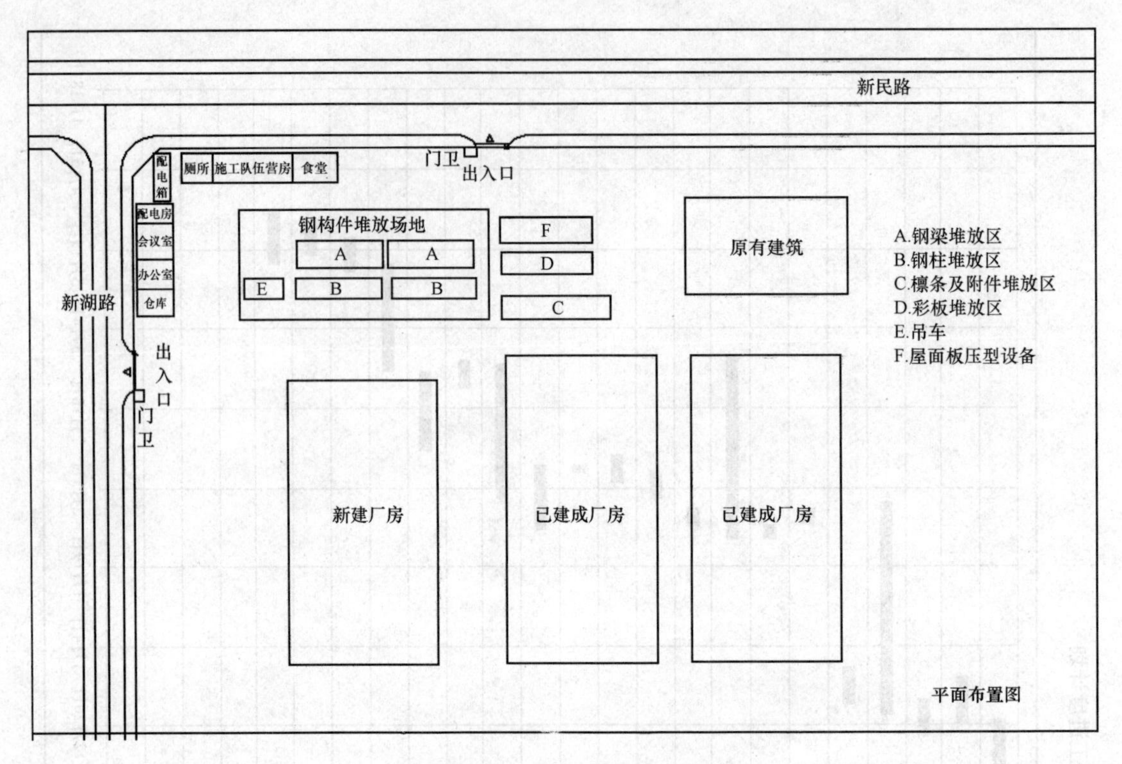

附图 1-24　施工平面布置图

附录 2　建筑施工组织应用软件简介

本附录主要介绍 PKPM 施工管理系列软件的标书制作、现场平面布置图、项目管理(进度计划编制)。施工技术系列主要介绍脚手架、模板、临时用电设计以及脚手架、模板、塔式起重机安全计算。软件模块如附图 2-1 所示。

附图 2-1　软件模块

在项目投标阶段需要综合利用管理系列软件快速完成招标文件中要求的技术标的编制。在施工阶段需要综合利用管理系列软件完成施工、施工组织设计编制、专项施工方案编制，不同阶段施工现场平面布置图的绘制，施工进度、质量、安全、成本控制和现场的管理。

1. 施工管理软件

(1)标书制作软件。标书制作软件用于工程招标投标文件、施工组织设计(施工方案)制作，主要含有工业与民用建筑、装修工程、大型基础设施工程等标书模板。其系统功能是提供标书全套文档编辑、管理、打印功能；根据投标所需内容，可从模板素材库、施工资料库、常用图表中，选取相关内容，任意组合，自动生成规范的投标所需的施工组织设计；可导入其他模块生成的各种资源图表和施工网络计划图以及施工平面图等；系统提供了标书的管理功能，可以将用户标书保存为用户标书模板，也可以将用户 Word 施工组织设计文档导入系统进行管理。

1)标书编辑。通过模板库导入当前标书，快速搭建标书结构，如附图 2-2 所示。通过标书模板导入当前标书，通过标书的编辑功能实现标书的编辑修改。在当前打开的工程结点树上右击后可弹出相应的快捷操作。

附图 2-2　标书结构

2)样式管理。可以将标书的各种样式进行保存管理，方便以后直接调用，如附图 2-3 所示。

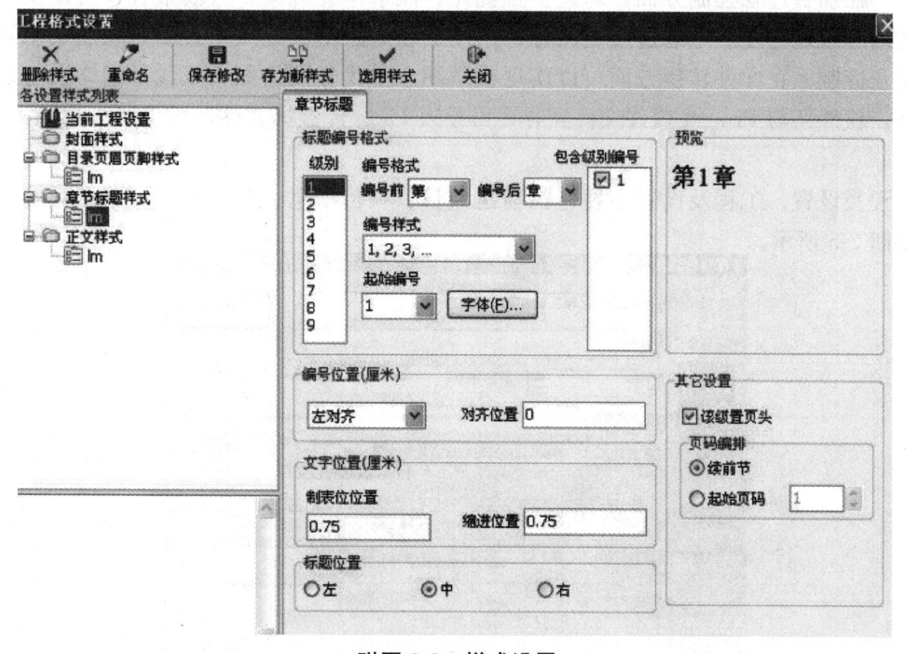

附图 2-3　样式设置

3)模板管理。模板管理包括新建分类；导入模板、导出模板；删除；权限管理；存为模板；Word 文档导入，如附图 2-4 所示。

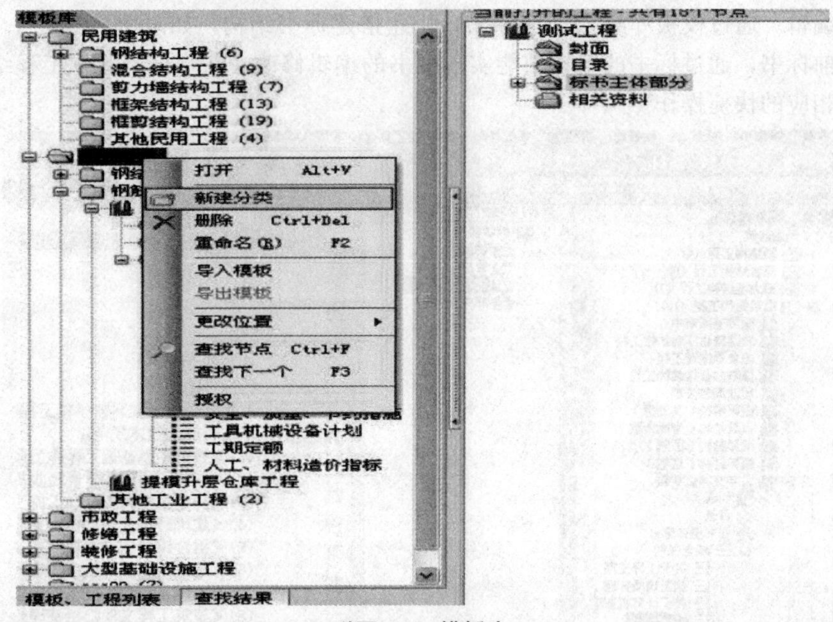

附图 2-4　模板库

(2)项目管理(进度计划编制)软件。软件采用网络计划技术和建筑施工专业技术实现施工进度计划及成本计划的快速编制，软件提供了多种输入施工工序的方法，既可以自动读取建筑工程的预算数据，结合施工企业定额库，生成带工程量和资源的施工工序；也可通过施工工艺模板库生成施工工序；还可生成各类资源需求量计划、成本计划、施工作业计划以及质量安全责任目标等。在项目过程控制方面，通过多种优化、流水作业方案、进度报表、前锋线等手段实施进度的动态跟踪与控制，通过质量测评、预控及通病防治实施质量控制，利用安全知识库辅助实施安全控制。在文件转换方面可以实现横道图、单代号网络图、双代号网络图等之间的互转。另外，软件还与 Project 软件文件互导，可导入 P3 软件数据文件，可生产矢量的 *.wmf 图形文件。

1)工程及设置。工程及设置主要包括新建项目、项目信息、施工定额、资源设置、日历编辑，如附图 2-5 所示。

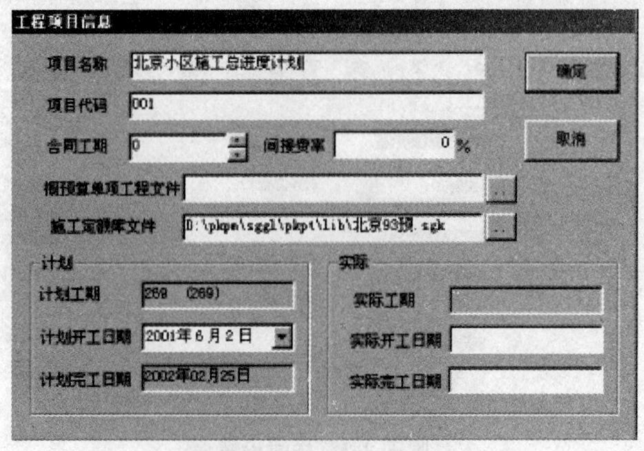

附图 2-5　工程项目信息

2)工序。从概预算生成工序，从施工模板、其他工程导入工序，包括基本信息工程量，施工安排，搭接关系，资源，成本，合同、质量、安全，如附图 2-6 所示。

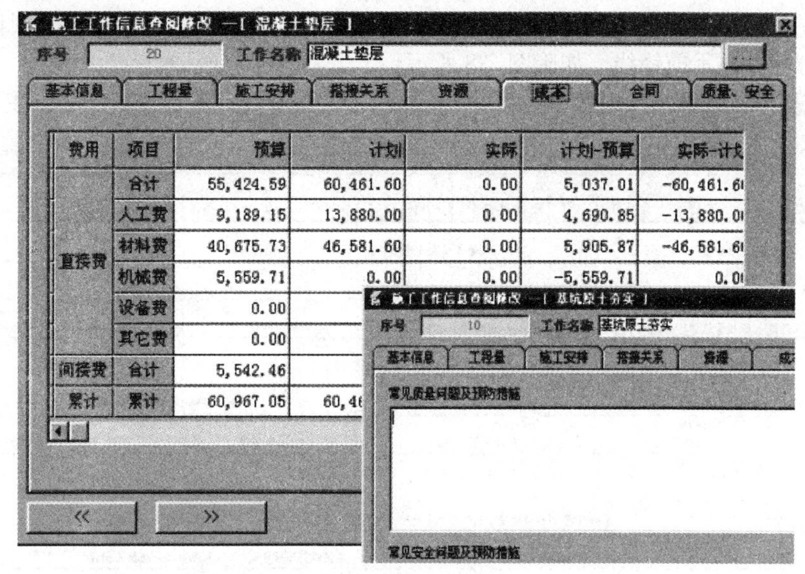

附图 2-6　工序信息查阅

3)横道图。横道图主要包括增加、删除工序，复制、粘贴工序，升级、降级，建立、编辑搭接关系，流水，下方带资源图，标注、图片，整理排序，显示前锋线、实际计划比较，显示图例、水平线，工序名称，分段打印。如附图 2-7 所示。

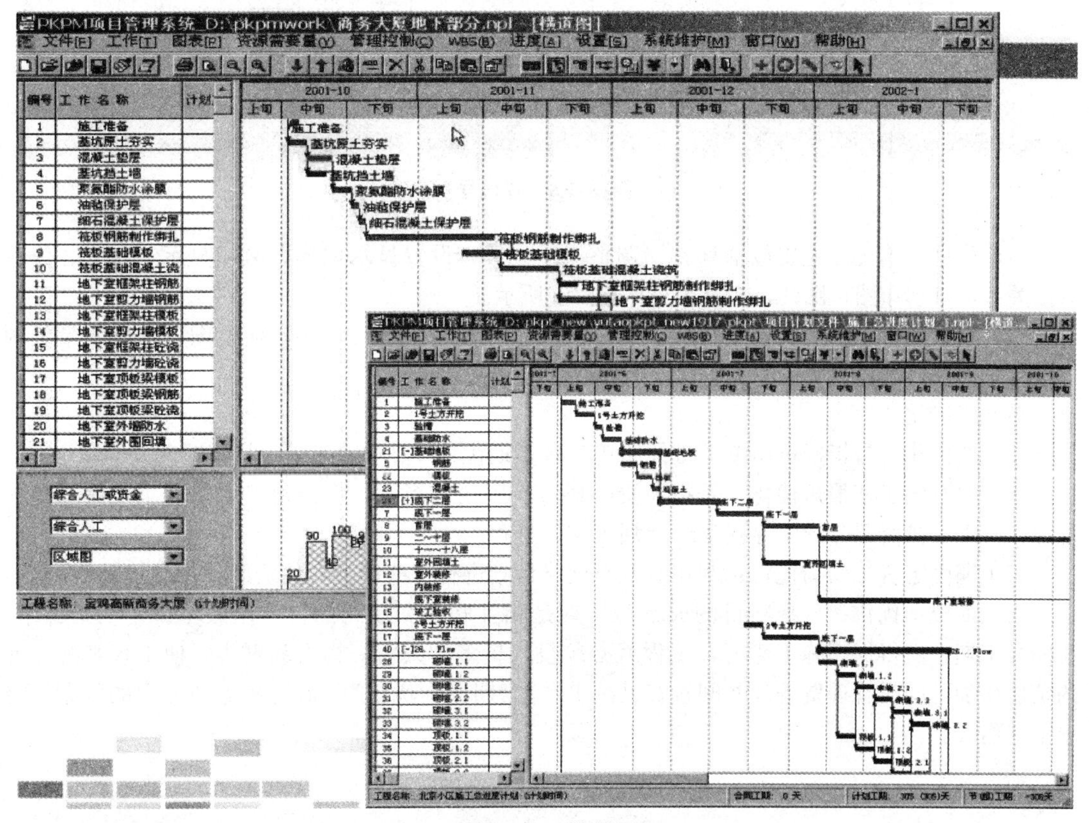

附图 2-7　横道图

4)双代号。双代号主要包括增加删除实工作、虚工作，区域显示，改变工序、结点的垂直位置，修改节点类型，调整工序持续时间，设置行高、节点大小、字体、对齐位置，自动布图，显示并增加左侧信息栏，标注(可以带边框和箭头)，图片，设置特殊的时间段，时间标尺设置，下方显示资源图，显示前锋线。如附图 2-8 所示。

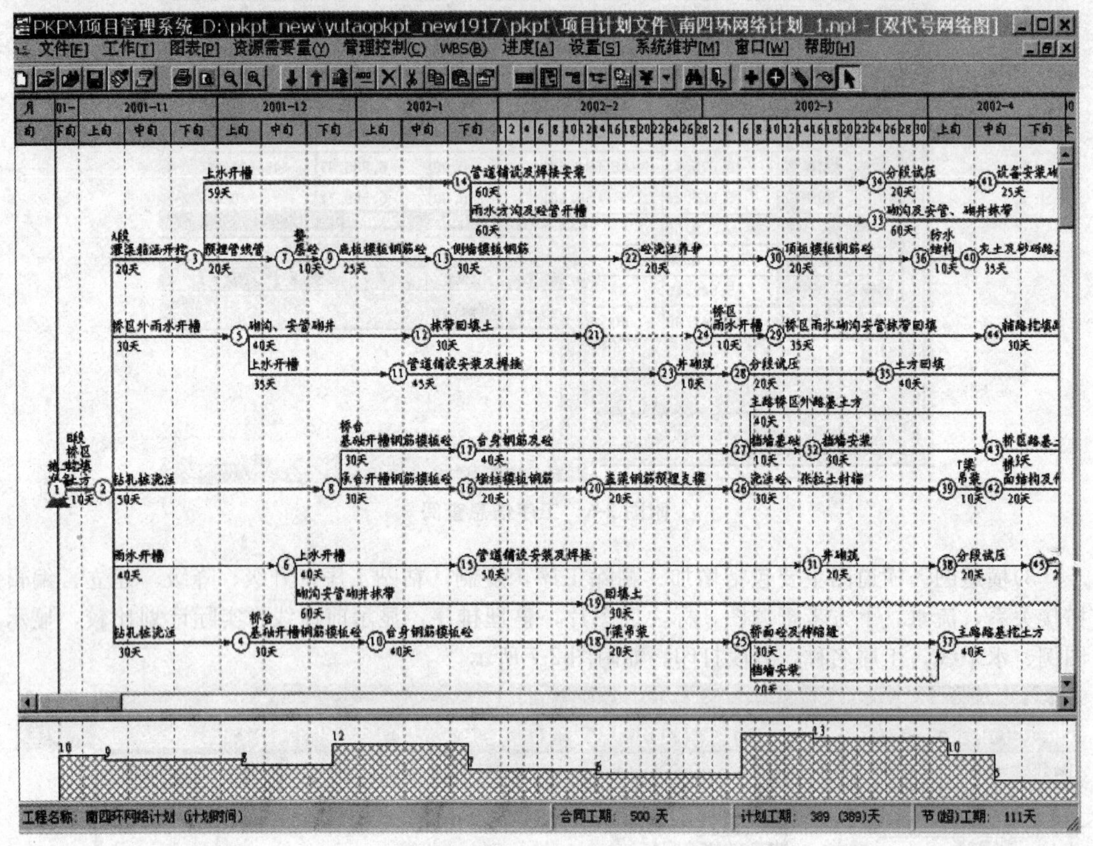

附图 2-8　双代号

5)单代号。单代号主要包括移动、调整工序位置，设置显示内容，区域显示，建立、修改搭接关系，自动布图，图片，标注。如附图 2-9 所示。

6)资源图。资源图主要包括综合人工、资金，人力、机械、材料，横道图、双代号带资源图(还可以自定义资源消耗)。如附图 2-10 所示。

7)网络优化。

①工期优化：是指通过压缩关键线路来实现工期优化（要求输入最短持续时间)。

②资源有限工期最短优化：是指在资源供应有限的前提下，保持每日供给各个工序固定的资源。合理安排资源分配，寻找最短计划工期的过程。

③工期固定资源均衡优化：利用时差对网络计划进行一些调整，使资源使用尽量平衡。

④工期成本优化：工程项目的成本与工期是相互联系和制约的。生产效率一定的条件下，要缩短工期，就得提高施工速度，工程就必须投入更多的人力、物力和财力，使工程某些方面的费用增加，同时管理费等某些间接费又减少。“工期成本优化”就是要考虑两方面的因素，寻求最佳组合。

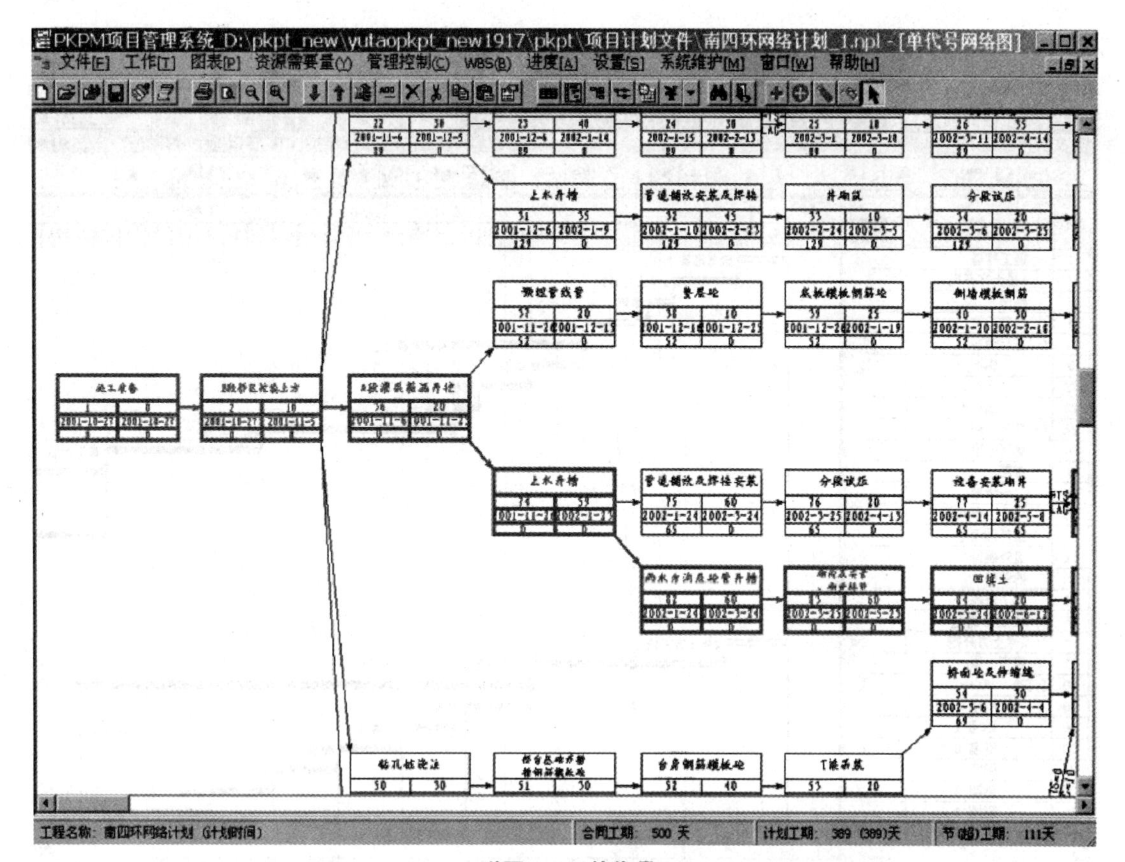

附图 2-9　单代号

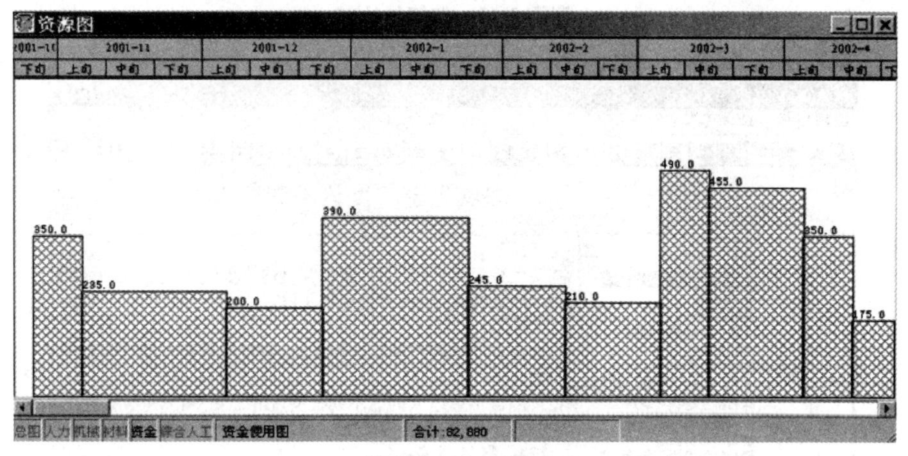

附图 2-10　资源图

8)进度、成本、质量、安全。

①进度：输入每个工序的实际工程完成量或直接输入完成率，并设置显示进度，就可以显示前锋线。如附图 2-11 所示。

②成本：预算、计划、实际三算对比。

③质量：质量通病、防治、预控。

④安全：安全常见问题、防治、预控。

9)通病、防治。通病、防治如附图 2-12 所示。其可以保存为 . wmf 图形格式，进行 project 文件转换。

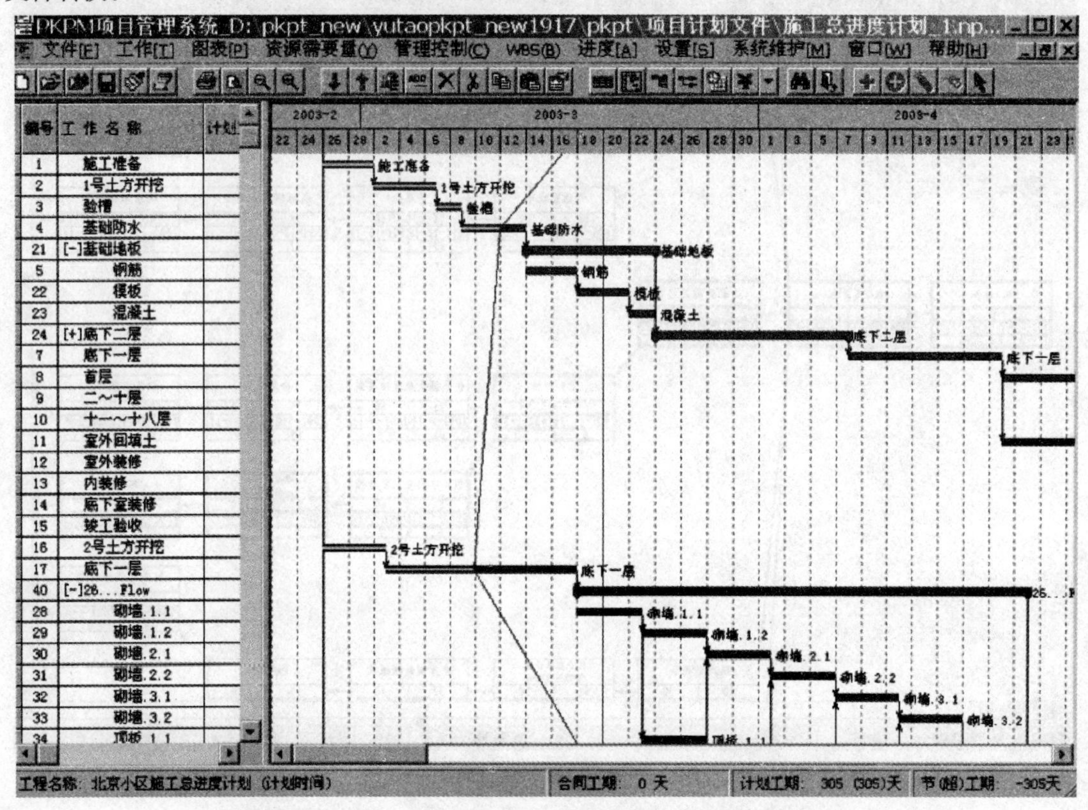

附图 2-11　前锋线比较

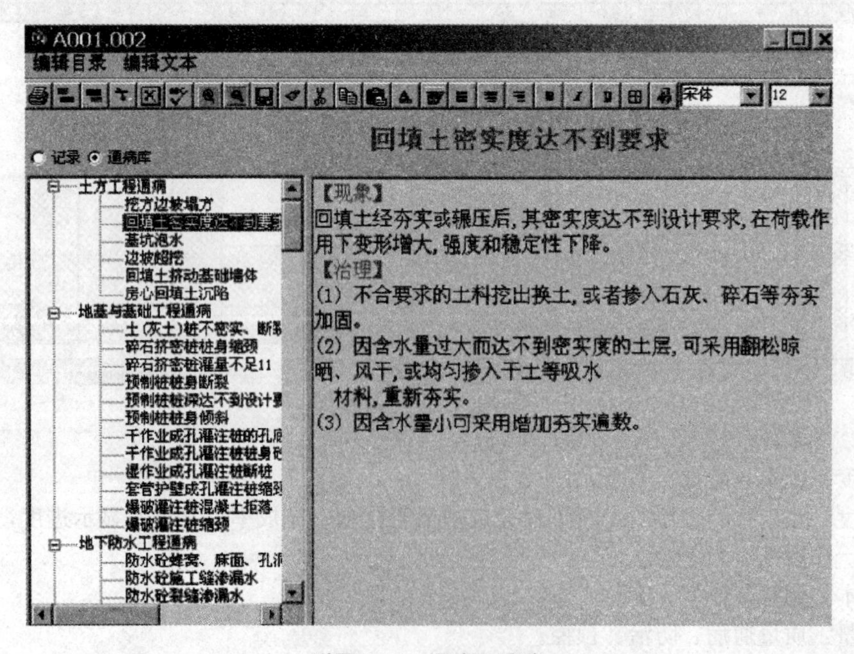

附图 2-12　通病、防治

(3)施工现场平面图。

1)功能介绍。

①支持自有知识产权的CFG图形平台，也支持AutoCAD通用图形平台。提供两种平台供用户选择使用。

②提供灵活、方便的建筑物和临时设施的布置方式，可完成建筑物、道路、围墙、起重机、加工厂、作业棚、仓库、临时房屋以及常用设备的布置。

③提供多种临时设施的参考指标，使现场布置更具有科学性。

④能够自动处理道路交叉及转弯的情况，并具有单独修改路宽、路弯的功能。

⑤提供丰富的平面图库，用户可直接点取插入，并可对图库进行维护。

⑥具有临时办公、生活、仓储、加工等场地面积以及施工现场的水、电及供热计算功能，提供通用性计算书。

⑦软件能够根据图上所布置的图元自动生成中、英文图例。

2)建筑物、围墙、道路、临时设施。设置建筑物的外轮廓形式，不同的建筑物外轮廓形式一般不同。程序提供五种类型的围墙，在围墙上布置大门时，自动打断墙线。用来绘制现场临时道路以及场外正式道路，可根据实际情况增加道路两侧的树木。可以绘制铁路线。道路分为单线道路和双线道路。道路的宽度以及转弯时的弯度均可以修改。在交叉路口自动设置路口弯度。

临时设施菜单可以计算各种临舍、加工场、临水、临电各项参数，同时提供参考依据，为用户布置现场平面图提供科学依据。软件内置了各种图块，便于用户快速布置临水、临电、起重设备等。如附图2-13所示。

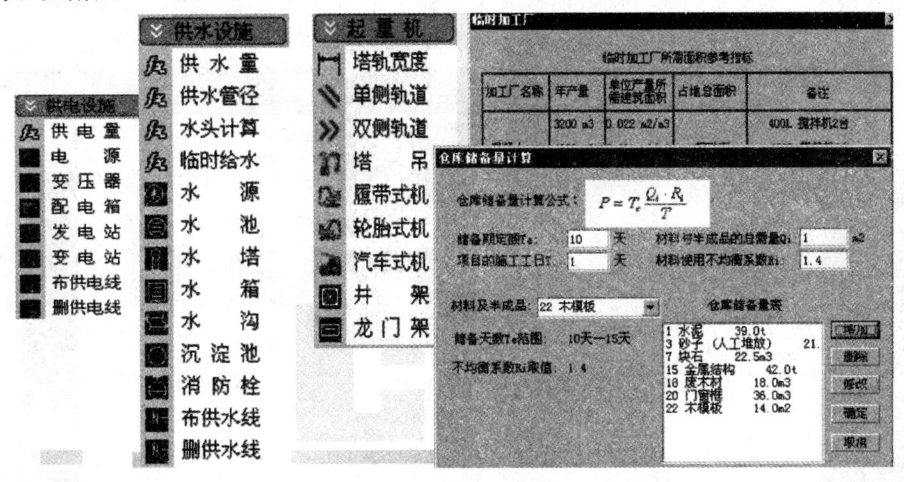

附图2-13　临时设施

软件还可以自动生成中、英文图例说明，有丰富的图库，如附图2-14所示。

绘制好施工平面图后，保存为.wmf格式的图形，再打印输出或插入Word文档中，也可以将绘图结果保存为.dwg格式的图形文件，再利用AutoCAD软件来输出。

2. 施工技术软件

施工技术软件主要介绍脚手架、模板、临时用电设计以及脚手架、模板、塔式起重机安全计算。

(1)脚手架设计。脚手架设计可建立圆锥、棱锥、球体、多立柱等多种实体及其组合形式的

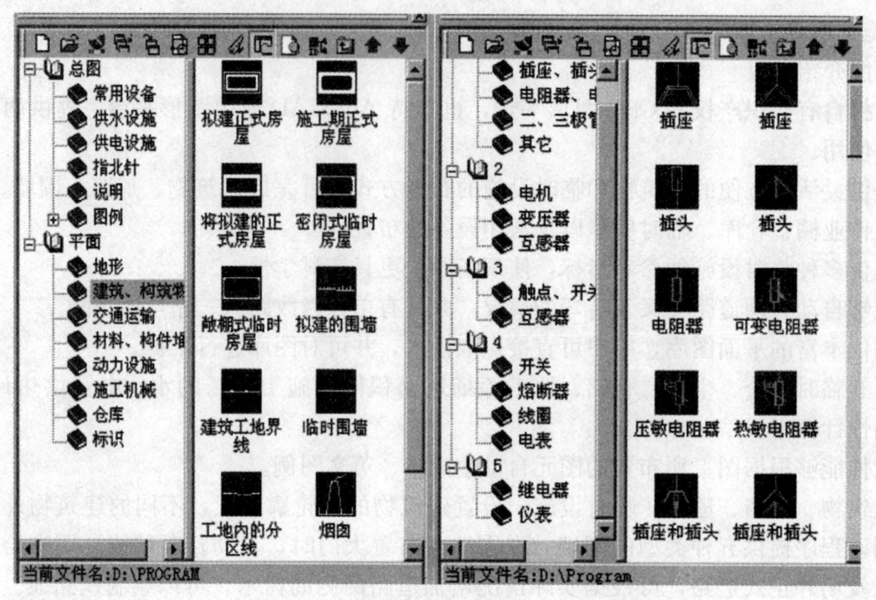

附图 2-14　图库

脚手架三维模型，生成脚手架立面图、脚手架施工图(附图 2-15)和节点详图；准确统计出立杆、大小横杆及各种扣件的重量和数量，并生成用量统计表；可进行落地式脚手架、型钢悬挑脚手架带联梁、钢管悬挑脚手架、悬挑架阳角型钢、落地式卸料平台、悬挑式卸料平台、梁模板支架、落地式楼板模板支架、满堂楼板模板支架等脚手架形式的规范计算；同时提供复杂扣件架支撑、碗扣脚手架结构、悬挑脚手架结构等复杂类型计算；并提供多种脚手架施工方案模板。

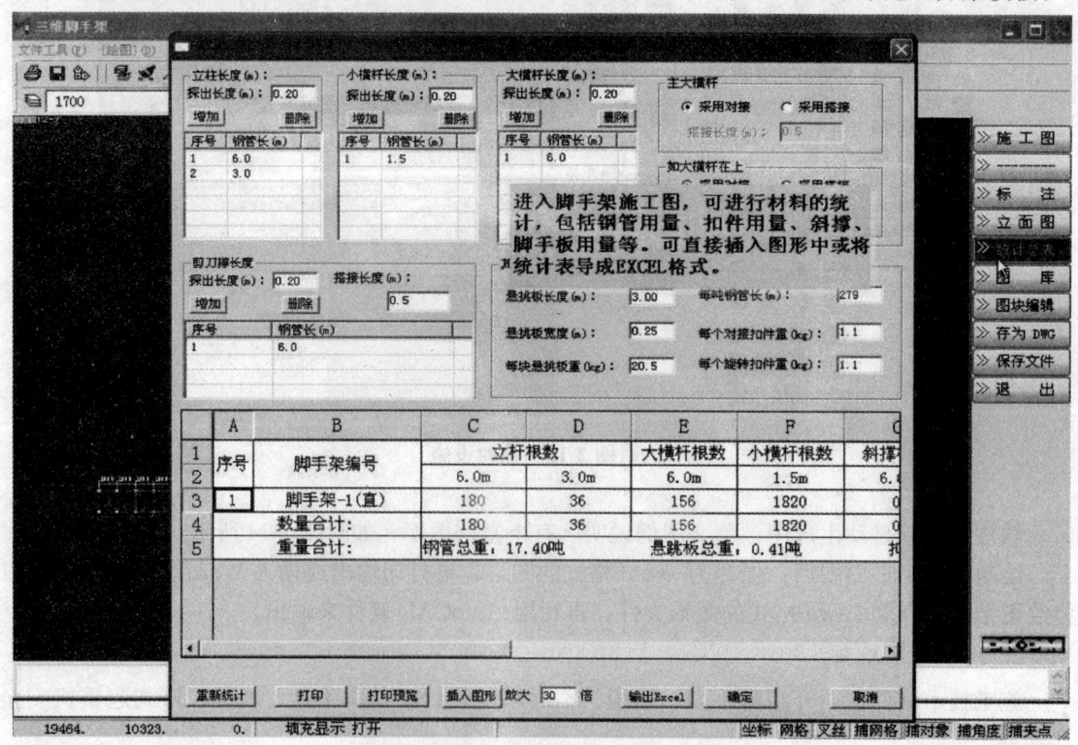

附图 2-15　脚手架施工图

(2)模板设计。模板设计适用于大模板、组合模板、胶合板和木模板的墙、梁、柱、楼板的设计、布置及计算。能够完成各种模板的配板设计、支撑系统计算、配板详图、统计用表及提供丰富的节点构造详图，如附图 2-16 所示。

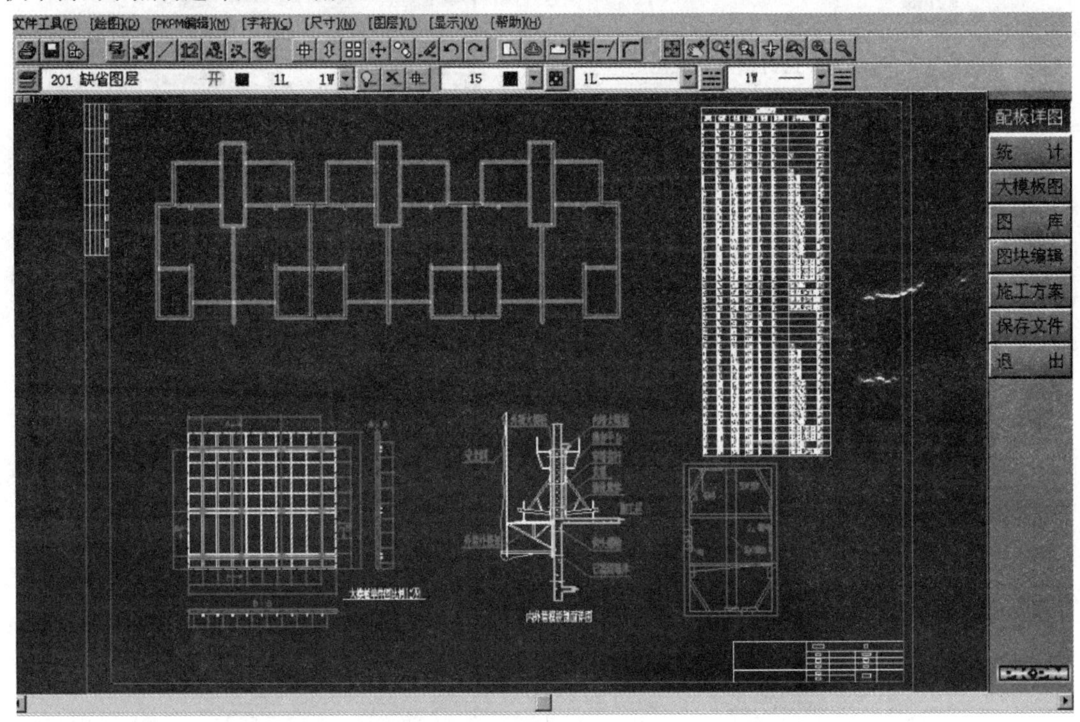

附图 2-16 模板设计

(3)临时用电方案设计。对工程的有关内容(工程环境、导线的设置形式、照明设备和动力设备的选择)进行设置、程序自动计算用电负荷，并根据计算结果程序自动选择变压器、总箱的进线截面及进线开关；各分线路上的导线截面及分配箱、开关箱内电气设备，最后绘制临时用电施工系统图；生成完整详细的 Word 格式施工方案。如附图 2-17 所示。

(4)建筑施工安全设施计算。

1)脚手架计算。脚手架计算包括落地式脚手架计算、悬挑脚手架计算(型钢和钢管)、落地卸料平台计算、悬挑卸料平台计算、木脚手架计算、门式脚手架计算、格构型钢井架计算。如附图 2-18 所示。

需进行纵向和横向水平杆(大小横杆)等受弯构件强度、挠度计算；扣件的抗滑承载力计算；立杆的稳定性计算；连墙件连接强度的计算；立杆的地基承载力计算。

计算强度和稳定性时，要考虑荷载效应组合，永久荷载分项系数可取 1.2，可变荷载分项系数可取 1.4。受弯构件要根据正常使用极限状态验算变形，采用荷载短期效应组合。

2)模板计算。模板计算包括墙模板计算；梁模板计算(面板和支撑)；楼板模板计算(面板和支撑)；柱模板计算；门式板模板计算；门式梁模板计算。如附图 2-19 所示。

计算模板承重架荷载：包括钢筋混凝土自重、浇筑混凝土施工荷载、模板支架自重荷载、工人活荷载等；模板承重架的各构件应按照实际布置顺序图进行强度计算，容许应力可按照临时结构比规范提高；模板承重架的挠度需要验算；预拱度的计算；模板承重架的整体稳定性计算。

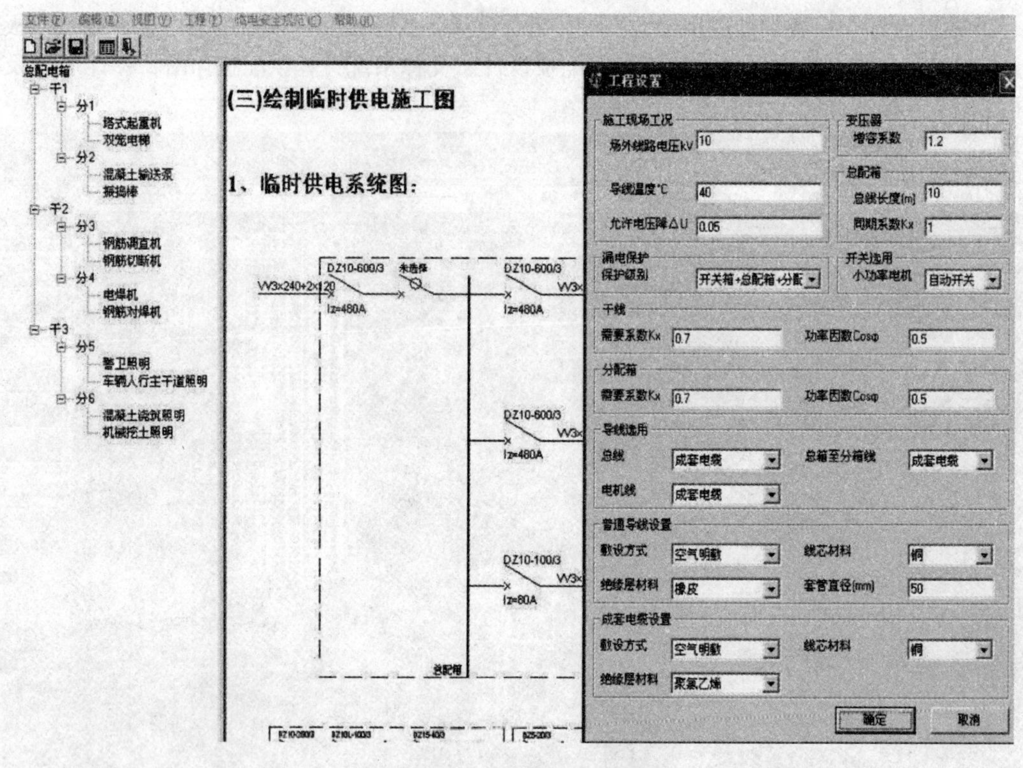

附图 2-17　临时用电方案设计

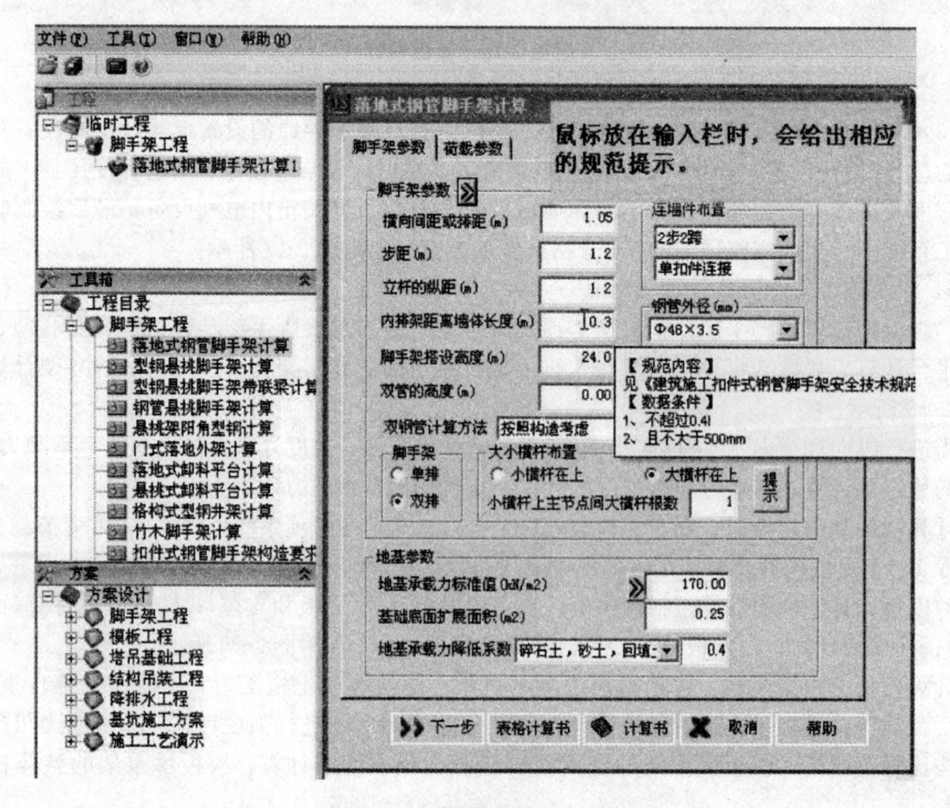

附图 2-18　落地式脚手架计算

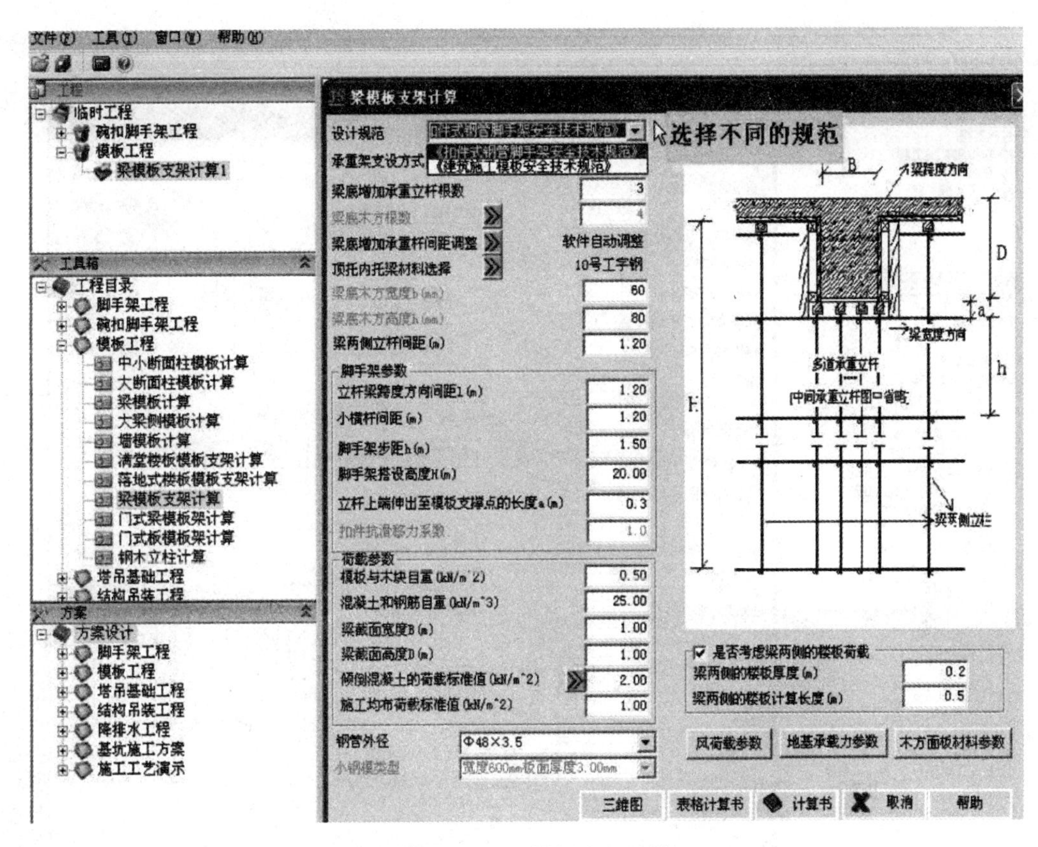

附图 2-19　梁模板支架计算

模板与承重架一体的受力体系力传递过程：面板>木方>托梁>立杆>整体稳定性。

设计计算书应该包括的内容：梁底面板强度、挠度和剪力计算；梁底木方强度、挠度和剪力计算；托梁强度、挠度和剪力计算；立杆的稳定性计算。

3）塔式起重机计算。塔式起重机计算包括天然基础计算，桩基础、板式基础计算，附着计算，塔式起重机稳定性验算，边坡桩基础倾覆计算，格构柱稳定性验算。如附图 2-20 所示。

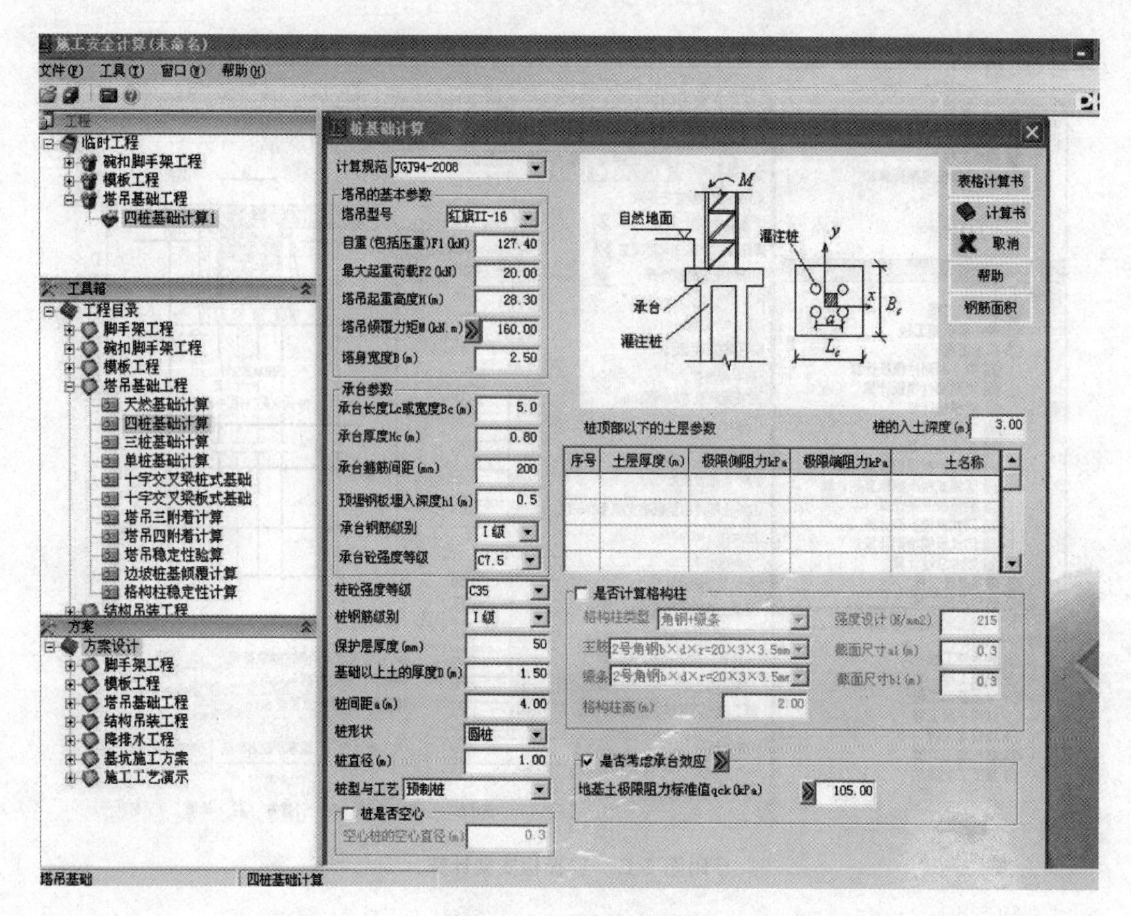

附图 2-20　四桩基础计算

参考文献

[1]危道军．建筑施工组织[M]. 2版．北京：中国建筑工业出版社，2008.
[2]郝永池．建筑施工组织[M]. 北京：机械工业出版社，2008.
[3]韩国平，陈晋中．建筑施工组织与管理[M]. 2版．北京：清华大学出版社，2012.
[4]卢青．施工组织设计[M]. 北京：机械工业出版社，2007.
[5]丛培经．工程项目管理[M]. 4版．北京：中国建筑工业出版社，2012.
[6]吴伟民，刘在今．建筑工程施工组织与管理[M]. 北京：中国水利水电出版社，2007.
[7]蔡雪峰．建筑工程施工组织管理[M]. 2版．北京：高等教育出版社，2011.
[8]邓学才．建筑工程施工组织设计的编制与实施[M]. 北京：中国建材工业出版社，2006.
[9]中华人民共和国住房和城乡建设部．GB/T 50502—2009 建筑施工组织设计规范[S]. 北京：中国建筑工业出版社，2009.